国家出版基金项目
NATIONAL PUBLICATION FOUNDATION

精准农业航空技术丛书

精准农业航空遥感技术

兰玉彬　著

广西科学技术出版社

图书在版编目（CIP）数据

精准农业航空遥感技术 / 兰玉彬著 . —南宁：广西科学技术出版社，2022.12
（精准农业航空技术丛书）
ISBN 978-7-5551-1771-1

Ⅰ.①精…　Ⅱ.①兰　Ⅲ.①农业飞机—航空遥感—遥感技术　Ⅳ.①S25

中国版本图书馆CIP数据核字（2022）第111861号

JINGZHUN NONGYE HANGKONG YAOGAN JISHU

精准农业航空遥感技术

兰玉彬　著

策　　划：卢培钊　萨宣敏　赖铭洪

责任编辑：罗　风　朱　燕　　　　　　助理编辑：谢艺文
责任校对：阁世景　　　　　　　　　　责任印制：韦文印
封面设计：刘柏就　　　　　　　　　　版式设计：梁　良

出 版 人：卢培钊　　　　　　　　　　出版发行：广西科学技术出版社
社　　址：广西南宁市东葛路 66 号　　邮政编码：530023
网　　址：http://www.gxkjs.com　　　编 辑 部：0771-5864716

印　　刷：广西壮族自治区地质印刷厂
地　　址：南宁市建政东路 88 号　　　邮政编码：530023

开　　本：889 mm×1194 mm　1/16
字　　数：610 千字　　　　　　　　　印　　张：27
版　　次：2022 年 12 月第 1 版　　　　印　　次：2022 年 12 月第 1 次印刷
书　　号：ISBN 978-7-5551-1771-1
定　　价：198.00 元

　　兰玉彬，国家特聘专家，教育部"海外名师"，欧洲科学、艺术与人文学院（法国欧洲科学院）外籍院士，俄罗斯自然科学院外籍院士，格鲁吉亚国家科学院外籍院士，2021年中国工程院外籍院士有效候选人。山东理工大学校长特别助理、农业工程与食品科学学院院长，华南农业大学电子工程学院/人工智能学院院长，国家精准农业航空施药技术国际联合研究中心主任和首席科学家。

　　兰玉彬1982年本科和1987年硕士毕业于原吉林工业大学农机设计与制造专业，1989年去美国留学，1994年获美国得克萨斯农工大学农业工程博士学位，1993～1995年在美国得克萨斯农工大学农业研究中心从事博士后研究工作，1995～1999年任美国内布拉斯加大学控制工程师、研究助理教授，1999～2005年任美国佐治亚大学系统福谷分校助理教授、终身副教授，2005～2014年任美国农业部农业研究服务署（USDA-ARS）高级科学家，2014年辞去美国农业部职务全职回国工作。现任国际电信联盟、联合国粮食及农业组织共同组建的基于人工智能和物联网的数字农业焦点组（ITU&FAO FG-AI4A）应用案例与解决方案工作组（WG-AS）主席，国际精准农业航空学会（ISPAA）主席，国际农业与生物系统工程学会（CIGR）精准农业航空工作委员会主席，中国农业工程学会航空分会主任委员，世界无人机联合会副主席，国家航空植保科技创新联盟常务副理事长，农业农村部航空植保重点实验室学术委员会主任，农业农村部产业技术体系棉花田间管理机械岗位科学家，广东省智慧农业工程技术中心主任和首席科学家。入选山东省"一事一议"引进顶尖人才、广东省"珠江人才计划"领军人才、北京市特聘专家,美国得克萨斯农工大学和美国得克萨斯农业生命研究中心兼职教授。

兰玉彬长期从事精准农业航空应用技术研究。主持国家重点研发计划专项"地面与航空高工效施药技术及智能化装备"、国家自然科学基金项目、农业农村部委托植保无人机发展分析和购置补贴评估项目、广东省无人机重大专项、广东省重点研发计划专项及广东省实验室课题等重大项目,项目成果受邀参加国家"十三五"科技创新成就展。发表论文 300 余篇,其中 SCI/EI 收录 200 余篇,近年来两次获中国科学技术协会优秀论文奖、中国农业工程学会 40 周年优秀论文奖,授权发明专利 70 余项,出版《精准农业航空技术与应用》《精准农业航空植保技术》等 5 部专著。在国际上首倡"精准农业航空"理念、技术路线及体系,率先开展了遥感和航空施药相结合的研究工作,领衔的团队引领国际精准农业航空关键技术及装备创新,建立了国内首个"生态无人农场"。曾获中国侨界贡献奖一等奖、农业农村部全国农牧渔业丰收奖一等奖、大北农科技奖创新奖、中国农业工程学会农业航空分会"农业航空发展贡献奖"、美国农业工程师学会得克萨斯州分会"杰出青年农业工程师"奖(1994)、美国农业和生物工程师学会得克萨斯州分会"农业工程年度人物奖"(2012)、美国农业部南方平原研究中心杰出贡献奖(2006~2013)、世界无人机联合会"中国无人机行业引领推动奖"等。被业界公认为国际精准农业航空领域的开创者、中国植保无人机技术的领军人物。对推动世界精准农业航空学科发展及交流,特别是对中国农业航空及植保无人机的应用发展做出了杰出贡献,被媒体赞誉为"带领我国农业航空飞上新高度"(《科技日报》,2016)。

《精准农业航空技术》丛书是兰玉彬教授及其团队在精准农业航空技术领域多年研究成果的总结,王乐乐、刘琪、韩沂芳等参与了丛书的资料收集和整理工作。

序

一

　　民族要复兴，乡村必振兴。党中央一直把解决好"三农"问题作为全党工作的重中之重。党的十九届五中全会审议通过的《中共中央关于制定国民经济和社会发展第十四个五年规划和二〇三五年远景目标的建议》中明确表示，农业农村改革发展的目标依然是实现农业农村现代化，途径是全面推进乡村振兴。发展精准农业航空技术，研发精准农业航空装备，是推进我国创新驱动发展、强化国家战略科技力量、坚持农业科技自立自强的具体体现。

　　精准农业航空技术的应用是未来农业航空的发展趋势，也是智慧农业的发展方向。当今世界，科学技术发展日新月异，以信息技术和生物技术为代表的农业高新技术的突破和广泛应用，不但推动了农业传统技术思想、观念和农业科学技术的变革，而且引发了以知识为基础的农业产业技术革命。世界上越来越多的国家把发展农业高新技术、提高农业科技含量作为实现农业持续发展、提高农产品竞争力的重要途径。精准农业航空技术能够很好地解决农业田间管理中劳动力资源缺乏、人工成本高、传统植保机械作业效率低等现实问题。我国人多地少的基本国情，决定了在今后相当长的时期内，必须依靠现代科学技术，大幅度提高农业综合生产能力。

　　从世界范围来看，美国、日本及欧洲发达国家的精准农业航空技术和装备在国际上处于领先水平。我国开展精准农业航空植保作业起步较晚，但近年来在政府的大力支持、科研工作者的推进以及各大企业的积极参与下，国内精准农业航空植保作业发展势头十分迅猛。

　　兰玉彬教授是我国精准农业航空技术研究领域的领军人物，他在国际上首次提出了"精准农业航空"理念和技术路线，长期从事精准农业航空、航空施药技术和航空遥感技术的开发与应用研究，在推动世界精准农业航空学科发展及交流，特别是我国农业航空及植保无人机的应用和发展方面做出了杰出贡献。

《精准农业航空技术》丛书是一套系统介绍精准农业航空遥感技术、施药技术、作业装置及应用的理论研究和实践应用的学术专著。丛书是兰玉彬教授及其团队从事精准农业航空学术研究、技术研发和应用实践20多年的成果总结，丛书的出版对实施乡村振兴战略、推动我国农业现代化、确保国家粮食安全、推进中国"智"造具有重大意义。

《精准农业航空遥感技术》介绍了精准农业航空遥感的信息采集系统、图像数据分析和处理等技术体系，并以具体的农田试验为案例，总结分析了航空遥感技术在病虫害监测与识别、作物杂草分类识别、作物养分检测、农学参数预测等方面的应用，同时还对精准农业航空遥感技术未来的发展趋势做了分析与展望。

《精准农业航空施药技术》在梳理精准农业航空施药技术的发展历史和国内外研究现状的基础上，对航空喷施雾滴沉积影响因素、茎叶喷施农药起效影响因素等进行分析，同时结合具体的研究案例，介绍了精准农业航空施药的雾滴沉积分布、雾滴飘移、喷施效果评价等相关研究成果。

《精准农业航空作业装置及应用》介绍了农用无人机喷头、农用无人机静电喷雾系统、农用无人机作业效果室内检测平台、农用无人机风场特性检测装置、农用无人机风幕式防飘移装置，论述了与农用无人机授粉技术、农用无人机撒播技术、多旋翼农用无人机能源载荷匹配技术、农用无人机避障技术等相关的精准农业航空技术硬件系统和软件系统。

《精准农业航空技术》丛书原创性、实用性、前瞻性、学术性较强，丛书对精准农业航空技术进行深入系统地研究、梳理总结，对实现我国农业现代化、坚持农业科技自立自强具有重大的科研价值、经济价值和社会价值。丛书可为当前蓬勃发展的精准农业的科研及实践提供参考和科学依据，作为从事农业工程、作物栽培与耕作、资源环境和农业信息技术等相关领域研究人员的参考读物，也可作为高等院校相关专业学生的参考书。

中国工程院院士

序
二

近年来，随着气候变化、耕作栽培方式的改变和农作物复种指数的提高，农作物病虫害呈多发、频发态势，重大农作物病虫害时有发生。国以民为本，民以食为天，粮食安全关系民生福祉，关系社会稳定，作为国家总体安全的基础，是治国理政的头等大事。习近平总书记指出，中国人要牢牢把饭碗端在自己手里，中国人的饭碗里要装中国粮。植物保护、科学防治，正是端牢中国人的饭碗、装满中国粮的有力举措。

病虫害治理能力是农业生产力的组成部分，是稳定粮食供应的基本保障。据统计，2015～2020年，我国农作物病虫害年均发生面积65亿亩次、防治面积80亿亩次，经有效防治，每年挽回粮食产量损失1000亿千克左右，占粮食总产量的六分之一。粮食稳产增产离不开农机装备和农业机械化的强力支撑。使用以植保无人机为代表的高工效施药器具进行微型颗粒剂喷施，成为防治农作物病虫害、防控全球性预警灾害的新手段。

精准农业航空技术以农用有人或无人飞机为载体，通过空中和地面遥感，获取并解析农田中作物长势、病虫害程度、土壤情况、光热条件、水分状况等农情信息，依据不同的农情制定生成相应的作业处方图，实现精准的定位、定量、定时植保作业，有助于推进农作物病虫害防治的智能化、专业化、绿色化，有利于推动绿色防控技术的可持续发展。精准农业航空技术通过各种先进技术和信息工具来实现作物的最大生产效率，是"精准农业"理念在航空植保施药领域中的拓展。精准农业航空技术可以激发土壤生产力，采取投入更低的成本获得同样的收益或者更高收益的方式，同时尽可能地降低农耕行为给环境造成的不良影响，让各种类型的农业资源能够被科学有效地利用，从而达到农业收益和环境保护兼顾的目的。

兰玉彬教授编写的《精准农业航空技术》丛书围绕精准农业航空技术，以遥感信息采集系统、遥感图像数据分析技术、静电喷雾系统、变量施药技术、无人机授粉技术、无人机撒播技术、雾滴沉积分布机理等为切入点，结合兰玉彬教授研究团队多年丰富的田间试验案例和实验室案例，对精准农业航空技术进行了深入阐述。丛书共 3 册，分别为《精准农业航空遥感技术》《精准农业航空施药技术》《精准农业航空作业装置及应用》，内容涉及航空作业中遥感信息采集系统的监测识别作用与原理、雾滴沉积分布特性与飘移影响因素、农用无人机的装置特性与农用无人机作业技术、田间航空施药影响因素与建议等。丛书内容丰富、新颖，紧密结合当前精准农业航空技术的实际，对航空技术的作业原理和起效机理进行阐述，既可以作为开展精准农业航空技术研究的学术参考用书，又可以作为田间植保作业的理论指导用书，具有极高的学术价值和应用价值，是一套兼具理论性与实践性的图书。

《精准农业航空技术》丛书的出版，对提高我国农业病虫害防治技术，推进我国农业高质量、高产量、高效率生产发展，加强农业与信息技术融合，强化农业支持保护制度，完善农业科技创新体系，加快建设智慧农业，实现农业现代化、实现可持续发展具有重要意义。同时，《精准农业航空技术》丛书也具有较高的应用价值、指导价值、教育价值，是科研与文化、科研与教育、科研与应用的有效统一，对推动科研成果转化为文化产品、实现科研成果的应用价值具有重要意义。

中国工程院院士

目录

259 第七章 经典应用方向之作物杂草分类识别

403 第十章 展望与未来

第一章　绪论

第一节　精准农业航空遥感的概念

20 世纪 90 年代，美国土壤学者提出了"精准农业"的概念，其英文名称为 Precision Agriculture，旨在提倡发展环境保全型的农业。目前，精准农业已经成为全球农业发展的一股热潮，其也是一种由当代信息技术（GPS、GIS 和 RS，简称 3S）支持的现代化农事操作技术与管理系统。精准农业是按照土壤情况和农作物的生产情况，激发土壤生产力，采取投入更低的成本获得同样的收益或者更高收益的方式，同时尽可能地降低农耕行为给环境造成的不良影响，让各种类型的农业资源能够被科学有效地利用，从而达到农业收益和环境保护兼顾的目的。

遥感（Remote Sensing，RS）是一种技术手段，其使用不同类型的探测传感器，通过非接触探测目标的途径，在不同高度的平台上获得目标对象的电磁波特性。此外，它还通过多种手段（如提取与分析地物特征）获得地物特征、地物变化规律等信息。

遥感技术是指通过飞行设备搭载遥感装置，对地面信息进行数据采集。其获取的遥感图像可以是目标区域的可见光图像、多光谱图像或高光谱图像。通过对采集到的遥感图像进行分析处理，可实现对特定目标的解译。根据数据采集高度的不同，遥感技术分为航天遥感、航空遥感和地面遥感，而航空遥感还可以分为高空遥感和低空遥感。低空遥感领域中，无人机遥感最具代表性。

在农业领域中，通过无人机遥感技术可以快速提取植被作物的光谱信息和可见光信息，根据需求对采集的数据进行分析，可达到病虫害防治、作物生长状况分析、作物产量预估以及患病作物精准定位的目的。随着无人机技术逐步发展成熟，未来将会有越来越多的无人机遥感技术被应用于农业植保以及农业作物生产中，为精准农业发展提供坚实的保证，进一步加快精准农业发展的步伐。

第二节　发展农业遥感技术的研究背景

农业技术的进步、发展与国家和民族的日益强盛有着直接的联系。一直以来，我国都是一个农业大国，然而，我们也面临着一系列的问题，比如农耕田地受到较大的污染、资源日益匮乏等，尤其是我国在 2001 年加入世界贸易组织后，农业市场面临的竞争愈加激烈。

2016年，国家发展改革委等四个部门共同制定了《"互联网+"人工智能三年行动实施方案》，旨在推动我国人工智能行业又好又快发展。该方案明确提出支持小型无人机系统的开发与运用，并积极鼓励无人机研发在多个方面进行突破，比如远程遥控、自动巡航、智能材料等。此外，该方案还鼓励无人机研发人员让无人机更加智能化，并指出无人机系统的应用示范应该将需求作为指导方向。这一系列方案的提出，能够科学有效地促进无人机系统和人工智能技术相互紧密结合与运用。

农作物病虫草害对农作物的质量和产量都带来了极大影响，给农业产业造成巨额损失，是制约现代农业发展的重要因素。据联合国粮食及农业组织（FAO）统计，全世界每年由病虫害导致的粮食减产约为总产量的1/4，其中病害造成的损失约为14%，虫害造成的损失约为10%。中国作为农业大国，农作物种类多、分布广，主要的农作物病虫害达1400多种，具有种类多、影响大和局部暴发成灾等特点。近年来，中国农作物病虫害发生和造成的危害呈现加重趋势，而传统的农作物病虫害监测及防控主要依靠植保工作人员田间取样和调查，具有耗时、费力、效率低和主观性强等缺点。

近几年，在农业和农情分析领域，遥感技术的运用已经处于较快的发展阶段，不过仍然存在很多不足之处。比如，传统遥感技术卫星重复周期时间太过漫长，相关软件操作也比较烦琐，这使得采集高质量的遥感图像较为困难，而且采集的成本费用是一笔较大的开销，因此导致遥感技术在农业多个方面成为绊脚石。不过，随着摄影设备和传感器的研发成本与采购成本逐步下降，技术水平不断提升，人们获取高精度和高维度的影像信息逐渐变得容易起来。总而言之，想要促进农业信息水平和精准水平的大幅度提升，无人机遥感技术无疑是一种方便快捷的途径，而图像实时处理技术也将成为精准农业航空遥感未来的研究方向和研究重点。

现阶段，精准农业领域有哪些研究方向需要航空遥感技术呢？

一、病害监测与识别

近年来，华南农业大学国家精准农业航空施药技术国际联合研究中心致力于柑橘黄龙病的研究。柑橘产业是我国南方地区农业经济中不可或缺的一大农作物产业。自新中国成立以来，我国柑橘产业得到快速发展，尤其是改革开放以来，我国柑橘产量从1978年的38.3万吨发展到2020年的5121.9万吨，增长了130多倍。目前，我国是世界上柑橘产量最大的国家，柑橘产量占比达世界总产量的1/4。南至海南省，北达陕甘豫，柑橘种植覆盖了我国985个县市等地区，主要分布在广东、广西、江西、福建、湖南、湖北、浙江等省份。在我国，柑橘种植品种多样，品类分布合理，是经济价值与营养价值并存的作物。

作为极具经济价值的农作物产业，现有柑橘种类有20种，在生产种植上也形成相应的种植体系和区域特色，但柑橘在生产过程中并不是一帆风顺的。柑橘营养成分较多，生长过程中难免遭受病虫害的侵扰，从而造成极大的经济损失。其中，柑橘黄龙病的影响程度最为恶劣。

柑橘黄龙病又称青果病、黄梢病。自1919年柑橘黄龙病在我国广东省潮汕地区被发现并报道以后，逐渐扩散到40多个国家和地区，已经成为柑橘产业的毁灭性病害。柑橘黄龙病具有传播能力强、危害性大等特点，会急剧缩短柑橘植株的寿命，严重影响果实的质量，导致柑橘产量大幅度下降，造成果农生产成本增加，严重限制了我国柑橘产业的发展。柑橘黄龙病的感染不仅与病菌和宿主有关，还与传播媒介和生长环境有关，因此，柑橘黄龙病是最为复杂的柑橘病害。目前，该病害已经严重影响我国广东、广西、福建等柑橘主要种植区，并不断蔓延向浙江、贵州等省份。

在柑橘生长过程的任何阶段，都存在感染柑橘黄龙病的风险。染病的柑橘植株并不会马上表现出症状，而是会经过几个月甚至是一两年的潜伏期，然后逐渐在叶片上表现出染病症状，如图1-2-1所示。柑橘黄龙病的病原主要是柑橘果树韧皮组织受到革兰氏阴性菌感染，并由枝干逐步扩散至枝叶和根部，导致冠层脱水发黄，最终导致整株果树枯萎死亡。染病植株新梢会出现均匀黄化、斑驳黄化、缺素黄化和整体黄化枯萎的现象。其中，斑驳黄化在染病的不同时期和阶段均会出现，是柑橘黄龙病的典型表现症状。与健康植株相比，染病植株花期较早，花瓣易落，容易出现落花落果。染病的年轻植株生长速度缓慢，树势衰弱；染病的年老植株会出现烂根的症状，且染病根系会危害整个土壤的健康。染病植株会由于果实转色异常或者不转色而呈现出"红鼻子果"或者"青果"。除了肉眼可见的症状外，柑橘黄龙病也会使柑橘植株和果实在生理上发生微观的变化，这些变化需要借助外在设备辅助观察。

图 1-2-1 柑橘黄龙病症状示意图

因此，柑橘黄龙病一直被认为是柑橘的"癌症"，给果农和相关产业带来巨大的经济损失，且尚未发现有药物可以治愈，现有技术下，应对柑橘黄龙病的有效措施就是整株移除、连根拔起。因此，发现和检测柑橘黄龙病变得尤为重要，如何快速有效检测柑橘果园的柑橘黄龙病染病情况，成为柑橘产业发展亟待解决的问题。

柑橘黄龙病作为柑橘果树危害最严重的病害，检测方法可分为有损检测和无损检测两大类。大部分有损检测方法是基于复杂的技术过程来检测柑橘植株是否染病，对检测人员的知识水平要求严格，检测操作过程必须规范，即便这样，在采样量和检测方式上，仍存在漏检或者误检的情况。无损检测方法是基于经验判断或设备辅助，经验判断的方法虽然高效，但准确率与判别者的专业水平息息相关，还易受其他症状的干扰。设备辅助结合数学建模技术进行快速无损检测是一种研究发展趋势，但针对大面积检测来说仍存在以下不足：

（1）地面检测耗时耗力。农业的大面积化生产是未来的必然趋势，基于地面的柑橘黄龙病检测用于大面积柑橘果园时需要消耗大量的人力、物力和财力，不符合农业智能化发展的要求。

（2）冠层光谱的提取方式不当。虽然针对柑橘黄龙病的无人机高光谱遥感监测已有一定研究，但目前的研究程度对空中柑橘黄龙病的光谱特征挖掘程度不足。由于植株疏密程度和叶片生长方向不同，冠层中间和冠层边缘的柑橘光谱曲线并不完全相同。通过建模冠层感兴趣区域（regin of interest，ROI）可以提取冠层的平均光谱，但染病植株冠层并未被全面感染，平均化处理得到的光谱将削弱柑橘黄龙病冠层光谱的特征。

（3）病害程度检测不精确。已有研究中对植株感染柑橘黄龙病的程度并没有做出全植株的判别分析，不能较好地判别果园柑橘植株受柑橘黄龙病胁迫的程度。

（4）植被指数检测应用普遍较少。植被指数在光谱检测中具有重要意义，需要进一步探索其在柑橘黄龙病检测中的应用。

诸多研究者在室外地面环境或实验室环境下开展了对柑橘黄龙病的检测研究，如常见的田间诊断法和实验室生化分析法。

田间诊断法是诊断柑橘黄龙病最快速的方法，简单易行且无须设备辅助，根据柑橘植株在田间的表现症状对其是否感染柑橘黄龙病得出诊断结果，但该方法对知识和经验储备要求较高，主观性较强，环境因素影响较大，会使准确率受到较大的影响，而且感染柑橘黄龙病的植株在肉眼下呈现的症状极易与其他病害症状相混淆，也会影响田间诊断的结果。

实验室生化分析法包括病原显微镜观察法、生化指标检测法、核酸探针检测法、聚合酶链式反应（PCR）检测法、环介导等温扩增（LAMP）快速检测法以及血清检测法等方法。①病原显微镜观察法是借助电子显微镜或光学显微镜和超薄切片技术来观察柑橘叶片的筛管细胞内是否含有柑橘黄龙病病原的方法，但柑橘黄龙病的病原在柑橘叶片的浓度较低且分布不均匀，因此极易造成漏检或误检等情况。②生化指标检测法是借助荧光指示物或特异性蛋白来观察染病组织中是否含有特异性物质从而进行诊断。③核酸探针检测法是通过制作柑橘黄龙病的核酸探针来检测不同株系间柑橘黄龙病的感染情况。④ PCR 检测法包括了常规 PCR 检测、巢式 PCR 检测、实时荧光定量 PCR 检测和多重 PCR 检测等 PCR 扩增检测，该方法通过设计引物进行体外合成黄龙病病原 DNA，是目前检测柑橘黄龙病最准确也最主要的技术手段。⑤ LAMP 快速检测法是一种恒温核酸扩增方法，具有特异性强、灵敏度高等特点，效果较优。⑥血清检测法是制作能与柑橘黄龙病病原结合的血清，从而通过电子显微镜观察其特异性，但该方法技术复杂，检测范围窄，效果并不突出。

虽然这些方法的部分研究结果有着较高的准确性，但大都存在检测过程复杂、对检测人员专业知识储备要求较高、检测周期长等缺点，在应用于大面积柑橘果园时，经济成本和时间成本较高，不利于很好地推广到农业实际生产中。而无人机遥感技术作为一种便捷、高效的病虫害检测方法，顺应了大面积果园的智能化管理趋势。

在计算机技术快速发展的大背景下，计算机的数据处理能力大幅度提高，计算机处理数据的硬件成本和时间成本大幅度下降。机器学习算法和深度学习算法随之得到快速发展和广泛应用，使得处理大面积大容量的无人机遥感数据变得容易，遥感图像的处理技术也因此得以提高。相对卫星遥感，无人机遥感数据具有实时性、周期短、高精准性、成本低等特点，在农业领域可以广泛地开展应用，通过无人机搭载高光谱相机，可快速采集农作物信息并进行农情信息分析。基于高光谱数据对农作物病虫害的遥感检测已经成为无人机农业遥感领域的重要研究方向之一，该技术在国内已有较多研究。

二、虫害监测与识别

（一）棉红蜘蛛

棉红蜘蛛（two-spotted spider mite，TSSM）又称二斑蜘蛛螨，其成虫是多种农作物的主要害虫，尤其会对棉花造成严重的危害。它们以植物为食，在感染早期会导致叶子起皱和变色，之后会导致叶子脱落。研究发现，TSSM会破坏含叶绿体细胞，造成叶片损伤，最终导致作物产量严重下降。

传统的评价螨类密度的方法是在田间进行人工检测和计数，既费力又费时。近年来，机器学习的发展为计算机视觉和遥感分析提供了有效的工具。Herrmann和Berenstein等发现TSSM种群密度与其引起的叶面损伤呈指数正相关。由于TSSM引起的叶面变化可以通过肉眼观察到，因此遥感平台为快速绘制TSSM的叶面损伤空间分布和种群密度提供了可能。关于利用遥感平台进行虫害检测有大量的文献论述，例如，Reisig等应用遥感方法检测受蚜虫和TSSM寄生的棉花。

（二）小麦叶枯病

叶枯病是一种严重危害小麦生产的病害，在全球范围内造成小麦减产。通常，叶枯病可以通过均匀喷洒化学品来控制，但化学品使用量的增加已经引起了农业和环境问题。要解决这一问题，精准的化学喷施是关键。一方面，精准喷施强调根据疾病感染程度施用适量的药剂，可以减少化学品的使用；另一方面，根据病情程度的具体要求，精准喷施足够的药剂，可增强化学效果。在这种情况下，对叶枯病的有效检测可以为植保无人机提供详细的信息支持。

传统的叶枯病的评估是在整个麦田进行人工调查，既费力又耗时。而无人机遥感作为一种快速检测植物病害的有效、高效、安全的工具已被频繁使用。与卫星和飞机相比，无人机可以低空飞行并捕获高分辨率图像，这为植物病害检测提供了更详细的空间信息。将无人机遥感应用于小麦病害检测已有文献记录。例如，冷伟锋等将无人机遥感应用于小麦条锈病检测，对疾病指数与影像反射率进行相关分析，采用线性回归方法建立估计模型，研究发现健康样地和染病样地的影像反射率差异显著，表明利用无人机检测小麦条锈病是可行的。Liu 等利用无人机检测小麦白粉病，在麦田上空的不同高度拍摄无人机图像，用随机系数回归模型对数据进行拟合，观察图像参数 lgR 与病害严重程度之间的确切关系。然而，利用无人机图像进行叶枯病检测的研究目前还不多见。

（三）松材线虫病

除柑橘黄龙病之外，华南农业大学国家精准农业航空施药技术国际联合研究中心团队也在依靠遥感技术探究松材线虫病的检测方法。

松材线虫病又名松树萎蔫病，是一种极具毁灭性的松树重大疾病，一旦感染便会迅速蔓延并在短期内使患病植株死亡。该病是对我国松树林危害极大的一种松树毁灭性流行病，被感染的松树外部症状表现为针叶逐渐变为黄褐色，重度患病的松树针叶会呈红褐色，最终萎蔫直至完全枯死。松材线虫病的致病能力强且对宿主有着致命的影响，除此之外，该病的发生往往猝不及防，一旦出现就会快速蔓延导致大量松树死亡，因此若不能及时发现并处理感染松材线虫病的松树，将会带来巨大的经济损失，还会对生态环境产生一定的破坏。

松材线虫病在全球多个国家都有案例。在葡萄牙和西班牙，海岸松是松材线虫病的主要患病松树，西班牙卡斯蒂利亚地区的辐射松也存在患病现象。在美国，松材线虫病多发于欧洲赤松、欧洲黑松、赤松、黑松以及湿地松等种类的松树，除此之外，香脂冷杉、大西洋雪松、雪松、欧洲落叶松、美洲落叶松和白云杉等针叶树的枯死树中也发现了松材线虫病的患病症状。为了防止松材线虫病进一步扩散，美国种植的松树以火炬松、长叶松、小干松、沙松、短叶松和班克松等抗松材线虫病能力较强的松树为主。在加拿大，目前已出现松材线虫病感染症状的松树品种包括白云杉、黑云杉、香脂冷杉、美洲落叶松、红云杉和花旗松等针叶树。在亚洲，中国、日本和韩国均有松材线虫病出现，其中黑松和赤松为主要的松材线虫病感染树种，目前已造成大面积的松树死亡。近些年，在中国已发现的受感染松树还包括思茅松、油松、云南松、华山松和红松。

我国于 1982 年在南京中山陵首次发现松材线虫病，在将近 40 年时间内，我国因松材线虫病造成损失的松树已经累计达到数十亿株，造成的直接经济损失和生态服务价值损失达上千亿元。目前，我国 18 个省包括 588 个县级行政区在内，总计 974 万亩[*]的松树出现了该病害，并

---

* 1 亩 ≈ 666.7 平方米。

且该病迅速向我国西部和北部地区扩散，往西最远波及四川省凉山州，往北最远波及辽宁北部多个县区，多个国家级风景名胜区和重点生态区也成了该病的受灾区域。与此同时，传统理论提出的年均气温10℃以上的适生界线已经不再适用于病疫区，松材线虫病也出现了如云杉花墨天牛等物种的新型传播媒介，落叶松、红松等松树种类也成为松材线虫病的危害对象，病害直接影响到我国将近9亿亩松林资源的安全。

尽早发现患病的植株并将其砍伐，能够防止松材线虫病扩张蔓延，可以大大减少该病带来的经济损失以及对生态环境的破坏。目前我国检测和治理松材线虫病的方法包括检疫、化学防治、清理病死木、营林防治。然而如果不能准确检测出患病植株的具体位置，就需要人工前往松树林内寻找患病的松树进行施药和砍伐等处理，这种方法不但耗费人力、物力，而且效率较低，因此提供一种精确高效的松材线虫病枯死树检测手段迫在眉睫。

三、草害监测与识别

水稻是我国最重要的经济粮食作物，对农业发展和社会稳定具有极大的影响。据统计，全国60%以上的人口以稻米作为主食。因此，水稻的优质高产对保障国家的粮食安全具有重要意义。然而，在水稻的自然生长过程中，田间的杂草与水稻相互竞争所处环境中的阳光资源、水分资源和肥料资源等，直接导致水稻田的微生态环境发生改变，容易出现病虫害，进而影响水稻的质量和产量。由于杂草具有生长速度快、根部发达等特点，导致水稻竞争自然资源的能力明显处于劣势地位，无法吸收充足的养分维持正常的生长。近年来，随着种植田块面积的增大和水稻种植技术的改变，田间的杂草危害明显增长，直接影响水稻的最终收成。据统计，田间杂草对水稻种植造成了高达40%的产量损失。因此，稻田杂草的有效管控，对保证水稻的产量和质量具有重要意义。

在我国南方地区，水稻是人们餐桌上不可或缺的重要粮食。可以说，水稻种植与国民的生产生活息息相关。近年来，很多地区研发了新型栽培技术用于水稻种植，比如南方水稻抛秧技术，使水稻栽培方式逐渐发生较大的改变，同时，也使得杂草危害问题日益严重，导致水稻的产量大大降低。杂草防治的关键时期在水稻生长初期，要求在杂草尚未成熟时将其去除。然而，不同于阔叶类型的作物，水稻和部分杂草（如千金子）都属于窄叶类型，从遥感图像上难以定位和识别。同时，在水稻生长的初期阶段，水稻和杂草的颜色、形状也较为相似，难以准确区分。水稻生长初期的杂草识别任务，对遥感图像分辨率和数据分析技术都提出了较大挑战，这也是当前水稻田杂草管理处方图研究进展较为缓慢的原因。

田间杂草的防治方法通常包括人工除草、机械除草和化学防治。

人工除草是最安全有效的除草方法，成本较低，且没有副作用。但是人工除草要求将杂草连根拔起，工作量大，且效率低。目前，大量的农村劳动力向城市转移，农村的剩余劳动力数量逐年下降，使得这一传统的除草方式难以维持。

相比人工除草，机械除草具有效率高、省时省力的特点。然而，在水稻机械化生产过程中，中耕除草机械的研究相对落后，株间除草精度不高，难以在生产实践中推广应用。

化学防治是指通过人工或植保机械向水稻田喷洒除草剂，利用内吸或触杀的方式有选择性地防除田间杂草。对于大田的杂草管理，化学防治是目前唯一可行的防治手段。化学防治有效节省了人力投入，效率较高且防治效果良好，因此被大多数农户接受，成为当前应用最为广泛的除草方式。调查研究表明，通过化学防治的手段每年能够挽回接近农作物总产量30%的损失。最近几年，植保无人机的发展越来越快，使用植保无人机对水稻田施肥与喷洒农药，明显地提升了作业效率，降低了农药污染的程度，还能够科学有效地解决在水稻生长过程中地面机械下田作业难度大的问题。

化学防治对杂草管控、保障粮食产量发挥了重要作用。然而，过量使用除草剂也对环境和社会造成了负面影响。大多数农户在杂草管控的过程中，并没有考虑杂草在田间的分布情况，而对所有的田块采用统一的剂量进行均匀喷洒。为了保证施药效果，农户往往会增加喷施剂量和施药次数，导致过量的除草剂残留在作物、土壤和水源中，不仅影响了水稻品质，也造成了环境污染。另外，除草剂种类较少和除草剂的不当使用容易引起杂草的抗药性。近年来，水稻田杂草的抗药性问题日益严重。如果通过增加除草剂剂量来防除抗药性杂草，将进一步加剧农药残留和环境污染的不良后果。针对这些问题，农业农村部于2019年1月印发《关于开展2019年绿色高质高效行动的通知》，提出以节本增效技术、生态循环模式、绿色标准规范为发展方向，构建高效、安全、智能的绿色农业体系。通知中明确规定，精准施药作为减药控害的关键技术，必须得到进一步的示范推广。

在传统的水稻种植作业中，田块中的杂草分布信息主要通过人工调查获得，但是，这种调查方式不但工作量大，而且效率低。当前，随着我国土地流转率的进一步提升，农业规模化生产成为一种趋势，迫切需要自动化、机械化的新型植保方式。

运用植保无人机对水稻田中的草害进行防治虽然能够让整个作业流程更加简单便捷，但由于其也采用与人工施药相等的施药剂量展开一系列作业，因此也很容易造成农药的大量残留，进而危害人们赖以生存的生态环境。理想的航空喷洒农药的方式，应该是按照需求进行喷洒，具体来说，就是按照田块区域作物的具体情况，对施药量进行科学地调整。此外，随着研究的不断深入，遥感技术已经被运用到农业领域当中。通过无人机遥感技术，能够对作业田块直接生成作物诊断图和施药处方图，进而为精准航空喷施提供一定的依据。对杂草危害问题严重的区域多喷施农药，而对于那些杂草危害问题较轻，或者没有出现杂草危害问题的区域，就少喷施农药，甚至不喷施。由此可见，想要降低杂草对水稻作物的危害程度，提供区域内水稻和杂草的准确分布情况是非常重要的前提。

传统的人工调查方式难以适应新型的大田种植模式，无法为田块杂草的规模化管理提供决策支持，而遥感技术使得大范围农田杂草的快速检测成为可能。通过遥感技术从人造卫星、飞机或地面传感设备上接收地物目标的电磁辐射信息，进而进行地物数据分析。由于遥感属于非接触的技术，因此不会影响水稻的正常生长；同时，遥感技术可以快速采集大范围田块的农情信息，结合数值分析技术能够快速获得田块的杂草分布信息，为除草剂的精准喷施提供决策支持。

遥感技术包含地面遥感和空中遥感。其中，空中遥感包含卫星遥感、有人驾驶飞机遥感、无人机遥感。遥感技术在杂草识别研究与应用中的潜力，使得以上遥感领域均引起了广大学者的关注。

四、作物养分监测

农业用水消耗了地球上大约 70% 的水资源。与此同时，其他行业的用水量也在增加，与农作物生产竞争水资源。目前的气候变化预测显示，地中海和半干旱地区干旱期的频率和强度有所增加，水资源日益紧缺已成为全球问题。值得注意的是，灌溉农业在全球粮食生产中扮演着关键角色，因为灌溉农业仅利用 20% 的耕地提供全球 40% 的粮食供应，这意味着优化灌溉管理对水资源利用至关重要。

植物的主要成分是水，缺水会引起植物生理和形态上的变化，进而影响作物的产量或品质。水资源面临的形势日益严峻，农业生产亟须在同样或更少用水量的情况下，实现产量更高、质量更好的目标。所以，及时、精确地获取植被的水分信息，对于提高农业用水利用率和灌溉效率，实现精准农业和节水农业有着极为重要的意义。

叶作为植物的重要营养器官之一，其功能是进行光合作用合成有机物，通过蒸腾作用提供运输水分和营养素的动力。水作为叶片光合作用过程中的主要成分，密切影响着作物的产量。作物叶片含水量的评价指标有含水量（样本水分占叶片鲜重的比例）、相对含水量（样本水分占样本饱和水分的比例）、等效水厚度（单位面积含水量）等。等效水厚度本身就是监测作物生长发育、健康状况的重要指标，是用来描述植物叶片生理信息的参数之一，与光照强度在被叶片反射过程中的损失密切相关，在遥感领域被广泛应用于作物含水量的监测。

水和肥是棉花田间管理中最活跃的两个要素，水肥的管理调控对棉花产量至关重要。棉花属于喜旱型作物，水的灌溉量能明显影响棉花的长势。氮元素是植物生长发育所需要的最重要的元素之一，是所有活细胞的重要组成部分，密切影响着蛋白质的合成，对作物生长至关重要。叶片含氮量通过影响叶绿素含量进而影响光合作用，同时叶片含氮量也可以反映作物整体的氮素水平，也是监测作物生长发育、健康状况的重要指标，与作物产量息息相关。因此，氮肥的管控，是保证作物高产、优产的重要管理措施之一。棉花对氮元素的吸收量明显比粮食作物对氮元素的吸收量大，氮肥可以对棉花产生显著的增产效果，但是由于氮元素在土壤中会有淋溶作用，因此施氮量过多会导致土壤污染。此外，氮肥如果施用不当，也可能增加棉花感染病害的概率，导致减产。

对于以上问题，在 20 世纪 80 年代，发达国家提出了"精准农业"的概念。氮素的精确管理作为精准农业的其中一个核心内容，可以节约氮肥、提高产量、保护环境与农业资源，是实践精准农业的重要措施，是农业可持续发展的必然要求。于是，通过基于地面的遥感平台来获得高氮状态从而估计监测精度的方法被提出，但是这种方法在大面积使用时长期来看是低效率的，而以无人机为主的遥感平台为精准农业的实现提供了一个低成本且高时空分辨率的选择。因此，无人机遥感技术对监测作物的氮状态具有重要的意义。

无人机超低空多光谱遥感在我国精准农业实施中具有重要的生产指导意义和广阔的发展前景，随着无人机技术和低空遥感传感器的迅速发展，新型农民通过无人机获取作物生长信息的场景将在不远的未来实现。这个场景的实现，必须依赖于可靠的遥感反演模型，而反演模型建立的有效途径之一就是通过科学试验，研究农作物的生理参数与超低空光谱信息之间的关系。

五、棉花选育与估产

中国是世界第一大棉花主产区，棉花种植面积占全国耕地面积的 30%。据国家统计局数据，2019 年中国棉花总种植面积为 3339200 hm^2。新疆是我国棉花主产区，其棉花种植面积和产量分别占全国棉花种植面积和总产量的 50% 以上和 70% 左右。

无人机低空遥感技术的发展对新疆地区农业的发展具有重大意义。新疆的棉田面积广、平整度高、易于控制、机械化程度高，北斗精准导航应用广，新的农业技术推广迅速，当地农民对棉田精细化管理、精准施药等精准农业理念有较高的认可度，对精准农业航空遥感技术的应用有较迫切的需求。此外，新疆具有良好的有利于低空遥感应用落地的气候条件，在棉花生长的季节里，有 70% 以上是晴天，且天气干燥，云层遮挡少，同一时间段内光线均匀。

目前，已有许多学者使用基于无人机平台搭建的遥感系统对棉花进行了研究，例如使用无人机搭载多光谱相机采集数据，计算归一化植被指数（Normalized Difference Vegetation Index，NDVI），从而对棉花最终产量进行预测。但使用单一参数建模所得到的精度并不高，所建模型的决定系数（R^2）为 0.47。在预测模型中加入更多的因变量可以提高模型的准确性，如果在无人机上加装高分辨率数码相机，同时采集 RGB 图像，将颜色特征、植被覆盖率等参数加入模型，就可以获得更高的预测精度（R^2=0.97）。此外，使用高分辨率的数码相机配合空中三角测量算法也可以得到作物冠层的表面模型与冠层高度信息。由于株高值和生物量呈正相关，使用冠层数字表面模型还可以对株高值进行反演。利用多源信息融合技术将不同时相的遥感数据做融合处理，可以最大限度地利用各种信息源提供的信息，从而大大提高在特征提取、分类等方面的有效性，在农田分类、植被覆盖度、土地荒漠化以及作物生长随时间变化等特征的研究中，发挥着十分重要的作用。

单铃重是指籽棉在单铃中的重量，其表现出复杂的特性。此外，单铃重与毛刺重、每铃室数、种子重、种子数和纤维重呈正相关，与单株铃数和皮棉率呈负相关。单铃重与产量之间的明显相关性已被验证。但是，如果棉铃很大，则壳可能会变厚，导致生育期延长，棉铃充铃率和开铃率下降。在我国棉花的选育过程中，一般单铃适宜重量为 5.0 ～ 6.5 g。大面积有效预测单铃重有助于提高棉花品种选育效率，从而提高棉花产量和品质。利用机器视觉技术对遥感图像中的棉铃进行提取，对棉铃吐絮率、脱叶剂效果以及智能农机的研究有很大的帮助。在过去的十年中，已有学者使用机器视觉技术对棉铃进行提取，例如采用基于随机森林分类法和基于近红外影像的面向对象法对棉铃和背景进行分割。此外，计算机运算能力的飞速提高使得深度学习技术发展迅猛，卷积神经网络（convolutional neural networks，CNN）是目前深度学习领域研究最多、发展最好的一个分支，已经得到了广泛的应用。

第三节　农业遥感应用类型

在农业航空遥感应用中，可见光图像和光谱图像是遥感影像的两个主要数据形式，其中光谱图像使用尤其广泛。农作物植被的光谱特征是判断农作物属性的一个重要特征，影响植物光谱的因素有叶子的颜色、叶子的组织结构、叶子的含水量、植物的覆盖度等。如图 1-3-1 所示，作物在可见光到近红外光谱波段中，反射率主要受到作物色素、细胞结构和含水量的影响，特别是在可见光红光波段有很强的吸收特性，在近红外波段有很强的反射特性，可以用来进行作物长势、作物品质、作物病虫害等方面的监测。

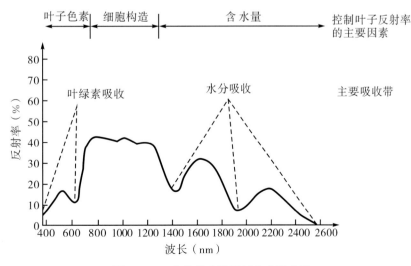

图 1-3-1　作物的光谱反射率大致曲线

不同波段的反射光谱特征代表作物属性的差异。反射峰、吸收谷均可以用于反演叶绿素含量、细胞构造以及水分含量等。不同植物由于叶子的组织结构和所含色素不同，具有不同的光谱特征。如图 1-3-2 所示，在近红外区域，草本植物的反射率高于针叶树，也高于岩石或泥浆。

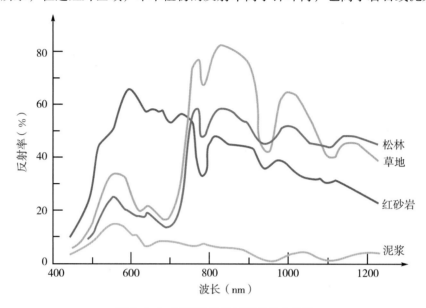

图 1-3-2　不同地物的反射率分布曲线

植被的含水量与光谱特征具有相关性。在相同的拍摄条件下，含水量较高的植被，其反射率普遍比含水量较低的植被要低一些。如图 1-3-3 所示，同一种作物，含水量较高时，光谱反射率较低；反之，含水量较低时，光谱反射率较高。

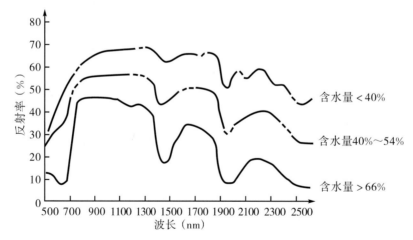

图 1-3-3　作物含水量对光谱反射率的影响

同理，作物遭受病虫害胁迫的程度与其光谱反射率也存在必然的联系。健康的绿色植物具有典型的光谱特征。如图 1-3-4 所示，遭受病虫害的植被，其光谱反射率曲线的波状特征被拉平。基于植被的光谱特征及其他遥感影像的特征，如可见光图像的空间信息特征等，可以衍生出农业航空遥感不同的应用领域。

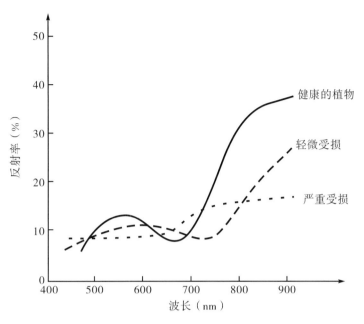

图 1-3-4　病虫害胁迫对光谱反射率的影响

随着传感器、遥感平台、大数据处理、人工智能等技术的发展，农业航空遥感的应用领域
不断被拓宽。主要的应用包含以下方面，如图 1-3-5 所示。

（a）作物分布、产量评估、总览梯田　　　（b）作物识别、杂草识别　　　（c）农业灾害评估

（d）病虫害诊断与监测　　　（e）农作物生长状况追踪　　　（f）土壤属性分析

图 1-3-5　农业航空遥感主要应用领域

（1）进行大范围农田监测，以掌握作物的分布情况和进行产量评估，也可总览梯田概况，便于及时整改。

（2）通过农业航空遥感探测作物的种类，也可以用于农作物与非农作物的识别，例如稻田杂草识别。

（3）自然灾害或病虫害后作物受损程度的评估。

（4）利用遥感监测技术进行作物病虫害的诊断与监测，做到及时发现、及时处理，也有利于早期防治。

（5）可通过遥感方式监测农作物的生长状况，及时跟踪并处理。例如借助无人机遥感的硬件和软件技术，分析新栽培植株的成活率，以确定重新栽种方案。

（6）分析土壤属性，根据土壤性状，在作物生长过程中调节对作物的要素投入，以最低的投入获得最高的产出，并高效利用各类农业资源，改善环境，取得较好的经济效益和环境效益。

第四节 国外精准农业航空遥感技术的研究进展

1960 年"遥感"这一术语出现以来，大多指的是卫星遥感。随着无人机技术的快速发展，农业航空遥感特别是无人机遥感成为近些年的研究热点。在农作物病虫害监测应用中，卫星遥感影像分辨率低，难以识别农作物病虫害的局部特征，具有很大的局限性，而无人机遥感可以提供更高分辨率（如空间分辨率、光谱分辨率、时间分辨率）的影像数据。

一、病虫害遥感监测研究进展

国外越来越多的专家和学者对采用光谱指数监测病虫害进行了探讨。例如，Verger A 等采用无人机遥感平面平台，运用无人机配备四种相机，通过生成查找表的方式，对每个单独图像进行分析，进而估算绿色面积指数（Green Area Index，GAI），在水需求、产量生产、杂草和昆虫侵扰等多个方面给农民提供宝贵意见。Garcia-Ruiz F 等运用无人机获得了柑橘果园的影像，并对区域里正常植株和感染柑橘黄龙病植株的以下 6 种指数进行分析与研究：归一化植被指数（NDVI）、绿色归一化植被指数（Green Normalized Difference Vegetation Index，GNDVI）、土壤调节植被指数（Soil-Adjusted Vegetation Index，SAVI）、差值环境植被指数（Difference Vegetation Index，DVI）、植被指数序数（Vegetation Index Number，VIN）和比值植被指数（Ratio Vegetation Index，RVI）。通过对这些指数的计算，与植被特征建立关系模型，获得和分析作物的生长高度与叶面积之间的关系，从而估算地上生物数量，并采用交叉验证法，对估算地上新鲜生物数量和估算干生物数量的 5 个模型进行了检测与验证。Kim 等通过显微图像对健康柑橘叶片及 7 类病害柑橘叶片进行分析，通过 HIS 变换和提取颜色共生矩阵等纹理特征，建立判别模型，分类准确率达 86.7%。Pourreza 等通过两个前置偏振光滤光器的单色相机测量反射系数，采用 4 种纹理特征和 7 种分类器进行建模分析对比，对柑橘黄龙病叶片和健康叶片的分类有着 89.6% 的准确率。Hawkins 等通过将柑橘叶片进行粉碎和干燥处理，结合衰减式全反射傅里叶红外光谱分析法检测感染柑橘黄龙病的叶片，该有损检测方法的检测精度达到了 95%。Cardinali 等通过衰减式全反射傅里叶变换红外光谱仪收集健康、染斑萎病、染柑橘黄龙病症状明显和染柑橘黄龙病无明显症状 4 类柑橘叶片的数据，借助诱导分类器对 4 类叶片进行分类，准确率达 93.8%。Pérez 等通过拉曼光谱对健康和染柑橘黄龙病柑橘叶片进行分析，结合主成分分析法（principal component analysis，PCA）和线性判别分析法（linear discriminant analysis，LDA）对健康和染病叶片的光谱数据建立判别模型，其模型分类准确率达到 89.2%，并进一步指出，通过在便捷式拉曼光谱仪器配置 PCA-LDA 模型可实现柑橘黄龙病的无损快速检测。

Pereira 等通过荧光成像光谱分析技术检测柑橘黄龙病，该团队在试验中检测接种了柑橘黄龙病菌 8 个月后的柑橘植株，通过荧光成像技术采集该染病植株和该品类健康植株的荧光图像，通过比较分析发现该技术在 95% 的置信水平上成功找到染病植株。Mishra 等通过一系列研究，指出判别柑橘黄龙病的较优波长在 530 ~ 564 nm、710 ~ 715 nm 和 1040 ~ 2014 nm 等范围，并选取柑橘病树顶梢特征波长为 570 nm、670 nm、870 nm 和 970 nm 的柑橘叶片构建植被指数，结合支持向量机（support vector machine，SVM）算法建立判别模型，准确率达 97%；随后又指出，仅通过 350 ~ 2500 nm 范围的光谱不足以检测果树病害，但基于多源测量参数，结合 SVM 或加权最近邻算法可得到超过 90% 的分类准确率。Sankaran 等通过地面移动平台搭载多光谱相机和热成像相机采集柑橘近地面冠层影像数据，获取健康植株与染病植株的冠层光谱特征和热成像影像特征，分别得到可分性较高的 560 nm 和 710 nm 特征波段，可分性较高的植被指数有归一化植被指数（NDVI）、Vogelmann 红边指数（Vogelmann Red Edge Index，VOG）和修正红边比值（Modified Edge Simple Ration Index，MSR），通过 SVM 算法分类可得到 87% 的准确率。

Nebiker 等研究对比了两种多光谱机载传感器的性能，并对油菜、大麦、洋葱、马铃薯和其他作物进行遥感试验。比较的传感器包括一个高端多光谱相机，带通滤色片和天顶方向的参考通道，以及一个低成本的消费级佳能 S110 NIR 相机，带拜耳模式滤色片。地面参考测量通过地面高光谱仪获得。研究表明，高端系统的测量结果与地物光谱仪的测量结果一致，平均偏差仅为 0.01 ~ 0.04 NDVI 值；而低成本系统在提供更好的空间分辨率的同时，表现出明显的偏差。传感器随后被用来进行油菜和大麦的作物产量估算以及马铃薯、洋葱栽培的植物病害检测。油菜和大麦的不同植被指数与参考产量测量之间存在高度相关性。利用高几何分辨率和低至 2.5 cm 的地面采样距离，分析了洋葱蓟马侵扰的影响。针对马铃薯的遥感试验在初期成功地检测到马铃薯枯萎病。以上研究表明，单个多光谱传感器具有卓越的干扰滤波器和天顶方向的参考通道，确保了光谱测量的高质量，且可以不需要对地面光谱参考测量。高分辨率RGB图像与多光谱图像的结合，在农业遥感领域更有应用前景。

在植物表型研究领域，无人机机载遥感系统也常用于监测农作物的生长状况。Sugiura等利用无人机获取的RGB图像，开展了马铃薯晚疫病的田间抗性试验研究，该研究较客观、有效地评估马铃薯晚疫病的感染程度，比传统的视觉评估更有效，更节省劳动力。Tetila等针对大豆叶病提出了一种计算机视觉系统，利用低成本无人机大疆精灵3捕获的可见光图像跟踪野外大豆叶片病害。该研究提取RGB图像中颜色、梯度、纹理、形状等视觉特征，比较了不同飞行高度获取的数据和6种分类器的性能。研究结果表明，颜色和纹理特征可获得更高的分类率，在$1\sim2\,m$的高度达到98.34%的精度，每米衰减2%。该研究结果为无人机低空遥感飞行高度的选择以及遥感图像特征的选择提供了理论依据和指导。

Kumar等通过空中机载高光谱相机采集2007年和2009年佛罗里达柑橘果园柑橘冠层的高光谱影像，通过遥感图像处理平台ENVI（the Environment for Visualizing Images）进行分析，使用图像衍生光谱库、混合调谐滤波器（mixture tuned matched filtering，MTMF）、光谱角映射法（spectral angle mapping，SAM）和线性消解混元像素等方法处理高光谱遥感影像，指出MTMF方法效果较优。

综上所述，无人机遥感在水稻、柑橘、棉花、大豆等农作物病害监测上均取得了一些进展，从最早由无人机搭载可见光相机，到近几年多采用多光谱相机、高光谱相机乃至热红外成像仪，获取低空遥感影像进行统计分析、图像处理和机器学习方法等农情解析。这些研究成果离大规模应用转化还有一段距离，目前的研究成果主要是针对特定农作物、特定试验园区以及特定病害监测进行的可行性研究，多数研究成果与农学植保、病理等理论知识结合不够紧密，对农作物生长规律和病害发生规律的研究深度不足。

二、作物杂草分类遥感识别研究进展

很多专家和学者利用无人机遥感对农田杂草进行了分析，如Peña J等使用无人机对早期杂草幼苗进行检测与分析，并指出能够将无人机获取图像的方式运用于杂草管理领域。Lopez-Granados等通过无人机获得两个向日葵田的重叠空间图像，并对图像进行分析。该研究建立在30 m和60 m高度获得的两个向日葵田的重叠空间图像上，进而生成地理参考的杂草幼苗侵染图，以及向日葵正确匹配正交镶嵌图像，采用以研究对象为基础的图像分析法展开分析，指出在不同的飞行高度情况下，采用多光谱相机能够较为准确地观察到高精度的杂草。Peña Barragán等使用塞斯纳402有人驾驶固定翼飞机，采集向日葵田块的彩色红外航空影像，用于识别田块中伞柄状杂草的分布情况。试验在两块向日葵田中开展，数据采集的时间分别为作物的生长阶段后期、花期、成熟期。采用红光、绿光、蓝光、近红外四个波段及其植被指数作为特征向量，采用光谱角制图方法进行分类判别。试验结果证明，两个田块的识别结果较为接近，但不同时期的识别效果差距较大。其中，花期的识别率最高，生长阶段后期最低。对于花期数据的识别，在采用绿光波段与红光、蓝光波段的比值作为特征向量的情况下，光谱角制图的识别精度在65%～98%。试验结果表明，有人驾驶飞机遥感影像能够提供向日葵收获8～10周前较为准确的杂草分布信息。Alexandridis等使用无人机采集田块的多光谱遥感图像，识别田块中水飞蓟的分布信息。多光谱遥感图像共包含三个波段，分别是绿光、红光、近红外波段。使用三个波段以及近红外波段的局部差异信息作为特征向量，分别采用单分类支持向量机、单分类自组织映射图、单分类主成分分析法进行分类判别，将每个像素分为杂草和非杂草两个类别。试验结果证明，基于单分类支持向量机算法对水飞蓟的识别率达到了96%。Lottes等基于无人机遥感数码影像，在甜菜等作物中实现了杂草识别。黄华盛等使用无人机在水稻田上获取高分辨率可见光图像，采用全卷积网络（full convolutional network，FCN）算法进行像素级分类，并采用棋盘分割过程构建处方图。此后，还使用了基于补丁的卷积神经网络算法和基于像素的卷积神经网络（CNN）算法与FCN算法进行比较，结果表明FCN算法性能最佳。Längkvist等采用瑞典一个城市的高分辨率卫星影像，进行像素级的分类识别，构建CNN进行逐像素的判别，采用线性迭代聚类算法对分类结果进行改进。试验结果证明，CNN的识别精度高于其他基于像元的分析方法。除了地物分类等研究，CNN的特征自动提取模式也被应用于基于无人机遥感的杂草识别。

三、农田营养物质遥感监测研究进展

气候变化、水资源日益短缺、频繁干旱和全球变暖等问题正在威胁灌溉水供应的可靠性。人口数量日益增长，淡水资源需求也日益增长，干旱和经常性缺水会严重破坏农业生产，从而危及全球粮食安全，因此，提高用水效率对全世界来说至关重要。欧洲议会近年提出了和新的欧盟研究计划"Horizon 2020"一致的可持续"少花钱多产量"的要求。在此背景下，精准农业似乎是一种能够应对当前问题的多学科方法。美国国家研究委员会将这种类型的农业定义为"一种管理战略，利用信息技术将多个来源的数据用于与作物生产相关的决策"。事实上，精准农业可以应用信息技术时代所有新的技术和方法，在考虑到农田内部的地物异质性和农田之间的差异性的同时，反演作物的有用信息。然而，跨学科方法的实现并不容易，必须使用系统生物学观点将各种植物数据扩展到农业水平。例如，用于表征植物状态的大多数测量是基于叶片级别开展的，而农业管理的改进需要将该信息扩展到冠层或农田水平；单一植物的特性描述是一个耗时、成本高昂的过程，而对完整的农田进行作物整体的特性描述将更加费时。

传统的灌溉调度技术依赖于土壤湿度测量、气候数据和植物响应的生理数据来估算水分胁迫，但由于传感器安装成本高，以及较难获得测量结果，特别是对异质土壤和作物冠层来说，这种方法是不完善的。通常用于确定作物水分状况的植物指标是叶水势和气孔导度，但它们的

测量过程是破坏性的，费时费力，不利于自动化，这使得灌溉调度人员难以采用。因此，需要能够用于监测作物水状态的自动化技术，提供对植物水状态的非破坏性、快速且可靠的估算。实现这一目标的挑战在于通过改进作物管理方法来满足日益增长的生产力需求，这需要更深入地了解植物对非生物胁迫的反应。监测作物水分胁迫的常规方法依赖于现场土壤水分测量和气象变量，以估算特定时期内植物土壤系统损失的水量，对土壤进行定期采样，以估算植物根区的水分消耗情况。假设整个土壤的持水能力是一致的，那么仅使用几个点来测量就可以获得保水特性。该方法较为耗时，其前提条件是植物密度均匀，整个农田的蒸腾速率相同，但这种情况很少发生，即便蒸发蒸腾模型是一个具有均匀的覆盖层和土壤类型的自由蒸腾的参考作物，使用离散点采样的方法也较为费时，且无法很好地反映农田的整体状况。其他检测植物水分状况的方法包括土壤水分平衡计算，以及通过气孔导度和叶水势直接或间接测量植物水分状况。由于土壤和作物冠层的异质性，这些方法虽然可靠，但费时费力，且具有破坏性，不利于农田自动化。

为了增加节水效益，增强农业可持续性，必须使用适当的灌溉调度方法，在造成不可逆转的损害和产量损失之前，及早检测作物的水分胁迫。当前，相关研究集中在利用遥感数据替代传统的植物应力参数现场测量，因为遥感数据提供了有关作物空间和时间差异性的信息。搭载于小型无人机的高分辨率高光谱传感器获得的光谱反射指数，可用于精准农业监测作物水分状况和调度灌溉。然而，由于影响冠层尺度上植被指数的几个混杂因素，以及水分胁迫检测的阈值是作物特有的，因此它们作为水分胁迫的视觉预测指标在应用上还没有达成一致。

传统的遥感方法将远程传感器（热成像仪、多光谱与高光谱相机、荧光计等）放置在作物田中的塔上，该方法的主要限制是从固定的位置收集数据。另一种传统的遥感方法是使用飞机或卫星收集数据，因为要考虑植被相对于环境的高度动态变化，其时间和空间分辨率明显限制了它们对农业估算的有用性。相比之下，无人机遥感基于航空图像和充分的计算处理数据，能够弥补以上不足。

目前，有很多研究学者对无人机遥感在农田监测方面的应用进行了分析与研究，也开始深入探讨农田监测的内容。如 Herwitz 等使用无人机捕获咖啡种植地影像，并在高于 5 Mbit/s 的条件下对图像与数据进行处理，进而指出彩色图像能够很好地显示出农情信息。Herwitz 等认为，对于区域农业资源监测而言，长期无人机监控能够发挥较大的作用。Lelong 等用轻型无人机搭载组合光谱滤光片的数字摄像机，得到可见光和近红外波段的多光谱图像，并在作物的 6 个不同生长期内，对种植在法国西南地区微型实验地块的 10 个小麦品种进行监测。Lelong 等还通过分析植被指数和实地策略的生物物理参数之间的关系，构建叶面积指数（Leaf Area Index，LAI）和 NDVI，并分析与研究氮摄入量和 GNDVI 的鲁棒性和稳定的通用关系，并指出使用这些关系的生物物理参数估计当中的精度水平约为 15%。Saberioon 等运用固定翼无人机捕获常规数码相机图像，研究与分析图像的全部可见光谱带，进而确定水稻当中氮和叶绿素含量的状态。研究结果表明，对于高空间和高时间分辨率的图像与数据分析来说，低成本无人机遥感系统是一种科学有效的处理工具，其有很多优点，比如速度快、价格低、无损，因此，能够科学有效地对作物生长过程中的关键营养物进行监测与研究。

第五节 国内精准农业航空遥感技术的研究进展

一、病虫害遥感监测研究进展

近年来，无人机因其成本低、效率高被广泛应用于低空遥感领域。国内许多学者通过无人机遥感技术解决了农业领域中的诸多问题。兰玉彬等的研究表明无人机遥感空间分辨率高、时效性强，在农作物病虫草害诊断上有很广的应用场景，例如，根据作物实际病虫害程度和杂草的生长状况进行变量喷洒和农业操作管理，可以有效地降低农业生产成本。吴才聪等使用大疆精灵 4 无人机获取高度为 100 m 的无人机数码影像，并对影像进行分类，提取村庄、秸秆垛和玉米地的影像，通过人工调查，获取玉米受虫害株率数据，进行虫源基数的分级。该研究还利用无人机获取玉米地的分布情况，调查秸秆垛的百秆含虫量，探寻虫源和受虫害株率的相关性。Zhang 等采用无人机遥感高光谱图像，开展了翡翠灰蛀虫早期监测的研究，利用植被指数对叶绿素含量进行反演，为高光谱在病虫害预测及早期诊断中的应用提供了可能性。马慧琴等使用 Landsat 8 遥感影像结合地面小麦白粉病实际情况进行测量，通过相关性分析和最小冗杂最大相关特征选取的方法，对比不同的分类模型并优选构建程度监测模型，结果表明，AdaBoost 算法在作物病害遥感监测上取得较好的效果，为其他无人机遥感开展病害监测提供了参考。华南农业大学国家精准农业航空施药技术国际联合研究中心对全卷积网络进行改良，对水稻杂草识别准确率达到 96%。邓小玲等对高光谱波段范围内的柑橘叶片图像进行了分析，分析表明高光谱图像波段有冗余特征，并利用主成分分析压缩特征和反向传播神经网络进行分类，其准确率达 90% 以上。汪传建、赵庆展等通过无人机采集农作物种植区域的遥感数据，在分析西葫芦、棉花、玉米三种作物的光谱反射率以及 NDVI 的同时，选取三种作物光谱波段差异较大的波段作为模型训练数据，通过卷积神经网络训练特定波段数据，对三种作物进行分类，准确率分别达到 97.95%、97.23% 和 97.48%。

在植保检测方面，兰玉彬、朱梓豪等通过无人机遥感技术对柑橘黄龙病植株进行检测和分类，通过无人机采集柑橘黄龙病植株的高光谱影像，后期结合地面调查，对采集的数据中的每个患病植株的感兴趣区域进行提取，并将每个感兴趣区域的平均光谱作为患病植株的特征光谱数据，最后对提取的初始光谱信息分别进行异常数据剔除、数据去噪增强以及数据降维处理，经过处理后的数据通过 k 近邻算法与支持向量机算法建立柑橘黄龙病检测模型，模型准确率可以达到 94.7%。祝锦霞、陈祝炉等结合地面数据采集和无人机遥感，对水稻氮素营养进行诊断，使用地面扫描仪和无人机分别采集水稻的叶片图像和冠层图像，针对叶片和冠层分别提取不同氮素水平的水稻的 RGB 光谱特性，并将相关系数作为特征参数，建立水稻叶片氮素检测模型和水稻冠层氮素检测模型，两者的平均准确率分别达到 71.65% 和 86.03%。

在农作物产量预估方面，邓江、谷海斌等通过无人机遥感采集棉花种植区域的地面数据并通过 PIX4D 软件对采集的数据进行校正，得到棉花种植区的正射影像图，继而通过遥感图像处理平台 ENVI 提取正射影像图中的 NDVI、RVI、宽动态植被指数（WDRVI）以及 DVI，并分析棉花在不同生长时期的指数变化，建立棉花的生物量估计模型。

针对冬小麦的覆盖面积监测，李冰、刘镕源等利用无人机低空遥感技术，采集冬小麦的地面数据，通过对比提取的数据的 NDVI 和 SAVI，选取 SAVI 作为阈值设置依据，并选取全裸土区域的 SAVI 作为阈值，区分裸土和冬小麦，最后通过计算冬小麦占总面积的覆盖指数判断冬小麦的区域覆盖情况。汪小钦等利用无人机捕获植被影像，结合三种可见光波，分析与研究绿色植被与非植被的光谱特性，并提出可见光波段差异植波指数（VDVI）植被提取法。研究表明，无论是从适用性方面，还是从可靠性方面评估，以无人机为载体设备开展的研究试验更具优势。

在农业生产中，根据作物表面颜色鉴定作物类型或判别作物健康状况是常用的手段，但是对于浓密的植被，仅用可见光去辨别植株差异或叶片差异是不够完善的，因为仅用颜色特征无法解释"同色异谱"的现象，容易造成错误的判断。随着光谱学的不断发展，研究者发现每种物质都有着独特的光谱反射特性和稳定的光谱特征，不同物质对光谱的反应规律不一样，对光源的不同波长有着不同强度的吸收和反射能力。光谱图像技术是一种光电检测技术，能够通过目标的图像信息及丰富的光谱信息来检测目标。相较于肉眼检测或可见光技术，光谱技术的鉴别不仅包括了表层的变化，还关注了微观细节的改变。针对柑橘黄龙病症状的复杂性，使用光谱反射率检测柑橘黄龙病是一种可行性很高的方法。

植物在遭受病虫害胁迫时会出现该病虫害特定的致病症状，而这些症状是高光谱检测的基础。高光谱检测技术主要包括图像信息维度和光谱信息维度两个方面。图像信息维度主要借用传统的图像处理技术进行模式识别、目标检测和分类算法，对植物的病害特征做出识别和诊断。该方法通过一系列特征挖掘提取图像中的颜色、外形和纹理等特征，去除图像中的无关信息，借助传统的机器学习算法对所提取的信息进行分类和检测。目前该方法在植物病虫害方面的研究已有不少，但是在柑橘黄龙病检测中，图像信息显然不足以成功检测出柑橘黄龙病。

计算机视觉技术和可见光图像处理技术可以获取植物病害的二维空间信息，能较好地识别病害。通过人工对图像进行特定特征的选取，结合分类算法检测植物病害，在一定程度上能够实现检测的目的。邓小玲等基于可见光图像处理技术，对不同类别的柑橘叶片进行了处理，利用 C-SVC（Cost-Support Vector Classification）的方法检测感染柑橘黄龙病的叶片，其识别的准确率达到了 91.93％。接着，邓小玲等又基于图像特征提取和两级反向传播神经网络对柑橘黄龙病的检测方法进行了研究，识别率达到了 92％。但是可见光波段观察到的植物病害特征往往是局限的，通过人工转换特征并不一定能够较好地解释植物的病害信息。

傅里叶红外光谱分析法（Fourier infrared spectroscopy，FIS）是一种数学变换方法，通过测量干涉图和对干涉图进行傅里叶变换进而测定红外光谱，具有高灵敏度、高测量精度、高分辨率和高测量速度等特点。拉曼光谱分析法（Raman spectra analysis，RSA）采用由印度科学家发现的拉曼散射效应原理，通过对与入射光频率不同的散射光谱进行分析，得到分子转动和振动等信息，它是一种用于分子结构研究的分析方法。刘燕德等通过拉曼光谱技术对五类柑橘叶片进行分析，挖掘拉曼光谱特征峰，结合最小二乘判别分析法，建立柑橘黄龙病的无损判别模型。代芬等通过对比自荧光光谱、拉曼光谱和混合光谱分析健康柑橘叶片和染柑橘黄龙病叶片的光谱特征，分别建立偏最小二乘 - 判别分析（PLS-DA）模型，识别准确率分别达 86.08％、98.17％ 和 97.75％，研究表明拉曼光谱对柑橘黄龙病有较好的识别效果。

叶绿素是绿色植物进行光合作用的主要色素，荧光技术能够较好地分析叶绿素的状态，因此，荧光技术反映的植物光合作用的信息，也可以用来检测植物的病害情况。植物在感染病害后，元素成分、细胞形态和生理反应均会发生变化，该变化与健康样本相比较会产生不同的光谱反射曲线，成为光谱检测的重要依据。高光谱成像技术既可以获取植物的光谱信息，又可以获取图像空间信息，因此在分析植物病害中有着更多的应用。梅慧兰等在实验室环境下采集健康、缺锌和三种感染柑橘黄龙病不同程度的柑橘叶片高光谱图像，结合 PLS-DA 模型构建柑橘黄龙病的早期判别模型，并对病情进行登记确定，其分类准确率达到 96.4％，表明高光谱图像对柑橘黄龙病的早期检测存在较大可行性。李修华等在实验室和田间环境采集柑橘叶片高光谱数据，通过一阶微分获取柑橘叶片光谱的红边位置（red edge position，REP），并通过线性外差值法和拉格朗日插值法量化一阶微分光谱在 REP 出现多峰现象，探究了柑橘黄龙病的 REP 特征和 REP 对柑橘黄龙病的可分程度，通过两期数据的对比强调了地面调研和高分辨率高光谱相机对检测柑橘黄龙病的重要性，通过 SVM 算法、最小距离法和马氏距离法对比得出 SVM 模型柑橘黄龙病检测效果较优。马淏等在实验室环境下对健康、感染柑橘黄龙病、缺铁、缺氮四类柑橘叶片进行 Vis-NIR 光谱分析，提取光谱特征建立 Fisher 判别模型，对四类柑橘叶片的分类准确率均达到 90％ 以上。邓小玲等在实验室环境下通过高光谱成像仪采集同品类多种症状的柑橘叶片的高光谱图像，通过对训练集设置适当的阈值，对柑橘黄龙病的病情识别率可以达到 90％ 以上，达到较好的鉴别效果。随后该团队对田间高光谱图像使用机器学习模型结合波段选取算法，对健康、染病有症状和染病无症状三类柑橘叶片进行分类，其中 SVM 的分类效果较优，对三类叶片的分类准确率为 90.8％，若仅区分是否感染柑橘黄龙病则准确率达 96％。

以上研究成果表明，目前有不少学者利用图谱技术开展柑橘黄龙病检测方面的研究，也说明了利用图谱技术检测柑橘黄龙病存在很高的可行性。在检测柑橘黄龙病方面，可见光对缺素、不同病害程度的检测能力不足，高光谱在这方面有了较好的提升。部分研究证明，高光谱技术可以区分缺素和柑橘黄龙病造成的病害症状，还能进一步区分病害的等级。

高光谱遥感技术是遥感领域最显著的成就之一。近些年来，人工智能技术的发展越来越成熟，硬件成本越来越低。无人机因其技术的成熟和制造成本的降低，被广泛应用到各个行业，无人机已不再是高不可攀的军事工具。无人机高光谱农业遥感技术就是结合了无人机和高光谱相机的一种应用技术，既能实现高光谱相机采集农作物光谱和图像信息，又能实现大面积种植区数据的快速采集，该技术将大力推进智慧农业的发展。目前已有部分作物采用无人机高光谱技术进行病害检测。

黄文江等通过光化学植被指数（Photochemical Reflectance Index，PRI）定量检测小麦条锈病，展现出 PRI 在小麦条锈病检测研究方面的潜力。随后，该团队的罗菊花等通过多时相高光谱遥感图像提取冬小麦敏感波段范围，基于该范围构造病情植被指数，进而建立多元线性回归模型。朱耀辉通过构建归一化差异光谱指数（NDSI）、差值光谱指数（DSI）以及比值型光谱指数（RSI）和小麦全蚀病病害指数等变量关系，建立冬小麦全蚀病的等级监测模型，其中，径向基 SVM 模型的分类效果较优，精度达到 90.35%，Kappa 系数为 0.86。Yang 等结合多光谱和高光谱遥感对棉花根腐病进行检测，并验证了高光谱遥感在根腐病病害早期具有检测的可行性。国家精准农业航空施药技术国际联合研究中心的前期研究中包括在广东惠州对柑橘果园进行遥感检测，通过高光谱遥感和多光谱遥感等技术手段，对柑橘黄龙病的遥感检测已建立了一定基础。

以上研究现状表明，无人机高光谱遥感技术在病虫害检测方面有较多的研究和应用，但对柑橘黄龙病的检测能力不突出，且没有从空中冠层尺度很好地分析柑橘黄龙病的特征，因此，基于无人机高光谱遥感技术检测柑橘黄龙病还存在较大的研究空间。

二、作物杂草分类遥感识别研究进展

李明等通过无人机获取水稻区域影像，利用图像处理软件 Agisoft PhotoScan，基于统计方法提取作物特征，并建立二分类的回归模型。研究结果表明，模型的训练样本集和检验样本集均达到较高的准确率，在识别水稻田块和测算区域面积方面具有一定的应用前景和推广潜力。王术波等提出一种基于卷积神经网络的杂草分类和密度测算方法，将无人机低空拍摄的三种杂草（藜草、葎草、苍耳）和三种作物（小麦、花生、玉米）的数码图像作为数据集，经过裁剪与灰度化等前期处理，并通过旋转方式扩充数据集，训练集输送给卷积神经网络，最后采用 Softmax 回归，实现六类植物的分类。分类结果表明，300 × 300 分辨率时识别率最高可达到 95.6%。邓继忠等建立可见光超低空农业遥感平台，采集包含 RGB 三原色通道的农田遥感图像，通过分析数据中植被与非植被的光谱特性，对农田中的植被信息进行提取并区分不同对象区域。试验结果表明，该遥感平台在农业应用方面具有可行性，为构建低成本的可见光低空遥感监测系统提供了参考依据。

三、农田营养物质遥感监测研究进展

（一）水分监测

传统的作物水分测定方法，大多是通过有损采样对样本进行称重、烘干、浸泡、叶面积测量等，获取鲜重、干重、饱和鲜重、叶片面积等数据，进而计算含水量、相对含水量和等效水厚度。通过这些步骤获取的数据准确率高，能准确代表作物本身的含水量，但这些方法效率低，破坏植株，可以代表的范围较小，而农业生产多是较大面积的，因此，为实现精准农业，农业从业者迫切需要一种快速、准确的作物含水量测定方法。

现阶段，利用遥感技术进行作物含水量的定量反演是研究者共同的研究目标。在关于植被的研究中，学者惯于比较基于物理学方法的模型（PROSPECT 模型反演）和基于机器学习的模型（支持向量机）以及一些基于经验的模型对叶片不同水分指标与光谱反射率建模的模型性能和准确性，同时对 PROSPECT 模型使用了扩展傅里叶振幅灵敏度分析法（EFAST）和传统的敏感性分析法进行分析，筛选叶片含水量高的光谱水分指数。这些研究结果表明，机器学习模型的泛化能力较差，而基于物理学方法的模型需要选择恰当的波段以降低模型误差，整体而言基于物理学方法的模型性能要优于基于机器学习的模型。对于光谱的选择，研究建议使用 $900 \sim 2500 \, nm$ 光谱范围内的反射率对叶片相关水分指标进行建模，并指出在这个范围内光谱反射率也受到叶片结构和干物质质量的影响。在选取的多种光谱水分指数中，归一化差异水指数（$NDWI_{1640}$）和归一化差异红外指数（NDII）是叶片尺度上估算水分的最佳指数。在农作物含水量相关指标与不同尺度光谱反射率关系的研究中，学者以小麦、玉米、大豆、棉花等作物为研究对象，借助波谱变换、相关性分析、机器学习等方法建立叶片、作物含水量相关指标与高光谱反射率之间的关系模型，并提出或检验植被指数的反演精度。这些研究结果表明，等效水厚度在作物水分含量的反演中具有重要的作用，其在不同作物中均有较好的表现。

研究发现，对棉花而言，冠层等效水厚度与原始光谱反射率在近红外（NIR）波段 $780 \sim 1130 \, nm$，短波红外（SWIR）波段 $1140 \sim 1830 \, nm$、$1950 \sim 2450 \, nm$ 附近均出现连续的敏感波段，一阶导数光谱在近红外波段敏感程度更高。在全生育期，（R_{1135}-5R_{1494}）/R_{2003} 对冠层等效水厚度反演效果最好，决定系数（R^2）达到 0.78；在蕾期，R_{1130}/R_{1996} 对冠层等效水厚度反演效果最好，R^2 为 0.73；在花铃期，R_{904}/R_{1952} 对冠层等效水厚度反演效果最好，R^2 为 0.78。近红外与短波红外两个波段对植物水分含量较为敏感。上述研究均以建模为目的，以高光谱数据的不同变换与植株不同含水量的指标进行相关性研究，在建模方法上都有不同程度的创新，但相应的研究并未讨论将模型应用于无人机遥感影像之后的结果，因而无法实现对大面积作物水分含量的快速无损监测。

近年来，全球尤其是中国的无人机技术与低空遥感传感器技术快速发展，可以通过改善当前最常见的遥感系统的空间和时间分辨率来填补叶片和冠层之间的知识空白。四十年前，人们设想了一组机载热图像扫描仪来绘制热应力以实现对水管理的目的，现在看来，随着无人机技术的发展，这个想法得以实现。

作物水分胁迫是一种水分供应不足的现象，是一种在土壤水分含量降低或植物水分缺乏时可观察到的生理反应。植物吸收根区土壤水分以满足其蒸散需求时，会消耗土壤的有效水分。在土壤水分受限的情况下，化学和水力信号通过木质部管道传输到植物叶片，会导致如气孔关闭、光合作用速率降低等生理反应。Wang 等的研究表明水分胁迫作物减少了蒸散量，并表现出叶片萎蔫、生长迟缓和叶面积减少等其他症状。此外，水分胁迫还会对农作物的生理发育产生不良影响，导致作物的生物量、产量和质量下降。植物水分状况衡量了植物对包括土壤可用水分含量、蒸发需求、内部水分阻力、植物根系吸收能力等影响因素的综合反映，是比土壤湿度更敏感的压力指标。植物对水分胁迫的反应取决于环境条件和作物蒸散需求，所以必须在蒸散损失中通过灌溉补充土壤水分。FAO-56《作物腾发量－作物需水量计算指南》确定了在无水分胁迫土壤条件下，无病作物的蒸散造成的水分损失，从而降低了灌溉用水需求量。为了更好地了解植物对水分胁迫的反应和适应机制，从而通过精确灌溉优化作物生产，需要对植物水分状况进行估算。

水是作物的主要成分，对叶片光谱反射率而言，水的影响远大于其他生化成分。有两个光谱区域已被发现在监测植被缺水方面是有效的：一个是 700 ～ 1300 nm 的近红外（NIR）区域，该光谱区的反射率能够反映植物细胞内部的结构信息，即大气与细胞壁、细胞壁与原生质体、原生质体与叶绿体、叶绿体与细胞壁之间的结构，在缺水的情况下，细胞会失去膨胀压力引起结构上的变化；另一个是 1300 ～ 3000 nm 的中红外（MIR）区，这个光谱区是水的主要吸收区，能直接反映叶片的含水量变化。

从无人机搭载的光谱传感器获得的光谱植被指数已被确定为监测植物水分状态和改善水灌溉管理的有力依据。大多数关于植物水分胁迫的生理学研究报告了遥感参数（例如 NDVI 或 PRI）与叶面积指数、气孔导度和叶片水势等的测量之间的相对显著的关系（R^2 为 0.5）。遗憾的是，这种精度不足以允许使用参数的单次测量（例如 NDVI 或 PRI）来估算植物的水分状态。因此，需要采用创新的数据管理技术来整合基于土壤和植物的数据，以扩大关于使用作物胁迫参数来安排灌溉任务的科学知识，并为灌溉者提供先进的决策工具。

目前，在利用遥感技术进行作物水分监测方面，国内的研究相对较少。尽管有学者利用载人飞机搭载遥感数据采集设备对棉花开展了水分相关参数试验，也得出了一定的研究成果，但是载人飞机飞行高度过高导致遥感数据分辨率不高，普遍在每像素 40 cm 以上。40 cm 对于新疆棉花植株而言约等于 7 片功能叶的长度，该分辨率虽然比卫星提升了不少，但仍处于大冠层级别，对于棉花叶片而言，依然无法区分单片棉花叶片。

随着无人机技术的发展，当前市面上大多数农业遥感无人机飞行高度为 80 m 时，无人机搭载的多光谱传感器的分辨率可以在 10 cm 以下；飞行高度为 50 m 时，分辨率可以在 5 cm 以下。这样的分辨率用于探索叶片清晰度的遥感数据时，具有明显的优势。

（二）含氮量监测

氮素与植株生长发育的各个过程息息相关，是包括叶绿素、蛋白质在内的大多数有机分子的基本组成部分。我国一直是世界上氮肥消耗量最大的国家，然而，在农业生产水平不断提高的今天，氮肥利用率却相对较低，氮肥的过量施用带来的问题也日趋严重。氮肥的过量施用不仅会导致作物品质降低，还会造成严重的资源浪费，同时由于氮肥的特殊性，氮素通常以淋洗等方式损失，进而导致水体富营养化，造成严重的环境污染，甚至威胁人类健康。因此，对精准施肥的研究有助于实现氮肥的高效利用，从而减轻环境污染。

传统的植株含氮量测定主要使用凯氏定氮法，该方法效率低且会产生大量废液，容易造成污染，新型连续流动分析仪的使用提高了检测的效率和准确性，然而这两种方法都需要通过破坏性采样获得数据，就大规模农业应用而言效率仍旧很低。在精准农业不断发展的今天，快速无损地检测作物含氮量成为一种必要的手段。学者们在小麦、玉米、水稻等作物上开展了大量的研究，通过开展不同氮素处理的试验，研究作物在各生育时期的氮素变化与光谱特征变化。Liu 等的研究表明，随着生育期的推进，高光谱有明显红移现象，绿光、红边和近红外对冬小麦的氮营养指数敏感，可有效估算氮营养指数。在光谱影像对作物氮含量反演的研究中，学者们广泛使用了多光谱成像系统，甚至融合可见光影像对作物含氮量进行研究。绿光波段的影像在不同研究中均有很好的相关性，这是作物含氮量与叶绿素含量有较好的相关性导致的。在多光谱影像的处理中，部分学者偏向用传统的植被指数构建模型对含氮量进行快速反演，也有学者基于机器学习等方法进行模型的构建，进而反演作物的含氮量情况。这两种方法在不同的研究中各具优势，基于植被指数的反演方法快速简便，易于推广使用，而基于机器学习等方法构建的模型具有较高的准确率及较强的适应性。

在对棉花的研究中，朱艳与吴华兵等通过测量不同氮素处理后的棉花冠层叶片光谱反射率，均在各自的研究中指出，比值植被指数与棉花不同生育时期的冠层叶片含氮量均有较好的线性关系。王方永等通过比较两种近地可见光传感器，确定监测棉花冠层叶片含氮量的最佳波段、光谱指数和颜色参数并建立估测模型。研究结果表明，在可见光波段，叶片含氮量的敏感波段主要位于红光和绿光波段，预测模型精度达到了 0.81。陈鹏飞等以水氮耦合试验棉田为研究对象，分别获取不同生育时期棉田多光谱影像和植株含氮量，通过对比原始多光谱图像、去除土壤背景、增加纹理特征等不同情景，使用植被指数与主成分分析耦合建模，建立不同情景下植株含氮量的反演模型。研究结果表明，剔除土壤背景和增加纹理特征均可提高模型的反演精度，纹理特征可以作为一种重要信息支持植株含氮量的反演。

在氮素诊断方面，传统的诊断方法有外观诊断、化学诊断等，这些方法应用广泛，技术成熟。而现代的氮素诊断方法更倾向于对无损诊断的研究，特别是运用遥感技术开展的诊断方法尤为受欢迎。原因在于外观诊断是基于植株外部的形态表现来判断，存在滞后性，通常出现症状时作物品质及产量已经受到了极大的影响，从而导致错过最佳追肥期。对于化学诊断而言，常用的杜马斯法、凯氏定氮法等方法虽然准确可靠，但均存在检测过程费时费力、需要专业人员进行测试、需要破坏植株样本进行测试等问题。在遥感技术不断发展的今天，作物氮素的诊断有了新的解决方案，并大幅简化了检测流程。大量研究表明，同种作物在不同的营养状况下会表现出不同的反射光谱特征，因此可以通过光谱特征的差异对作物内部化学组分进行分析。

现有的遥感技术按不同的平台高度一般分为地面遥感、航空遥感以及航天遥感。目前氮素诊断中主要使用地面遥感，如借助便携式叶绿素测定仪、GreenSeeker 便携式光谱仪、Crop Circle 活动作物冠层传感器等。

许多研究已经估算了氮胁迫对冠层光谱反射率测量的影响。由于大多数叶片氮存在于叶绿素分子中，因此叶片的含氮量和叶片的叶绿素含量之间存在很强的关系，这种强烈的积极关系也是通过测量叶片反射率来预测作物氮状态的基础。

反射传感器已被广泛用于估算植物氮含量，并在各种研究中用于预测小麦的氮胁迫水平，以探究植被指数（VI）与谷物作物中的氮含量的关联程度。这种 VI 的例子是差值环境植被指数（DVI）和比值植被指数（RVI），公式分别为

$$DVI=R_{NIR}-R_{RED} \tag{1.5.1}$$

$$RVI=R_{NIR} \div R_{RED} \tag{1.5.2}$$

式中，R_λ 表示波长带 λ（nm）的反射率，%；NIR 表示近红外；RED 表示红光。

祝锦霞等利用无人机平台和扫描仪获取水稻冠层及叶片的图像，运用数字图像处理技术研究不同氮素营养水平下水稻冠层及叶片的特征信息，从而应用于水稻的氮素营养诊断。研究表明，利用无人机和扫描图像来监测水稻氮素营养状况是可行的。

（三）作物生长态势监测

也有一些学者通过研究作物生长态势来估算作物产量。例如，张宏鸣等利用无人机遥感技术获取玉米生长阶段大面积、高精度的正射影像和数字表面模型，对变异系数和相对差异进行计算和统计，并通过 K-均值聚类（K-means）算法、遗传神经网络算法和骨架算法的方式提取玉米植株高度。研究表明，与传统的算法相比，骨架算法提取玉米的高度信息精度更高且误差更小，这也为无人机遥感监测植株高度提供了数据支撑和理论途径。朱婉雪等采用固定翼无人机获取多期冬小麦遥感图像，根据最小二乘法拟合数据的特点，建立基于不同植被指数与冬小麦实测产量的多种线性模型，并结合作物实测产量进行评价。分析结果表明，优化后的估产模

型能够更快速和更有效地评估作物的长势和产量，为规模化的种植方式提供便捷的管理工具。田明璐等使用无人机作为研究工具，选择高光谱分辨率的方式，依据新型成像光谱仪捕获的影像数据反演棉花叶面积指数。在这一过程当中，优化了固定波段植被指数（FVI），并采用动态搜索方式计算增强型植被指数（EVI）。同时，田明璐还采用多种方法，如光谱反射率，建立叶面积指数遥感估算模型，获得了较好的效果。

近年来，在植株氮素水平的研究中，研究者逐渐开始利用无人机遥感影像监测氮素含量，深入挖掘了影像中的纹理特征、数字表面模型等容易被忽略的信息，结合机器学习、神经网络等建模方法进行了大量的建模，使得传统的以冠层高光谱反射率研究作物氮素水平并建模的方法得到了很好的延伸，但目前的研究大多割裂了冠层高光谱反射率与遥感影像之间的关系，因而在反演精度中存在很大的局限性。

第六节　遥感技术在精准农业航空领域的研究意义

快速准确地获取农情信息是实现精准农业的关键，也是精准农业航空技术重要的中间环节。遥感是通过一系列平台及搭载的传感器获取物体的电磁波谱信息并加以建模分析，以提取所需信息的技术。传统卫星遥感技术响应速度快、覆盖范围广，但光谱分辨率及地面分辨率都不适合田块尺度的作物周期性监测，难以达到在精准农业领域应用的水平。目前，无人机使用及维护成本低、操作简单、灵活性高、可重复使用等优势使得其在农业遥感领域迅速发展，在小尺度的农业遥感中可以发挥较大的作用。无人机可以搭载不同的传感器，如可见光相机、多光谱相机、高光谱相机、热红外成像仪、激光雷达等，广泛应用于病虫害监测、杂草识别、作物营养诊断、作物长势监测、作物分类等方面。无人机遥感技术还可以快速制作农情信息图、灾害受损分布图等。

农情监测是一种监测作物生长发育过程的行为，其涵盖了很多方面，如营养监测、病虫害监测、土地监测等。农情监测的主要目的是让决策者能够实时了解农作物的情况，从而以更快的速度进行管理决策，实现节能减排的目的，进而促进粮食生产朝着信息化的方向发展，构建精准化环境友好型农业。无人机遥感技术成为使农情监测朝着信息化和精准化方向发展的重要手段。无人机与遥感技术结合起来，不仅能快速准确地在一定范围内获取遥感影像，还能够精准地提取与分析某个区域的信息，进而展开系统全面的农情分析。无人机遥感技术是一种低空遥感技术，与传统遥感技术相比，其优势主要有以下四点。

（1）获得的数据精准度高，还能够搭载单反相机、多光谱相机等设备，并且其定位精准度高，能够采用 GPS 系统进行精准定位，影像精度也很高，能够达到厘米级。

（2）能够迅速地对目标区域进行反应。无人机对起飞条件的要求低，在较为平坦的地面上就能够进行起飞和降落，大大提升了作业效率。

（3）受天气情况的影响较小。无人机遥感拍摄时位于云层之下，并不需要展开一系列复杂的操作，如辐射校对、大气校正等。

（4）成本较低廉，容易进行后期维护。与传统遥感技术相比，无人机遥感技术的后期维护费用和获取影像操作的费用都很低，此外，维护无人机低空遥感技术一般仅需 2～3 人，无论是运输、携带，还是维护，都非常方便。

未来农业生产趋向于高度区域化、一体化、机械化、精准化以及智能化，近几年迅速发展起来的精准农业航空理念正符合未来农业发展的方向。其基本思想如图 1-6-1 所示：通过空中和地面遥感，采集并解析具有地理位置的农田中的作物长势、病虫草害、生长环境等农情信息，再将农田分为作业网格，依据不同的农情制订不同的作业处方图，并对网格进行按需作业，即精准施药或精准撒播等。

图 1-6-1　精准农业航空技术示意图

精准农业航空系统是一个整体的系统工程，包含了遥感系统、地理信息系统、精准导航系统、变量喷施系统等，如图 1-6-2 所示。遥感系统是其中最基本的环节。借助于地理信息系统，对遥感影像进行解析可以生成农作物的作业处方图。在精准导航系统和变量喷施系统的控制下，作业处方图可以为作业机械的精准喷施管理提供指导依据，以便农业专家优化作物栽培管理、按需作业、变量喷施，从而提高作物质量和产量，降低生产成本。

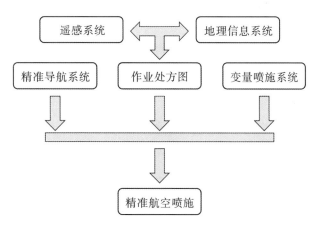

图 1-6-2　精准农业航空系统的组成

对应实施的过程，精准农业航空离不开各种技术与装备的支持。如图 1-6-3 所示，遥感图像获取过程需要遥感图像采集系统的装备支持；作物病虫草害农情解析过程需要农业专家知识、地面遥感、地面农情调查以及模式识别等技术的支持；农情分布图需要全球定位系统和地理信息系统等技术的支持；作业处方图的生成过程需要结合植保无人机施药雾滴漂移沉积规律和植保无人机作业参数、气象条件等信息；在变量施药或精准施药实施过程中，需要智能化作业平台、精准导航系统与变量施药装置等装备支持，也需要全自主飞行、航线规划、厘米级定位、断点续喷等技术的支持。

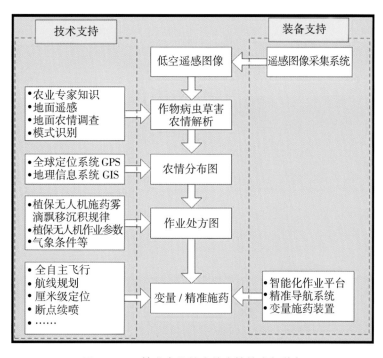

图 1-6-3　精准农业航空的支持技术与装备

当前，我国耕地使用过程中存在较多的问题，其中较为严重的就是农药污染问题。虽然无人机低空施药技术与 GPS 技术结合起来，能够科学有效地规划航线施药，但是只能大范围地喷洒农药，无法根据具体需求精准喷洒。而无人机遥感技术的产生，让精准施药得以实现。其能以较快的速度捕获某个重点研究区域的遥感影像与具体农情信息，进而对农作物区域精准喷洒农药，降低化肥与农药的使用量。

总而言之，对于精准农业而言，无人机遥感技术是必不可少的重要组成部分。无人机低空遥感能够科学有效地与无人机施药技术结合，在大范围内捕获不同区域的遥感影像，进而展开农情分析，这也能够为无人机在精准农业、病虫害分析等农业领域提供更多的应用场景，进而构造一种常用的、科学的无人机低空遥感图像方式，这也是无人机精准施药和实时农情监测的重要构成部分。

参考文献

［1］刘焱选，白慧东，蒋桂英.中国精准农业的研究现状和发展方向［J］.中国农学通报，2007（7）：577-582.

［2］兰玉彬.精准农业航空技术现状及未来展望［C］.病虫害绿色防控与农产品质量安全——中国植物保护学会 2015 年学术年会论文集.2015：47-48.

［3］黄海平.无人机测绘下的地理信息定位技术研究［J］.智能城市，2019，5（14）：81-82.

［4］兰玉彬.精准农业航空技术现状及未来展望［J］.农业工程技术，2017，37（30）：27-30.

［5］祁春节.中国柑橘产业经济分析与政策研究［M］.北京：中国农业出版社，2003.

［6］刘登全，崔朝宇，蒋军喜，等.不同柑橘品种对黄龙病的抗性鉴定［J］.江西农业大学学报，2014，36（1）：97-101.

［7］翁海勇.基于光学成像技术的柑橘黄龙病快速检测方法研究［D］.杭州：浙江大学，2019.

［8］柏自琴，周常勇.柑橘黄龙病病原分化及发生规律研究进展［J］.中国农学通报，2012，28（1）：133-137.

［9］刘绍增.柑橘黄龙病的主要症状与预防措施［J］.南方农业，2017，11（5）：22-23.

［10］王许会，郭洋洋，全金成，等.柑橘黄龙病碘—淀粉法快速检测技术优化［J］.福建农林大学学报（自然科学版），2017，46（4）：392-396.

［11］王爱民，邓晓玲.柑桔黄龙病诊断技术研究进展［J］.广东农业科学，2008（6）：101-103.

［12］冷伟锋，王海光，胥岩，等.无人机遥感监测小麦条锈病初探［J］.植物病理学报，2012，42（2）：202-205.

［13］徐春春，纪龙，陈中督，等.2018 年我国水稻产业形势分析及 2019 年展望［J］.中国稻米，2019，25（2）：1-3，9.

［14］王忠武.农田杂草抗药性研究进展［J］.杂粮作物，2006，26（2）：130-132.

［15］兰玉彬，王林琳，张亚莉.农用无人机避障技术的应用现状及展望［J］.农业工程学报，2018，34（9）：104-113.

［16］顾婷，高晓雯，孙成明，等.基于无人机图像的水稻拔节期叶面积指数估算［J］.农业网络信息，2015（12）：63-65.

［17］马旭，齐龙，梁柏，等.水稻田间机械除草装备与技术研究现状及发展趋势［J］.农业工程学报，2011，27（6）：162-168.

［18］兰玉彬.精准农业航空，助推中国农业植保的变革和腾飞［J］.营销界（农资与市场），2018（1）：67-68.

［19］张美娜，冯爱晶，周建峰，等.基于无人机采集的视觉与光谱图像预测棉花产量（英文）

［J］．农业工程学报，2019，35（5）：91-98.

［20］祝锦霞，陈祝炉，石媛媛，等．基于无人机和地面数字影像的水稻氮素营养诊断研究［J］．浙江大学学报（农业与生命科学版），2010，36（1）：78-83.

［21］邓江，谷海斌，王泽，等．基于无人机遥感的棉花主要生育时期地上生物量估算及验证［J］．干旱地区农业研究，2019，37（5）：55-61，69.

［22］李冰，刘镕源，刘素红，等．基于低空无人机遥感的冬小麦覆盖度变化监测［J］．农业工程学报，2012，28（13）：160-165.

［23］兰玉彬，邓小玲，曾国亮．无人机农业遥感在农作物病虫草害诊断应用研究进展［J］．智慧农业，2019，1（2）：1-19.

［24］吴才聪，胡冰冰，赵明，等．基于无人机影像和半变异函数的玉米螟空间分布预报方法［J］．农业工程学报，2017，33（9）：84-91.

［25］马慧琴．基于多源多时相遥感分析的小麦主要病害动态监测［D］．南京：南京信息工程大学，2020.

［26］邓小玲，孔晨，吴伟斌，等．基于主成分分析和BP神经网络的柑橘黄龙病诊断技术［J］．光子学报，2014，43（4）：16-22.

［27］汪传建，赵庆展，马永建，等．基于卷积神经网络的无人机遥感农作物分类［J］．农业机械学报，2019，50（11）：161-168.

［28］兰玉彬，朱梓豪，邓小玲，等．基于无人机高光谱遥感的柑橘黄龙病植株的监测与分类［J］．农业工程学报，2019，35（3）：92-100.

［29］刘燕德，肖怀春，孙旭东，等．基于共焦显微拉曼的柑橘黄龙病无损检测研究［J］．光谱学与光谱分析，2018，38（1）：111-116.

［30］代芬，邱泽源，邱倩，等．基于拉曼光谱和自荧光光谱的柑橘黄龙病快速检测方法［J］．智慧农业，2019，1（3）：77-86.

［31］梅慧兰，邓小玲，洪添胜，等．柑橘黄龙病高光谱早期鉴别及病情分级［J］．农业工程学报，2014，30（9）：140-147.

［32］李修华，李民赞，Won Suk Lee，等．柑橘黄龙病的可见—近红外光谱特征［J］．光谱学与光谱分析，2014，34（6）：1553-1559.

［33］马淏，吉海彦，Won Suk Lee．基于Vis-NIR光谱的柑橘叶片黄龙病检测及其光谱特性研究［J］．光谱学与光谱分析，2014，34（10）：2713-2718.

［34］朱耀辉．基于无人机成像高光谱的冬小麦全蚀病等级监测［D］．郑州：河南农业大学，2018.

［35］李明，黄愉淇，李绪孟，等．基于无人机遥感影像的水稻种植信息提取［J］．农业工程学报，2018，34（4）：108-114.

［36］王术波，韩宇，陈建，等．基于深度学习的无人机遥感生态灌区杂草分类［J］．排灌机

械工程学报，2018，36（11）：1137-1141.

［37］邓继忠，任高生，兰玉彬，等.基于可见光波段的无人机超低空遥感图像处理［J］.华南农业大学学报，2016，37（6）：16-22.

［38］马岩川，刘浩，陈智芳，等.基于高光谱指数的棉花冠层等效水厚度估算［J］.中国农业科学，2019，52（24）：4470-4483.

［39］朱艳，吴华兵，田永超，等.基于冠层反射光谱的棉花叶片氮含量估测［J］.应用生态学报，2007（10）：2263-2268.

［40］王方永，王克如，李少昆，等.应用两种近地可见光成像传感器估测棉花冠层叶片氮素状况［J］.作物学报，2011，37（6）：1039-1048.

［41］陈鹏飞，梁飞.基于低空无人机影像光谱和纹理特征的棉花氮素营养诊断研究［J］.中国农业科学，2019，52（13）：2220-2229.

［42］张宏鸣，谭紫薇，韩文霆，等.基于无人机遥感的玉米株高提取方法［J］.农业机械学报，2019，50（5）：241-250.

［43］朱婉雪，李仕冀，张旭博，等.基于无人机遥感植被指数优选的田块尺度冬小麦估产［J］.农业工程学报，2018，34（11）：78-86.

［44］田明璐，班松涛，常庆瑞，等.基于低空无人机成像光谱仪影像估算棉花叶面积指数［J］.农业工程学报，2016，32（21）：102-108.

［45］HERRMANN I，BERENSTEIN M，PAZ-KAGAN T，et al. Spectral assessment of two-spotted spider mite damage levels in the leaves of greenhouse-grown pepper and bean［J］. Biosystems Engineering，2017，157：72-85.

［46］REISIG D，GODFREY L. Remote sensing for detection of cotton aphid-（Homoptera：Aphididae）and spider mite-（Acari：Tetranychidae）infested cotton in the san joaquin valley［J］. Environmental Entomology，2006，35（6）：1635-1646.

［47］LIU W，CAO X R，FAN J R，et al. Detecting wheat powdery mildew and predicting grain yield using unmanned aerial photography［J］. Plant Disease，2018，102（10）：12-17.

［48］VERGER A，VIGNEAU N，CHÉRON C，et al. Green area index from an unmanned aerial system over wheat and rapeseed crops［J］. Remote Sensing of Environment，2014，152：654-664.

［49］GARCIA-RUIZ F，SANKARAN S，MAJA J M，et al. Comparison of two aerial imaging platforms for identification of Huanglongbing-infected citrus trees［J］. Computers and Electronics in Agriculture，2013，91：106-115.

［50］KIM D G，BURKS T F，SCHUMANN A W，et al. Detection of citrus greening using microscopic imaging［J］. Agricultural Engineering International：CIGR Journal，2009.

［51］POURREZA A，LEE W S，EHSANI R，et al. An optimum method for real-time in-field detection of Huanglongbing disease using a vision sensor [J]. Computers and Electronics in Agriculture, 2015, 110：221-232.

[52] HAWKINS S A, PARK B, POOLE G H, et al. Detection of citrus Huanglongbing by fourier transform infrared-attenuated total reflection spectroscopy [J]. Applied Spectroscopy, 2010, 64（1）, 100-103.

[53] CARDINALI M C D B, BOAS P R V, MILORI D M B P, et al. Infrared spectroscopy: A potential tool in huanglongbing and citrus variegated chlorosis diagnosis [J]. Talanta, 2012, 91：1-6.

[54] PÉREZ M R V, MENDOZA M G G, ELÍAS M G R, et al. Raman spectroscopy an option for the early detection of citrus Huanglongbing [J]. Applied Spectroscopy, 2016, 70（5）：829-839.

[55] PEREIRA F M V, MILORI D M B P, PEREIRA-FILHO E R, et al. Laser-induced fluorescence imaging method to monitor citrus greening disease [J]. Computers and Electronics in Agriculture, 2011, 79（1）：90-93.

[56] MISHRA A, KARIMI D, EHSANI R, et al. Evaluation of an active optical sensor for detection of Huanglongbing（HLB）disease [J]. Biosystems Engineering, 2011, 110（3）：302-309.

[57] SANKARAN S, MAJA J, BUCHANON S, et al. Huanglongbing（citrus greening）detection using visible, near infrared and thermal imaging techniques [J]. Sensors, 2013, 13（2）：2117-2130.

[58] SUGIURA R, TSUDA S, TAMIYA S, et al. Field phenotyping system for the assessment of potato late blight resistance using RGB imagery from an unmanned aerial vehicle [J]. Biosystems Engineering, 2016, 148：1-10.

[59] TETILA E C, MACHADO B B, BELETE N A, et al. Identification of soybean foliar diseases using unmanned aerial vehicle images [J]. IEEE Geoscience and Remote Sensing Letters, 2017, 14（12）：2190-2194.

[60] KUMAR A, LEE W S, EHSANI R, et al. Citrus greening disease detection using airborne multispectral and hyperspectral imaging [C] //International Conference on Precision Agriculture, Denver, Colorado USA, 2010.

[61] PEÑA J, TORRES -SÁNCHEZ J, SERRANO -PÉREZ A, et al. Quantifying efficacy and limits of unmanned aerial vehicle（UAV）technology for weed seedling detection as affected by sensor resolution [J]. Sensors, 2015, 15（3）：5609-5626.

[62] LÓPEZ-GRANADOS F, TORRES-SÁNCHEZ J, SERRANO -PÉREZ A, et al. Early

season weed mapping in sunflower using UAV technology：variability of herbicide treatment maps against weed thresholds［J］. Precision Agriculture，2016，17（2）：183-199.

［63］ PEÑA B J M，LÓPEZ G F，JURADO E M，et al. Mapping ridolfia segetum patches in sunflower crop using remote sensing［J］. Weed Research，2007，47（2）：164-172.

［64］ ALEXANDRIDIS T K，TAMOURIDOU A A，PANTAZI X E，et al. Novelty detection classifiers in weed mapping：silybum marianum detection on UAV multispectral images［J］. Sensors，2017，17（9）：2007.

［65］ LOTTES P，KHANNA R，PFEIFER J，et al. UAV-based crop and weed classification for smart farming［C］//IEEE International Conference on Robotics and Automation（ICRA），IEEE，2017：3024-3031.

［66］ HUANG H S，DENG J Z，LAN Y B，et al. Accurate weed mapping and prescription map generation based on fully convolutional networks using UAV imagery［J］. Sensors，2018，18（10）：3299.

［67］ LÄNGKVIST M，KISELEV A，ALIREZAIE M，et al. Classification and segmentation of satellite orthoimagery using convolutional neural networks［J］. Remote Sensing，2016，8（4）：329.

［68］ LEI Y D，ZHANG H L，CHEN F，et al. How rural land use management facilitates drought risk adaptation in a changing climate：A case study in arid northern China［J］. Science of the Total Environment，2016，550：192-199.

［69］ GEOGHEGAN-QUIN M. Role of research & innovation in agriculture. European Commission-SPEECH/13/505［Z］. 2013.

［70］ ANDERSON K，GASTON K J. Lightweight unmanned aerial vehicles will revolutionize spatial ecology［J］. Frontiers in Ecology and the Environment，2013，11（3）：138-146.

［71］ FERNIE A R. Grand challenges in plant systems biology：closing the circle（s）［J］. Frontiers in Plant Science，2012，3：35.

［72］ GONZALEZ-DUGO V，ZARCO-TEJADA P，BERNI J A J，et al. Almond tree canopy temperature reveals intra-crown variability that is water stress-dependent［J］. Agricultural and Forest Meteorology，2012，154：156-165.

［73］ CLARKE T R. An empirical approach for detecting crop water stress using multispectral airborne sensors［J］. HortTechnology，1997，7（1）：9-16.

［74］ HERWITZ S R，JOHNSON L F，DUNAGAN S E，et al. Imaging from an unmanned aerial vehicle：agricultural surveillance and decision support［J］. Computers and Electronics in Agriculture，2004，44（1）：49-61.

［75］ LELONG C C D，BURGER P，JUBELIN G，et al. Assessment of unmanned aerial vehicles imagery for quantitative monitoring of wheat crop in small plots［J］. Sensors，2008，8（5）：3557.

［76］ SABERIOON M M, AMIN M, ANUAR A R, et al. Assessment of rice leaf chlorophyll content using visible bands at different growth stages at both the leaf and canopy scale［J］. International Journal of Applied Earth Observa. 2014, 32: 35-45.

［77］ ZHANG K W, HU B X, ROBINSON J. Early detection of emerald ash borer infestation using multisourced data: a case study in the town of Oakville, Ontario, Canada［J］. Journal of Applied Remote Sensing, 2014, 8（1）: 083602.

［78］ DENG X L, LAN Y B, XING X Q, et al. Detection of citrus Huanglongbing based on image feature extraction and two-stage BPNN modeling ［J］. International Journal of Agricultural and Biological Engineering, 2016, 9（6）: 20-26.

［79］ DENG X L, LAN Y B, HONG T S, et al. Citrus greening detection using visible spectrum imaging and C-SVC［J］. Computers and Electronics in Agriculture, 2016, 130: 177-183.

［80］ ALBETIS J, DUTHOIT S, GUTTLER F, et al. Detection of Flavescence dorée Grapevine Disease Using Unmanned Aerial Vehicle（UAV）Multispectral Imagery［J］. Remote Sensing, 2017, 9（4）: 308.

［81］ DI GENNARO S, BATTISTON E, DI MARCO S, et al. Unmanned aerial vehicle（UAV）-based remote sensing to monitor grapevine leaf stripe disease within a vineyard affected by esca complex［J］. Phytopathologia Mediterranea, 2016, 55（2）: 262-275.

［82］ JIN N, HUANG W J, REN Y, et al. Hyperspectral identification of cotton verticillium disease severity［J］. Optik, 2013, 124（16）: 2569-2573.

［83］ HUANG W J, LAMB D W, NIU Z, et al. Identification of yellow rust in wheat using in-situ spectral reflectance measurements and airborne hyperspectral imaging［J］. Precision Agriculture, 2007, 8（4）: 187-197.

［84］ YANG C H, EVERITT J H, FERNANDEZ C J. Comparison of airborne multispectral and hyperspectral imagery for mapping cotton root rot［J］. Biosystems Engineering, 2010, 107（2）: 131-139.

［85］ WANG X P, ZHAO C Y, GUO N, et al. Determining the canopy water stress for spring wheat using canopy hyperspectral reflectance data in loess plateau semiarid regions［J］. Spectroscopy Letters, 2015, 48（7）: 492-498.

［86］ LIU H Y, ZHU H C, LI Z H, et al. Quantitative analysis and hyperspectral remote sensing of the nitrogen nutrition index in winter wheat［J］. International Journal of Remote Sensing, 2020, 41（3）: 858-881.

第二章 农业航空遥感信息采集系统

第一节　农业航空遥感信息采集系统

航空遥感图像的采集依赖于航空遥感系统，成熟完备的航空遥感系统是一套从地面到空中直至空间，从信息收集、存储、传输处理到分析判读、应用的综合的技术支撑系统，主要由飞行平台系统、轻小型多功能对地观测传感系统、遥感空基交互控制系统、地面数据快速处理系统、数据传输链路、综合保障系统与装置、地面后勤人员等组成，能实现飞行、操控、数据处理和信息传导等功能，如图 2-1-1 所示。

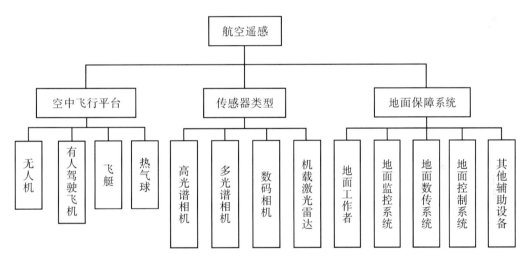

图 2-1-1　航空遥感系统示意图

农业航空遥感系统主要由传感器、遥感平台、地面站以及数据处理软件四部分组成。传感器是核心部件，直接决定遥感影像的质量以及数据形式，决定了农业航空遥感的应用目的。遥感平台指的是托起传感器到空中拍摄的飞行平台，是传感器的翅膀。地面控制系统简称地面站，用于进行任务规划、飞行状况显示以及对航机的控制。数据处理软件主要用于遥感信息处理与解析，主要有 ENVI、MultiSpec、PIX4D、ArcGIS、ERDAS IMAGINE、MATLAB、ER Mapper、PCI GEOMATICA、SuperMap 等软件。在进行图像处理、农情解析时，农业航空遥感离不开地面的调查与农学知识的支撑。

一、常见农业航空遥感采集系统

市面上不少公司推出了农用无人机遥感的整体解决方案。在多光谱遥感成像上，法国的 Parrot 公司推出如图 2-1-2（a）所示的 Bluegrass Fields 系统，实现了"无人机＋多光谱相机＋数码相机＋地面站＋数据分析软件"的一体化设计。该系统包含 Sequoia 多光谱相机、1400 万像素的数码相机和 Bluegrass 旋翼无人机。其移动端 App 可实时快速进行现场调查诊断，也可通过 PIX4Dfields 软件深入分析遥感图像，生成作业处方图。图 2-1-2（b）所示的 Parrot Disco-Pro AG，是一款专为农业工作者设计的一体化多功能无人机机型，采用的传感器主要也是 Sequoia 多光谱相机。图 2-1-2（c）所示的 senseFly eBee X，手抛起飞，自动降落，可搭载定制版传感器，在农业遥感领域主要搭载 Parrot Sequoia 多光谱相机。在可见光成像上，如图 2-1-2（d）所示，大疆公司的精灵 4 RTK 内置 1 英寸 2000 万像素 CMOS 传感器，以捕捉高清影像，在 100 m 飞行高度中的地面采样距离（GSD）可达 2.74 cm；集成全新实时动态（real time kinematic, RTK）模块，提供实时厘米级定位数据；摄影测量模式下，用户可在选择航线的同时，调整重叠率、飞行高度及速度、相机参数等，让飞行器自动执行遥感任务，操作十分方便。在高光谱成像方面，常见的高光谱相机均可通过云台搭载于飞行器如大疆 M600 无人机上，结合光谱校正板、地面站和控制分析软件，实现无人机农业高光谱遥感解决方案，如图 2-1-2（e）所示。在热红外成像方面，图 2-1-2（f）是 Parrot 公司提供的热红外成像遥感解决方案，结合菲力尔公司的热红外成像仪，可以捕捉热成像照片和可见光视频及照片，从而识别地面的温差并定位区域，实现如鼠害监测等方面的农业应用。

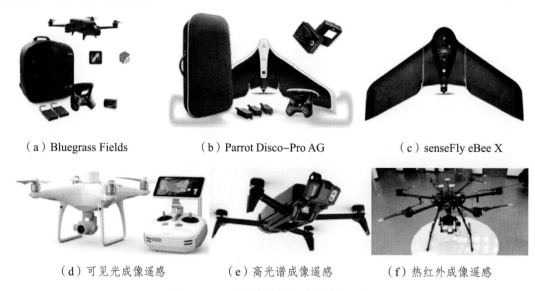

（a）Bluegrass Fields　　　（b）Parrot Disco-Pro AG　　　（c）senseFly eBee X

（d）可见光成像遥感　　　（e）高光谱成像遥感　　　（f）热红外成像遥感

图 2-1-2　常见农业航空遥感采集系统

二、以大疆精灵 4 RTK 为例

大疆精灵 4 RTK 是一款小型多旋翼高精度航测无人机，如图 2-1-3 所示。它具备厘米级导航定位系统和高性能成像系统，集成了 RTK 模块，拥有强大的抗磁干扰能力与精准定位能力，可提供实时厘米级定位数据并支持 PPK 后处理。无人机持续记录卫星原始观测值、相机曝光文件等数据，在操作结束后，用户可以通过大疆云服务直接获取高精度的位置信息。定位系统支持连接 D-RTK 2 高精度 GNSS 移动站，并可通过无线网卡或 Wi-Fi 热点与 NTRIP 连接。其搭载 2000 万像素 CMOS 传感器捕捉高清影像。机械快门支持高速飞行拍摄，可以有效地避免果冻效应引起的制图精度降低。在晴天环境、风速小于 4 m/s、飞行高度 100 m、地面采样距离 2.74 cm、航向重叠率 80%、旁向重叠率 70% 的情况下：

$$P_1=1 \text{ cm}+1 \text{ ppm（RMS）} \tag{2.1.1}$$

$$P_2=1.5 \text{ cm}+1 \text{ ppm（RMS）} \tag{2.1.2}$$

公式（2.1.1）和公式（2.1.2）分别表示无人机在飞行时的水平定位精度和垂直定位精度。1 ppm 表示飞行器每移动 1 km 误差增加 1 mm。

图 2-1-3 大疆精灵 4RTK

第二节 常用的遥感试验平台类型

一、地面遥感平台

地面遥感主要通过地面传感器接收农作物的电磁辐射信息，从而进行后续的农情分析。常用的传感器是地物波谱仪和相机，接收的是作物的光谱和图像信息，分别代表农作物的点状和面状信息。图 2-2-1 所示的是美国 ASD 公司生产的便携式地物光谱仪 FieldSpec HandHeld 2。

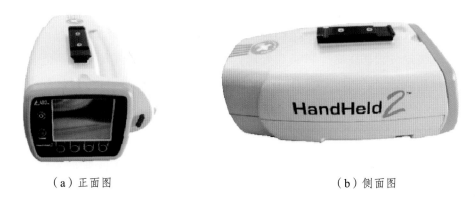

（a）正面图　　　　　　　　　　　　　　（b）侧面图

图 2-2-1　FieldSpec HandHeld 2 光谱仪

FieldSpec HandHeld 2 光谱仪测量光谱快速、准确、无损、无接触，是一款真正的便携式地物光谱仪，可使野外采集数据的时间减到最短，同时使测量光谱的质量最佳。该光谱仪的特性见表 2-2-1。

表 2-2-1　FieldSpec HandHeld 2 光谱仪的特性

特性	数值
波长范围	325 ～ 1075 nm
波长精度	±1 nm
等效辐射噪声	5×10^{-9} W/cm^2/nm/sr@700 nm
积分时间	最小 8.5 ms（可选择）
视场角	25°
内存	最多 2000 个光谱文件

基于大量的地面研究工作，ASD 系列的地物光谱仪已得到广泛的应用，在农业领域已得到长期实践和高度认可。对基于地面光谱的杂草识别研究，基本是先筛选出特征波段，再采用特征波段进行分类判别。陈树人等采用 ASD 光谱仪采集了棉花、刺儿菜、水稻、稗草这四种植物在 350 ～ 2500 nm 波段范围内的光谱反射率，采用 STEP-DISC 程序筛选判别作物和杂草的特征波长，使用 Discrim 程序进行判别分析。试验结果证明，采用 385 nm、415 nm、435 nm 这 3 个特征波段，能够有效地将刺儿菜从棉花中判别出来，且识别率为 100%；采用 465 nm、585 nm、705 nm、1035 nm 这 4 个特征波段，能够有效地将稗草从水稻中识别出来，且识别率也达到了 100%。白敬等使用 ASD 光谱仪采集了冬油菜苗、冬油菜苗期杂草和土壤在 400 ～ 2300 nm 波段范围内的光谱反射率，采用逐步判别分析法筛选特征波长，采用贝叶斯方法进行分类识别。

试验结果证明，采用 595 nm、710 nm、755 nm、950 nm 这 4 个特征波段，能够有效判别冬油菜苗、杂草和土壤，且总体识别率达到了 98.89%。对于地面光谱研究，利用筛选出来的特征波段，定制光谱仪器，可以有效降低光谱仪器的波段数量和制作成本。从识别结果来看，由于特征波段能够有效区分不同类别的样本，因此得到了较高的识别率，展示了良好的泛化性能。

对于基于地面相机的杂草识别研究，主要是通过采集图像，进而利用机器视觉的方法（如图像预处理、特征提取、分类识别等）进行分类判别。地面相机的类型包括可见光相机、多光谱相机、高光谱相机。Cho 等使用可见光相机采集胡萝卜和各类杂草的图像，采集到胡萝卜图像 50 张、马齿苋图像 50 张、马塘图像 50 张、藜科杂草图像 10 张。其中，测试集的图像包括 10 张胡萝卜图像和 20 张各类杂草图像。提取 8 个形状特征作为特征向量，采用逐步判别回归进行特征选择，使用 Discrim 方法进行分类判别。试验结果证明，该方法对胡萝卜的识别率为 92%，对杂草的识别率为 98%。为进一步改进识别结果，研究者构建人工神经网络进行分类判别。与前述方法不同，该方法无须进行特征筛选，将 8 个形状特征全部输入人工神经网络作为特征向量。试验结果证明，该方法对胡萝卜和杂草的识别率达到了 100%。Zhang 等使用地面高光谱相机采集水稻、杂草稻、稗草的高光谱图像。试验中共采集叶片数量 287 片，包括水稻叶片 100 片、杂草稻叶片 81 片、稗草叶片 106 片。高光谱图像的波段范围在 380 ~ 1080 nm。在信号预处理之后，共保留 470 个波段信息，对应的波段范围是 415 ~ 1008 nm。采用小波变换进行降噪处理，基于逐次投影算法（SPA）进行波段选择，采用随机森林和支持向量机进行分类识别。试验结果证明，采用 SPA 选择的 6 个波段信息和支持向量机分类器，对水稻、稗草、杂草稻的识别率分别为 92%、100%、100%。其中，SPA 选择的 6 个波段分别为 415 nm、561 nm、687 nm、705 nm、735 nm、1007 nm，采用该波段进行相机定制能够有效降低光谱相机的波段数量，降低该技术在实际应用中的成本。

由上可见，基于地面遥感手段的杂草识别研究，主要使用光谱仪器或相机来采集农作物的反射信息。该检测方法的传感器与农作物距离较近，干扰因素较少，结合数值分析技术可以得到较为准确的识别结果。

二、基于卫星的航空遥感平台

卫星遥感以人造卫星作为平台，接收地物的光谱反射信息。当人造卫星沿地球同步轨道运行时，能在指定时间内覆盖地球的所有区域，且能对同一区域连续多次监测。卫星遥感具有视点高、视野广、数据采集快、动态及信息量大等特点。在所有的遥感监测手段中，卫星遥感能够以最快速度获得大面积区域的遥感影像，在大范围面积的遥感监测中具有重要应用价值。

近年来，卫星遥感在国内外已经被广泛地应用于指导农业生产。国外在作物的卫星遥感技术方面研究较活跃，如美国农业部使用卫星遥感进行玉米和大豆产量预测；印度空间技术应用中心使用卫星遥感预测小麦条锈病的发病情况，以及结合气象数据与卫星遥感跟踪监测芥菜疾病；葡萄牙埃沃拉大学、地中海农业和环境科学研究所将卫星遥感与地表温度相结合监测虫害发生情况。国内如中国科学院遥感与数字地球研究所（现整合为中国科学院空天信息创新研究院）使用卫星遥感监测小麦白粉病和小麦蚜虫发生情况，北京农业智能装备技术研究中心利用卫星遥感验证航空施药的效果。在作物的卫星遥感研究方面，国内外在技术水平上差异不大。

卫星遥感的快速采集能力，也展示了它在杂草识别研究中的潜力，引起了相关学者的关注和重视。Anderson 等采用 SPOT4 卫星影像监测牧场中的类地毯草。试验数据包含三个时期的卫星影像，采用直方图峰值法、最大似然法、K-means 算法进行分类识别，对每个方法的识别结果进行统计。试验结果表明，各个时期识别结果的 Kappa 系数在 −0.006 ～ 0.71。该检测试验的准确率不高与卫星影像的空间分辨率过低有直接关系，SPOT4 卫星影像的空间分辨率为 20 m，对于小块杂草难以准确定位和判别。

传统卫星影像的分辨率不高一直制约着卫星遥感技术在杂草识别领域中的研究与应用，高分辨率的商业卫星（如 IKONOS、QuickBird）的发射，为该技术在杂草识别中的应用提供了可能。相关学者就高分辨率卫星影像在杂草识别中的可行性开展了研究。Casady 等采用 IKONOS 卫星影像进行乳浆草的遥感监测，基于最大似然法进行类别概率估计。试验结果证明，该方法对杂草密度较低区域（<30%）和杂草面积较小区域（<200 m^2）的识别效果并不理想，即使采用多时态影像融合也无法有效提高识别精度。Martín 等采用 QuickBird 卫星影像监测冬小麦田块中的不实野燕麦，基于二元回归分析进行杂草密度（轻度、中度、重度）的判定。试验结果证明，对于杂草密度较高的区域，QuickBird 影像的识别率较高，平均准确率为 86% ～ 94%；然而，对于中度密度的杂草区域（每平方米小于 10 株杂草），QuickBird 影像的识别率较低，平均准确率仅为 72% ～ 75%。QuickBird 影像对中等密度杂草区域的识别率较低，造成了该技术在小麦田杂草识别应用中的限制，因为小麦田块在杂草发展至中等密度时必须施用除草剂。

由上可见，卫星影像由于空间分辨率不足，对于田间杂草难以有效识别。即使引入较高分辨率的商业卫星影像，也未能从根本上解决卫星影像空间分辨率不足的问题，因此也未能有效提高识别精度。

三、基于有人驾驶飞机的航空遥感平台

有人驾驶飞机航空遥感技术是一种灵活通用的遥感成像技术，可以根据空间分辨率的要求在不同高度进行遥感成像，更适用于频繁地执行与航空喷施作业任务相对应的遥感任务，该技术最先被应用在基于航空光谱影像数据的变量施肥和施药处方图的生成方面，如图 2-2-2 所示。

在有人驾驶飞机航空遥感方面，美国农业部将有人驾驶飞机空中遥感和地面传感器结合用于对棉花作物进行识别和分类，美国佛罗里达大学使用有人驾驶飞机遥感监测柑橘黄龙病发生

情况，西班牙可持续农业研究所使用有人驾驶飞机获取光谱与热成像数据并对杏树红色叶斑病
进行早期监测。由于卫星遥感未能有效解决空间分辨率不足和杂草识别精度不高的问题，因此，
部分学者尝试采用有人驾驶飞机遥感平台进行杂草监测。有人驾驶飞机遥感采用有人驾驶飞机
作为飞行平台，在飞机上安装摄像头进行图像采集。在相关的研究中，大多数学者选择彩色红
外相机作为遥感图像采集装置。彩色红外相机在可见光相机的红光、绿光和蓝光波段之外，加
上了近红外波段。由于近红外波段能够有效反映作物的光合作用和活性，因此在生物量估计等
农情分析领域具有重要应用价值。

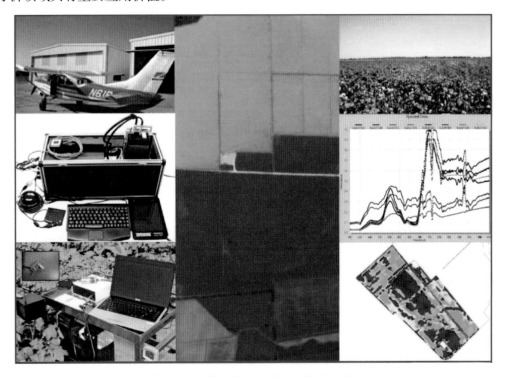

图 2-2-2　基于有人驾驶飞机的遥感系统

Lamb 等采用塞斯纳 210 有人驾驶固定翼飞机，采集小麦田的彩色红外航空影像，用来识别
野燕麦的分布信息。试验共采集了 4 个不同高度的遥感影像，用以验证不同空间分辨率对识别
结果的影响。其中，4 个高度对应的空间分辨率分别为 0.5 m、1.0 m、1.5 m、2.0 m。分别提取
了 NDVI 图像和 SAVI 图像，计算指数图像和杂草分布信息的相关性。试验结果表明，采用 0.5 m
分辨率的遥感影像进行分析，获得的相关系数最高；采用 2.0 m 分辨率的遥感影像进行分析，获
得的相关系数最低。然而，在 0.5 m 的空间分辨率下，NDVI 图像未能准确检测杂草密度小于 28
株 /m² 的杂草区域，而 SAVI 图像未能有效监测杂草密度小于 17 株 /m² 的杂草区域。

从 Lamb 等的试验结果可以看出，随着遥感影像空间分辨率的提高，有人驾驶飞机遥感在杂
草识别中的识别精度也有所提高。但是，有人驾驶飞机与地面的距离通常在几百米到几千米之间，
对地距离较高，空间分辨率仍然不足以反映出杂草和作物之间的区别。从诸多学者的研究结果
来看，有人驾驶飞机遥感对于杂草密度较大的大块区域能够有效识别，但是对于杂草密度较小、

杂草面积较小的区域，仍然难以有效识别。国内在有人驾驶飞机遥感方面研究极少，与国外相比有较大差距。

四、基于无人机的航空遥感平台

高空遥感和地面遥感处于比较成熟的阶段。与高空遥感相比，低空遥感具有运行成本低、灵活性高以及获取数据实时、快速等特点，在农作物病虫害检测应用领域具有得天独厚的优势，因此是现代精准农业的重点研究方向。无人机农业遥感作为低空遥感的重要组成部分，大大拓宽了农业遥感在农作物监测中的应用范围。无人机技术提供了一种结构简单、运营维护成本低、便携、操作简单、灵活性高的遥感平台。无人机遥感技术的发展极大地扩展了以航天、航空遥感为主的农业遥感的应用范围，完善了地面作物监测体系，特别是对于中小尺度的农业遥感应用能够发挥更大的作用。通过无人机遥感可以获取分辨率更高、更精确的农情信息，是实施精准农业生产管理决策的重要依据，对作物信息监测技术的发展和应用具有重大意义。

对于大面积检测研究来说，无人机搭载高光谱相机采集地物图谱信息是一件更有价值的工作。以无人机遥感为主要方式的低空遥感尚处于起步阶段，获取地物高光谱影像的过程并不一定顺利，无人机高光谱影像的质量受限于高光谱设备和环境因素，获取的高光谱影像是否具有研究价值，是一件值得探究的工作。因此，在开展空中高光谱数据分析工作之前，对空中高光谱数据进行质量评价是非常必要的。

相比卫星遥感和有人驾驶飞机遥感，无人机遥感能够在距离地面较近的高度采集田间的遥感图像，获得空间分辨率较高的遥感影像，使得早期阶段的杂草识别成为可能。但由于无人机飞行高度较低，单张影像往往无法覆盖整个田块区域，因此，在数据采集时需要设置航拍区域，进行路径规划，设置图像采集的航向重叠率、旁向重叠率和飞行高度。在数据采集完成之后，需要进行数据的拼接、校正，形成正射影像图之后，才开始农情分析。

近年来，无人机农业遥感已成为精准农业航空的重要研究方向，基于无人机遥感的农业研究引起了广大学者的关注。国外有美国农业部使用无人机遥感进行作物生产管理以及牧场的管理，西班牙可持续农业研究所使用无人机热成像遥感获取葡萄园水分胁迫指数。Torres-Sánchez 等采用无人机遥感图像，识别向日葵田块中的杂草分布情况。试验共采集了 30 m、60 m、100 m 3 个不同高度的遥感影像，用于验证不同高度对识别结果的影响。提取遥感影像的植被指数，分析不同类别对象（作物、杂草、土壤）植被指数的差异。试验结果表明，在 30 m 的飞行高度下，不同类别对象植被指数的差异最为明显。同时证明，无人机影像的空间分辨率对杂草识别的精度具有重要影响，空间分辨率越高，分类效果越好。国内则有北京师范大学地理学与遥感科学学院利用无人机低空遥感平台开展了作物快速分类、作物覆盖面积等方面的研究。此外，华南农业大学、南京农业大学、西北农林科技大学、中国农业科学院等高校和科研院所也开展了大量无人机低空农情遥感监测方面的研究。在基于无人机平台的航空遥感方面，中国学者的研究相对更为活跃。Gao 等采用无人机影像识别杧果地中行间和株间的杂草。首先采用霍夫变换识别行间杂草，其次采用面向对象图像分析方法进行区域分割，统计每个区域特征并使用随机森林算法进行分类判别，最后融合霍夫变换和面向对象图像分析法的处理结果，将图像中每个像素分为杧果、杂草和土壤。试验结果证明，该模型的总体精度高达94.5％，Kappa 系数达到了0.912。该团队在像素级分类结果基础上，进行回归分析，输出每个区域的杂草密度，预测结果的决定系数达到了 0.895，均方差为 0.026。

从以上研究结果可以看出，基于无人机遥感进行田间作物快速分类识别的研究，均取得了较为理想的结果。由于无人机遥感影像能够获得较高的空间分辨率，因此能够有效反映作物和其他地物的差异，这也是最终识别精度较高的主要原因。

从以上几种不同的遥感平台（地面遥感、卫星遥感、有人驾驶飞机遥感、无人机遥感）在分类识别的研究情况来看，地面遥感的分类识别率最高。由于地面遥感设备与作物的距离较近，可以获得较为完整的光谱反射信息，因此无论采用光谱设备还是相机作为传感器，均获得了较高的识别精度。然而，类似于人工调查，地面遥感在单次测试中仅能获取单个作物或极小块区域的信息，无法在短时间内获取大范围区域的杂草分布信息，因此也不具备快速生成作业处方图的能力。卫星遥感和有人驾驶飞机遥感由于传感设备对地距离较高，空间分辨率较低，单个像素代表的是多个对象（如作物、杂草、土壤等）的平均信息，因此无法有效区分作物和其他地物。无人机飞行高度低，可以获得超高空间分辨率的遥感影像。相比卫星遥感和有人驾驶飞机遥感，无人机影像能够有效反应作物和其他地物之间的差异，因此获得了较高的识别精度。相比地面遥感，航空遥感具有效率高、覆盖面广、适应性强、数据解读性好等特点，在农业应用领域具有得天独厚的优势，其中，无人机遥感的识别精度与地面遥感比较接近，因此是现代精准农业的重点研究方向。无人机遥感能够快速获得大范围区域的杂草信息、在短时间内生成施药处方图，为田间杂草的精准管理提供决策信息。

近十几年来，高度集成、控制稳定、操作简便、低成本的飞行平台和紧凑、轻便、耐用、高分辨率的传感器等硬件设备快速发展。此外，随着数据传输算法、安全精确的飞行控制算法、数据处理及遥感图像解译算法等软件技术的推进，航空遥感已经能够较好地获取高精度农田遥感图像，大大拓宽了航空遥感在农作物监测中的应用范围，航空遥感技术已成为精准农业航空日趋重要的研究方向。

第三节　农业航空遥感信息的获取机理与方式

一、农业航空遥感信息获取机理概述

太阳光产生的电磁波或人造雷达电磁波通过大气时，被大气层吸收、透射（折射）、散射后，和大气辐射一起到达地面，与地表物体发生作用，被地物反射、散射、吸收后，和地物自身辐射一起经过大气作用，被传感器所感知和接收。传感器把获取的信息和所受到的外界干扰一并形成图像信息传输给地面或者存储于相机中。在遥感信息获取的过程中，很多环节存在遥感影像噪声，如大气自身辐射、传感器噪声等，从而导致遥感影像的质量受到影响。因此一般需要对遥感影像，特别是卫星遥感影像进行去噪或大气校正等预处理。在遥感影像中，地物反射率的大小是决定对应像元的 DN 值的主要因素。从图 2-3-1 所示的遥感图像获取机理可以看出，遥感的工作模式其实与人的肉眼视觉是一样的，因此，人的眼睛也可以认为是遥感系统里的可见光传感器。

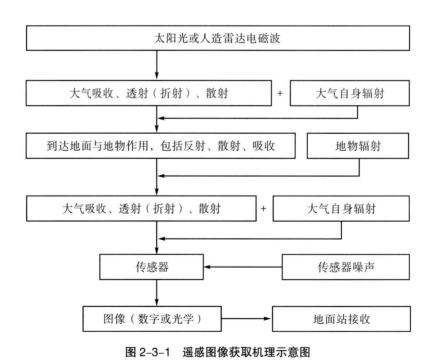

图 2-3-1　遥感图像获取机理示意图

二、农业航空遥感信息的获取方式

航空遥感信息的获取方式可以分为摄影成像、扫描成像和微波成像三大类。

（一）摄影成像

摄影成像是通过成像设备获取物体影像的技术。传统摄影依靠光学镜头及放置在焦平面的感光胶片来记录物体影像，数字摄影则是通过放置在焦平面的光敏元件，经光电转换，以数字信号来记录物体的影像。摄影机是摄影成像最常用的传感器，可装载于地面平台、航空平台、航天平台等，包括分幅式摄影机、全景式摄影机、多光谱摄影机和数码摄影机等类型。

1. 分幅式摄影机

分幅式摄影机一次曝光可得到目标物的一幅相片，镜头分常角镜头（视场角75°以内）、广角镜头（视场角75°～100°）和超广角镜头（视场角超过100°）（依图像的对角线测量角度）。同一平台高度下，视场角越大，地面覆盖范围越大。航空摄影机的透镜系统中心至胶片平面的距离等于该镜头的焦距。焦距小于100 mm为短焦距，100～200 mm为中焦距，大于200 mm为长焦距。

2. 全景式摄影机

全景式摄影机又称扫描摄影机，根据结构和工作方式又可以分为缝隙式摄影机和镜头转动式摄影机。缝隙式摄影机又称航带摄影机，通过焦平面前方设置的与飞行方向垂直的狭缝快门获取横向的狭带影像。镜头转动式摄影机有两种工作方式：一种是转动镜头的物镜，狭缝设在物镜筒的后端，随着物镜筒的转动，在后方弧形胶片上聚焦成像；另一种是用棱镜镜头转动、连续卷片成像。

3. 多光谱摄影机

多光谱摄影机可同时直接获取可见光和近红外范围内若干个分波段影像，有多相机组合型、多镜头组合型和光束分离型三种方式。多相机组合型是将几架相机同时组装在一个外壳上，每架相机配置不同的滤光片和胶片，以获取同一地物不同波段的影像。多镜头组合型是在同一架相机上装置多个镜头，配置不同波长范围的滤光片，在一张大胶片上拍摄同一地物不同波长的影像。光束分离型是用一个镜头，通过二向反射镜或者光栅分光，将不同波段在各焦平面上记录影像。

4. 数码摄影机

数码摄影机的成像原理和结构跟一般的摄影机相似，不同的是用于感光的介质为光敏电子元件，如电荷耦合器件（CCD）、互补金属氧化物半导体（CMOS）器件。

摄影机从飞行平台上对地面进行摄影时，根据摄影机主光轴与地面的关系，可分为垂直摄影和倾斜摄影。在农业航空遥感中，基本都是采用垂直摄影的摄影方式，摄影机的主光轴垂直于地面或者偏离垂线 3° 以内，获取与农业场地水平的摄影相片。

（二）扫描成像

扫描成像是依靠探测元件和扫描镜对目标地物以瞬时视场为单位进行的逐点、逐行取样，以获取目标地物电磁辐射特性信息，形成具有波谱信息的图像。其探测波段可包括紫外、红外、可见光和微波波段等，成像方式分为光机扫描成像、固体自扫描成像和高光谱成像光谱扫描成像三种方式。

1. 光机扫描成像

一般指在扫描仪前方安装光学镜头，依靠机械传动装置使镜头摆动，形成对目标地物的逐点、逐行扫描。扫描仪由一个四方棱镜、若干反射镜和探测元件所组成。探测元件根据目标地物和大气穿透程度来确定，对于不同的波段的探测，需要采用不同的探测元件。探测元件把接收到的电磁波能量转换成电信号，在磁介质上记录或再经电光元件转换成为光能量，最终设置在焦平面的胶片上形成影像。常见的光机扫描成像系统有红外扫描仪、多光谱扫描仪等。

工作原理：扫描镜在机械驱动下，随着飞行平台的前进运动而摆动，依次对地面进行扫描，地面物体的辐射波束经扫描镜反射，并经透镜聚焦和分光，分别将不同波长的波段分开，再聚焦到感受不同波长的探测元件上。

特点：利用光电探测元件解决了各种波长辐射的成像方法，输出数字图像数据，存储、传输和处理都十分方便。但由于装置庞杂，高速运动时可靠性差，在成像机理上，存在着目标辐射能量利用率低的弱点。

几何特征：光机扫描的几何特征取决于它的瞬时视场角和总视场角。瞬时视场角又称空间分辨率，当扫描镜在一瞬间时可以视为静止状态，此时，接收到的目标物的电磁波辐射限制在一个很小的角度之内，这个角度就称为瞬时视场角。总视场角指从飞行平台到地面扫描带外侧所构成的角度，其中总视场指的是扫描带的地面宽度。

2. 固体自扫描成像

采用固定的探测元件搭载在飞行平台上，飞行平台在运动时对目标地物进行扫描获取遥感图像。目前最常用的探测元件是 CCD，CCD 是一种用电荷量表示信号大小，用耦合方式传输信号的探测元件，具有自扫描、感受波谱范围宽、畸变小、体积小、重量轻、系统噪声低、动耗小、寿命长、可靠性高等一系列优点，并可做成集成度非常高的组合件。

在光机扫描仪中，由于探测元件需要靠机械摆动进行扫描，因此如果要立即测出每个瞬时视场的辐射特征，探测元件的响应速度就必须足够快，这就要求探测元件的响应时间达到极短，因而对可供选择的探测器有很大的限制。而固定自扫描成像系统采用 CCD 多元阵列探测器同时扫描，较好地解决了这一问题。根据情况需要，设计一竖列的多个探测元件同时进行扫描。每帧图像中，每个探测元件需要承担的任务量被平均分配，获取图像的效率得到较大提高。由于每个 CCD 探测元件与地面上的像元（瞬时视场）相对应，靠遥感平台前进运动就可以直接以推扫式扫描成像。显然，所用的探测元件数目越多，体积越小，分辨率就越高。现在，越来越多的扫描仪采用 CCD 元件线阵和面阵，以代替光机扫描系统。在 CCD 元件扫描仪中设置波谱分光器件和不同的 CCD 元件，可使扫描仪既能进行单波段扫描，也能进行多波段扫描。

3. 高光谱成像光谱扫描成像

通常的多波段扫描仪将可见光和红外波段分割成几个到十几个波段。对遥感而言，在一定波长范围内，被分割的波段数越多，即波谱取样点越多，则光谱分辨率越高，越接近于连续波谱曲线，因此可以使得扫描仪在取得目标地物图像的同时也能获取该地物的光谱组成。这种既能成像又能获取目标光谱曲线的"谱像合一"的技术，被称为成像光谱技术，按该原理制成的扫描仪被称为成像光谱仪。

高光谱成像光谱仪是遥感发展中的新技术，是既能成像又能获取目标光谱曲线的"谱像合一"的光谱成像技术，其图像是由多达数百个波段的非常窄的连续的光谱波段组成，光谱波段覆盖了可见光、近红外、中红外和热红外区域全部光谱带。光谱仪成像时多采用扫描式或推帚式，可以收集 200 nm 及以上波段的数据，使得图像中的每一像元均得到连续的反射率曲线，而不像传统的成像光谱仪在波段之间存在间隔。

（三）微波成像

微波成像是指通过微波传感器获取地物发射或者反射的微波辐射（波长范围 1 mm ～ 1 m），经过判读处理来识别地物的技术。微波遥感分主动（有源）微波遥感和被动（无源）微波遥感两大类。

1. 主动微波遥感

主动微波遥感是指通过向目标物发射微波并接收其后向散射信号来实现对地观测的遥感方式。

（1）雷达，用于测定目标的位置、方向、距离和运动目标的速度。雷达是由发射机通过天线在很短时间内，向目标地物发射一束很窄的大功率电磁波脉冲，然后用同一天线接收目标地物反射的回波信号而进行显示的一种传感器。

（2）侧视雷达。侧视雷达的分辨率可分为距离分辨率（垂直于飞行的方向）和方位分辨率（平行于飞行方向）。俯角越大，距离分辨率越低；俯角越小，距离分辨率越大。要提高距离分辨率，必须降低脉冲宽度。但脉冲宽度过低则会使反射功率下降，实际应用时采用脉冲压缩的方法。要提高方位分辨率，只能加大天线孔径、缩短探测距离和工作波长。

（3）合成孔径侧视雷达。合成孔径侧视雷达的方位分辨率与距离无关，只与天线的孔径有关，天线孔径越小，方位分辨率越高，因此可用于高轨卫星。

2. 被动微波遥感

被动微波遥感是指通过传感器接收来自目标地物发射的微波，从而达到探测目的的遥感方式。被动接收目标地物微波辐射的传感器称为微波辐射计，被动探测目标地物微波散射特性的传感器称为微波散射计，这两种传感器均不成像，故在此不予讨论。被动微波遥感的特点如下：

（1）能全天候、全天时工作。

（2）对某些地物具有特殊的波谱特征。

（3）对冰、雪、森林、土壤等具有一定穿透力。

（4）对海洋遥感具有特殊意义。

（5）分辨率较低，但特性明显。

第四节　无人机低空遥感影像采集系统

无人机农业遥感以无人机为探测平台，搭载各种传感器（通常是高清摄像机和成像光谱仪）获取农田图像，通过对数据进行后期处理、挖掘和建模，来获取更详尽的农情信息。

由前文可知，无人机低空遥感影像采集系统主要由传感器、无人机、地面控制系统、数据处理软件四部分组成。传感器是农业航空遥感影像系统的核心部件，按照遥感数据的记录方式，分为成像方式和非成像方式。目前大多数农业航空遥感系统都采用了成像方式的传感器，而成像传感器又可以分成被动式和主动式两大类。成像雷达遥感就属于主动式，一般雷达遥感多指合成孔径雷达遥感，它的显著特点就是主动发射电磁波，具有不依赖太阳光照及气候条件的全天时、全天候的对地观测能力，并对云雾、小雨、植被及干燥地物有一定的穿透性。目前，在农业航空遥感领域，成像雷达遥感数据远不如光学遥感数据应用广泛，但它在作物的株高等植物表型研究领域具有一定的优势。被动式的成像传感器主要是光学成像传感器，数码相机、高光谱相机、多光谱相机、热红外成像仪等都属于这一大类。

光学成像传感器的性能指标主要由以下 5 种分辨率来衡量：①空间分辨率，指遥感影像中每个像元所代表的地面范围的大小，它与传感器到目标物的距离有直接关系，拍摄距离越远，则空间分辨率越低。②辐射分辨率，指传感器区分地物辐射能量细微变化的能力，即传感器的灵敏度。传感器的辐射分辨率越高，其对地物反射或辐射能量的微小变化的探测能力越强。

③温度分辨率，指热红外传感器分辨地表热辐射最小差异的能力，主要适用于衡量热红外成像仪。
④时间分辨率，指在同一区域进行相邻两次遥感观测的最小时间间隔，主要针对的是卫星遥感。
⑤光谱分辨率，光学成像遥感最受关注的指标，指成像的波段范围，分得越细，波段越多，光谱分辨率就越高。例如多光谱相机，其光谱分辨率在 0.1 数量级，这样的传感器在可见光到近红外区域一般只有几个波段；而高光谱相机，光谱分辨率在 0.01 数量级，这样的传感器在可见光到近红外区域有几十个到数百个波段，光谱分辨率可达纳米级。

考虑到无人机续航能力和载重量等方面的局限性，所采用的遥感传感器一般具备数字化、存储量大、体积小、重量轻、精度高、性能优异等特点。目前，常用于农作物信息采集的传感器主要有数码相机、高光谱相机、多光谱相机、热红外成像仪、激光雷达等。

一、数码相机成像遥感

数码相机成像一般获取的是 400 ~ 760 nm 波段的 RGB 可见光影像，为了修正光线和还原图像真实色彩，一般图像传感器都会通过滤光片把红外线滤除掉，因此一般的摄像头无近红外波段信息。由于数码相机使用方便，价格较低，且数字图像处理技术相对成熟，因此利用无人机搭载高清数码相机的遥感系统，是监测农作物生长状况以及病虫害的重要手段。由于无人机飞行高度较低，影像清晰，空间分辨率可达厘米级，通过对数码影像的纹理、颜色等图像空间信息特征进行提取与分析，可进行农作物叶面积指数计算、不同生长周期长势评估、农作物识别、病虫草害诊断等研究。

采用数码相机进行无人机低空遥感农作物病虫害的监测，虽然成本较低、操作相对简单，但目前通用的数码相机的空间分辨率还是难以从空中捕获农作物冠层以及叶片的细节，在农作物症状辨别特别是早期诊断应用上还具有一定的局限性。

二、高光谱相机成像遥感

利用高光谱遥感监测技术进行农作物病虫害的诊断与监测，可及时发现、及时处理，有利于早期防治。其原理是病虫害会造成作物叶片细胞结构色素、水分、氮元素等性质发生变化，从而引起反射光谱的变化，所以病虫害作物和正常作物在可见光到热红外波段的反射光谱有明显差异。

健康的绿色植物具有典型的光谱特征，遭受病虫害的植被其光谱反射率曲线的波状特征则被拉平。图 2-4-1 展示了不同病害程度的柑橘叶片的光谱曲线，其中蓝色曲线表示健康叶片的光谱反射率，灰色曲线表示症状不明显但已确认患柑橘黄龙病的叶片，橙色曲线表示明显患柑橘黄龙病的叶片。从这个例子也可以看出，患病叶片的光谱反射率曲线波形被拉平。基于植被的光谱特征以及其他遥感影像的特征，如可见光图像的空间信息特征等，可以衍生出农业航空遥感不同的应用领域。

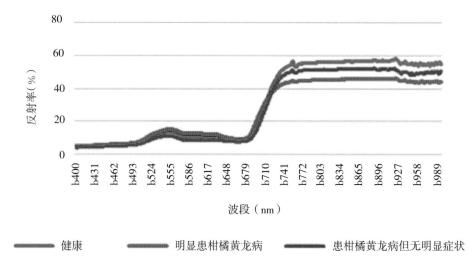

图 2-4-1　不同病害程度的柑橘叶片光谱曲线

高光谱成像的光谱分辨率在 0.01 数量级，其在可见光和近红外区域有几个到数百个波段，光谱分辨率可达纳米级。高光谱图像包含的波段信息丰富、分辨率高，能准确地反映田间作物本身的光谱特征以及作物之间的光谱差异，在农作物病虫害监测上更显优势。但目前高光谱相机的价格普遍较高，广大农户难以承受，因此目前主要应用于科学研究领域。在高光谱成像方面，市面上许多公司也推出了机载高光谱相机，如采用画幅式高光谱成像技术的 Cubert S185 相机、采用线扫描技术的 Hyperspec® 系列高光谱成像传感器、SOC 公司的 SOC710GX、ITRES 公司的 CASI 和 SASI、四川双利合谱科技有限公司生产的 GaiaSky-mini 等，如图 2-4-2 所示。

（a）Cubert S185　（b）Hyperspec® 系列　（c）SOC710GX　（d）CASI　（e）SASI　（f）GaiaSky-mini

图 2-4-2　高光谱相机

如图 2-4-3 所示为较常用的 Cubert S185 机载高光谱相机，其特性见表 2-4-1。Cubert S185 采用革命性的画幅式高光谱成像技术，能够以快照式的速度进行所有光谱通道同步成像。该技术融合了高光谱数据的精确性和快速成像的高速性，能够瞬间获得整个视场范围内精确的高光谱图像。可搭载多种 UAV，按照设定航线自动测量，快速获得大面积的高光谱图像。

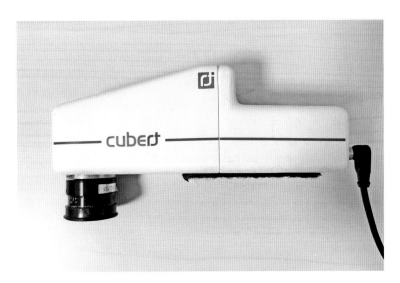

图 2-4-3　Cubert S185 机载高光谱相机

表 2-4-1　Cubert S185 机载高光谱相机特性

特性		数值或型号
光谱特性	光谱范围	450 ~ 950 nm
	采样间隔	4 nm
	通道数	125
硬件特性	探测器	面阵 Si CCD
	探测器规格	100 万像素 *2
	测量时间	0.1 ~ 1000 ms
	高光谱成像速度	5 Cubes/s
	数字分辨率	12 bit
	光谱输出	2500 Spectra/Cube
	GPS 触发	配备 GPS 实时触发模块
光学特性	镜头焦距	10 nm、16 nm、23 nm、35 nm、50 nm（可选）
	接口类型	C-mount
物理特性	操作温度	0 ~ 40 ℃
	重量	490 g
	电源	DC 12 V，8 W

　　柑橘黄龙病的无人机高光谱遥感影像采集试验如图 2-4-4 所示。该试验采用 Cubert S185 机载高光谱相机，通过云台搭载于大疆 M600 多旋翼无人机，结合光谱校正板、地面站和控制分析软件，完成柑橘黄龙病的无人机高光谱遥感试验。

图 2-4-4 柑橘黄龙病的无人机高光谱遥感影像采集试验

高光谱遥感技术的出现是遥感领域的一场革命，它的出现使得原本在宽波段遥感中难以被探测的物质及特性，在高光谱图像中被表达出来。高光谱传感器是一类可以在许多很窄的相邻光谱波段（包括了可见光、近红外、中红外和热红外等部分波长范围）中获取图像的光电探测元件。此类传感器可以采集几十到数百个波段的数据，因此可以保证为场景中的每个像素提供持续的发射率光谱（对于热红外部分波长为辐射度谱线）。高光谱遥感系统能够在较窄的波长间隔中识别具有吸收和反射特征的地物，而这些特征是传统黑灰白或者红绿蓝图像表达地物的色彩信息和空间信息等时所表达不出来的。

目前高光谱成像技术发展迅速，根据分光方式的不同，通常分为光栅分光、声光可调谐滤波分光、棱镜分光、干涉分光等。

（一）光栅分光

在经典物理学中，光波穿过狭缝、小孔或者圆盘之类的障碍物时，不同波长的光会发生不同程度的弯散传播，再通过光栅进行衍射分光，形成一条条谱带。也就是说，空间中的一维信息通过镜头和狭缝后，不同波长的光按照不同程度的弯散传播，这一维图像上的每个点，再通过光栅进行衍射分光，形成一个谱带，照射到探测器上，探测器上的每个像素位置和强度分别表征光谱和强度。一个点对应一个谱段，一条线就对应一个谱面，因此探测器每次成像是空间一条线上的光谱信息。为了获得空间二维图像，需再通过机械推扫，完成整个平面的图像和光谱数据采集。

一般情况下，光线在经过狭缝后，由于不同波长的光照射到不同的探测器像元上，此时光的能量很低，因此需要采用高灵敏性的高光谱相机，且同时需要加光源。

（二）声光可调谐滤波分光

声光可调谐滤波器（AOTF）是一种色散器件，由声光介质、换能器和声终端三部分组成，能够通过电调谐方式实现高速度的波长扫描，可以完成一般的色散器件无法完成的快速光谱测量工作。射频信号被换能器接收后，能够转换为超声波并耦合声光介质。为了防止声波产生反射，透过介质的声波被声终端的吸声体吸收。

最常用的 AOTF 晶体材料 TeO_2 为非共线晶体，光波通过晶体后发生衍射，产生衍射光和零级光，从不同的出射角进行传播。AOTF 系统由成像物镜、准直镜、偏振片、晶体、物镜和光电探测元件组成。当复色光以特定的角度入射到声光介质中时，由于声光相互作用，满足动量匹配条件的入射光被超声衍射成两束正交偏振的单色光，分别为 e 光束和 o 光束，分别位于零级光两侧。倘若改变射频信号的频率，衍射光的波长也将相应改变，连续快速改变射频信号的频率就能实现衍射光波长的快速扫描。为了保证入射光经过准平行镜之后能够完全变化成平行光，对前端的物镜视场角有一定的要求。通过在晶体的出光口加入遮挡片去遮挡零级光，可以避免零级光与衍射光一起进入光电探测元件造成重影，还可以通过提高光源的聚光效果或减小聚光准直系统的外形尺寸对聚光准直系统进行优化。

（三）棱镜分光

棱镜分光是通过不同波长的光线在棱镜材料中的不同折射率来实现色散的，折射出来的光线照射到不同方向上的光电探测元件进行成像。最常采用的分光棱镜为光楔，但光楔主要对平行光线有良好的分光性能，对于有一定视场角和孔径的高光谱成像系统来说，要实现较好的分光，需要对系统进行特殊设计，才能满足图像质量和空间环境稳定性的要求。棱镜分光后，因棱镜的出射面镀有不同波段的滤光膜，使得不同方向的探测器可以采集到不同的光谱信息，实现同时采集空间和光谱信息。

（四）干涉分光

干涉分光式高光谱成像仪将目标信号分成两束相干光，对两束相干光之间的光程差进行调制并变换，从而获得目标的光谱信息。最经典的干涉分光高光谱成像系统采用了迈克逊干涉仪原理，可以同时测量所有光谱波段的干涉强度，然后对干涉图进行傅里叶变换，得到目标的光谱图。

近年来突破的若干航空高光谱成像系统关键技术及应用还包括了紧凑型热红外高光谱低温分光技术、机载紫外 / 可见 / 短波 / 热红外一体化集成机载高光谱成像关键技术、阶跃集成滤光片分光技术、基于 AOTF 分光的凝视型高光谱成像关键技术等。

高光谱成像技术一开始用于地质矿物识别填图研究，后来逐渐扩展到农林植被生态、海洋海岸水色、冰雪、土壤、大气、空间探测、军事安全、国土资源及科学研究等各个领域。由于健康的绿色植物具有典型的光谱特征，一旦作物生长状态发生变化，则作物在光谱上也相应地发生改变，因此高光谱遥感技术在农业领域颇受研究人员的青睐。在现代农业中，通过光谱遥感检测技术，可研究作物冠层或叶片的光谱特征，从而对农作物进行识别、分类，或监测其生长状况和病虫草害情况，还可对农作物产量进行估算等。其原理是根据作物叶片细胞结构色素、水分、氮元素等物质发生的变化，在光谱上能体现出差异和规律。所以从可见光到热红外波段，病虫害作物的反射光谱和正常作物的反射光谱有明显差异，可进一步为农作物提供有效的监测手段。利用高光谱遥感监测技术进行作物病虫害的诊断与监测，可及时发现、及时处理，有利于早期防治。

三、多光谱相机成像遥感

航空多光谱遥感技术是航空遥感技术的重要发展方向。航空多光谱遥感是指利用多个窄波长范围的电磁波从探测对象物体获取光谱图像数据。随着信息技术和传感器技术的快速发展，多光谱相机越来越趋于体积小、重量轻、集成度高。根据工作方式的不同，多光谱相机可以分为光学成像和扫描成像两大类，其中，光学成像类相机包括分幅式多光谱相机、全景式相机、狭缝式相机等，扫描成像类相机包括光机式扫描仪、成像光谱仪、成像偏振仪等。

目前机载多光谱相机的频谱波段数较少，一般在 4 个波段左右，波段范围较宽，光谱分辨率较低，且图像的空间分辨率也较低，因此在应用中通常与高分辨率的数码相机或高光谱相机进行图像融合，以满足更高的应用需求。

多光谱成像的光谱分辨率在 0.1 数量级，即在可见光和近红外区域一般只有几个波段。无人机农业遥感领域常见的多光谱相机通常可以获取 4 个波段以上的光谱图像，也可以定制特定窄波段的多光谱相机，根据特定的遥感应用对不同的波段以及波段范围进行量身定做。市场上常见的多光谱相机有 Tetracam 公司的 ADC Lite、Micasense 公司的 MCA12 SnapRedEdge、Parrot 公司的 Sequoia、XIMEA 公司的 xiSpec 系列、dB2 LaQuinta 等，如图 2-4-5 所示。

（a）ADC Lite　（b）MCA12 SnapRedEdge　（c）Sequoia　（d）xiSpec 系列　（e）dB2 LaQuinta

图 2-4-5　多光谱相机

其中，图 2-4-5（c）所示的 Parrot 公司的 Sequoia 多光谱相机，可同时捕捉绿光、红光、红边和近红外 4 个波段图像以及用 RGB 图像来反映植物的健康状况。

笔者在 2009 年于美国农业部南方平原农业研究中心开展了低空遥感多光谱成像系统的研究。进行了 3 种不同类型的机载遥感多光谱成像系统的性能研究，涵盖低成本和相对高成本、手动操作和自动操作、使用单个摄像头的自动多光谱合成成像和多个摄像头的集成成像。研究结果表明，低成本的多光谱成像系统因波段饱和、成像速度慢和图像质量差，比较适用于能靠近地面飞行的低速移动平台，但不推荐用于固定翼飞机上的低空或高空航空遥感；由于对有效载荷的限制和安装复杂，高成本成像系统不推荐用于无人驾驶直升机；成本适中的多光谱成像系统，适用于基于地块定位文件触发的固定翼飞机低空航空遥感，也适用于全球定位触发或人工操作的固定翼飞机高空航空遥感；建议在固定翼飞机上采用定制系统进行高空航空遥感，触发或手动操作航路点全球定位。Yang 等采用两个消费级的彩色摄像机搭载了多光谱成像系统，一个摄像头捕捉正常的彩色图像，另一个则被修改以获得近红外图像，对该系统进行了两年的机载测试和评估。结果表明，该双摄像机成像系统性能可靠，具有监测作物生长状况、检测作物疾病和绘制农田与湿地生态系统入侵杂草图的潜力。以上研究表明，在农业遥感领域，近红外区域以及红边区域是农作物生长信息较敏感的波段。对数码相机进行结构修改以获取近红外图像，结合可见光波段，便可以实现多光谱成像。

四、热红外成像遥感

热红外遥感是指传感器工作波段限于红外波段范围之内的遥感。热红外遥感的信息源来自物体本身，只要地物温度超过绝对零度，就会不断发射红外能量。无人机热红外成像遥感就是利用机载热红外传感器收集、记录地物的热红外信息，并利用这种热红外信息来识别地物和反演地表参数如温度、湿度和热惯量等。

由于主动式热红外成像方式对目标物的人为操作可能破坏其物理特性，从而使得试验数据不准确，因此，在植物病虫草害遥感应用领域，热红外成像多数采用的是被动式方式。但是，由于农作物本身已经达到了热平衡状态，或者物体的热辐射差异微小，因此被动式热红外成像技术难以获得湿度场信息。此外，植物叶片灾害区域与正常区域的温差一般相差不大，所得到的热图像缺少层次感。再加上探测器本身器件的原因和客观探测条件的干扰，热红外成像的图像边缘模糊，信噪比低。因此，热红外成像在农作物病虫草害监测应用中具有一定的局限性。

目前在农业航空遥感应用领域，通常采用数码相机与热红外成像仪相结合的监测方式。如无人机搭载热红外成像仪和数码相机，可以识别地面的温差，并定位区域，也可以实现如鼠害识别方面的农业应用。

五、激光雷达成像遥感

机载激光雷达成像遥感与光学成像遥感不同，它是通过主动探测目标的散射光特性来获取相关信息的遥感技术，是近些年新兴的遥感技术，是目前植物表型研究中重要的监测手段。其主要优势在于可以获取高精度的三维数据，在植被垂直结构探测上开辟了可能性，弥补了光学遥感在提取冠层结构信息方面的不足。

目前在农作物监测领域，机载雷达成像遥感主要应用于农作物株高、生物量与叶面积指数等农情监测方面，在农作物病虫害监测领域上的研究成果鲜见报道。但作为多源遥感的一种方式，该技术与光谱成像相结合，从植被的垂直结构和水平结构信息两方面，对农作物进行全方位解析，也是目前农业航空遥感的发展趋势。

第五节　遥感图像数据采集要求

在田间试验开始前，需根据研究对象、研究目的与研究对象的具体生长周期规划出合适的遥感图像采集地点与时间。例如，华南农业大学国家精准农业航空施药技术国际联合研究中心团队成员在进行水稻幼苗期的杂草识别研究时，选取了华南农业大学增城教学科研基地，该地区属于典型的亚热带季风气候带，阳光和热能资源充足，雨热同季，数据采集时间在10月份。

在进行空中遥感图像采集时，首先需要在阳光明媚、晴天无云覆盖的天气下进行，最适宜的图像采集时间为当地的10：00～16：00。其次，在采集前应确定采集区域范围和规划飞行路线，避免出现盲目采集的情况，同时，应该选择在试验地附近与植株根部水平、平整的土地上起飞，并记录无人机起飞点的GPS坐标信息，以测量采集水稻杂草图像时的飞行高度。最后，应在采集遥感图像过程中保持无人机平稳飞行，并使采集镜头竖直向下，否则会因机载过于抖动和倾斜，加大后期图像数据处理的难度。

图像数据采集之后，还需对采集结果进行评估，以保证数据的有效可用性。对于可见光遥感图像采集，直接对采集的遥感图像进行观察，采集的数据整体图像分辨率和重叠率需均满足采集前的数据标准，以判断采集图像结果是否符合试验预定的要求。

第六节　病虫害监测——以柑橘黄龙病为例

每年的9月到12月，是柑橘黄龙病症状表现最为明显的时期。因此，在这个期间采集柑橘植株冠层的高光谱数据，有利于采集到具有柑橘黄龙病特征的高光谱数据。环境条件对高光谱数据采集试验有较大的影响，试验数据采集时需要光照充足、光线稳定。针对柑橘黄龙病的图像数据采集，大多数试验研究都采用低空高光谱遥感数据采集和地面高光谱遥感数据采集两种采集方式。

一、低空高光谱遥感数据采集

无人机高光谱遥感作业时，预先在地面对标准标定板（设备配带）进行辐射定标，由微型计算机在 Cube-pilot 软件（德国 Cubert 公司研发）中控制高光谱相机（如 Cubert S185）对标准标定板进行校正和暗电流消除，随后在微型计算机的控制下以 1 张 /s 的采样间隔进行数据的采集工作。

高光谱数据采集系统由 Cubert S185、微型计算机以及差分全球定位系统组成。Cubert S185 是一种全画幅式的快速成像光谱仪，最快可在 0.1 ms 内获取 450 ～ 950 nm 波长范围内 125 个波段的高光谱立方体影像。作为轻便高效型成像高光谱设备之一，该设备质量只有 470 g，所获取数据在后续处理时无须惯性测量单元（inertial measurement unit，IMU）和复杂的校正处理。地面控制系统包括笔记本电脑和远程遥控器。后处理软件包括 Cube-pilot、Inertial Explorer、Agisoft PhotoScan、ENVI 5.3 等。

无人机飞行平台搭载高光谱相机采集光谱数据，具有成本低、精度高、速度快等特点。为满足遥感全景影像拼接要求，无人机采集的空中影像必须满足重叠率要求（航向≥ 60%，旁向≥ 30%），需预先根据作业区域、地面采样距离、传感器参数等因素在飞行平台的地面站选择"区域定点"进行作业区域规划，并设置好相机参数和实际作业重叠率（航向≥ 70%，旁向≥ 50%）。地面采样距离（GSD）的计算公式为

$$GSD = \frac{H}{f} \times D$$

（2.6.1）

式中，f 为相机焦距；H 为飞行高度；D 为相机单像素元大小。

二、地面高光谱遥感数据采集

地面高光谱采集设备为便捷手持式非成像地物光谱仪 FieldSpec HandHeld 2（本节简称 HH2），产自美国 ASD 公司，该设备波长范围为可见光到近红外，被广泛应用于植被研究中，并有着较多的研究发现。HH2 带有数据快速采集和存储的功能，具有便捷、操作灵活、精度高、重量轻等优点，可减少田间数据采集的工作量，提高采集效率。

HH2 操作简单，但对环境有较高的要求，使用前可设置好存储文件夹、样本名称、采样间隔和采样次数。由于光谱仪的目的是采集目标区域的准确光谱，而试验期间的环境和光线不断变化，因此，通过标定板校正是必要的。光谱通过探头获取目标区域光信号并转换成数字信号，此时转换的数字信号是 DN 值，将获取的目标区域 DN 值和标定板的 DN 值通过公式转换得到目标区域反射率。采集数据时需操作规范，如图 2-6-1 所示，采集人员不应遮挡入射光线，叶片

上无任何阴影，避免 HH2 探头 25° 视场角的采集范围受到遮盖，HH2 探头与采集目标的最佳距离为目标大小直径的 2 倍。受冬天太阳高度角变化较快的影响，光线的变化较快，在每采集完一棵柑橘植株后，对 HH2 进行标定板校正，标定板（设备配带）对光谱范围内入射光的漫反射率真接近 100%。

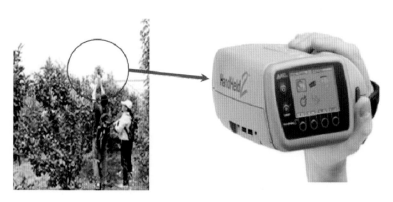

图 2-6-1　地面高光谱遥感数据采集示意图

地面高光谱设备与空中高光谱设备的核心参数见表 2-6-1。

表 2-6-1　两种高光谱探测器的参数比较

仪器名称	光谱范围	光谱采样间隔	光谱分辨率	通道个数	像元类型	尺寸	质量	数据形式
Cubert S185 高光谱相机	450 ～ 950 nm	4 nm	8@532 nm	125 个	灰度像元：1000×1000；高光谱像元：50×50	195 mm×67 mm ×60 mm	0.47 kg	全色和高光谱影像
HH2 手持式光谱仪	325 ～ 1075 nm	1 nm	<3.0@700 nm	700 个	—	90 mm×140 mm ×215 mm	1.2 kg	光谱反射率

三、两种获取冠层光谱的方式

经过 Agisoft PhotoScan 拼接后的全景高光谱影像能够呈现出试验区域的所有柑橘植株的种植情况。ENVI 是一款常用的遥感数据处理软件，能够对高光谱影像进行较好的可视化，因此，本节使用 ENVI 软件比较了两种获取冠层光谱的方式，实现对全景高光谱影像中柑橘果树健康植株和染病植株的冠层光谱的提取。

基于冠层感兴趣区域（ROI）平均光谱的提取是通过 ENVI 的"Region of Interest Tool"对柑橘植株冠层建立 ROI，通过 ENVI 的可视化，可以直观观察到试验区域的柑橘果树分布情况。

通过对选定的柑橘植株冠层建立一定数量的 ROI，用 "Statistics for All ROIs" 计算每个 ROI 的冠层光谱，作为训练的光谱样本，此处每个光谱样本为单个 ROI 的平均光谱。

如图 2-6-2（a）所示，建立 10 个边长为 5×5 的矩形 ROI，通过计算 10 个 ROI 可得到 10 个光谱样本，如图 2-6-2（b）所示。该方法得到的冠层光谱样本间存在一定的差异，该差异对模型有一定影响。由于该方法是对每棵植株冠层随机选取一定数量的 ROI，若每棵植株冠层建立的 ROI 样本较少，则不足以代表整棵树的实际情况；若建立的 ROI 较多，则会花费较多的时间；若是以整棵植株冠层建立单个 ROI 提取单个冠层光谱代表单个植株，则容易弱化冠层特征，造成光谱特征丢失。

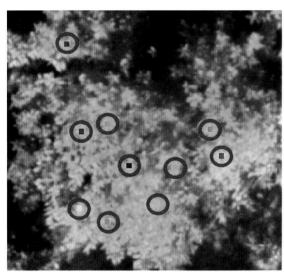

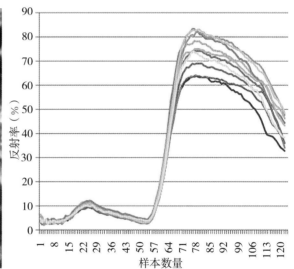

（a）冠层构建 ROI 示意图　　　　　　　　（b）计算 ROI 得到光谱样本示意图

图 2-6-2　冠层 ROI 平均光谱的提取示意图

基于全冠层像素级冠层光谱的提取，是一种基于植株冠层的像素坐标来实现柑橘植株冠层光谱的像素级提取的方法，该方法操作步骤较多。首先确定柑橘植株冠层并剪裁该植株冠层，对所选植株冠层使用 ENVI 的 "New Vector Layer" 绘制柑橘植株的矢量边界。其次，通过 "Subset Data from ROI" 功能对所绘制的矢量边界进行剪裁，获得柑橘植株的冠层高光谱影像，如图 2-6-3（a）所示。接着，通过 SVM 分类器对冠层进行分类，将柑橘植株的绿色冠层部分从高光谱影像中分类出来，建立柑橘冠层标签图像，如图 2-6-3（b）所示。最后，对标签图像逐像素读取和判别，若读入的标签值为 255，则读取该位置的高光谱样本；若读入的数值为 0，则继续读取标签值，不读取高光谱数据，以此建立单棵柑橘植株冠层的光谱样本数据集。

针对以上冠层提取方式，若是以植株为单位建立光谱样本代表植株，对于表现不明显的染病植株光谱特征来说则容易造成特征弱化，甚至可能造成特征丢失；若是在植株上建立一定数量和大小的 ROI 并提取光谱样本，则需要耗费大量人力物力。因此，需根据试验场景而定。

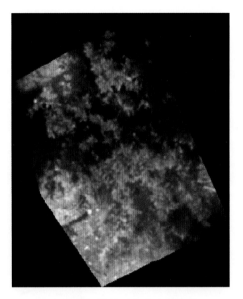 

（a）柑橘植株冠层高光谱影像　　　　　　　（b）柑橘植株冠层标签图像

图 2-6-3　基于全冠层像素级冠层光谱的提取示意图

第七节　数据质量评价——以无人机高光谱数据评价为例

　　本研究选用的 FieldSpec HandHeld 2（本节简称 HH2）地物光谱仪的波长范围是 325 ～ 1075 nm，光谱分辨率是 1 nm，共有 750 个波段；而 Cubert S185（本节简称 S185）高光谱相机的波长范围是 450 ～ 950 nm，光谱分辨率是 4 nm，共 125 个波段。为了进行较好的对比，需要对分辨率较高的 HH2 高光谱数据进行重采样。首先，对 HH2 小于 450 nm 和大于 950 nm 波长范围的光谱数据进行剔除，仅保留 HH2 获取的 450 ～ 950 nm 波长范围的光谱数据。然后，如图 2-7-1 所示，对该波长范围的高光谱数据重采样，以 S185 高光谱数据的中心波长为基准，将 HH2 对应波长的前后两个波段进行均化处理得到重采样光谱，重采样光谱的光谱分辨率与 S185 高光谱相机相一致。

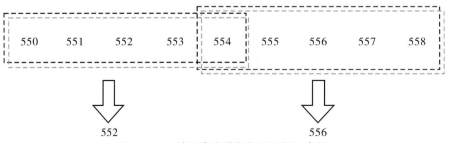

图 2-7-1　地面高光谱数据重采样示意图

一、无人机高光谱数据与地面高光谱数据分析

在试验区域铺设有白板，在无人机搭载高光谱相机采集数据时，先通过 HH2 同步采集地面白板的高光谱数据，再通过拼接后的高光谱全景影像提取地面白板的光谱数据，与 HH2 采集的高光谱数据进行对比分析。

两个设备采集的光谱曲线如图 2-7-2 所示，S185 获取的高光谱反射率与 HH2 获取的高光谱反射率并不重合，但反射率变化趋势存在较高的相似度。在 450 ～ 680 nm 波长范围，光谱反射率呈随波长增长而递减的变化趋势；在 680 ～ 840 nm 波长范围呈先增后减的变化趋势；在波长 840 nm 处反射率出现跳跃点，跳至最高点后呈递减变化趋势。考虑 S185 与 HH2 采集高光谱数据时可能存在环境因素的影响，因此出现了反射率数值不相同的情况。

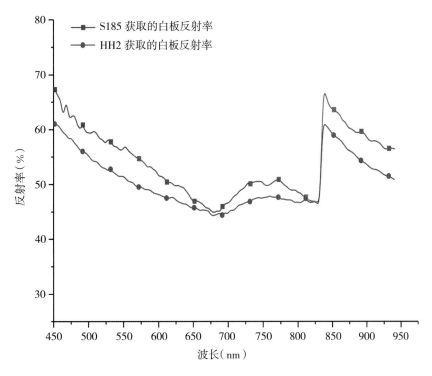

图 2-7-2　S185 和 HH2 获取地面白板的光谱信息

在地面验证的基础上，分别提取并计算健康柑橘植株和染柑橘黄龙病（HLB）植株冠层的平均光谱，将 S185 获取的冠层光谱与 HH2 获取的冠层光谱进行对比。如图 2-7-3 所示，在 450 ～ 730 nm 波长范围，S185 获取的柑橘植株冠层反射率值较 HH2 低，两个设备获取柑橘植株冠层的高光谱反射率在 450 ～ 680 nm 波长范围呈现先增后减的相同变化，并在波长 550 nm 附近出现"绿峰"特征，在波长 680 nm 附近同时到达"红谷"位置。在 680 ～ 760 nm 波长范围出现急剧的反射率变化，S185 的反射率变化较 HH2 的变化更为明显，在波长 730 nm 后反射率值 S185 较 HH2 高，反射率在波长 760 nm 处达到高峰。S185 获取的光谱在 760 ～ 950 nm 波

长范围处于缓慢减小状态，随后出现急剧下降；而 HH2 获取的光谱则在 760 ～ 950 nm 波长范围呈现稳定变化。

如图 2-7-3 所示，分析 S185 获取的柑橘植株冠层高光谱反射率在 760 ～ 950 nm 波长范围处于下降状态，与 HH2 存在较大不同的原因。通过参考其他学者使用 S185 高光谱相机采集的高光谱反射率曲线，发现该设备在波长 900 nm 附近容易出现反射率急剧下降的情况，该情况可能与设备本身存在较大的关联。

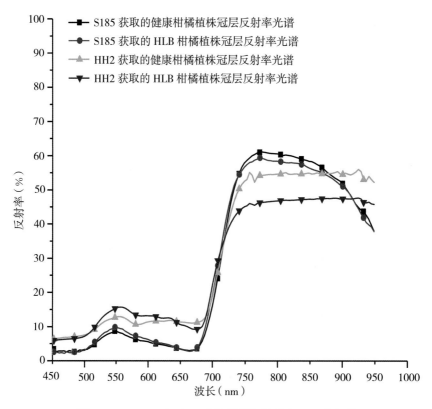

图 2-7-3　S185 与 HH2 获取的柑橘植株冠层平均光谱

二、空中高光谱数据与地面高光谱数据相关性验证

分析比较空中和地面两种高光谱数据后，为进一步验证空中高光谱数据的质量，将空中采集的高光谱数据与地面采集的高光谱数据进行相关性分析，并使用决定系数（R^2）表示相关性强度。R^2 越接近 1，表示两种光谱相关性越强。R^2 表达式为

$$R^2 = \frac{\sum_{i=0}^{n}(\hat{y}_i - \bar{y})^2}{\sum_{i=1}^{n}(y_i - \bar{y})^2} \tag{2.7.1}$$

式中，$\hat{y}_i$ 表示第 i 个回归拟合的 y；$\bar{y}$ 表示 y 的平均值；y_i 表示第 i 个 y 的值。

如图 2-7-4 所示，S185 与 HH2 采集地面白板的光谱相关性 R^2 为 0.8697，但是通过图 2-7-5

和图 2-7-6 可以看到，S185 和 HH2 采集柑橘植株冠层光谱的相关性较强，R^2 均在 0.96 以上，因此，以 HH2 采集的高光谱数据为依据，可以认为 S185 采集的高光谱数据存在较高的可靠性，因此可用来分析柑橘冠层光谱特征和建立柑橘黄龙病的判别模型。

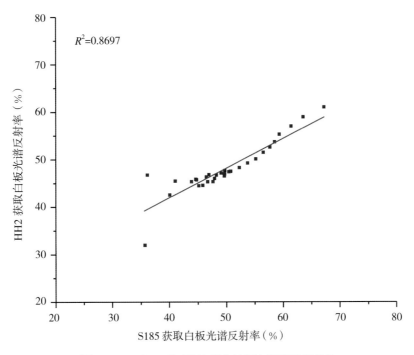

图 2-7-4　S185 和 HH2 采集地面白板光谱相关性

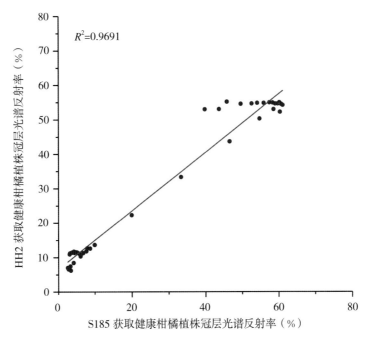

图 2-7-5　S185 和 HH2 采集健康柑橘植株冠层光谱相关性

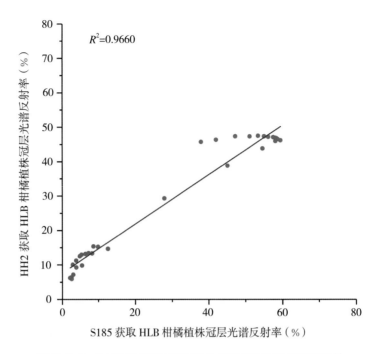

图 2-7-6　S185 和 HH2 采集 HLB 柑橘植株冠层光谱相关性

此外，混淆矩阵是精度评估的标准格式，包含 N 行 N 列。混淆矩阵是通过将每个被测像素的位置和分类与分类图像中相应的位置和分类进行比较来确定的。

参考文献

［1］　陈树人，栗移新，毛罕平，等.基于光谱分析技术的作物中杂草识别研究［J］.光谱学与光谱分析，2009，29（2）：463-466.

［2］　白敬，徐友，魏新华，等.基于光谱特性分析的冬油菜苗期田间杂草识别［J］.农业工程学报，2013，29（20）：128-134.

［3］　赵一鸣，李艳华，商雅楠，等.激光雷达的应用及发展趋势［J］.遥测遥控，2014，35（5）：4-22.

［4］　兰玉彬，王天伟，陈盛德，等.农业人工智能技术：现代农业科技的翅膀［J］.华南农业大学学报，2020，41（6）：1-13.

［5］　兰玉彬.无人机的农业应用［J］.紫光阁，2017，（1）：86.

［6］　CHO S I, LEE D S, JEONG J Y. AE—automation and emerging technologies： weed-plant discrimination by machine vision and artificial neural network［J］. Biosystems Engineering，2002，83（3）：275-280.

［7］　ZHANG Y C, GAO J F, CEN H Y, et al. Automated spectral feature extraction from hyperspectral images to differentiate weedy rice and barnyard grass from a rice crop［J］. Computers and Electronics in Agriculture，2019，159：42-49.

［8］　ANDERSON G L, EVERITT J H, RICHARDSON A J, et al. Using satellite data to map false broomweed（ericameria austrotexana）infestations on South Texas Rangelands［J］. Weed Technology，1993，7（4）：865-871.

［9］　CASADY G M, HANLEY R S, SEELAN S K. Detection of leafy spurge（euphorbia esula）using multidate high-resolution satellite imagery［J］. Weed Technology，2005，19（2）：462-467.

［10］　MARTÍN M P, BARRETO L, FERNÁNDEZ-QUINTANILLA C. Discrimination of sterile oat（*Avena sterilis*）in winter barley（*Hordeum vulgare*）using QuickBird satellite images ［J］. Crop Protection，2011，30（10）：1363-1369.

［11］　LAMB D W, WEEDON M M, REW L J. Evaluating the accuracy of mapping weeds in seedling crops using airborne digital imaging： Avena spp. in seedling triticale［J］. Weed Research，1999，39（6）：481-492.

［12］　TORRES-SÁNCHEZ J, LÓPEZ-GRANADOS F, De Castro A I, et al. Configuration and specifications of an unmanned aerial vehicle（UAV）for early site specific weed management ［J］. Plos One，2013，8（3）：e58210.

［13］ GAO J F, LIAO W Z, NUYTTENS D, et al. Fusion of pixel and object–based features for weed mapping using unmanned aerial vehicle imagery［J］. International Journal of Applied Earth Observation and Geoinformation, 2017, 67: 43–53.

［14］ YANG C H, WESTBROOK J K, SUH C P C, et al. an airborne multispectral imaging system based on two consumer–grade cameras for agricultural remote sensing［J］. Remote Sensing, 2014, 6（6）: 5257–5278.

［15］ LAN Y B, CHEN S D, FRITZ B K. Current status and future trends of precision agricultural aviation technologies［J］. International Journal of Agricultural and Biological Engineering, 2017, 10（3）: 1–17.

［16］ LAN Y B, ZHANG H H, HOFFMANN W C, et al. Spectral response of spider mite infested cotton: Mite density and miticide rate studys［J］. International Journal of Agricultural and Biological Engineering, 2013, 6（1）: 48–52.

［17］ LAN Y B, HUANG K H, YANG C, et al. Real-time identification of rice weeds by uav low-altitude remote sensing based on improved semantic segmentation mode［J］l. Remote Sensing. 2021, 13（21）: 4370.

［18］ CHEN X, WENG J, DENG X L, et al. Feature distillation in deep attention network against adversarial examples［J］. IEEE Transactions on Neural Networks and Learning Systems, 2021（5）: 1–15.

［19］ RUI J, SANCHEZ-AZOFEIFA A, KATI L, et al. UAV-based partially sampling system for rapid ndvi mapping in the evaluation of rice nitrogen use efficiency［J］. Journal of Cleaner Production, 2020.

第三章 农业航空遥感图像数据处理技术

第一节　去噪声处理

由于可见光遥感图像的采集是在田间自然环境下进行的，采集过程中难免受到风向、沙尘或水雾等因素的影响，产生噪声干扰，导致可见光遥感图像的质量下降，在后续进行图像处理时获取真实图像信息的难度较大。因此，在对可见光遥感图像进行处理前，需要进行图像预处理，最大限度地抑制或者降低噪声的干扰，提高可见光遥感图像的质量及后续图像处理的精确度。

通常采用空间域和频域的方式对图像进行去噪声处理。空间域针对的是图像本身像素值，通过一定数学关系直接对所处理图像的像素进行转换。频域是将图像本身像素值通过傅里叶变换后，再进行下一步的处理。

一、中值滤波

中值滤波是指根据邻域中各像素的值决定中心具体像素值的方法，是一种图像预处理的方式。预先选定邻域窗口模板的大小，将选定的窗口内所有像素的值进行排序，将排序确定的像素中间值作为该窗口选定的中心像素的具体值。中值滤波原理如图 3-1-1 所示，图像处理前中心像素值是 33，选取的窗口模板大小是 3×3，将所有 9 个像素点的值进行从小到大的排序，并选择排序结果中间数值（52）代替原本中心像素值（33），然后再以同样的窗口模板大小（3×3）进行下一个领域的同样操作。

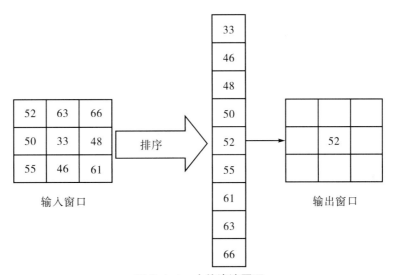

图 3-1-1　中值滤波原理

中值滤波具体实现的公式为

$$g(i, j) = \text{median}\{f(i \pm \Delta i, j \pm \Delta j), i \pm \Delta i, j \pm \Delta j \in S\} \tag{3.1.1}$$

式中，$\Delta i \leqslant \text{INT}(N/2)$，$\Delta j \leqslant \text{INT}(N/2)$，INT 为取整操作；$S$ 表示窗口模板大小的覆盖范围。

二、数据去噪

原始光谱数据是由设备直接得到的原始数据，是变换其他类型数据的基础，综合反映了植被、土壤和环境等信息。在高光谱影像获取过程中，由于传感器、环境和光学效应等因素的影响，不可避免地会产生噪声，因此获得的光谱反射率曲线并不能很好地反映出在不同波长光线下地物真实的反射规律。为了获取更接近真实状态的光谱信息，对高光谱数据的去噪和平滑处理极为重要。

（一）Savitzky-Golay（SG）平滑去噪

在光谱分析中，平滑光滤波是常用的预处理方法之一。Savitzky-Golay 滤波器（简称 SG 平滑）是一种基于多项式、移动窗口和最小二乘法拟合的平滑算子，能够提高光谱的平滑性，降低光谱信息中的噪声干扰。根据对多项式和移动窗口大小取不同的值，能够不同程度地恢复原始光谱中的信息，因此被广泛应用于光谱信息处理。

SG 平滑算法在移动平滑算法的基础上进行改进，公式（3.1.2）是 SG 平滑算法的表达式。

$$x_{k,\text{smoth}} = \bar{x}_k = \frac{1}{2m+1} \sum_{i=-m}^{i=+m} x_{k+i} h_i \tag{3.1.2}$$

通过平滑系数 h_i 对每一个测量值进行处理，尽可能减少平滑处理对数据的有用信息造成影响，改善平滑去噪算法上的缺点，其核心在于利用平滑矩阵算子进行卷积平滑。假设滤波窗口的宽度 $n=2m+1$，各个测量的点用 x 表示，采用 $k-1$ 多项式对窗口内的数据点进行拟合，得到的拟合结果用 y 表示。根据窗口的大小，就有 n 个方程组成 k 元线性方程组。该方程组要有解，则 $n > k$ 并通过最小二乘法拟合参数，通过拟合的参数 $\hat{A}$ 解出 SG 平滑模型的预测值。

公式（3.1.3）表示测量值，公式（3.1.4）表示对测量值的平滑滤波的预测效果，公式（3.1.5）表示 n 个方程组成的 k 元线性方程组，公式（3.1.6）为矩阵形式表示的 k 元线性方程组，公式（3.1.7）表示矩阵的系数 $\hat{A}$，公式（3.1.8）表示对 SG 平滑模型的预测值 $\hat{Y}$ 的求解。

$$x = (-m, -m+1, \cdots, 0, 1, \cdots, m-1, m) \tag{3.1.3}$$

$$y = a_0 + a_1 X + a_2 X^2 + \cdots + a_{k-1} X^{k-1} \tag{3.1.4}$$

$$\begin{bmatrix} y_{-m} \\ y_{-m+1} \\ \vdots \\ y_m \end{bmatrix} = \begin{bmatrix} 1 & -m & \cdots & (-m)^{k-1} \\ 1 & -m+1 & \cdots & (-m+1)^{k-1} \\ \vdots & \vdots & \vdots & \vdots \\ 1 & m & \cdots & m^{k-1} \end{bmatrix} \begin{bmatrix} a_0 \\ a_1 \\ \vdots \\ a_{k-1} \end{bmatrix} + \begin{bmatrix} e_{-m} \\ e_{-m+1} \\ \vdots \\ e_m \end{bmatrix} \tag{3.1.5}$$

$$Y_{(2m+1)\times1}=Y_{(2m+1)\times k}\cdot A_{k\times1}+E_{(2m+1)\times1} \quad\quad (3.1.6)$$

$$\hat{A}=\left(X^T\cdot X\right)^{-1}\cdot X^T\cdot Y \quad\quad (3.1.7)$$

$$\hat{Y}=X\cdot A=X\cdot\left(X^T\cdot X\right)^{-1}\cdot X^T\cdot Y=B\cdot Y \quad\quad (3.1.8)$$

使用 SG 平滑算法对光谱数据进行平滑去噪，步骤如图 3-1-2 所示。将初始数据输入到 SG 平滑算法中，手动调整算法中窗口大小和多项式阶数这两个参数。其中窗口大小表示每次对同一条光谱的采样长度，必须为奇数，多项式的阶数必须小于窗口大小。通过比较去噪效果来选择这两个参数的值，从而得到去噪后的数据。

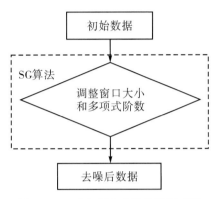

图 3-1-2 SG 算法去噪流程示意图

经过多次比较后选择的 SG 平滑算法的参数：窗口大小为 1×1、多项式阶数为 5。随机选择一个柑橘冠层光谱样本绘制 SG 平滑去噪后的光谱曲线，如图 3-1-3 所示，SG 平滑算法能够较好地平滑光谱样本，并保持光谱的原本规律。

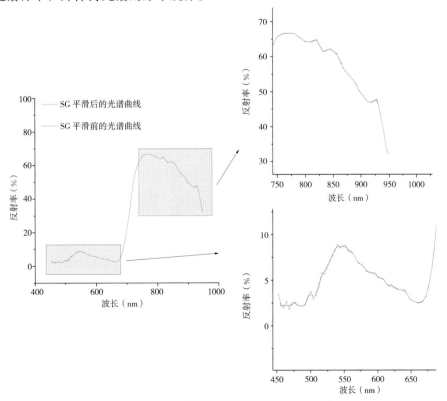

图 3-1-3 SG 平滑去噪后的柑橘植株冠层光谱曲线

（二）基于粒子群优化算法优选阈值的 Daubechies 小波变换去噪

Daubechies 小波是一种正交、连续且紧支撑的小波种类，由法国著名学者 Ingrid Daubechies 构造的小波基函数，简写成 db N，N 表示为小波的阶数。小波基函数 $\psi(t)$ 公式为

$$\psi(t) = \sum_{k=0}^{N-1} g_k \varphi(2t-k) \tag{3.1.9}$$

式中，$\varphi(t)$ 为尺度函数；$\psi(t)$ 与 $\varphi(t)$ 的支撑区间为 $2N-1$；$\varphi(t)$ 的消失矩为 N；g_k 为小波系数。该基函数有着较好的正则性，作为稀疏基能够较好地忽略其引入的光滑误差，使得信号在重构时较为平滑。随着阶次 N 的增大，消失矩阶数越大，消失矩的光滑性就越好，频域的局部表现能力就越强，运算时间也随之增长。

通过设备采集的信息，通常都携带有噪声，获取的信息实质上是有效信号与噪声的融合，一般情况下，这种噪声都可以认为是高斯白噪声。信号在空间域或时间域上具有连续性，有效信号在小波域产生的小波系数值较大，而高斯白噪声在空间域或者时间域上是不连续存在的，因此，在小波域产生的系数值存在随机性。

分解层数的选择是小波分解中的重要环节，选择的层数越大，有效信号和噪声表现的特异性就越大，越有利于两者的分离，但随着分离层数的增加，重构信号的失真情况就越严重，会严重影响去噪的效果。

基于阈值去噪的小波变换，阈值的选择与去噪效果有直接关系。常见的阈值选择方法有固定阈值估计和极值阈值估计等，但这种确定阈值的方式容易产生较大误差，需要做出较多尝试与比较。粒子群优化（particle swarm optimization algorithm，PSO）算法是由 Eberhart 和 Kennedy 提出的随机搜索算法，其基本思想如图 3-1-4 所示，通过群体协作和信息共享寻找特定参数最优解。

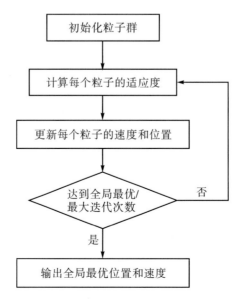

图 3-1-4 粒子群优化算法优化阈值参数示意图

PSO 算法将所要寻找的阈值抽象为粒子，通过速度公式（3.1.10）和位置公式（3.1.11）不断更新粒子的速度和位置，达到全局最优时或者最大迭代次数时输出全局最优的位置和速度。

$$v_i = \varphi \{v_i + c_1 r_1 (p_{bestd} - x_i) + c_2 r_2 (g_{bestd} - x_i)\} \tag{3.1.10}$$

$$x_i = x_i + v_i \tag{3.1.11}$$

式中，φ 为收缩因子，可提高 PSO 的收敛性能；$c_1 r_1 (p_{bestd} - x_i)$ 为粒子自身学习表现；$c_2 r_2 (g_{bestd} - x_i)$ 为粒子的信息共享表现。

阈值函数的选取有软阈值和硬阈值两种方式。硬阈值在均方差意义上具有较好的优势，但是会造成信号振荡，产生跳跃点，对原始信号不具备较好的平滑性；软阈值在处理小波系数上具有较好的连续性，信号不会产生附加振荡，具有较好的平滑性，但重构信号与真实信号有时会产生偏差。由于地物光谱反射曲线具有较强的连续性，对恢复地物反射曲线的平滑性和逼近真实信号有较大的帮助，因此，选择的阈值函数为软阈值函数，如式（3.1.12）所示。当小波系数的绝对值小于给定阈值时，令小波系数变为 0；当小波系数的绝对值大于阈值时，令小波系数减去阈值。

$$w = \begin{cases} \text{sign}(w)(|w| - \lambda), & |w| \geq \lambda \\ 0, & |w| < \lambda \end{cases} \tag{3.1.12}$$

本节比较了 db 4、db 8、db16 三种小波基函数的去噪效果，其中 db16 重构的光谱曲线与原曲线较为接近，能够在去除噪声后，较好地保存光谱曲线的特征，因此选择 db16 作为本研究去噪的小波基函数。

分解层数的选择与噪声的强弱息息相关，噪声强度越大，需要分解的程度越高，但失真的可能性就越高。考虑到数据采集当天天气干燥、光线充足的情况，主要的噪声来自设备本身，因此分解层数选择常用的 3 层，最后得到的 db16 小波去噪流程如图 3-1-5 所示。

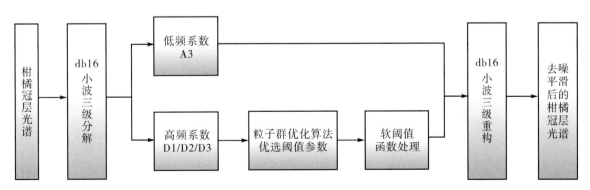

图 3-1-5　db16 小波去噪流程示意图

通过 db16 小波去噪重构的柑橘植株冠层光谱曲线如图 3-1-6 所示，重构光谱曲线与原光谱曲线相贴合，曲线平滑程度高，保留了原有的光谱特征。

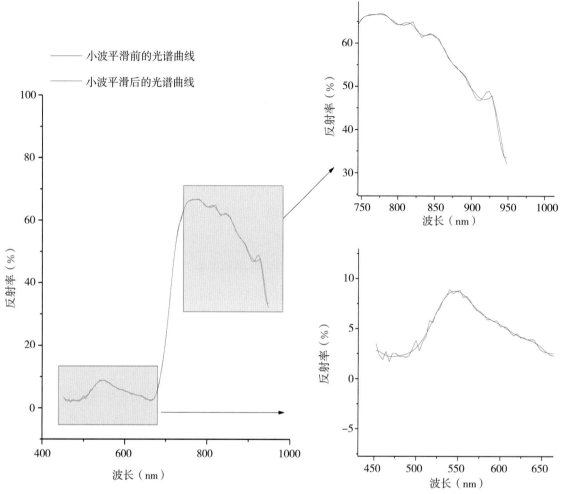

图 3-1-6　db16 小波去噪重构的柑橘植株冠层光谱曲线

（三）基于孤立森林的异常光谱样本检测

在数据采集的过程中，受环境因素的干扰或者设备异常的影响，获取的数据不存在完全准确的情况。同时，高光谱数据中存在大量的混合像元，依靠冠层提取的光谱样本无法排除混元光谱样本，因此需要进一步排除该部分受干扰的像元样本。

目前对异常样本检测的方法大致分为两种类型。一种是通过对正常样本的表述来定义正常样本在特征空间上的区域，对于远离该区域的样本，视为异常样本。但该方法首先要明确正常样本的特征和在特征空间的表现，对于初次探索并缺乏经验的分析者来说难以断定正常样本的表现形态。另一种是基于距离、密度等可量化的指标来衡量样本间的疏离程度，进一步检测异常样本，该方法对于高维数据的计算量大，运算时间长。

孤立森林是一种适用于连续数据的无监督异常样本检测方法，由 N 个孤立树构成，对高维度数据的检测具有较强的鲁棒性。该方法通过孤立树来孤立样本，以样本的孤立程度来检测异常值，每棵树能够随机抽取特征、随机选择阈值分值建立决策树，从而把每个样本分到独立的子节点上，直至所有样本的点都被孤立起来，从而使具有疏离性的样本能够更快地被检测出来。该算法具有计算量小、适合分布式运算的特点，非常适合应用于海量数据的检测。

　　孤立森林的核心是"切分数据"，其异常样本检测的核心思想是"异常点是容易被孤立的离群点"，异常样本检测得分的公式如公式（3.1.13）～（3.1.15）所示，在给定的样本量为 n 的数据集中，

$$H(i) = \ln(i) + 0.5772156649 \tag{3.1.13}$$

$$c(n) = 2H(n-1) - \frac{2(n-1)}{n} \tag{3.1.14}$$

$$s(x, n) = 2 - \frac{E\left[h(x)\right]}{c(n)} \tag{3.1.15}$$

　　式（3.1.13）中，$H(i)$ 为调和数。式（3.1.14）中，$c(n)$ 为计算树的平均路径长度，主要用于标准化样本 x 的路径长度。式（3.1.15）中，s 表示样本的异常得分，若 s 趋近于 0，则样本 x 被判定为正常样本；若 s 趋近于 1，则样本 x 被判定为异常样本；E 表示样本 x 在单个批次孤立树下路径长度的期望值。

第二节　图像拼接

　　当研究的目标是生成整个田块的杂草分布图和施药处方图时，需要通过图像拼接形成整个田块的正射影像图。图像拼接是图像识别的预处理步骤，对图像识别的最终结果影响较大。图像拼接算法实现的原理是在空间域内，根据两张图像的重叠率寻找两张图像特征相似的点进行匹配，完成两张图片的拼接，通过对每幅图像依次进行拼接操作，获得目标区域的完整图像。图像拼接使用线下处理软件 Agisoft PhotoScan 完成，包含以下四个步骤：

　　（1）图像对齐。寻找重叠图像之间的匹配点，估计每幅图像的位置并创建稀疏点云模型。

　　（2）创建密集点云。基于图像位置信息计算图像深度信息，形成密集点云。

　　（3）基于密集点云生成数字高程模型。

　　（4）根据数字高程模型生成田块的正射影像图。

第三节　图像分割

　　正射影像图的图像尺寸较大，直接送入下一步的分析模型会造成计算机的内存和显存耗尽。

为解决这一问题，通常将正射影像图切割成互不重叠的子图像，常见的图像大小为 1000×1000 像素。

面向对象分析有多种不同的图像分割算法，包含基于像元阈值分割算法、基于边缘检测分割算法、区域生长分割算法、多尺度分割算法、K-means 分割算法、棋盘分割算法。在众多分割算法中，多尺度分割以其适应性强、准确率高的特点成为主流研究方法。除此之外，Shepherd 的研究结果表明，经过参数优化之后，K-means 算法能够获得与多尺度分割算法接近的结果。

一、多尺度分割算法

多尺度分割算法在设计之初，旨在建立一种适用于不同数据（如卫星数据、无人机数据）、不同应用领域（如图像分类、目标检测）、不同分辨率（低分辨率、高分辨率、超高分辨率）的通用性算法。除此之外，多尺度分割算法在大型数据上仍然需要保证处理的高效性。

多尺度分割算法是一种自下而上、逐级合并的区域融合方法，包含 4 个超参数：尺度参数、形状因子、紧致度和平滑度。尺度参数是重要的参数，直接决定分割后对象的尺寸大小。尺寸参数太大，则对象尺寸太大，容易把多个物体分割到一个对象中，造成后续分类的误判；尺寸参数太小，则对象尺寸太小，容易把一个物体切割为几个对象，无法有效统计物体的特征参数，造成后续分类准确率降低，同时也会加大后续分类识别的工作量，降低算法运行的速度。形状因子代表了算法在计算对象异质性过程中形状特征所占的比例，如公式（3.3.1）所示。紧致度和平滑度决定了分割对象的紧致程度和边缘的光滑程度。形状特征由紧致度和平滑度构成，二者是互补的关系。

多尺度算法的目标是使影像对象层的平均异质性最小。平均异质性由每个对象的异质性乘以一个阈值计算得到，该阈值与对象的像素总数大小成正比。其中，每个对象的异质性定义如下：

$$h=w_1 h_{\text{shape}}+（1-w_1）h_{\text{color}} \tag{3.3.1}$$

式中，w_1 是人工设定的形状特征权重；（$1-w_1$）是颜色特征权重。根据何志强（2018）的研究，形状特征的异质性定义如下：

$$h_{\text{shape}}=w_2 \frac{l}{\sqrt{n}}+（1-w_2）\frac{l}{b} \tag{3.3.2}$$

式中，l 代表对象边界长度；n 代表对象的像素总数；b 是对象最小外接矩形的周长；$\frac{l}{\sqrt{n}}$ 代表对象的形状紧致度；$\frac{l}{b}$ 代表对象的形状平滑度；w_2 是人工设定的形状紧致度权重；（$1-w_2$）是人工设定的形状平滑度的权重。此外，颜色特征的异质性定义如下：

$$h_{\text{color}}=\sum_{i=1}^{m}\alpha_i \sigma_i \tag{3.3.3}$$

式中，m 代表波段数量；α_i 代表第 i 个波段的权重；σ_i 代表第 i 个波段的标准差。单个对象的异质性如公式（3.3.1）所示，整幅图像的平均异质性定义如下：

$$h_{aver} = \sum_{i=1}^{k} \gamma_i h_i \tag{3.3.4}$$

式中，k 代表对象数量；γ_i 代表第 i 个对象的权重（与对象的像素总数成正比）；h_i 代表第 i 个对象的异质性。

为实现整幅图像的平均异质性最小，多尺度分割算法以图像像素作为处理单元，通过多次向上合并的方式形成影像对象层。在多尺度分割算法中，对象合并在两个相邻的对象间进行。在每次合并中，最优合并策略用于寻找合并效果最佳的两个对象。每一次对象间的合并，必然导致合并区域异质性的提高。根据最优合并策略，合并区域异质性改变值可以定义如下：

$$h_{diff} = (n_1 + n_2)h_m - (n_1 h_1 + n_2 h_2) \tag{3.3.5}$$

合并区域异质性改变值越小，代表合并的适合度越高。在多尺度分割算法中，引入尺度参数作为算法的超参数。该参数由人工预先设定，直接影响分割对象的尺寸大小。分割尺度过小，会导致影像对象被分割得过于细碎，影响后续处理的效率；分割尺度过大，会导致分割不完全（同个对象中包含多个物体），影响后续分析的准确性。根据多尺度分割的对象合并策略，必须保证每一组合并对象的异质性改变值不能大于设定的尺度参数。

在多尺度分割算法的合并过程中，引入局部最优合并策略提升算法的合并效果。合并区域异质性改变值越小，代表合并的适合度越高。对于起始对象 A，算法寻找局部最佳合并对象 B，则对象 A 和 B 称为最佳合并组合。该策略的运行过程：在对象 A 的所有相邻对象中寻找异质性改变值最小的对象 B，在对象 B 的所有相邻对象中寻找异质性改变值最小的对象 C，如果满足条件 A=C，并且异质性改变值小于尺度参数，则对象 A 和 B 是最佳合并组合；如果不存在这样的组合，则以对象 B 作为起始对象继续寻找局部最佳合并对象；如果在全局范围内都没有符合条件的合并组合，则对象合并结束，分割过程完成。

局部最优合并策略每一次运行，都需要一个对象作为搜索起点。通常可以采用遍历法、随机序列法、全局最优法或分布式法生成搜索起点。遍历法和随机序列法容易造成对象间不均衡增长，全局最优法可以在整幅图像范围内搜索异质性改变值最小的对象组合。然而，根据公式（3.3.1）对异质性的定义，显然颜色差异越小的对象会得到越大的合并概率，同样造成了对象间的不均衡增长。分布式法规定每个像素点只能有一次机会成为搜索起点，并且每次搜索都根据以往选择过的所有像素点，综合选择距离这些像素点最远的位置作为搜索起点。分布式法能够保证图像中所有对象都得到均衡增长，因此可以得到更理想的分割效果。多尺度分割算法的处理流程如图 3-3-1 所示。

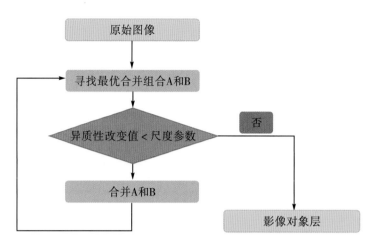

图 3-3-1 多尺度分割算法的处理流程

二、K-means 分割算法

K-means 算法是一种非监督聚类算法。K-means 算法包含 2 个超参数：聚类中心数量和对象最小尺寸（对象包含的像元数量）。与多尺度分割算法的尺度参数类似，K-means 算法的聚类中心数量直接决定了分割后对象的大小：聚类中心越少，则分割对象的尺寸越大；反之，则分割对象的尺寸越小。K-means 算法是一种自下而上、逐级合并的区域融合算法。在分割过程中，若某个对象小于设定的最小尺寸，则 K-means 算法会根据颜色最接近的原则，将该对象合并到相邻对象中。与其他聚类算法（如 C 均值）相比，K-means 算法在大型数据的处理上具有原理清晰、运行速度快、分割效果好的特点。虽然多尺度分割算法是面向对象图像分析的主流算法，但是试验证明，经过参数优化，K-means 算法能够获得与多尺度分割算法接近的准确度。近年来，K-means 算法作为开源分割算法被越来越多地应用于遥感图像的分割研究，并且获得了令人满意的试验结果。

K-means 算法的运行步骤如下：

（1）确定类别数 n 并从整幅图像中随机选取 n 个像素作为原始聚类中心。

（2）计算每个像素与聚类中心的距离，根据最小距离原则对该像素进行分类。

（3）重新计算每个类的均值作为聚类中心。

（4）重复步骤（2）或（3），直至每个聚类中心不变或循环次数超过最大次数。

首先，对 K-means 算法设置一个面积阈值；其次，在步骤（2）中对每个像素重新分类；最后对整幅图像进行区域标记并统计区域面积。对于面积小于指定阈值的区域，将其合并到颜色最为接近的相邻区域中。其中，不同区域在颜色上的距离采用欧氏距离衡量。因此，与多尺度分割算法类似，改进的 K-means 分割算法也是一种自下而上的区域融合技术。

三、棋盘分割算法

棋盘分割算法是一种自上而下的分割方法，它将原始图像分割为若干个大小相等的正方形区域。与多尺度分割算法不同，棋盘分割算法不需要考虑图像中的形状和光谱特征，仅根据预先设定的尺度参数（该参数对应分割后的正方形区域的边长）即可完成分割，因此运行速度较快。在棋盘分割算法中，唯一的超参数是尺度参数，该参数直接确定了分割后的作业网格大小。作业网格代表了采取同一种管理策略（即施药或不施药）的区域大小，必须与植保机械（如植保无人机或拖拉机）的作业幅宽相一致。以植保无人机领域应用广泛的极飞 P20 为例，根据其作业参数设定作业网格大小，从而生成适应于该无人机的施药处方图。极飞 P20 植保无人机具备自主飞行、RTK 定位、均匀喷洒的功能，在航空植保作业中得到广泛应用。因此，针对该款无人机生成的作业处方图具有广泛适应性。根据陈盛德等的试验结果，极飞 P20 植保无人机在飞行高度为 2 m、作业速度为 4 m/s 的情况下，有效喷幅约为 2.5 m。考虑到无人机图像的空间分辨率为 0.5 cm，因此将网格区域大小设为 500×500，即棋盘分割中的尺度参数设为 500。

第四节　光谱变换

地物的光谱特性会随波长的改变而改变，光谱反射率随着相邻波长的改变而产生的变化是连续的，对于同一类地物，其光谱曲线相似度较高。因此，同类地物间的光谱特征在原始光谱下的表现并不直观，而通过对光谱曲线做数学变换有利于强化光谱特征，有助于人为识别地物特征，从而建立更有泛化性的模型。

一、微分变换

光谱微分处理有利于消除背景、土壤和大气散射等的影响。一阶微分光谱（FDR）是将原始光谱进行一阶微分，去除光谱信息中部分线性背景和噪声等对地物目标光谱的影响，从而更有利于数据的分析。由于光谱实际采样过程是离散性的，因此采用差分的方法计算一阶微分光谱，如公式（3.4.1）所示：

$$R' = \frac{R_{\lambda+1} - R_{\lambda-1}}{2\Delta\lambda} \tag{3.4.1}$$

式中，R' 表示一阶微分变换的光谱；$R_{\lambda+1}$、$R_{\lambda-1}$ 分别表示原始光谱下个波段和上个波段的反射率；$\Delta\lambda$ 为单位波长。

二、反对数变换

反对数光谱（ILR）最初是在光谱学中被提出的，它的物理含义为光谱吸收值、吸收成分与反射率之间存在类线性关系，反对数变换可以有效放大相似光谱间的差异，其计算方法如公式（3.4.2）所示：

$$R_l = \log\left(\frac{1}{R}\right) \qquad\qquad (3.4.2)$$

式中，R_l 为反对数光谱；R 为原始光谱的反射率。

在可见光波长范围，不同色谱波段区间的导数最大值称为该色谱的"边"，高光谱数据中，蓝边、黄边、红边等位置是最为常用的特征参数。在植被光谱研究中，"绿峰"和"红谷"与植被的生理特征息息相关，植被的"绿峰"特征与植被的叶绿素含量关系密切，植被对红光有较强的吸收能力，因而产生"红谷"特征。一般采用"绿峰"反射高度和"红谷"吸收度来反映"绿峰"和"红谷"波长位置对光线的吸收能力。

在近红外波段，红边是绿色植被特有的光谱特征，如红边位置λ_R、红边幅值D_R和红边面积SD_R。其物理含义为红边位置λ_R为高光谱 670～760 nm 波段范围内反射率一阶导数光谱最大值对应的波长值，而红边幅值D_R是此波段范围内一阶导数光谱的最大值，红边面积SD_R为此波段范围一阶导数光谱与坐标轴围成的面积。

第五节　图像特征

遥感图像的特征，是将图像中的数据信息提取出来，并将直观的视觉感官数字化的体现。遥感图像更多描述的是影像中存在的内在含义信息，并通过抽象化的结果加以呈现。在影像信息进行模式识别的整个过程中，作为分类器输入值的图像特征参数起着重要作用，与整体识别准确性、分类效果和分类效率直接相关。因此，图像信息的选择和提取是模式识别的基础和核心技术。图像特征主要包括颜色特征、纹理特征、形状特征等。

一、颜色特征

颜色特征在图像分辨应用中得到最广泛的认同和接受，其原因主要是图像中包含的信息与包含的应用对象和应用环境密切相关。与此同时，与其他影响视觉感官的特征相比，颜色特征在对象表面属性的全局特征上具有较高的鲁棒性。每一个构成颜色特征的像素均在图像中表现的信息上有所贡献，起到重要的作用。

　　颜色矩理论的提出，表示了颜色信息的分布主要集中在低阶矩中，仅采用颜色的低阶矩就满足图像信息分布的规律和特点。常用的是 RGB 三个颜色分量与色调饱和度值（HSV）三个颜色空间分量的一阶矩（均值）、二阶矩（方差）和三阶矩（偏度）。

　　对于一幅大小为 $M \times N$ 的图像 F，均值大小为

$$\mu = \frac{1}{MN} \sum_{x=0}^{M-1} \sum_{y=0}^{N-1} f(x, y) \tag{3.5.1}$$

方差大小为

$$\delta = \sqrt{\sum_{x=0}^{M-1} \sum_{y=0}^{N-1} \left[f(x, y) - \mu \right]^2} \tag{3.5.2}$$

　　HSV 是 1978 年 A.R.Smith 在研究颜色的直观特性时提出的一种颜色空间，如图 3-5-1 所示。HSV 颜色模型依据人类感官直接感觉色泽、明暗和色调，从而对颜色下定义。该模型比常用的 RGB 模型更加接近于人们日常的视觉经验和感知的色彩变化，因此，该颜色模型被计算机视觉领域专家普遍认同和应用。HSV 颜色的参数：H 代表色调，表示颜色在图像中的不同分类，其数值用角度表示，取值范围在 0° ～ 360°；S 代表饱和度，表示颜色在图像中现实的深浅程度，取值范围在 0 ～ 1；V 代表明亮度，表示颜色在图像中的亮暗程度，取值范围在 0 ～ 1。

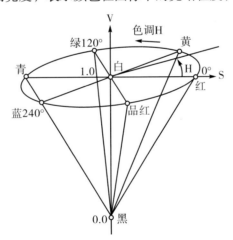

图 3-5-1　HSV 颜色空间

　　通过计算，由 RGB 颜色空间快速转换到 HSV 空间的一种方法为

$$V = \max(R, G, B) \tag{3.5.3}$$

$$S = \frac{V - \min(R, G, B)}{V} \tag{3.5.4}$$

令 $R = \dfrac{V-R}{V-\min(R, G, B)}$，$G = \dfrac{V-G}{V-\min(R, G, B)}$，$B = \dfrac{V-B}{V-\min(R, G, B)}$

得

$$
H=
\begin{cases}
60\times（5+B），& R=\max（R，G，B）且 G=\min（R，G，B）\\
60\times（1-G），& R=\max（R，G，B）且 G\neq\min（R，G，B）\\
60\times（1+R），& G=\max（R，G，B）且 B=\min（R，G，B）\\
60\times（3-B），& G=\max（R，G，B）且 B\neq\min（R，G，B）\\
60\times（3+B），& G=\max（R，G，B）且 R=\min（R，G，B）\\
60\times（5-R），& other
\end{cases}
\tag{3.5.5}
$$

其中：$H\in[0，360]$；$S\in[0，1]$；$V\in[0，1]$。

二、纹理特征

纹理是反映图像性质相同或相似的视觉特征，它体现了图像表面结构组织的特性，或在物体表面结构中具有缓慢或周期性的一种变化规律。由于纹理具有在图像内部序列重复性高、排列随机和局部区域趋向一致的特性，国内外的众多学者把它作为区分或辨别物体种类的重要参考指标。而纹理特征除表现图像全局特征的一致性特征外，同时也描述了图像区域内外所对应物体的表面属性。与颜色特征不同的是，纹理特征不依赖于像素点的特征，而是图像内多个局部区域的多个像素点结合统一计算的结果。在模式识别中，区域的特征不会因为某些局部的偏差而出现匹配不成功的情况，因此这种纹理区域的特征优势比较明显。而纹理特征中，较为常用的是 Tamura 纹理特征。

Tamura 纹理特征是 Tamura 在研究人类观察图像时产生的感知心理学的基础上提出的。相对灰度共生矩阵的物理属性而言，该特征具有更加鲜明的视觉特性，更易于感官的直接辨认。Tamura 纹理特征的六个分量，对应心理学上人类观察图像纹理特征时产生的六种属性：粗糙度、对比度、方向度、线性度、规整度和粗略度。在图像处理方面，前三个属性尤其重要，因此对前三个 Tamura 纹理特征表述如下：

（一）粗糙度

粗糙度表示图像的粗糙程度。图像粗糙程度越大，表征基元所具备的尺寸越大或具有的重复次数越低，其计算的方法如下：

（1）计算图像中每个像素的亮度均值占 $2n\cdot2^n$ 的矩形区域的数值大小，如公式（3.5.6）所示。

$$
A_{n（x，y）}=\sum_{i=x-2^{n-1}}^{x+2^{n-1}}\sum_{j=y-2^{n-1}}^{y+2^{n-1}}\frac{h（i，j）}{2^n}
\tag{3.5.6}
$$

式中，$（x，y）$ 表示一幅图像中像素的位置；$h（i，j）$ 表示像素在活动区域中计算的亮度值；活动窗口的大小由 n 决定。

（2）分别计算图像中每个像素的水平与垂直方向不重叠窗口的平均强度差的数值：

$$
E_{n，g}=\mid A_n（x+2^n，y）-A_n（x-2^n，y）\mid
\tag{3.5.7}
$$

$$E_{n,v}= \mid A_n（x，y+2^n）-A_n（x，y-2^n）\mid \tag{3.5.8}$$

式中，$E_{n,g}$ 代表图像中水平方向的相差值；$E_{n,v}$ 代表图像中垂直方向的相差值。通过遍历图像中的像素点，找到让 E 的数值达到最大的最佳尺寸 S_{best}，并且在图像中的每个方向上使 E 数值最大化：

$$S_{best}（x，y）=2^n \tag{3.5.9}$$

$$E_k=E_{kmax=max（E_1，E_2，\cdots，E_g）} \tag{3.5.10}$$

（3）通过计算图像中的 S_{best} 的均值大小，从而求得粗糙度 F_{crs}。对于一幅像素大小为 $M×N$ 的图像，计算公式为

$$F_{crs}=\frac{1}{MN}\sum_{x=1}^{M}\sum_{y=1}^{N}S_{best}（x，y） \tag{3.5.11}$$

（二）对比度

对比度表示图像的亮度层次，可根据像素各方面的强度分布情况得出。在图像中，对比度的数值差异越大，则图像像素的相差范围越大。对比度由像素灰度动态范围、方差、均值等元素组成，具体的计算公式为

$$F_{con}=\frac{\sigma}{a_4^{1/4}}=\frac{\sigma}{\left(\dfrac{\mu_4}{\sigma^4}\right)^{1/4}} \tag{3.5.12}$$

式中，σ 表示图像灰度标准差；$a_4=\mu_4/\sigma^4$，表示图像灰度峰值；μ_4 为四阶距均值；σ^2 为图像的方差。

（三）方向度

方向度表示对于选定纹理区域的全局范围内的特性，描述图像中纹理如何沿着某个特定的方向进行分散或者集中。具体的计算方法如下：

（1）计算图像中选定区域内每个像素的局部边缘与梯度：

$$\mid \Delta G \mid=（\mid \Delta H \mid + \mid \Delta V \mid）/2 \tag{3.5.13}$$

$$\theta=\tan^{-1}\left(\frac{\Delta V}{\Delta H}\right)+\pi/2 \tag{3.5.14}$$

式中，ΔH 与 ΔV 分别通过图像与以下两个 $3×3$ 卷积核相乘得以实现：

$$\begin{bmatrix} 1 & 1 & 1 \\ 0 & 0 & 0 \\ -1 & -1 & -1 \end{bmatrix} \begin{bmatrix} -1 & 0 & 1 \\ -1 & 0 & 0 \\ -1 & 0 & 1 \end{bmatrix}$$

（2）计算出所有的像素梯度向量后，根据结果直接构建一个直方图 H_D。该直方图 H_D 对 θ 取值的范围进行离散化统计，并把高于指定的阈值像素数量数值的，认定为存在有明显方向性的出现峰值现象；否则是没有明显方向性的，图像较为平坦。图像整体方向性的评估，需要统

计该图像直方图中峰值尖锐程度的数值，具体公式如下：

$$F_{dir} = \sum_{\rho}^{n} \sum_{\emptyset \in \omega_{\rho}}^{N} (\emptyset - \emptyset_{\rho})^2 H_D (\emptyset) \tag{3.5.15}$$

式中，ρ 为某个图像的峰值；ω_{ρ} 为图像波谷到波峰的区间。

三、LBP 特征 – 纹理特征

局部二值模式（local binary pattern，LBP）最先由 T. Ojala 和 D. Harwood 在 1994 年研究关于图像纹理特征时提出。该方法是通过描述图像内部特定区域的纹理特征而产生的算子。与其他算子相比，其具有旋转不变性和灰度不变性的特点，因此被广泛运用在图像纹理特征的处理和研究方面。

LBP 直方图是一种对图像局部对比度进行量化的方法。LBP 算子开始运用于图像处理方面，是定义在 3×3 的窗口内，以窗口中心的像素值作为阈值参考的依据，并且与中心相邻的 8 个像素进行一一比较。LBP 以某个像素点 c 作为中心，将周围 3×3 邻域中每个点 P（$0 \leqslant P \leqslant 7$）的像素值和 c 的像素值进行比较，如果 P 值大于 c 值，则该像素用 1 表示，否则用 0 表示。最终得到一个 8 位二进制编码，将其转化为十进制即为像素 c 的 LBP 值，过程如图 3-5-2 所示。经过 LBP 变换，原图像变为 LBP 图像，对其进行直方图统计，得到的 LBP 直方图即为表征图像的纹理特征。

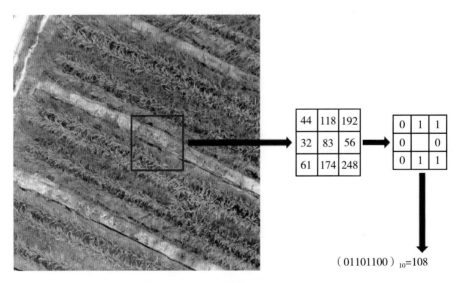

图 3-5-2　局部二值特征的提取过程

如图 3-5-3 所示，以窗口中心像素 131 作为比较的阈值，周围的 8 个像素灰度值作为比较的对象。若周围的像素高于中心像素 131，则该点的像素转化并标记为 1；若低于中心像素 131，则该点的像素转化并标记为 0。在 3×3 区域内进行 8 次比较，可以产生除中心像素外的 8

位二进制数，即以顺时针方向产生如下图的 10100101 的二进制模式。转换为十进制后，得到该窗口中心像素点的 LBP 值是 90。该数值直接反映了该图像区域范围内的纹理信息特征，按照该方法移动并寻找下一个 3×3 图像区域，得到下一组二进制数，即下一个中心像素点的 LBP 值。

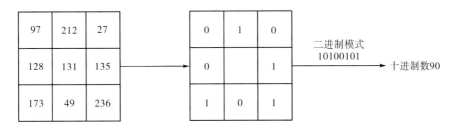

图 3-5-3　LBP 原始算子原理图

具体的原始 LBP 计算公式如下：

$$LBP(x_C, y_C) = \sum_{p=0}^{p-1} 2^p s(i_p - i_c) \tag{3.5.16}$$

$$s(x) = \begin{cases} 1, & \text{if } x \geqslant 0 \\ 0, & \text{else} \end{cases} \tag{3.5.17}$$

式（3.5.16）中，(x_C, y_C) 是 3×3 区域内的中心像素；p 是所选择区域的范围大小；i_p 是相邻像素的灰度值；i_c 是中心像素灰度值。式（3.5.17）中，$s(x)$ 是中心像素区域里的判别函数。

但是，由于原始的 LBP 算子在应用时只覆盖固定半径的区域范围，对于不同尺寸或不同频率纹理的图像来说显然是不够的。因此，不少学者对 LBP 算子模型做了改进。常见的改进 LBP 模式有圆形 LBP 算子、LBP 旋转不变模式、LBP 等价模式。对前两种改进的 LBP 模式介绍如下：

圆形 LBP 算子以圆形领域的覆盖范围代替原始的矩形覆盖范围，并将 3×3 的领域扩展到任意的领域上。如图 3-5-4 所示，改进后的圆形 LBP 算子的半径为 R，以中心点像素灰度值为圆心，覆盖的圆形领域中包含了多个图像的像素点。改进后的半径为 R 的圆形区域内，满足于像素值不同的图像中的应用范围，包含 P 个样本中需要的采样点，不局限固定的 3×3 区域中的像素点采样。

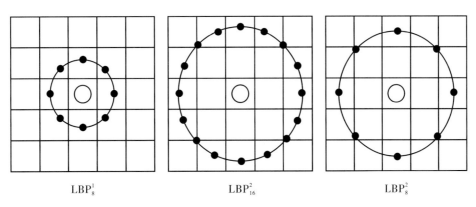

$$\text{LBP}_8^1 \qquad\qquad \text{LBP}_{16}^2 \qquad\qquad \text{LBP}_8^2$$

图 3-5-4　圆形 LBP 算子原理图

LBP 旋转不变模式具有旋转不变性的算子，具有无论如何旋转圆形领域中的二进制模式，始终保持与原始数据一致的特点，对于识别原始图像的纹理特征和保持原始图像的信息具有积极的意义。如图 3-5-5 所示，原始的 LBP 算子模式从不同区域或不同方向顺序获取对应的二进制信息，均得到不同的中心灰度像素值。以 3×3 区域为例，可以得出 8 种不同的 LBP 模式，导致无法确定最终的像素中心值。引入旋转不变算子，对应的数字遵循原始数据的方向形成有规律的数字顺序排列，模式始终保持 00001111，从而形成固定的中心灰度像素值 15。对于保持图像的 LBP 数值提取，应用于更广泛的图像类别起到很大的推动作用。

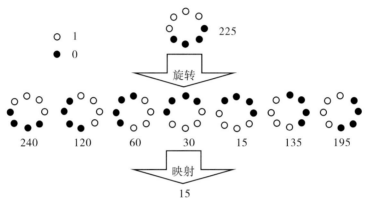

图 3-5-5　LBP 旋转不变算子原理图

由于无人机进行户外采集时的光照环境变化无常，在不同时刻下采集的可见光遥感图像其光照程度是不一样的。因此，选择的特征应满足对光照敏感程度较低的条件。图 3-5-6 为 LBP 特征处理图像对比图。

（a）原始图像

（b）LBP 特征处理后图像

图 3-5-6　LBP 特征处理图像对比图

处理结果显示，LBP 特征对不同光照条件下的可见光遥感图像有很强的鲁棒性。对于不同光照程度的同一图像，LBP 处理后的图像特征没有很大的差异，而且对于对象轮廓边缘的特征提取（如鼻翼等），也能够鲜明地显示特征。

目前，已有较多研究针对传统的 LBP 方法进行改进，如采用不同邻域、不同对比阈值等。然而，根据 Ojala T 等的试验结果，这些改进算法未能真正提升算法识别的准确率。根据华南农业大学国家精准农业航空施药技术国际联合研究中心团队成员的已有研究，采用传统的 LBP 算法对无人机遥感图像进行特征提取，能够为后续的分类识别提供有效的特征向量。

四、HOG 特征

方向梯度直方图（histogram of oriented gradient，HOG）是一种利用计算机视觉进行普遍的图像处理的特征描述器，主要用于物体检测和分类。基于图像中密集网格细胞单元归一化，通过对内部部分区域的梯度方向直方图的计算和统计，构成 HOG 特征。

HOG 特征主要针对图像局部边缘方向和梯度，对局部目标的外表和形状进行充分描述。即使在图像处理过程中，不知道所关注的目标对应的梯度和边缘具体位置，在实际过程中，通过将图像划分为不同的元胞并对其累加也可以得出对应的一维边缘方向直方图，如图 3-5-7 所示。除此之外，也可以通过对直方图的对比度进行归一化处理，将划分的元胞组成更大的块并进行归一化处理，从而使其对光照环境的变化有更好的适应性和不变性。而归一化的块描述符也称为 HOG 描述子。

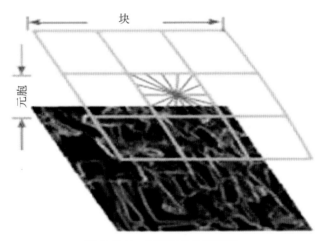

图 3-5-7　元胞划分块示意图

将检测窗口中的所有块的 HOG 描述子组合起来就形成了最终的特征向量，然后使用 SVM 分类器进行目标检测。检测窗口划分为重叠的块，并计算 HOG 描述子，形成的特征向量放到线性 SVM 中进行目标或非目标的二分类。检测窗口在整个图像的所有位置和尺度上进行扫描，并对输出的金字塔进行非极大值抑制来检测目标。HOG 相比于其他特征，已经被广泛运用在图像分类和图像识别中，并且"HOG+SVM"的组合在行人特征检测中取得了很大的成功。

HOG 特征提取的方法如下：

（1）图像灰度化。将图像像素按照三维的方向灰度化，根据 RGB 三个颜色分量不同的权重进行加权平均。由于人类视觉对绿色的敏感程度最高，对蓝色的敏感程度最低，因此图像灰度化的计算公式为

$$f(i, j) =0.30R(i, j) +0.59G(i, j) +0.11B(i, j) \qquad (3.5.18)$$

式中，$f(i, j)$ 是该点具体像素数值；$R(i, j)$ 是该点像素红色分量数值；$G(i, j)$ 是该点像素绿色分量数值；$B(i, j)$ 是该点像素蓝色分量数值。

（2）Gamma 空间和颜色空间标准化。为避免光照因素对图像造成影响，需要对整个图像进行归一化处理。Gamma 的压缩公式为

$$I(x, y) =I(x, y)^{gamma} \qquad (3.5.19)$$

式中，$I(x, y)$ 是图像的整个像素值；$gamma$ 的数值根据图像的目的结果决定，一般取 $gamma=1/2$。

（3）计算图像梯度值。对图像的横坐标和纵坐标进行梯度处理，并计算每个像素位置的数值。图像中像素点 (x, y) 的梯度为

$$G_x(x, y) =H(x+1, y) -H(x-1, y) \qquad (3.5.20)$$

$$G_y(x, y) =H(x, y+1) -H(x, y-1) \qquad (3.5.21)$$

式中，$G_x(x, y)$、$G_y(x, y)$、$H(x, y)$ 分别表示所处理图像的像素点 (x, y) 水平方向的梯度、垂直方向的梯度和图像像素值。像素点 (x, y) 处的梯度幅值和梯度方向分别为

$$G_x(x, y) =\sqrt{G_x(x, y)^2+G_y(x, y)^2} \qquad (3.5.22)$$

$$\theta=\arctan\left(\frac{G_y}{G_x}\right) \qquad (3.5.23)$$

（4）归一化梯度直方图。将各个细胞连通为区间，一般分为矩形区间（R-HOG）和环形区间（C-HOG），有三个参数表征：每个区间中细胞单元的数目、每个细胞单元中像素点的像素数目、每个细胞的直方图通道数目。选取的参数设置一般是 3×3 细胞 / 区间、6×6 像素 / 细胞、9 个直方图通道，则单个块的特征数是 $3\times3\times9$。

（5）对 HOG 特征进行收集，检测窗口中所有重叠的块的数量，并形成提取的特征向量，为下一步的分类做准备。

与其他特征对比，HOG 特征在应对图像的几何变化和背景光照等条件变化时具有鲁棒性能强、影响小的特点，这些特点能够解决在户外因为无人机的机载抖动、风速、光照条件等因素造成的图像实时检测精确度下降的问题，从而改善图像实时分类的结果。

五、可见光植被指数特征

植被指数是一种被认为能作为反映绿色植被相对丰度和活性的辐射量（无量纲）的标志，

通过不同遥感波段之间反射率的线性或者非线性组合，增强植被某个特性或细节，是绿色植被的叶面积指数、绿色生物量、叶绿素含量、覆盖度以及被吸收的光合有效辐射的综合体现，在一定条件下可用来说明植被的生长情况。

健康的绿色植被对近红外和红光的反射率有较大差异，绿色植被对红光范围的光线是强吸收的状态，对近红外范围光线则是高反射、高透射的状态。植被指数可以有效地综合各种光谱信号，强化植被信息，减少非植被信息，但是植被指数具有明显的地域性、时效性，会受到大气、环境以及植被生长状态等因素的影响。

植被指数是基于绿色植物在不同的自然环境（如光照环境等）条件下，反映出来的植物光谱特性不同而提出的。对于植被指数的选择，不可以一概而论，应该根据研究区域的环境特征展开。现阶段，植被指数已被研究遥感影像的国内外学者广泛运用，其对数据的增强能力极大地满足了对影像的解译需求。常见的植被指数的选择方法根据对信息的使用度分为两种，一是监督法，二是非监督法。基于样本的监督植被指数选择方法能够反映区域环境特征，较之基于统计特征的非监督的选择方法，如最佳指数（OIF）等，更易获取最能区分出研究区内生态系统类型特征的植被指数。

基于可见光的植被指数主要有归一化绿红差异指数（NGRDI）、绿叶指数（GLI）、红绿比值指数（RGRI）和过绿指数（EXG）等。上述可见光波段指数计算公式分别如下：

$$NGRDI = \frac{g-r}{g+r} \tag{3.5.24}$$

$$GLI = \frac{2G-R-B}{2G+R+B} \tag{3.5.25}$$

$$RGRI = \frac{R}{G} \tag{3.5.26}$$

$$EXG = 2G-R-B \tag{3.5.27}$$

式中，R、G、B分别表示红色波段、绿色波段和蓝色波段的像素值；r、g、b分别表示归一化后对应的波段像素值。

其他常被使用的植被指数见表3-5-1。

表3-5-1 植被指数信息

植被指数名称	公式
比值植被指数（RVI）	$RVI = \dfrac{\rho_{NIR}}{\rho_{RED}}$
差值植被指数（DVI）	$DVI = NIR - R$
归一化植被指数（NDVI）	$NDVI = \dfrac{\rho_{NIR} - \rho_{RED}}{\rho_{NIR} + \rho_{RED}}$
增强植被指数（EVI）	$EVI = 2.5 \times \dfrac{\rho_{NIR} - \rho_{RED}}{\rho_{NIR} + 6.0\,\rho_{RED} - 7.5\,\rho_{BLUE} + 1}$

续表

植被指数名称	公式
三角植被指数（TVI）	$TVI=0.5\left[120\left(\rho_{NIR}-\rho_{GREEN}\right)\right]-200\left(\rho_{RED}-\rho_{GREEN}\right)$
归一化绿度植被指数（NDGI）	$NDGI=\dfrac{\rho_{GREEN}-\rho_{RED}}{\rho_{GREEN}+\rho_{RED}}$
绿波段比值植被指数（GRVI）	$GRVI=\dfrac{\rho_{NIR}}{\rho_{GREEN}}$
叶绿素植被指数（CVI）	$CVI=\rho_{NIR}\dfrac{\rho_{RED}}{\rho_{GREEN}^{2}}$

第六节　特征降维

高光谱数据由于波段数量多，数据量大，给高光谱图像的分类、识别等分析工作带来了很大困难。信息冗余度高、数据存储占用空间大、运算时间长、处理效率低等缺点极大限制了高光谱技术的时效化应用。由于高光谱图像波段数多，容易出现维数灾难现象，即造成分类精度下降，因此，减少数据量、节省资源的提取处理非常有必要。对高光谱数据采用特征降维的方法将有效减少高维数据带来的建模难题。

一、最小噪声分离变换原理

最小噪声分离（Minimum Noise Fraction，MNF）变换是一种基于图像数据维数分离数据噪声，减少后续处理中所需计算量的正交变换。MNF 变换的本质是两次主成分变换的叠加，先通过估计噪声协方差矩阵来分离和调节数据噪声，减少波段间的相关性，再通过对噪声白化进行标准的主成分变换。MNF 的第一步变换如下所示：

$$D_N=U^T C_N U \tag{3.6.1}$$

$$I=P^T C_N P \tag{3.6.2}$$

$$P=U D_N^{-\frac{1}{2}} \tag{3.6.3}$$

公式（3.6.1）为图像的滤波处理，将噪声的协方差矩阵 C_N 进行对角化得到 D_N，U 为特征向量正交矩阵，I 为单位矩阵。通过公式（3.6.2）和（3.6.3）的变换将图像数据映射到新的空间，通过 P 变换产生的变换数据带有单位方差且波段之间不具有相关性。

MNF 的第二步变换如下所示：

$$C_{D-a}=P^T C_D P \tag{3.6.4}$$

$$D_{D-a}=V^T C_{D-a} V \tag{3.6.5}$$

通过公式（3.6.4）对噪声进行标准主成分变换，式中，C_D 为图像数据的协方差矩阵。式（3.6.5）

中，V 为特征向量矩阵。C_D 经过 P 变换得到 C_{D-a}，并进一步对角化得到矩阵 D_{D-a}。

将上面两个步骤进行变换，即可得到图像的 MNF 变换矩阵。经过 MNF 变换后会产生与原数据等维度的分量，其中，第一分量集中了大量的信息，随着维度的增加，每一分量的信息量逐渐下降，信噪比会越来越小。

二、基于遗传算法的特征波段的选取

采用特征提取的方式进行降维，能够起到有效降低高光谱数据维度的作用，但特征提取的算法较为复杂，维度越高，其运算量越大、时间越长，而且通过某种数学变换来进行数据降维，虽然可以达到降维目的，但改变了原始光谱数据的物理意义，因此不利于光谱数据的解译。相比之下，波段选择是从高光谱图像所有光谱波段中选择有主要作用的波段子集，该方式不仅能大大降低高光谱图像的数据维度，还能比较完整地保留有用信息，对高光谱应用研究更有推广意义。

遗传算法是一种随机全局搜索的进化算法，能够进行自启发式的自然选择，起源于对生物系统所进行的计算机模拟研究，模仿自然界的自然选择机制，选择合适的生存者并不断进化和繁衍。遗传算法常用于优选高光谱数据的特征波段，其核心思想为将"父代"中具有建模优势的波段经过随机选择、交叉和突变等遗传操作，完成遗传产生新的个体。在环境的自然选择中，"父代"被不断适应环境的"子代"取代并淘汰，为了满足环境的生存要求，"子代"再次进行遗传操作产生"新子代"。经过若干次迭代，算法最终将收敛于最适合环境的个体，该个体也就是经过选择后的波段组合。遗传算法的原理框架如图 3-6-1 所示。

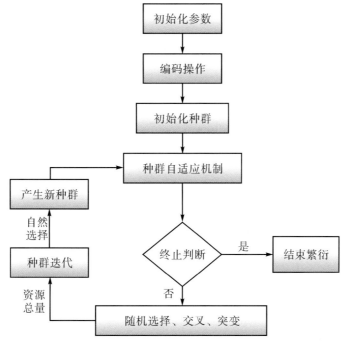

图 3-6-1 遗传算法原理框架图

遗传算法主要包括以下几个步骤：

（1）编码操作。将高光谱数据采用二进制编码的方式表示成染色体，将每个波段用"0"或"1"的方法编码成基因，通过"0"或"1"来判断该基因（波段）是否被选中遗传。如图3-6-2所示，染色体代表全波段的光谱样本，将波段编码成"1"，即表示选择该基因（波段）进行遗传；将波段编码成"0"，则表示不选择该基因（波段）。

图3-6-2 基因编码示意图

（2）初始化种群。定义种群数量和环境资源总量，随机产生若干个体组成初始种群，以初始种群的个体作为"父代"进行遗传操作。

（3）种群自适应机制。种群的自适应机制本质就是选择的过程，通过自适应函数评价个体的优劣性，进而判断该个体是进入新种群还是被淘汰。自适应函数的定义主要根据优化问题的具体情况来选择，但要求其取值不小于0。

（4）随机选择、交叉和突变。此过程为遗传算法的核心操作，每个步骤都有对应的算子应用于对应过程。随机选择的过程能够有效保留目标信息，避免有用信息的丢失，有助于提高算法的收敛能力和计算效率。交叉重组是种群进化的核心，能够产生新的个体，保障了全局搜索的能力。突变的作用同样是产生新的个体，有利于提高种群的多样性，增强算法的可靠性。

在随机选择过程中，其操作目的是选择具有强劲生命力的个体进行迭代，繁衍新的个体，是遗传算法对新老个体进行优胜劣汰的核心操作。该操作根据每个个体的自适应度，按照一定的规则从"父代"群体中选择出一些适应度高的个体进入"子代"群体中。常用的选择算子主要有比例选择方法（赌轮盘选择算子）、无回放选择方法、排序选择方法等。但此类方法都具有随机性，选择的目标不一定符合实际优选的目的。

交叉是生物遗传和进化的核心操作，是遗传算法产生新个体的核心环节。按照一定的概率从种群中选择两个个体进行匹配，对换两个个体的部分基因，从而重组出新的"子代"，新"子代"包含了"父代"个体的特征。常见的交叉重组方法分为单点交叉和两点（多点）交叉。单点交叉通过将个体A和个体B进行两两配对，在染色体编码中随机选择一个位置设置交叉点，然后依据交叉概率对该交叉点交换染色体基因，重组得到个体A′和个体B′，如图3-6-3（a）所示。两点交叉即在个体A和个体B的两条染色体中，随机选取两个相同位置设置交叉点，然后依据交叉概率交换两个交叉点之间的基因，从而得到新的个体A′和B′，如图3-6-3（b）所示。同理，可在染色体上设置多个交叉点，进而实现多个基因片段的交叉重组，但多点交叉可能使得原本遗传的优良性状被破坏，使得种群无法实现较好的进化，降低算法的选择效率和性能。

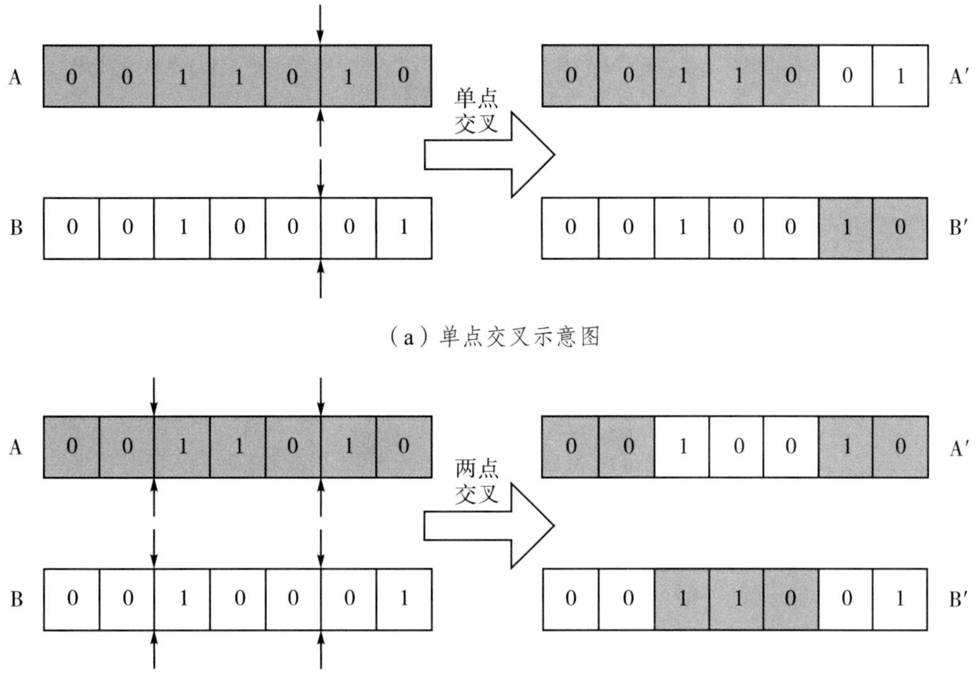

（a）单点交叉示意图

（b）两点交叉示意图

图 3-6-3　交叉重组示意图

突变是指群体中的某个或某些个体，根据设定的突变概率随机改变某一个或者多个基因位置的二进制编码值。常用的突变方法有基本位突变和均匀突变，基本位突变是指每个基因根据突变概率指定突变点，然后对该突变点的基因做反运算；均匀突变是指逐个选择每个基因位置作为突变点，根据突变概率从对应基因的取值范围内随机选取一个值代替原来的取值。

三、其他特征提取方法

特征提取的方法是先找出具有显著特征的特征点，然后生成特征点描述子。而在特征描述之前如果能够做到确定特征的方向，则可以实现旋转不变性，如果能确定尺度，则可以实现尺度不变性。其他会被用到的图像特征提取算法主要有尺度不变特征变换算法、加速鲁棒特征算法和 ORB 算法。

（1）尺度不变特征变换（scale invariant feature transform，SIFT）算法。SIFT 算法是一种检测和描述图像局部特征的计算机视觉算法，它在空间尺度中寻找极值点，并提取其位置、尺度和旋转不变量。SIFT 算法由 David Lowe 于 1999 年发表，并于 2004 年进行总结。该算法使用不同尺度的高斯函数（标准差）对图像进行平滑处理，然后比较平滑后图像的差异，差异较大的像素点为特征明显的点。

（2）加速鲁棒特征（speed-up robust feature，SURF）算法。SURF算法对光照变化、仿射变换和透视变换也具有鲁棒性，同时具有尺度不变的特性。该算法利用积分映射与模板缩放来近似实现尺度变换，比SIFT算法速度快，不过其描述子的分辨能力比SIFT算法弱。

（3）ORB算法，一种用于检测与描述视觉信息特征点的算法，它在FAST特征点的基础上解决了方向问题，在BRIEF描述子的基础上解决了旋转不变问题，速度比SIFT算法和SURF算法快一个级别，不过在图像尺度发生变化的情况下，ORB算法的效果比SIFT算法和SURF算法要差。ORB算法可以把需要的特征点数量作为参数输入。

第七节　特征配准

一、特征匹配

BF匹配器（brute-force matcher）的原理是首先在第一个集合里取出一个特征的描述子，遍历第二个集合里所有其他特征，然后通过几种距离计算进行匹配，最后返回距离最近的结果。对于BF匹配器，首先得用cv2.BFMatcher（）创建BF匹配器对象，它的自定义参数有两个，第一个是normType，用于指定距离量度，默认是cv2.NORM_L2；第二个是布尔变量crossCheck，默认为False，如果设置为Ture，则匹配器返回集合A与集合B里最匹配的两个描述子。BF匹配器提供连续的两个集合里的两个特征连续的特征匹配结果，当匹配器创建后，两个重要的方法是BFMatcher.match（）和BFMatcher.knnMatch（），前者返回1个最匹配的结果，后者返回k个最匹配的结果，k可以自行指定，当需要多个匹配结果的时候很有用。

FLANN（fast library for approximate nearest neighbors）是快速估算最近邻的库，包含了一些在大数据集内快速搜索近邻和高维特征的优化算法，它在面对大数据集的时候比BF匹配器更快。

二、配对提纯

用比值判别法删除离群点是常用的配对提纯方法，如图3-7-1所示。$k=2$的kNN匹配返回两个匹配结果，第一个是最近邻，第二个是次近邻。一般而言，一次好的匹配结果，距离在所有结果中属于最近的一级；一次错误的匹配结果，距离相对而言非常远。因此，如果排名第二的结果是错误的且排名第一的结果是正确的，那么排名第一的匹配与排名第二的匹配的比值小于一个设定的值，比值一般为0.4～0.7，这就是比值检测的思想。不过，利用比值判别法提纯的结果存在错误的可能性，这种情况需要进一步筛查。

图 3-7-1　特征提取、配对以及配对提纯

注：图中蓝色点为特征点，粉红线连接匹配的特征点；左半图为同一期数据拼接完成的红边波段灰度图，右半图为近红外波段灰度图。

研究发现，比值检测的取值越低，错误率也相应降低，然而，与此同时，可用的匹配点也相应减少，这对于尺寸非常大的拼接全景图的配准是非常不利的，因为拼接全景图的配准错误不仅仅是平移导致的。

要提高配准精度，正确匹配的特征对越多越好。因此，本研究中配准的难点是需要有改进的措施，在降低匹配错误率的同时增加匹配对的数量。

对于比值判别法而言，在取较大的值的同时，能剔除比值判别法中错误的匹配对。其中一个较简单的思路是，在比值判别法之外，进一步加上约束条件，比如限定最大距离（最大距离是最小距离的 k 倍），或者存在关系的几何约束。本书采用的是对特征点匹配的限定最大距离不可超过所有特征点匹配对中的最小距离的 k 倍。

三、映射变换

在 OpenCV 中，调用 cv2.findHomography 方法计算映射矩阵，通过 cv2.warpperspective 方法将要变换的波段灰度图基于参考的波段灰度图进行透射变换。

四、算法实现

（一）ECC 算法

ECC（enhanced correlation coefficient）算法是 Evangelidis 在 2008 年提出的密集型计算匹配方法。其优点包括：①对图像对比度和亮度变化适应性强；②目标函数虽然是非线性的，但是有简单的迭代解法。

ECC 算法提供多种映射变换模式，例如透视变换或仿射变换，需要根据场景选择合适的变换方式。

（二）算法关键步骤

算法关键步骤如图 3-7-2 所示。

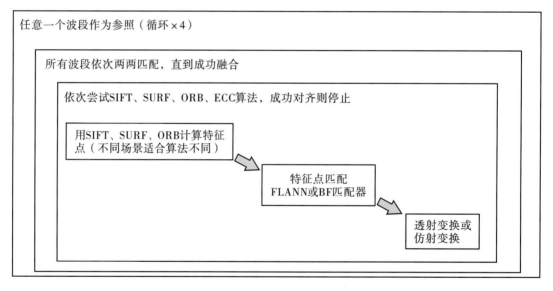

图 3-7-2 自编配准工具实现方法框图

实践发现，SIFT、SURF、ORB、ECC 四种核心算法适应的场景不同，同一组多光谱拼接灰度图，用 SIFT 能找到最多的良好匹配特征对，换一组多光谱拼接灰度图，"最佳选手"可能会变成 ORB，也存在以 SIFT、SURF、ORB 为核心的三种匹配算法的配准效果都不能满足配准要求的情况。为了确保配准效果，有些研究应用"穷举＋手动调参"的方法。手动调节的参数包括比值判别法 kNN 的第一、第二比例，外加约束条件里的距离上限与最小距离的比值。

第八节　模型对比评价指标

通过混淆矩阵（表 3-8-1）能计算出二级指标，包括准确率、特异值、召回率和精确率，各指标含义如下：

（1）准确率：表示正确预测健康和患病植株的样本所占总样本的比例。

（2）特异值：指被预测为患病植株的样本中，实际为患病的样本数所占的比例。

（3）召回率：指被预测为健康植株的样本中，实际为健康的样本数所占的比例。

（4）精确率：指实际为健康的所有样本中，模型预测为健康样本所占的比例。

通过二级指标精确率和召回率，可以计算出三级指标 F1 分数，该值越接近 1，表明模型整体预测效果越好；该值越接近 0，表明预测效果越差。

Kappa 系数表明了一个模型的结果与实际结果是否具有一致性，Kappa 系数越接近 1，鲁棒性越好，代表不是偶然事件；Kappa 系数越接近 –1，表明结果越差。

表 3-8-1　混淆矩阵

真实值	预测值	
	健康植株	感染柑橘黄龙病植株
健康植株	真阳性（True Positive，TP）	假阳性（False Positive，FP）
感染柑橘黄龙病植株	假阴性（False Negative，FN）	真阴性（True Negative，TN）

各指标计算方式如下：

$$准确率（\%）=\frac{TN+TP}{TN+TP+FN+FP} \times 100 \tag{3.8.1}$$

$$特异值（\%）=\frac{TN}{TN+FP} \times 100 \tag{3.8.2}$$

$$召回率（\%）=\frac{TP}{TP+FN} \times 100 \tag{3.8.3}$$

$$精确率（\%）=\frac{TP}{TP+FP} \times 100 \tag{3.8.4}$$

$$F1（\%）=\frac{2 \times 精确率 \times 召回率}{精确率 + 召回率} \times 100 \tag{3.8.5}$$

$$p_0=\frac{TN+TP}{TN+TP+FN+FP} \tag{3.8.6}$$

$$p_e=\frac{（TP+FP）\times（TP+FN）+（FN+TN）\times（FP+TN）}{（TP+FP+FN+TN）^2} \tag{3.8.7}$$

$$Kappa = \frac{p_0 - p_e}{1 - p_e} \qquad\qquad (3.8.8)$$

第九节 案例：无人机高光谱数据预处理

通过 Cubert S185（本节以该型号相机为例）高光谱相机获取的图像数据为CUB 格式的高光谱数据立方体和 JPG 格式的全色影像。无人机低空高光谱遥感影像的预处理主要包括高光谱影像的辐射校正、几何校正，高光谱影像融合、拼接以及果树冠层平均光谱的提取。

无人机高光谱影像数据的预处理主要分为高光谱影像的融合和拼接。如图 3-9-1 所示，对全色影像进行拼接，对光谱立方体进行融合，得到试验地块的全景高光谱影像。数据预处理过程主要依赖的工具有 Cubert-pilot、Waypoint-Inertial Explorer、Agisoft PhotoScan、ENVI 以及 uhd185_bands_extraction.sav 插件，以工具的相关功能对所获取的高光谱影像进行处理，以上所采用的工具的相关信息及作用见表 3-9-1。

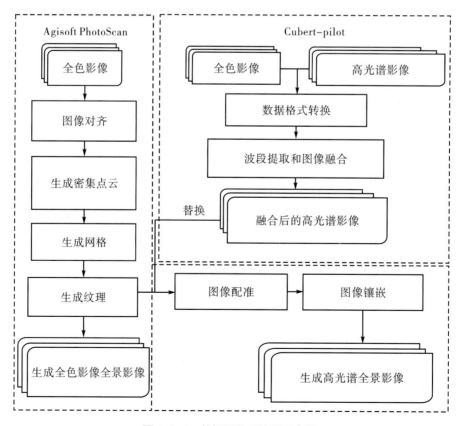

图 3-9-1　数据预处理流程示意图

表3-9-1 无人机数据预处理软件工具

软件（插件）名称	研发公司	研发国家	使用版本	软件主要作用
Cubert-pilot	Cubert http：//cubert-gmbh.com	德国	—	UHD185高光谱相机出厂商配置软件，用于操作相机获取高光谱影像和进行部分预处理操作
Waypoint-Inertial Explorer	NovAtel https：//www.novatel.com/#latestNews	瑞典	8.6	对事后差分全球定位系统模块的地理信息进行解译，获得每个高光谱影像触发时的经纬度信息
Agisoft PhotoScan	AgisoftLLC http：//www.agisoft.com	俄罗斯	—	对高光谱影像进行拼接，通过对全色影像的拼接获取全景正射影像，再通过图像匹配，把光谱立方体也镶嵌到全景全色影像中，获取全景高光谱影像
ENVI	Exelis Visual Information Solutions http：//www.harrisgeospatial.com	美国	5.5	主要用于高光谱影像的可视化和冠层光谱数据的获取
uhd185_bands_extraction.sav	—	—	—	主要用光谱立方体中波段的提取

根据Cubert S185在起飞前对标准标定板进行的辐射定标，在Cubert-pilot软件中进行辐射校正，得到校正后的高光谱影像地元反射率。Cubert S185高光谱相机通过内置算法，在起飞前正确采集标定板数据，可使高光谱相机输出的影像数据为反射率数据，不需要人为进一步校正和换算。

一、影像融合

高光谱影像融合主要通过Cubert-pilot软件进行处理，打开软件后切换到菜单栏"view"界面，对工具栏的各个参数进行设置，设置完成后点击"export"选择导出文件夹进行导出，得到cue和hdr格式的高光谱数据。

通过Cubert-pilot处理的高光谱影像数据由于数据庞大，数据格式少见，不便使用现有的图像拼接软件进行拼接，因此需要对数据进一步处理，包括子波段提取和格式转换。通过uhd185_bands_extraction.sav插件对Cubert-pilot融合的后高光谱影像进行波段提取和融合。通过该插件输出的文件为 JPG 格式的高光谱影像，此时获取的高光谱影像格式方便图像拼接软件的读取。该插件基于 IDL 语言开发，是处理高光谱数据常用的编程语言之一，运行时，根据选择的波段范围和数据量，会占用大量的计算机内存。

二、图像拼接

Cubert S185 高光谱相机所获取的全色影像分辨率高，纹理信息丰富，拼接速度快，但缺乏光谱信息；其获取的光谱影像富含光谱信息，却缺乏纹理信息。而在 Agisoft PhotoScan 软件中结合 GPS 地理信息完成全色影像拼接和高光谱影像的匹配和融合，得到的全景高光谱影像含有丰富的光谱信息，并具有全色影像的纹理信息。相机的拍摄模式是自动连拍模式，需要人为剔除非航线上的无关影像数据，以便更好地进行拼接和数据分析。

无人机搭载 Cubert S185 高光谱相机所获取的高光谱影像采用的拼接方式如图 3-9-2 所示，按照 Agisoft PhotoScan 的拼接流程对齐图像和建立密集点云图像、网格图像、纹理图像，将得到的纹理图像建立全色影像图的灰度正射影像并输出，将得到的全景全色正射影像图与 JPG 格式的高光谱影像进行图像匹配、镶嵌，得到高光谱立体数据，最后经过全景的图像拼接可以得到高光谱的全景正射影像。

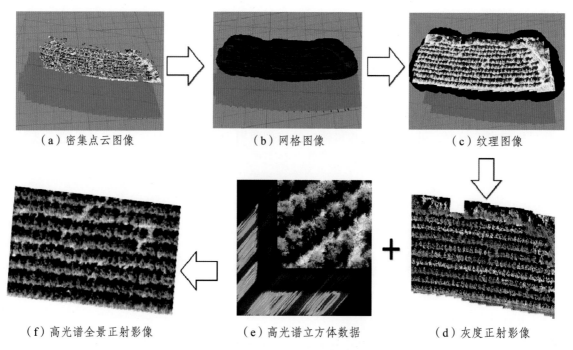

（a）密集点云图像　　　　　　　（b）网格图像　　　　　　　（c）纹理图像

（f）高光谱全景正射影像　　　　（e）高光谱立方体数据　　　　（d）灰度正射影像

图 3-9-2　Cubert S185 高光谱影像拼接流程

三、高光谱影像数据的地理信息获取

无人机高光谱相机系统的地理信息是通过搭配外置的事后差分全球定位系统模块来获取每个触发信号的位置信息，该模块如图 3-9-3 所示，安装在搭载高光谱相机的飞行平台上，通过 GPS 信号天线接收卫星信号，并与相机的触发接口相连接，给高光谱相机提供触发信号，记录每个触发信号的时间及地理信息。把事后差分全球定位系统模块获取的 LOG 格式的数据导入 Waypoint-Inertial Explorer 进行解译，得到事后差分的 GPS 地理信息。该系统的缺点是无法在当天解读地理信息，需要在数日（4～6 天）后通过 Inertial Explorer 进行解读。

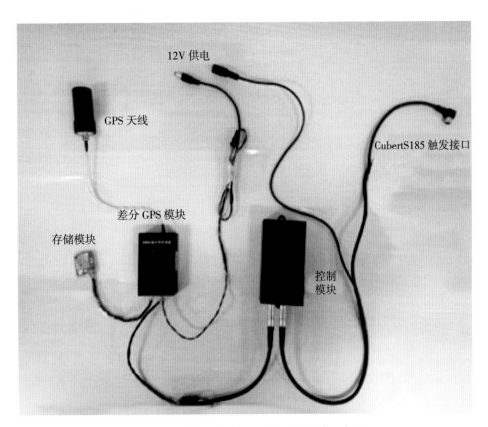

图 3-9-3　事后差分全球定位系统模块示意图

在 Inertial Explorer 解读地理信息的具体操作过程中，需要在 Inertial Explorer 软件菜单栏中选择"Convert GNSS Data"模块，解译获取的地理信息的坐标数量，坐标数量与无人机所采集的高光谱影像数量一致。通过加载"GNSS"的数据得到如图 3-9-4 所示的飞行航迹信息，飞行平台搭载高光谱相机在两个高度下采集数据的航迹路线，可以通过该航迹信息验证飞行轨迹是否符合要求，并可通过该航迹信息上的编号筛选出单次航线上的高光谱影像进行拼接。选择"Process GNSS"对航迹信息进行处理，选择 WGS84 坐标系，通过下载并处理精密星

历数据得到地理信息，获取的地理信息包括每张高光谱影像触发位置的时间、经度、纬度和海拔高度等。

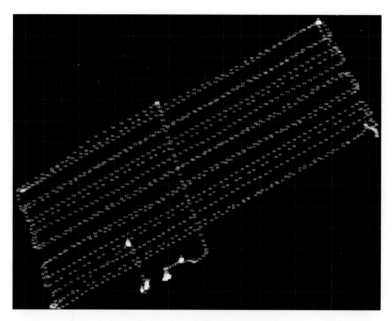

图 3-9-4　飞行航迹信息示意图

参考文献

［1］ 何志强.基于高分二号影像的面向对象分类技术研究［D］.淮南：安徽理工大学，2018.

［2］ 胥向阳.极飞 P20 植保无人机故障检查技术要点［J］.农业机械，2018（8）：78-79.

［3］ 陈盛德，兰玉彬，李继宇，等.植保无人机航空喷施作业有效喷幅的评定与试验［J］.农业工程学报，2017，33（7）：82-90.

［4］ 张克军.遥感图像特征提取方法研究［D］.西安：西北工业大学，2007.

［5］ 王龙.图像纹理特征提取及分类研究［D］.青岛：中国海洋大学，2014.

［6］ 吕晓琪，郭金鸽，赵宇红，等.基于图像分割的 Tamura 纹理特征算法的研究与实现［J］.中国组织工程研究，2012，16（17）：3160-3163.

［7］ 郝玉保，王仁礼，马军，等.改进 Tamura 纹理特征的图像检索方法［J］.测绘科学，2010，35（4）：136-138，176.

［8］ 王李冬，魏宝刚，孙亚萍，等.基于颜色-纹理自相关算法的内镜图像检索［J］.电路与系统学报，2011，16（2）：46-50.

［9］ 王昊鹏，李慧.基于局部二值模式和灰度共生矩阵的籽棉杂质分类识别［J］.农业工程学报，2015，31（3）：236-241.

［10］ 周凯，杨路明，宋虹，等.基于多阈值局部二值模式的人脸识别方法［J］.计算机工程，2009，35（17）：167-169.

［11］ LÓPEZ-GRANADOS F，TORRES-SÁNCHEZ J，SERRANO-PÉREZ A，et al. Early season weed mapping in sunflower using UAV technology：variability of herbicide treatment maps against weed thresholds［J］. Precision Agriculture，2016，17（2）：183-199.

［12］ CHEN L C，PAPANDREOU G，KOKKINOS I，et al. DeepLab：Semantic image segmentation with deep convolutional nets，atrous convolution，and fully connected CRFs［J］. IEEE Trans Pattern Anal Mach Intell，2018，40（4）：834-848.

［13］ AUETHAVEKIAT S，AIZAWA K. A Two-stage segmentation algorithm using robust anisotropic region growing［J］. 2003，57（1）：117-125.

［14］ SHEPHERD J D，BUNTING P，DYMOND J R. Operational large-scale segmentation of imagery based on iterative elimination［J］. Remote Sensing，2019，11（6）：658.

［15］ PEÑA J M，TORRES-SÁNCHEZ J，DE CASTRO A I，et al. Weed mapping in early-season maize fields using object-based analysis of unmanned aerial vehicle（UAV）images［J］. Plos One，2013，8（10）：e77151.

［16］ JOHNSON B，XIE Z X. Unsupervised image segmentation evaluation and refinement using a multi-scale approach［J］. Isprs Journal of Photogrammetry and Remote Sensing，2011，66（4）：473-483.

［17］ MÜLLER M U，SHEPHERD J D，DYMOND J R. Support vector machine classification of woody patches in New Zealand from synthetic aperture radar and optical data，with LiDAR training［J］. Journal of Applied Remote Sensing，2015，9（1）：95984.

［18］ BENDIG J，YU K，AASEN H，et al. Combining UAV-based plant height from crop surface models，visible，and near infrared vegetation indices for biomass monitoring in barley［J］. International Journal of Applied Earth Observation and Geoinformation，2015，39：79-87.

［19］ TAMURA H，MORI S，YAMAWAKI T. Textural features corresponding to visual perception［J］. Policy Sciences，1978，8（6）：460-473.

［20］ OJALA T，PIETIKAINEN M，MAENPAA T. Multiresolution gray-scale and rotation invariant texture classification with local binary patterns［J］. IEEE Transactions On Pattern Analysis and Machine Intelligence，2002，24（7）：971-987.

［21］ LAN Y B，THOMSON S J，HUANG Y B，et al. Current status and future directions of precision aerial application for site-specific crop management in the USA［J］. Computers and Electronics in Agriculture，2010，74（1）：34-38.

［22］ TUCKER C J. Red and photographic infrared linear combinations for monitoring vegetation［J］. Remote Sensing of Environment，1979，8（2）：127-150.

［23］ LOUHAICHI M，BORMAN M M，JOHNSON D E. Spatially located plantform and aerial photography for documentation of grazing impacts on wheat［J］. Geocarto International，2001，16（1）：65-70.

［24］ TORRES-SÁNCHEZ J，LÓPEZ-GRANADOS F，DE CASTRO A I，et al. Configuration and specifications of an unmanned aerial vehicle（UAV）for early site specific weed management［J］. Plos One，2013，8（3）：e58210.

［25］ LAN Y B，ZHANG H H，HOFFMANN W C，et al. Spectral response of spider mite infested cotton：Mite density and miticide rate study［J］.International Journal of Agricultural and Biological Engineering，2013，6（1）：48-52.

［26］ LAN Y，HUANG Y，MARTIN D E，et al. Development of an airborne remote sensing system for crop pest management：system integration and verification［J］. Applied Engineering in Agriculture，2009，25（4）：607-615.

第四章 农业航空遥感图像数据分析技术

第一节　分类模型参数调优

在分类模型的建立中，常常会伴随着很多参数的设置，如 SVM 中的惩戒因子 C。不同的参数选择，对于分类模型的最后结果起到不同的作用。模型参数调优，指的是通过一些数学方法，选择出最合适的模型参数，从而建立最优的分类模型。常见的参数调优的方法有交叉验证法和网格搜索法。

一、交叉验证法

交叉验证，有的时候也称作"循环估计"，是一种统计学上将数据样本切割成较小子集的实用方法，该理论由学者 Seymour Geisser 提出。交叉验证的核心思想是根据实际研究的对象背景，将获取的原始数据进行分组，一部分作为训练集，用于训练分类器；另一部分作为验证集，用于对训练好的分类模型再次验证，根据结果评估其分类的好坏程度。常用的交叉验证形式有 Holdout 验证、折交叉验证和留一验证。

研究中常用折交叉验证的方法开展。折交叉验证的常用方法为 k 折交叉验证，将初始采样分割成 k 个子样本，保留 1 个单独的子样本作为验证模型的数据，其他 $k–1$ 个样本用来训练。交叉验证重复 k 次，每个子样本验证 1 次，平均 k 次的结果或者使用其他结合方式，最终得到 1 个单一估测结果。这个方法的优势在于，同时重复运用随机产生的子样本进行训练和验证，每次的结果验证 1 次，通常来说，k 值为 10 时评估结果最佳。

二、网格搜索法

网格搜索法是一种通过遍历所有参数的方式选择一个最优参数的方法。它的实质是根据研究对象的背景建立的模型坐标系，坐标系中的每一个点代表设定的每一组参数。通过划分大小相同、等规格的网格，获取设定区域里的所有参数，并将这些参数代入分类模型中验证其优劣性能，使整个系统性能最优异的点称为最优参数。但是，由于是通过穷尽的方式去寻找模型中最优解的方法，因此如果选择的区域太大，且步长太小的话，运算会较为困难。毕竟在所有的网格中，绝大多数点的分类准确率是非常低的，只有在一个较小的区域上，对应的分类准确率才比较高。所以对于网格的选择和步长的距离，应该在使用网格搜索法寻求最优参数时选定。

第二节 迁移学习少样本学习方法

常见的迁移学习场景有两类：

（1）使用神经网络提取特征。利用 ImageNet 上预训练的网络，除了最后全连接层的部分，其余的都用来进行特征提取处理，用这种方式得到的特征称为"CNN codes"，使用线性分类器对特征进行图像分类。

（2）微调（fine-tuning）。替换掉网络的输入层，使用新的数据继续训练，可以选择微调所有层或部分层。通常，前面的层提取的是对于多数任务都通用的图像特征层，而网络后面的层所提取的特征则与某一类别有联系，所以一般只微调后面几层。

第三节 面向对象图像分析方法

面向对象图像分析方法是将遥感图像分割为若干个互不交叉的对象区域，分别对每个对象进行分类识别。

在当前，遥感数据采集、拼接、校正等技术已经较为成熟，而对遥感数据解析的研究还相对落后，这已成为遥感研究与应用的主要瓶颈。传统的遥感数据解析基于像元信息进行分类或分析。对于传统的空间分辨率较低的遥感影像，如 LANDSAT 系列卫星影像，单个像素往往包含一个以上的对象，因此可以根据该像素信息进行分析。但是，随着遥感影像质量的不断提高，影像的空间分辨率不断提高，一个对象往往包含多个像素。不同类别对象中的像素还存在"同谱异物、同物异谱"的现象，因此，采用单个像素的信息进行识别，不但准确率较低，而且容易导致识别结果中出现"椒盐效应"。针对这个问题，面向对象图像分析方法采用先分割、后分类的处理模式，能够有效改进基于像元的分析方法的不足。面向对象图像分析方法将遥感影像分割为若干个互不交叉的对象区域，分别统计每个对象区域的特征信息，包括光谱、纹理、形状等特征，基于特征向量进行分类识别。相比基于像元的分析方法，面向对象图像分析方法能获得更多特征信息，更能反映不同类别对象间的差异，因此是一种更优的解决方案。

面向对象图像分析方法在高分辨率遥感图像分析中的优势，引起了遥感领域学者的广泛关注。面向对象图像分析方法的处理流程包括图像分割、特征提取、分类识别，其中，图像分割是核心步骤。图像分割质量的好坏，决定了算法能否将不同对象从背景中提取出来，也决定了后续分类判别的准确度。Baatz 等提出了一种多尺度分割算法，旨在构建一种使用方便、对不同研究任务均有普遍适应性的分割模型。多尺度分割算法的目标是将遥感影像分割成不同对象，在该目标下定义了单个对象异质性的计算方法，通过局部和全局最优化技术，实现所有对象平均异质性的最小化。同时，多尺度分割算法采用尺度参数作为超参数，控制分割对象的平均大小。Gamanya 等采用多尺度分割算法对津巴布韦的 Landsat 卫星影像进行多尺度分割，提取每个对象的颜色、纹理、形状、植被指数等构成特征向量，基于模糊推理进行分类判别，实现对卫星影像的地物分类研究。试验结果证明，该模型对 Landsat 卫星影像的总体分类精度达到了 95.6%。Johnson 等在高分辨率卫星影像的地物分类研究中，对基于多尺度分割的面向对象图像分析方法进行了改进：采用普通的多尺度分割方法，获得分割结果；通过无监督的评价方式，评价每个对象的分割质量，分辨出欠分割和过分割的对象；对欠分割的对象，采用更小的尺度参数进行分割；对过分割的对象，将该对象和周围光谱特征最接近的对象进行合并。试验结果证明，这种使用多个分割参数的方法，能够有效提高单个分割参数的识别精度。除了多尺度分割算法，亦有学者采用 K-means 算法作为面向对象图像分析的分割方法。K-means 是一种无监督的图像分割算法，定义若干个聚类中心，在迭代过程中调整聚类中心的数值。Shepherd 等对 K-means 算法提出改进，定义了对象最小尺寸作为算法的超参数。在 K-means 的迭代过程中，当对象的尺寸小于定义值，则将该对象与周围光谱最接近的对象进行合并。试验结果证明，经过参数调整，K-means 算法可获得与多尺度分割相近的识别精度。Clewley 等采用开源代码，对基于 K-means 算法的面向对象图像分析算法进一步开发，通过试验证明，该模型在红树林监测和变化研究、卫星影像的地物分类研究、法国卫星影像的分割研究等任务中均取得良好的效果。

　　面向对象图像分析方法在遥感图像像素级分类研究中的巨大优势，展示了其在杂草识别研究中精准生成杂草分布图的潜力，引起了相关学者的重视。Peña 等使用无人机采集柽果田块的无人机低空遥感影像。基于多尺度分割算法进行分割，识别出作物行间信息。根据作物行间信息，进行作物和杂草的分类，生成网格状的作物分布图。试验结果证明，该模型生成的杂草分布图的决定系数为 0.89，对应的均方差为 0.02，展示了良好的分类精度。López-Granados 等在不同高度（30 m、60 m）下，使用无人机采集向日葵田块的可见光和多光谱图像，通过图像拼接，生成田块的正射影像图。基于多尺度分割算法，将正射影像图划分为不同的对象区域，统计对象区域的光谱、角度等特征，将对象分为植物（包括向日葵和杂草）和土壤两类；基于植被指数，将类别为植物的对象区域进一步分为向日葵和杂草；基于杂草分布图，生成网格状的施药处方图。试验结果证明，若采用无人机多光谱图像，该模型对杂草的识别准确率达到 100%。

　　面向对象图像分析方法在卫星影像的地物分类和无人机影像的杂草识别研究中，基于多尺度分割和 K-means 算法的模型均获得了较为理想的效果。从文献记录来看，多尺度分割算法仍然是主流的分割算法，且大多数学者都是采用 eCognition 软件调用该算法功能。目前，面向对象图像分析方法主要应用在卫星影像的地物分类研究，在基于无人机遥感的杂草识别研究中对该技术的研究和讨论仍然较少。

第四节　常用机器学习算法概述

一、有监督学习

利用一组有标签的数据训练得出一个分类器，通过该分类器对未知标签的数据进行预测的过程称为"有监督学习"。有监督学习分为判别式模型和生成式模型。

（一）判别式模型

判别式模型对条件概率进行建模，通过分析数据的差异寻找分类面进行区分。常见的判别式模型主要有逻辑回归、支持向量机、条件随机场、k-最近邻（kNN）算法、决策树等。本书介绍的判别式模型有支持向量机、高斯过程回归、kNN算法、决策树、集成学习、随机森林、神经网络。

1. 支持向量机

支持向量机（SVM）由 Vapnik 提出，目前该方法已经被证明在若干分类和回归分析研究中的效果要优于其他方法。特别是在小样本数据集上，SVM 表现出了良好的泛化能力。近年来，SVM 被广泛应用于遥感图像分类研究并获得了良好的效果。

SVM 是机器学习中常见的有监督学习算法，能够有效地处理分类问题。通过将正负样本从原始空间映射到高维特征空间，在高维特征空间中寻找一个能最大化几何边缘的最佳超平面，将正负样本隔开。SVM 的主要核心分为软间隔最大化、拉格朗日对偶性、最优化问题求解、核函数以及序列最小最优化（SMO）等。

在二分类研究中，SVM 在样本空间中寻求一个分类超平面，将不同类别的样本分开。为了改善分类器的泛化性能，SVM 应用结构风险最小化原则，要求分类超平面能够保证不同类别的间隔最大化，如图 4-4-1 所示。假设 x_i 表示数据样本，y_i 表示 x_i 目标变量的取值，y_i 的取值有 +1 和 −1，当分类正确时，y_i 的取值与 $w \cdot x_i + b$ 的取值一致，几何间隔为正，分类错误时则相反。超平面为 $\vec{w} \cdot \vec{x} + b = 0$，$\vec{w} \cdot \vec{x} + b = +1$ 和 $\vec{w} \cdot \vec{x} + b = -1$ 分别为两条最佳分割线。

设 x_i 到超平面的距离为 γ_i，目标函数 γ_{max} 为最佳间隔：

$$\gamma_i = y_i \left(\frac{w \cdot x_i + b}{\|w\|} \right) \tag{4.4.1}$$

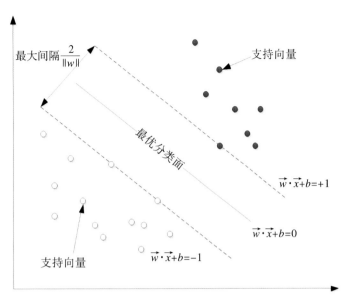

图 4-4-1　最佳超平面分类的支持向量机

定义几何间隔最小为 $\gamma_{\min}$，其目标函数为 $\gamma_{\max}$，约束条件为

$$s.t.\gamma_i{=}y_i\left(\frac{w\cdot x_i{+}b}{\|w\|}\right)\geqslant\gamma_{\min} \qquad (4.4.2)$$

通过对目标函数和约束条件的转换可得凸优化问题：

$$\begin{cases} \gamma_{\max}{=}\dfrac{1}{\|w\|} \\ s.t.y_i\left(w\cdot x_i{+}b\right)\geqslant1 \end{cases} \qquad (4.4.3)$$

为解决实际问题中数据点无法完全分类的问题，约束条件无法完全满足，因此引入松弛变量 ξ_i，则约束条件变为

$$s.t.y_i\left(w\cdot x_i{+}b\right){+}\xi_i\geqslant1 \qquad (4.4.4)$$

引入惩罚系数 C 调整目标函数，使得松弛变量 ξ_i 最小化，实现软间隔的最大化为 $\min\dfrac{1}{2}\|w\|^2{+}C\cdot\sum\xi_i$。

上述问题转化为既要最小化 $\|w\|^2$，又要最小化 $\sum\xi_i$，引入惩罚系数 C 的目的是平衡两个最小化变量。引入拉格朗日乘子，整合目标函数和约束条件，便于求解极值问题：

$$L\left(w,\ b,\ \alpha,\ \xi,\ \mu\right)=\frac{1}{2}\|w\|^2{+}C\cdot\sum\xi_i{-}\sum\alpha_i\left[y_i\left(w\cdot x_i{+}b\right){+}\xi_i{-}1\right]{-}\sum\mu_i\cdot\xi_i$$
$$\alpha_i\geqslant0;\ \mu_i\geqslant0 \qquad (4.4.5)$$

原来最优化的问题转变为 $\min\limits_{w,b,\xi}\max\limits_{\alpha}L\left(w,\ b,\ \alpha,\ \xi,\ \mu\right)$，利用拉格朗日对偶性将问题转变成极大值极小值的拉格朗日问题 $\max\limits_{\alpha}\min\limits_{w,b,\xi}L\left(w,\ b,\ \alpha,\ \xi,\ \mu\right)$。分别对 $w,\ b,\ \xi$ 求偏导可得：

$$\begin{cases} \nabla_w L\left(w,\ b,\ \alpha,\ \xi,\ \mu\right)=w-\sum\alpha_i x_i y_i=0 \\ \nabla_b L\left(w,\ b,\ \alpha,\ \xi,\ \mu\right)=-\sum\alpha_i y_i=0 \\ \nabla_\xi L\left(w,\ b,\ \alpha,\ \xi,\ \mu\right)=C-\alpha_i-\mu_i=0 \end{cases} \qquad (4.4.6)$$

将公式（4.4.6）代入到拉格朗日函数中，并进行极大值极小值的转换可得：

$$\max_\alpha \min_{w,b,\xi} L\left(w,\ b,\ \alpha,\ \xi,\ \mu\right)=\max_\alpha -\frac{1}{2}\sum\sum\alpha_i\alpha_j y_i y_j\left(x_i x_j\right)+\sum\alpha_i \qquad (4.4.7)$$

将求解极大值转换为求解极小值，则公式（4.4.7）转换为

$$\begin{cases} \max_\alpha \min_{w,b,\xi} L\left(w,\ b,\ \alpha,\ \xi,\ \mu\right)=\min_\alpha \frac{1}{2}\sum\sum\alpha_i\alpha_j y_i y_j\left(x_i x_j\right)-\sum\alpha_i \\ s.t.\sum\alpha_i y_i=0 \\ 0\leqslant\alpha_i\leqslant C \end{cases} \qquad (4.4.8)$$

为了解决超平面无法解决的非线性分类问题，引入核函数来寻找可以处理非线性分类的超曲面，设定核函数为 $K\left(x_i,\ x_j\right)$，x_i 和 x_j 分别表示第 i 个和第 j 个样本，可得：

$$\begin{cases} \max_\alpha \min_{w,b,\xi} L\left(w,\ b,\ \alpha,\ \xi,\ \mu\right)=\min_\alpha \frac{1}{2}\sum\sum\alpha_i\alpha_j y_i y_j K\left(x_i,\ x_j\right)-\sum\alpha_i \\ s.t.\sum\alpha_i y_i=0 \\ 0\leqslant\alpha_i\leqslant C \end{cases} \qquad (4.4.9)$$

按照结构风险最小化原则，SVM 科学有效地解决了维数灾难及过学习的难题。尤其对水稻杂草数据而言，其通常是小样本，而且复杂度高。SVM 具有多重优点，主要表现为以下三大优点：

（1）对于有限样本的情况而言，可以获得已有信息的最优解。

（2）算法为二次型寻优问题，能获得全局最优点，进而科学有效地避免了局部出现极小值的情况。

（3）把非线性问题巧妙地转化成高维空间问题，进而让算法复杂度和样本维数不相关。

SVM 采用线性判别函数表示分类超平面：

$$f\left(x\right)=w^T x+b \qquad (4.4.10)$$

假设存在某个超平面 $f\left(x\right)$，满足：①对于所有的正样本 x，存在 $f\left(x\right)>1$；②对于所有的负样本，存在 $f\left(x\right)<-1$，那么称训练样本是线性可分的，否则是线性不可分的。

对于线性可分的样本，若要求分类间隔最大化，则有

$$\begin{cases} \min_{w,b}\frac{1}{2}\|w\|^2 \\ s.t.y_i\left(w^T x_i+b\right)\geqslant 1,\ i=1,\ 2,\ \cdots,\ n \end{cases} \qquad (4.4.11)$$

但是，在实际应用中，由于所采集的数据包含有大量干扰和噪声，因此大多数样本集是线性不可分的。故引入松弛变量 ξ_i 和惩罚系数 C，进而获得广义最优超平面，来降低偏离点对训练过程造成的影响，公式（4.4.11）则变成（4.4.12）的形式：

$$\begin{cases} \min_{w,b} \dfrac{1}{2}\|w\|^2 + C\sum_{i=1}^{n}\xi_i \\ s.t. y_i\left(w^T x_i + b\right) \geqslant 1 - \xi_i, \ i=1, \ 2, \ \cdots, \ n \\ \xi_i \geqslant 0 \end{cases} \quad （4.4.12）$$

式中，C 是惩罚系数，代表了分类器对误差的容忍度。从风险角度看，C 权衡了分类器经验风险和结构风险：C 越大，训练样本的拟合度越高，经验风险越小，但是可能出现过拟合，结构风险越高；C 越小，模型的复杂度越低，结构风险越小。公式（4.4.12）是一个凸函数优化问题，可以使用拉格朗日系数法进行求解：

$$L\left(w, \ b, \ \xi, \ \alpha, \ \mu\right) = \frac{1}{2}\|w\|^2 + C\sum_{i=1}^{n}\xi_i - \sum_{i=1}^{n}\alpha_i\left[y_i\left(w\cdot x_i + b\right) - 1 + \xi_i\right] - \sum_{i=1}^{n}\mu_i\xi_i \quad （4.4.13）$$

对公式（4.4.13）进行化简，得到：

$$\begin{cases} \min_{\alpha} \dfrac{1}{2}\sum_{i=1}^{n}\sum_{j=1}^{n}\alpha_i\alpha_j y_i y_j x_i x_j - \sum_{i=1}^{n}\alpha_i \\ s.t. w = \sum_{i=1}^{n}\alpha_i y_i x_i \\ s.t. \sum_{i=1}^{n}\alpha_i y_i = 0, \ i=1, \ 2, \ \cdots, \ n \\ s.t. 0 \leqslant \alpha_i \leqslant C, \ i=1, \ 2, \ \cdots, \ n \end{cases} \quad （4.4.14）$$

公式（4.4.14）由拉格朗日系数法求得，因此必须满足 KKT 条件：

$$\begin{cases} \alpha_i\left[y_i\left(w\cdot x_i + b\right) - 1 + \xi_i\right] = 0, \ i=1, \ 2, \ \cdots, \ n \\ \mu_i\xi_i = 0 \end{cases} \quad （4.4.15）$$

对于样本 x_i，记 SVM 的输出为

$$u_i = w\cdot x_i + b \quad （4.4.16）$$

根据公式（4.4.14），公式（4.4.15）的 KKT 条件可以表述为

$$\begin{cases} \alpha_i = 0 \leftrightarrow y_i u_i \geqslant 1 \\ 0 < \alpha_i < C \leftrightarrow y_i u_i = 1 \\ \alpha_i = C \leftrightarrow y_i u_i \leqslant 1 \end{cases} \quad （4.4.17）$$

在训练过程中，对不符合要求的 α_i 需要进行更新。根据 SMO 算法，每次只更新两个参数，假设这两个参数为 α_1 和 α_2。根据公式（4.4.14）的条件，可以得到：

$$\alpha_1^{new} y_1 + \alpha_2^{new} y_2 = \alpha_1^{old} y_1 + \alpha_2^{old} y_2 = \tau \quad （4.4.18）$$

式中，α_1^{new} 和 α_2^{new} 代表更新后的参数；α_1^{old} 和 α_2^{old} 代表更新前的参数；τ 是一个常数。首先确定 α_2^{new} 的取值范围，假设 α_2^{new} 的下界和上界分别为 L 和 H，假设 y_1 和 y_2 异号，则有

$$\alpha_1^{old} - \alpha_2^{old} = \tau \quad （4.4.19）$$

根据 τ 的数值，α_2 取值范围如图 4-4-2 所示。因此，α_2 取值范围的下界 L 和上界 H 分别是

$$L = \max\left(0, \ -\tau\right), \ H = \min\left(C, \ C-\tau\right), \ s.t. y_1 y_2 < 0 \quad （4.4.20）$$

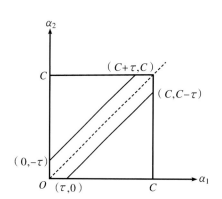

图 4-4-2 SVM 参数的取值范围

同理，当 y_1 和 y_2 同号时，可以求得 α_2 取值范围的下界 L 和上界 H 分别是

$$L=\max(0, \tau-C), \quad H=\min(C, \tau), \quad s.t. y_1y_2 > 0 \tag{4.4.21}$$

对公式（4.4.14）的最优化目标进行求解，得到：

$$\alpha_2^{new}=\alpha_2^{old}+\frac{y_2(E_1-E_2)}{\eta} \tag{4.4.22}$$

式中，E_i 和 η 的定义如下：

$$E_i=f(x_i)-y_i \tag{4.4.23}$$

$$\eta=x_1^T x_1+x_2^T x_2-2x_1^T x_2 \tag{4.4.24}$$

考虑到 α_2^{new} 的取值范围，α_2^{new} 的取值定义如下：

$$\alpha_2^{new}=\begin{cases} L, & \alpha_2^{new} < L \\ \alpha_2^{new}, & L \leqslant \alpha_2^{new} \leqslant H \\ H, & \alpha_2^{new} > L \end{cases} \tag{4.4.25}$$

根据公式（4.4.17），可得 α_1^{new} 的数值为

$$\alpha_1^{new}=\alpha_1^{old}+y_1 y_2(\alpha_2^{old}-\alpha_2^{new}) \tag{4.4.26}$$

为了使超平面的间隔最大化，除了更新 α_1 和 α_2 的数值外，还需更新 b 的数值。当 α_1 的数值在 0 和 C 之间时，根据公式（4.4.17）表述的 KKT 条件可知，点（x_1，y_1）是支持向量上的点。因此有

$$y_1(w^T x_1+b)=1 \tag{4.4.27}$$

将公式（4.4.14）代入，可得：

$$b_1^{new}=b^{old}-E_1-y_1(\alpha_1^{new}-\alpha_1^{old})x_1^T x_1-y_2(\alpha_2^{new}-\alpha_2^{old})x_2^T x_1 \tag{4.4.28}$$

同理，根据点（x_2，y_2）的 KKT 条件，可得：

$$b_2^{new}=b^{old}-E_2-y_1(\alpha_1^{new}-\alpha_1^{old})x_1^T x_2-y_2(\alpha_2^{new}-\alpha_2^{old})x_2^T x_2 \tag{4.4.29}$$

当点（x_1，y_1）或点（x_2，y_2）是支持向量时，算法采用对应的 b 值作为偏置。当点（x_1，y_1）或点（x_2，y_2）都不是支持向量时，算法采用它们的平均值作为偏置，如下所示：

$$b=\begin{cases} b_1^{new}, & 0<\alpha_1^{new}<C \\ b_2^{new}, & 0<\alpha_2^{new}<C \\ (b_1^{new}+b_2^{new})/2, & otherwise \end{cases} \qquad （4.4.30）$$

当更新完所有的 α 和 b 之后，SVM 根据公式（4.4.31）即可得到输入样本 x 的预测值 $f(x)$：

$$f(x)=w^T x+b=\sum_{i=1}^{n}\alpha_i y_i x_i^T x+b \qquad （4.4.31）$$

如果 $f(x)$ 大于 0，则该样本为正样本；否则该样本为负样本。

SMO 算法在每次迭代过程中，随机选取两个乘子（α_i 和 α_j）进行优化，这在小样本数据集上是可行的。但是，随着数据集增大，优化速度会急剧降低。针对这一问题，可以使用启发式方法来解决。根据公式（4.4.22）和公式（4.4.24），可以得到：

$$\alpha_j^{new}=\alpha_j^{old}+\frac{y_j(E_i-E_j)}{\eta} \qquad （4.4.32）$$

$$\eta=x_i^T x_i+x_j^T x_j-2x_i^T x_j \qquad （4.4.33）$$

为了加速参数优化，必须保证：

$$\max\frac{y_j(E_i-E_j)}{\eta} \qquad （4.4.34）$$

根据公式（4.4.33），η 可以视为一个常数，因此公式（4.4.31）的最大化条件等价于：

$$\max|E_i-E_j| \qquad （4.4.35）$$

根据公式（4.4.31），可知 SMO 的启发式优化过程如下：

（1）在整个数据集或非边界 α（非边界代表 α 数值不是 0 或 C，即对应支持向量）中进行扫描，选择一个不满足 KKT 条件的乘子作为 α_i。

（2）根据启发式方法选择第二个乘子作为 α_j，经过启发式方法的优化，SMO 算法在大型数据集上的运行速度能够有效提高。

对于部分线性不可分的样本，在引入公式（4.4.11）弹性系数之后，仍然未能有效区分。针对这个问题，可以引入特征空间映射的方法来解决：将原始特征空间映射到高维特征空间，保证样本类别在新的特征空间中是线性可分的，再使用线性分类器进行分类。记 $\Phi(X)$ 是特征从原始输入空间 X 到高维空间 F 的映射，则根据公式（4.4.31），SVM 的决策过程如下：

$$f(x)=w^T x+b=\sum_{i=1}^{n}\alpha_i y_i \Phi(x_i)^T \Phi(x)+b \qquad （4.4.36）$$

从公式（4.4.36）可以看出，SVM 在决策过程中，需要将样本映射到高维空间，然后再进行矩阵乘法，这个过程加大了算法的计算量，降低了算法运行的速度。假设有一个函数 k，对所有的 x_i，$x \in X$，都满足 $k(x_i,x)=\Phi(x_i)^T\Phi(x)$，即在原始特征空间中进行计算即可，无需映射到高维空间，则函数 k 称为核函数。使用核函数之后，SVM 的决策过程如下：

$$f(x)=w^T x+b=\sum_{i=1}^{n}\alpha_i y_i k(x_i,x)+b \qquad （4.4.37）$$

核函数的使用，不仅能够利用高维特征空间中样本线性可分的特性，还能保证算法运行的速度，因此在 SVM 的研究中得到广泛应用。

常见的核函数有以下几种。

（1）线性核函数：

$$k\left(x,\ y\right)=x^Ty+c \tag{4.4.38}$$

（2）多项式核函数：

$$k\left(x,\ y\right)=\left(ax^Ty+c\right)^d \tag{4.4.39}$$

（3）径向基核函数：

$$k\left(x,\ x_i\right)=\exp-\left\{\frac{\|x-x_i\|}{2\sigma^2}\right\} \tag{4.4.40}$$

式中，σ 是径向基核函数的宽度参数，控制了函数的径向作用范围。σ 选得越大，高次特征上的权重衰减越快，相当于将原始特征映射到一个低维空间；反之，σ 选得越小，相当于将原始特征映射到一个高维空间。通过对 σ 大小进行调控，径向基核函数对不同数据都具有良好的适应性，因此是目前使用最广泛的核函数。

（4）Sigmoid 核函数：

$$k\left(x,\ x_i\right)=\tan\left[v\left(x\cdot x_i\right)+c\right] \tag{4.4.41}$$

式中，x_i 为支持向量的样本因子向量；x 是预测因子向量；v 和 c 均为核参数。

传统的 SVM 是一个二值分类器。为实现多分类的目标，需要组合多个二分类器来构建一个多分类器。常用的实现方法有一对多法和一对一法。

（1）一对多法是将某个类别的样本作为一类，其他样本作为一类。因此，k 个类别的样本会得到 k 个分类器。对于每个输入样本，k 个分类器会得到 k 个结果，取其中数值最大的作为分类结果。

（2）一对一法是在任意两个类别之间构建一个二分类器。因此，k 个类别的样本会得到 $k\left(k-1\right)$ 个分类器。对于每个输入样本，$k\left(k-1\right)$ 个分类器会得到 $k\left(k-1\right)$ 个结果。对结果进行累加，将数值最大的作为分类结果。

在实际应用中，当类别数量增加，一对多法的训练速度会急剧下降，同时还面临训练数据不平衡的问题。因此，采用一对一法构建多分类器会得到更好的性能。

2. 高斯过程回归

高斯过程回归（gaussian process regression，GPR）是使用高斯过程先验对数据进行回归分析的非参数模型，其本质类似于 SVM，通过一个映射将自变量从低维空间映射到高维空间。

核函数作为一种将数据映射到高维空间并求内积的函数，是限制模型质量的关键因素。高斯核函数是一种常用的核函数，本研究将其作为 SVM 选用的核函数进行建模，而指数核函数和有理二次核函数两种核函数则用于高斯过程回归建模。

3. kNN 算法

kNN 算法的工作原理是训练样本集中每个数据都存在标签，即知道样本集中每个数据与所属分类对应的关系。输入没有标签的数据后，将新数据中的每个特征与样本集中数据对应的特征进行比较，提取出样本集中特征最相似数据（最近邻）的分类标签。一般来说，只选择样本数据集中前 k 个最相似的数据，这就是 kNN 算法中 "k" 的出处，通常 k 是不大于 20 的整数。最后选择 k 个最相似数据中出现次数最多的分类作为新数据的分类。

4. 决策树

决策树是一种树形结构，一个节点对应一个属性的测试，每个分支是判断的结果，最后的叶子节点对应每一个分类结果。划分节点时希望每个节点包含的样本尽可能都属于同一个类，因此如何选择节点的最优特征和切分节点是决策树的关键。常用的生成算法有 ID3、C4.5 和 C5.0。决策树可以通过删除或通过中位数、众数等对缺失值进行处理，但切分得过细容易造成过拟合，因此常使用先剪枝和后剪枝进行处理。

决策树的基本思想是将数据不断划分，使原来混乱的数据信息逐渐清晰。在处理回归问题上，决策树又称 "回归树"，它不需要像线性回归模型一样用简单或复杂的数学公式表征预测数据，而是用规则来抽象，是一系列复杂模型的基础。在回归树中，假设样本有 n 个特征，每个特征有 $S_i \left[i \in (1, n) \right]$ 个取值，通过遍历所有特征并尝试该特征所有取值，从而划分特征空间，直到找到损失函数最小时的特征 j，这样得到一个划分点 s，描述该过程的公式为

$$\min_{js} \left[\min_{c_1} \text{Loss}(y_i, c_1) + \min_{c_2} \text{Loss}(y_i, c_2) \right] \tag{4.4.42}$$

遍历变量 j，对固定的切分变量 j 扫描切分点 s，选择使上式达到最小值的对 (j, s)。使用选定的对 (j, s) 将样本划分为 m 个区域，即 $R_1, R_2, \cdots, R_m$，描述该过程的公式为

$$R_i(j, s) = \{x | x^i \leqslant s\}, \ R_2(j, s) = \{x | x^i > s\}, \ c_m = \text{average}(y_i | x_i \in R_m) \tag{4.4.43}$$

直到满足停止条件。每个区域的输出值为该区域内所有样本观测值的平均数生成决策树，其公式为

$$f(x) = \sum_{m=1}^m c_m \widehat{I(x \in R_m)} \tag{4.4.44}$$

5. 集成学习

由于决策树本身具有容易过拟合的缺点，因此，可使用集成学习装袋法（Bootstrap Aggregating）优化决策树。装袋法通过有放回地抽取 N 个样本，建立 n 棵方差较高的决策树，并对 N 个预测所得的回归值求平均值，使得决策树不容易过拟合。其实现原理较为简单，如图 4-4-3 所示。通过随机采样并训练形成若干个弱学习器，最终通过一定的结合策略形成一个强学习器，并且每轮抽样中均有一部分数据不被抽中，这些数据便可用来检测模型泛化能力。

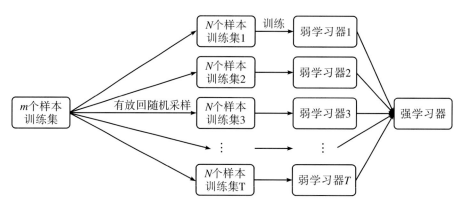

图4-4-3 装袋法原理示意图

集成学习根据构成的元分类器可分为由相同类型组成的基学习器和不同类型组成的组建学习器，根据生成的方式可分为高度依赖的 Boosting（Boosting 算法指将弱学习算法组合成强学习算法）串行方法和无依赖的 Bagging（Bagging 是通过组合随机生成的训练集而改进分类的集成算法）并行方法。Boosting 先从原始的数据分布中学习一个基分类器，再依据基分类器的效果调整训练样本的分布，让先前在分类中出错的样本在后续训练中权重增大。Bagging 利用自助采样，有放回地选取一部分数据进行训练。从方差与偏差角度来说，Boosting 更关注降低偏差，因为训练使得误差越来越小，拟合程度越来越高。Boosting 能够基于泛化性能弱的分类器学习构建出强分类器。Bagging 主要关注方差，在多次采样求平均中，增加了数据的扰动，更好地防止过拟合，降低了方差。

6. 随机森林

作为一种新兴的机器学习方法，近年来随机森林受到广泛关注。相比人工神经网络和支持向量机等机器学习算法，随机森林对特征选择不敏感，且调参过程更加简单。由于准确度高、泛化性能良好、使用简便，目前随机森林被广泛应用于遥感监测研究中。

随机森林通过集成学习的思想将多个树集成到一个分类器，它的基本单元是一个决策树。假设随机森林中包含有 N 个决策树，那么对于每个输入样本则有 N 个分类结果。随机森林集成了所有的分类投票结果，将票数最多的类别作为输出类别。对于每个决策树，算法随机选取一部分训练样本和特征进行决策树的构建。这种随机抽取的方式，使得随机森林不容易陷入过拟合，并且具有良好的抗噪声能力。虽然随机森林可以进行分类和回归研究，但本书及案例研究中仅使用随机森林进行分类识别，因此后面的内容仅讨论应用于分类的随机森林。

决策树包含三种节点：父节点、中间节点和叶子节点，如图4-4-4所示。其中，父节点代表输入的特征向量，中间节点代表对一个特征属性的判定，叶子节点代表一个类别。在实际使用中，根据不同算法可构建多个中间节点层。决策树的决策过程，就是根据特征属性选择输出分支，依次从父节点到达叶子节点。

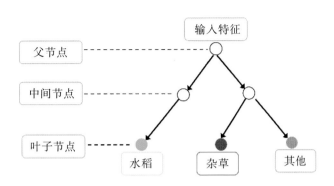

图 4-4-4　决策树结构示意图

在中间节点的属性选择上，决策树采用贪婪思想，即选择分裂效果最优的属性进行分裂。为了对分裂效果进行量化，采用信息增益对分裂效果进行度量。信息增益表示分裂前后节点数据复杂度的变化值，如下所示：

$$\text{Info\_Gain}=\text{Gain}-\sum_{i=1}^{n}\text{Gain}_i \tag{4.4.45}$$

式中，Gain 代表分裂前的节点复杂度；Gain_i 代表分裂后第 i 个节点的复杂度。为了对单个节点复杂度进行度量，可以使用熵或基尼值进行计算。熵代表了数据的混乱程度，熵越高，节点复杂度越高；反之，则节点复杂度越低。熵的计算公式为

$$\text{Entropy}=-\sum_{i=1}^{n}p_i\log(p_i) \tag{4.4.46}$$

式中，n 代表类别数；p_i 代表第 i 个类别的样本数占总样本数的比例。

与熵类似，基尼值也代表了数据的混乱程度，基尼值越高，节点复杂度越高；反之，则节点复杂度越低。基尼值的计算公式为

$$\text{Gini}=1-\sum_{i=1}^{n}(p_i)^2 \tag{4.4.47}$$

决策树的节点往下分裂，形成了多层的树形结构。直到满足以下条件之一，则决策树停止分裂：

（1）节点数据量小于指定值。

（2）节点的熵或基尼值小于指定数值。

（3）决策树深度达到设定的最大值。

（4）所有的特征属性使用完毕。

首先，随机森林利用 bootstrap 方法从原始数据集中有放回地抽取 K 个新的数据集，用于构建 K 个决策树；其次，假设样本共有 n 个特征，选取其中的 m（$m<n$）个特征，在新数据集上进行决策树的构建；最后，将这 K 个决策树对新样本进行决策，根据多数投票机制得到输出类别。

在随机森林的构建过程中包含两个随机机制：随机采样与随机选择特征。

（1）假设训练集大小为 N，则随机且有放回地（bootstrap 方法）从原始数据集中抽取 N 个样本作为决策树的训练集。每个决策树的训练样本不完全相同，可是又包含有若干相同的训练

样本。同时，将训练集之外的样本作为决策树的袋外（oob）样本。由于袋外样本未参与决策树的训练，因此在训练过程中通过袋外样本即可获得对于随机森林泛化误差的无偏估计。

（2）假设样本共有 n 个特征，从所有特征中随机选取 m（$m < n$）个特征子集，在决策树的构建过程中选取最优特征进行节点分裂，直至达到分裂结束条件。随机性的引入，使得随机森林不易陷入过拟合，并且具有良好的抗噪声能力。

随机森林是利用多个决策树进行组合，以减少过拟合的一种算法。通过从原始训练数据有放回地重采样方法，每次随机抽取 n 个样本，基于这 n 个样本进行训练获得 n 个分类器，然后利用附权重等方法进行组合。因而子分类器分类的效果和它们之间的相关性决定了最终分类的误差。

自适应增强（AdaBoost）实现方法为先使用公式（4.4.48）给 k 个弱分类器一个相同的权重，再使用公式（4.4.49）计算每个弱分类器在训练集上的加权误差率，接着使用公式（4.4.50）不断迭代更新训练样本集的权重分布，使得误差率小的分类器在最终分类器中的权重更大。其中公式（4.4.52）为归一化因子，使得所有样本对应的权值之和为1。最后通过公式（4.4.53）对弱分类器进行结合。

$$D(k) = (w_{k1}, w_{k2}, \cdots, w_{km}); \quad w = \frac{1}{m}; \quad i = 1, 2, \cdots, m \tag{4.4.48}$$

$$e_k = P[G_k(x_i) \neq y_i] = \sum_{i=1}^{m} w_{ki} I[G_k(x_i) \neq y_i] \tag{4.4.49}$$

$$\alpha_m = \frac{1}{2} \log \frac{1-e_m}{e_m} \tag{4.4.50}$$

$$w_{(k+1, i)} = \frac{w_{ki}}{z_k} \exp[-\alpha_k y_i G_k(x_i)] \tag{4.4.51}$$

$$Z_k = \sum_{i=1}^{m} w_{ki} \exp[-\alpha_k y_i G_k(x_i)] \tag{4.4.52}$$

$$f(x) = \mathrm{sign}\left[\sum_{k=1}^{k} \alpha_k G_k(x)\right] \tag{4.4.53}$$

公式（4.4.54）所示的 XgBoost 由损失函数控制，从单个节点开始，寻找一个特征使得切分后的损失减少量最大。XgBoost 只有当分裂后所获得的增益大于阈值时才会继续分裂，有预剪枝的作用。为了避免过拟合，XgBoost 使用缩减系数减少每个树和叶子对结果的影响。XgBoost 先对特征进行顺序排列，然后依次访问数据，使得最优分割点的计算效率得到很好的提高。

$$\mathcal{L}_{\mathrm{split}} = \frac{1}{2}\left[\frac{G_L^2}{H_L+\lambda} + \frac{G_R^2}{H_R+\lambda} - \frac{(G_L+G_R)^2}{H_L+H_R+\lambda}\right] - \gamma \tag{4.4.54}$$

7. 神经网络

（1）经典神经网络。神经网络的结构如图 4-4-5 所示，公式为（4.4.55），输入为矩阵，神经元与神经元之间有不同的权重值，引入隐藏层更好地解决数据间的非线性问题，隐藏层的权重参数为 w，每个隐藏层都加入偏置值 b 以更好地拟合数据。当输入的参数增多时，会使全连接网络的计算量变得非常大，导致计算速度变慢。激活函数在网络中引入非线性，解决了网络线性模型表达能力不足的问题。网络中使用公式（4.4.56）的 ReLU 激活函数，通过舍弃小于

0 的信息来引入非线性，ReLU 使得计算更简单，很大程度上加快了机器运算的效率。输出层对前面的特征信息进行整合，并将结果进行回归分类，由于是二分类，因此使用公式（4.4.55）的 Sigmoid 函数。利用公式（4.4.57）均方差损失优化函数，通过公式（4.4.58）的随机梯度下降法训练调整网络模型权重，使得整个网络的预测结果达到最佳。Dropout 使得在前向传播过程中神经元按照一定概率进行丢弃，停止该神经元的训练，采用 40％ 的 Dropout 避免网络过拟合。

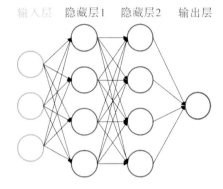

图 4-4-5 神经网络结构图

$$O=(XW_h+b_h)W_O+b_O \tag{4.4.55}$$

$$\mathrm{ReLU}(x)=\max(x,0) \tag{4.4.56}$$

$$\mathrm{MSE}=\frac{1}{n}\sum_{t=1}^{n}(y'-y)^2 \tag{4.4.57}$$

$$w^{\mathrm{new}}=w^{\mathrm{old}}-\eta\frac{\partial\mathrm{loss}}{\partial w^{\mathrm{old}}} \tag{4.4.58}$$

（2）贝叶斯正则化反向传播（back propagation，BP）神经网络。采用贝叶斯正则化训练算法对神经网络进行训练，贝叶斯正则化训练算法是在神经网络训练过程中传统均方性能指标函数的基础上进行改进的函数。贝叶斯正则化算法将权重参数设为随机变量，根据权重的概率密度确定最优权重函数。此外，该算法还能有效降低拟合曲线的误差。网络训练的误差函数可定义为

$$E_D=\sum_{i=1}^{n}(t_i-t_x)^2 \tag{4.4.59}$$

式中，t_i 和 t_x 分别表示实际输出和期望输出。

所有网络权值的均方和为

$$E_w=\frac{1}{m}\sum_{i=1}^{m}w_i^2 \tag{4.4.60}$$

网络的性能函数为

$$F(w)=\alpha E_w+\beta E_D \tag{4.4.61}$$

式中，α 和 β 表示影响模型训练的正则化系数。α 和 β 分别影响网络的复杂性和平滑性。如果 α 和 β 非常小，网络将均为过拟合。在网络训练中，贝叶斯正则化训练算法调整 α 和 β 以达到最佳。将网络权值视为一个随机变量，通过贝叶斯规则给出训练集后权值的后验概率密

度函数。

$$P(w|D, \alpha, \beta, M) = \frac{P(D|w, \beta, M) P(w|\alpha, M)}{P(D|\alpha, \beta, M)} \quad (4.4.62)$$

式中，D 为训练集的数据；M 为神经网络模型；$P(D|\alpha, \beta, M)$ 为保证总体概率为 1 的标准化因子；$P(w|\alpha, M)$ 为权向量的先验概率密度函数；$P(D|w, \beta, M)$ 为权重给定时的概率密度函数。假设样本数据中的噪声和权向量服从高斯分布，则

$$\begin{cases} P(D|w, \beta, M) = \dfrac{\exp(-\beta E_D)}{Z_n(\beta)} \\ P(w|\alpha, M) = \dfrac{\exp(-\alpha E_w)}{Z_m(\alpha)} \end{cases} \quad (4.4.63)$$

在公式（4.4.63）中，$Z_n(\beta) = (\pi/\beta)^{n/2}$；$Z_m(\alpha) = (\pi/\alpha)^{m/2}$。

将式（4.4.63）带入式（4.4.62），最优权值向量应具有最大后验概率 $P(w|D, \alpha, \beta, M)$，它等价于最小正则化性能函数 $F(w)$。α 和 β 在 w_0 最小值处的最优解为

$$\begin{cases} \alpha = \dfrac{\gamma}{2E_w(w_0)} \\ \beta = \dfrac{m-\gamma}{2E_w(w_0)} \end{cases} \quad (4.4.64)$$

式中，γ 为训练集确定的网络参数的有效数目。

（二）生成式模型

生成式模型对联合概率 $P(x, y)$ 进行建模，常见的生成式模型有贝叶斯模型、混合高斯模型、隐马尔科夫模型等。生成式模型更关注数据是怎样生成的，探寻数据的分布，因而需要较多的数据。

本节讲述的生成式模型为贝叶斯［公式（4.4.65）］。贝叶斯假设特征之间是独立分布的，通过后验概率和先验概率 $P(x)$ 的比值得到"可能性"，调整使得预估值接近真实值。对于不同的分类器，又可分为高斯贝叶斯［公式（4.4.66）］、多项式贝叶斯［公式（4.4.67）］、伯努利贝叶斯算法［公式（4.4.68）］。

$$P(y|x) = \frac{P(y) P(x|y)}{P(x)} \propto P(y) \prod_{i=1}^{n} P(x_i|y) \quad (4.4.65)$$

$$P(x_i|y) = \frac{1}{\sqrt{2\pi\sigma_y^2}} \exp\left[-\frac{(x_i-\mu_y)^2}{2\sigma_y^2}\right] \quad (4.4.66)$$

$$P(x_i|y) = \frac{N_{yx_i}-\alpha}{N_y+\alpha n}, \quad s.t. \, \alpha > 0 \quad (4.4.67)$$

$$P(x_i|y) = p(i|y) x_i + [1-p(i|y)](1-x_i) \quad (4.4.68)$$

二、无监督学习

无监督学习（非监督学习）是机器学习中的一种训练方式。它更像是让机器自学，输入数据没有被标记，无法清楚判断数据集中数据、特征之间的关系，也没有确定的结果，而是要根据聚类或一定的模型得到数据之间的关系。训练集数据只有标签 x 没有标签 y，目的是试图提取数据中隐含的结构和规律，常见的算法有聚类和降维。无监督学习可以用于数据预处理，提取数据特征供模型进一步利用。

聚类算法是无监督学习的一种，也是一种数据分析的技术，直观上讲聚类算法就是将一些数据进行分类，聚类是将数据对象进行分类，常见的聚类方法分为三类：①基于距离的聚类算法，该算法使用距离对数据进行相似度的分类。②基于密度的聚类算法，该算法通常依据适合的密度函数进行类间聚类。③基于互连性的聚类算法，该算法通常基于圆或超图模型，将高度连通的对象聚为一类。

（一）K-means 聚类算法

K-means 聚类算法是一种基于距离的聚类算法，运用十分广泛，一般应用于数据分析前期，取适当的 k 值将数据分类，然后根据得到的不同聚类研究其数据特点。算法原理：① K-means 的计算首先随机选取 k 个中心点。②遍历所有数据，将每个数据划分到最近的中心点中。③计算每个聚类的平均值，将该值作为新的中心点。④重复②和③两步直到这 k 个中心点收敛，或执行了足够多的迭代。

K-means 聚类算法具有时间复杂度、空间复杂度都比较小，计算速度快的特点，但是该算法有一个明显的缺点，就是初始值 k 值的取值需要事先进行确定，因此如果进行创新，可以从该点出发，使用一个判断标准对 k 值进行限定。

（二）ISODATA 算法

ISODATA 算法即迭代自组织数据分析算法，可以看作 K-means 聚类算法的一种衍生算法。K-means 聚类算法只能大致确定 k 的范围，ISODATA 算法在它的基础上添加分裂、合并等更自动化的机制，以实现灵活地确定 k 的值。

ISODATA 算法的基本步骤如下：

1. 参数设置

需要设置的参数如下：

（1）nc：初始聚类中心个数。

（2）c：预期的聚类个数。

（3）tn：每一类中允许的样本最少数目（少于该数目的聚类可能会被删除）。

（4）te：类内相对标准差上限（超过该上限的聚类可能会被分裂）。

（5）tc：聚类中心点之间的最小距离。

（6）nt：每次迭代中最多可以合并的次数。

（7）ns：最多迭代次数。

2. 初始化

（1）在所有样本中，随机选取 nc 个不重复样本作为聚类中心，之后根据距离最小法判断所有样本属于哪一种聚类。

（2）对于首次初始化后的聚类，判断是否符合 tn 条件，样本数量小于 tn 的类被删除，重新按照上一步的最小距离法来分配。

（3）计算分类后的聚类参数，包含以下参数：①聚类中心。②各类中样本到聚类中心的平均距离。③各个样本到其所属类别中心的总体平均距离。

（4）根据当前的状态选择下一步的行为，进行分裂、合并或停止：①若迭代次数达到要求，则停止。②若当前聚类数量小于期望数量的一半，则进行分裂检测，判断当前是否需要分裂，若需要则执行分裂行为。③若聚类数量大于期望数量的 2 倍，则进行合并检测，判断是否需要合并，若需要则执行合并行为。④若聚类数量在期望聚类数量的 1/2 到 2 倍之间，为奇数次迭代则执行分裂检测，为偶数次迭代则进行合并检测。

第五节　深度学习分析技术

面向对象图像分析方法在遥感影像分析领域被广泛应用。然而，该技术需要人工设计对象特征，特征选取是否合适对最终分类的准确度有较大影响。这种特征设计模式要求研发人员具备应用领域的专业知识，使用难度较高。同时，不同研究领域的有效特征各不相同，某个项目的研究成果难以应用到其他领域。例如，由于识别对象（如水稻和杂草）大小不一致，且没有固定形状，因此形状特征无法作为分类依据。深度学习的出现，有效改进了手工提取方式的不足。深度学习在模型训练过程中，能够自动提取有助于提升分类精度的抽象特征。该技术不仅操作简单，而且能够获得更高的分类准确度。通过模型训练，较深的网络层会放大对分类有益的信号，并且会压缩无关信号和干扰信号。这种特征自学习的特点，不仅为人工智能和计算机视觉领域带来巨大变革，还为遥感数据的解析带来巨大提升。

深度学习算法是基于图像开展农情分析与建模的利器。当前基于深度学习算法的技术在农业领域应用较为广泛，如植物识别与检测、病虫害诊断与识别、遥感区域分类与监测、果实在线检测与农产品分级、动物识别与姿态检测等。

一、卷积神经网络

在深度学习的所有模型中，卷积神经网络（CNN）是计算机视觉和遥感分析的主流算法。CNN 以图像作为输入信号，通过卷积层和池化层进行特征提取，采用全连接层进行分类判别。

（一）CNN 基本原理

相比传统的分类器（如 BP 神经网络、SVM、随机森林），CNN 不仅包含分类模块，还包含特征提取模块。CNN 通常包含卷积层、池化层和全连接层。其中，卷积层和池化层用于特征提取，全连接层用于分类识别。通过层级连接，CNN 构成了一个端对端的网络结构。在训练过程中，每个层的参数都是可以调整的。通过计算训练误差，利用反向传播的方式调整所有层的参数大小。因此，CNN 能够在训练过程中自动寻找对分类有益的特征，无须人工干预。这种提取特征的方式不仅应用简便，而且准确度高。图 4-5-1 是一个卷积神经网络的结构图。该网络结构是经典的 LeNet 网络的修改版本，目前已被应用于基于无人机遥感的小麦叶枯病监测研究中。在图 4-5-1 中，卷积层、池化层和全连接层分别用 C、P 和 F 表示。其中，"C1：6@96×96"表示这是一个卷积层，它是第 1 层并且有 6 个特征图，每个特征图的大小是 96×96；"F5：120"表示这是一个全连接层，它是第 5 层并且有 120 个神经元。从图 4-5-1 可以看出，CNN 包含了特征提取和分类识别模块。

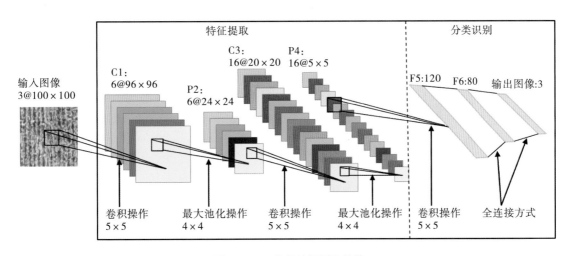

图 4-5-1　卷积神经网络结构

从图 4-5-1 可以看出，特征提取模块由多个卷积层和池化层组合构成。每个层的输入和输出都包含若干个特征图，输出的特征图通过提取输入特征图的信息获得。

卷积层是整个 CNN 结构的核心模块，用于提取图像特征。通过局部感受野和权值共享机制，有效减少网络权值的数量。卷积层包含若干个可训练的卷积核，通过卷积核在输入特征图上的卷积操作，能够提取输入特征图的特定信息，如颜色信息、纹理信息。假设卷积层的输入为 x，包含 l_x 个特征图，输出为 y，包含 l_y 个特征图，权值为 W，偏置为 b，以 "$*$" 表示二维离散卷积操作，则卷积层的输出可以表示为

$$y_j = \sum_{i=1}^{l_x} W_{ij} * x_i + b_j \ (j=1, 2, \cdots, l_y) \tag{4.5.1}$$

经过卷积之后，对输出特征图的每个元素使用激活函数进行非线性映射。常用的非线性激活函数包括 Sigmoid 函数、tanh 函数和 ReLU 函数。相比 Sigmoid 函数和 tanh 函数，ReLU 函数更加容易实现，并且能够加速网络收敛，因此使用更为广泛。

池化层是一种下采样操作，可以对输入特征图进行聚合统计。池化层将输入特征图划分成大小相等且互不交叉的区域，统计每个区域的平均值或最大值，称为平均池化和最大池化。池化操作能够有效减少参数数量，降低输入噪声的影响。通常最大池化的效果优于平均池化，因此应用更为广泛。

CNN 结构中的分类识别通过全连接层实现。全连接层每个神经元与上一层所有神经元连接，因此该神经元的输出以上一层所有神经元的输出作为输入。假设全连接层的权值为 W_2，偏置为 b_2，输出为 h_2，上一层的输出为 h_1，则该层的输出为

$$h_2 = \varnothing (W_2 h_1 + b_2) \tag{4.5.2}$$

式中，$\varnothing(x)$ 代表激活函数。最后一个全连接层输出所有类别的概率信息，最大概率的类别则作为输出类别。为了对输出概率进行归一化，通常在最后一个全连接层后面加上一个 Softmax 层。Softmax 层针对每个元素单独操作，因此输出信息的大小和输入信息相等。假设最后一个全连接层的输出 h_2 包含 n 个神经元，则 Softmax 层的输出 s 的计算过程为

$$s_j = \frac{\exp[(h_2)_j]}{\sum_{i=1}^{n} \exp[(h_2)_i]}, \ j=1, 2, \cdots, n \tag{4.5.3}$$

添加 Softmax 层之后，CNN 输出的概率信息更有可解释性：对于单个样本，属于每个类别的概率都在 $0 \sim 1$，且所有类别的概率之和为 1。在 Softmax 层输出和样本标记值之间求损失代价，则方差代价函数表示为

$$E = \frac{1}{2n} \sum_{i=1}^{n} (t_k - s_k)^2 \tag{4.5.4}$$

式中，t 是样本标记值。传统的方差代价函数存在权值更新过慢的问题，特别是在深层网络中尤为严重。相比方差代价函数，Softmax 的交叉熵代价函数能够加速权值更新，因此是更优的代价函数方案，其公式为

$$E = -\frac{1}{n} \sum_{i=1}^{n} [t_k \ln s_k + (1-t_k) \ln (1-s_k)] \tag{4.5.5}$$

通常，Softmax 函数仅用在训练过程中，用于计算损失代价。在预测过程中，只需按照最后

一个全连接层输出的概率分布即可获得样本类别，无须使用 Softmax 函数进行概率分布的归一化处理。

（二）CNN 经典结构

近年来，主流的 CNN 结构通常包含 10 个以上的网络层和百万级别的权值参数。网络结构的深化，使得 CNN 能够提取更加抽象的特征。随着深度网络过拟合的问题得到有效解决（如增加数据样本、采用残差技术等），深度 CNN 模型在大数据集（如 ImageNet、MS COCO）上表现出良好性能。

目前，常用的 CNN 结构包括 AlexNet、VGGNet、GoogLeNet、ResNet。AlexNet 包含深度 CNN 的基础思路，包括网络深化、ReLU 激活函数、Dropout 技术等；VGGNet 将网络层数继续深化，同时采用小尺寸卷积核来减少网络参数数量；GoogLeNet 构建 Inception 模块以增加网络宽度，同时减少参数数量；ResNet 采用残差学习解决深度网络的退化问题，通过这种模式可以大幅增大网络深度，提高预测性能。

1. AlexNet

尽管早期的 CNN 在手写体识别上取得重大突破，然而由于泛化能力不足、参数优化容易陷入局部最优值等缺点，针对浅层 CNN 的研究一直未能获得学界重视。直到 AlexNet 在 2010 ImageNet 大规模视觉识别挑战赛（ILSVRC）获得分类竞赛冠军，CNN 才再次引起学界重视。ILSVRC 2010 数据集包含 120 万张训练图像、5 万张验证图像和 15 万张测试图像。AlexNet 将分类记录的错误率降低了接近一半，在学界和工业界引起巨大轰动。浅层 CNN 向深层 CNN 转化之后，第一次展示了该结构在图像分类识别中的巨大潜力。自 AlexNet 出现之后，关于深度 CNN 的研究引起各个研究领域（如机器学习、图像处理、遥感分析等）和工业领域（如自动驾驶、人脸识别等）的注意和参与，深度 CNN 正式成为图像分类、检测和分割的主流算法。

AlexNet 的出现和巨大成功，得益于硬件条件和分析技术的成熟。在硬件条件上，显卡计算单元（GPU）的出现，使得大规模数据的快速计算成为可能。AlexNet 包含 6 千万个网络参数和 65 万个神经元，采用传统中央处理器（CPU）进行计算是不可行的。GPU 的并行计算能力，能将原本耗时数周的计算任务在若干个小时内完成。在分析技术上，AlexNet 采用 ReLU 激活函数、局部响应归一化、重叠池化的方式构建网络结构，使用数据增强和 Dropout 技术减少过拟合。

（1）ReLU 激活函数。传统的神经网络采用 $f(x)=\tanh(x)=(1-e^{-2x})/(1+e^{-2x})$ 作为激活函数，这种激活函数在饱和区导数接近为 0，导致 CNN 在反向传播过程中权值更新过慢，如图 4-5-2（a）所示。这个问题在深度 CNN 中尤为严重，甚至出现梯度消失的情况。AlexNet 采用 $f(x)=\mathrm{ReLU}(x)=\max(0, x)$ 作为激活函数，保证导数在大于 0 的情况下恒等于一个常数，因此能有效加速深度 CNN 的收敛过程，如图 4-5-2（b）所示。

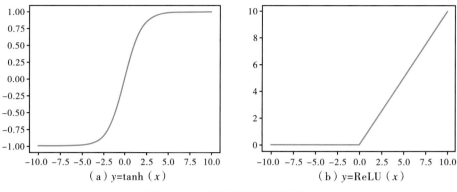

图 4-5-2　神经网络的激活函数

（2）局部响应归一化。相比饱和的激活函数（如 tanh 函数），采用非饱和的映射（如 ReLU 函数）作为激活函数后，CNN 无需对输入信号进行归一化处理也能防止梯度消失问题。但是，对 ReLU 函数的输出进行局部响应归一化仍然能够继续提高 CNN 的泛化能力。假设 a 代表局部响应归一化的输入特征图，b 代表局部响应归一化的输出特征图，i 代表特征图的序号，(x, y) 代表某一点在特征图中的位置，则局部响应归一化的输出可以表示为

$$b^i_{x, y} = \frac{a^i_{x, y}}{\left[k + \alpha \sum_{j=\max(0, i-n/2)}^{\min(N-1, i+n/2)} (a^j_{x, y})^2\right]^\beta} \tag{4.5.6}$$

式中，k、n、α、β 是局部响应归一化的超级参数，必须在 CNN 训练前事先设定。推荐设定 $k=2$，$n=5$，$\alpha=10^{-4}$，$\beta=0.75$。从公式（4.5.6）可以看出，局部响应归一化增加了相邻特征图之间的对比，使得不同类别的信号差异更加明显，从而提高最终的分类精度。

（3）重叠池化。传统的池化将特征图划分为若干个互不重叠且大小相等的区域，对每个区域进行数据统计。这种数据统计的方法虽然能够提高模型对输入信号噪声的鲁棒性，但是也造成了细节信息的损失。AlexNet 尝试采用重叠池化，将整个特征图划分为若干个带有一定重叠且大小相等的区域，进而统计每个区域的信息。试验证明，这种变化方式降低了细节信息的损失，能够提高 CNN 最终的分类精度。

（4）数据增强。数据增强主要是为了避免深度 CNN 的过拟合问题而设计的。由于深度 CNN 的参数数量多，需要大量数据进行训练才能获得良好的泛化性能。因此在样本不足的情况下，深度 CNN 很容易陷入过拟合状态。AlexNet 采用空间变换和通道转化的方式，从原训练集中提取新样本，增大训练集样本数量。对于空间变换，采取随机裁剪和水平旋转的方式获得新的训练数据；对于通道转化，改变颜色通道的顺序从而获取新的训练样本。由于数据增强的计算量小，因此不需要提前将新样本进行存储，只需在训练前进行样本生成，从而降低了对计算机内存的要求。同时，数据增强的计算过程在 CPU 中进行，而模型训练在 GPU 中进行，二者可以并行执行，因此实时的数据增强并不会降低深度 CNN 的训练速度。

（5）Dropout 技术。和数据增强一样，Dropout 技术也是为了防止深度 CNN 的过拟合问题

而设计的。按照 Dropout 策略，在每次的模型训练中，随机选择部分神经元（如 50%）参与前向计算、反向传播和参数更新。与随机森林的随机采样策略类似，Dropout 技术增加了模型训练的随机性，能够避免深度 CNN 对训练集数据过拟合。由于全连接层没有采用局部连接和权值共享，参数数量巨大，造成过拟合的可能性也更大，因此 Dropout 技术通常在全连接层中使用。

（6）整体结构。AlexNet 的整体结构如图 4-5-3 所示，目前该网络结构已经被成功应用于基于无人机遥感的棉红蜘蛛虫害监测研究。在该研究中，AlexNet 的输入信号是 1000×1000 的三通道多光谱图像，输出信号是棉红蜘蛛虫害等级（共有四个等级：正常、轻度、中度、重度）。从图 4-5-3 可以看出，AlexNet 共有 8 个网络层，包含 5 个卷积层和 3 个全连接层。5 个卷积层表示为 C1、C2、C3、C4、C5，3 个全连接层表示为 FC6、FC7、FC8。前两个卷积层（C1、C2）包含卷积、局部响应归一化和池化操作，最后一个卷积层（C5）包含卷积和池化操作。AlexNet 将最后一个全连接层输出特征图信号转化为一维数组，从而将 C5 层提取的特征送入全连接层（FC6）。最后 Softmax 层输出每个类别的概率信息。从图 4-5-3 可以看出，AlexNet 分为上下两个模块单独运行（仅在部分层中保留通信），在多 GPU 的设备中能够有效加快网络的训练速度。

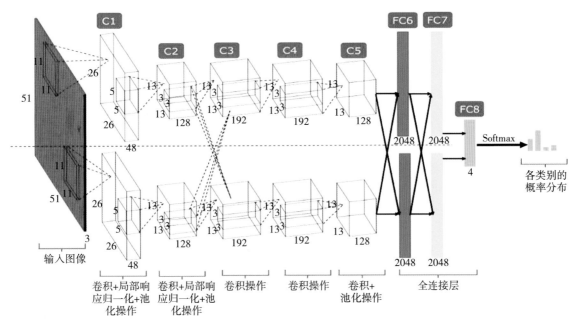

图 4-5-3　AlexNet 整体结构

2. VGGNet

VGGNet 在 AlexNet 基础上，探索网络继续加深对预测结果的影响。VGGNet 将网络层数加深至 16 ～ 19 层，发现预测精度得到明显提高。该网络获得 ILSVRC 2014 竞赛定位任务第 1 名，分类任务第 2 名。虽然在 ImageNet 数据集上有其他分类精度更高的网络（如 ResNet），但是

VGGNet 由于结构清晰紧凑，泛化性能好，被更多地应用于迁移学习研究。

VGGNet 虽然有不同深度的版本，但是经常使用的是 16 层（VGG–16）和 19 层（VGG–19）的结构。表 4–5–1 展示了 VGG–16 和 VGG–19 的网络结构配置，从表中可以看出，VGGNet（包括 VGG–16 和 VGG–19）共有 13 个网络模块，包含 5 个卷积模块、5 个池化模块、3 个全连接模块。其中，卷积模块包含多个卷积层，每个卷积层的配置列在中括号内，表示为卷积核大小和输出特征图数量，中括号外表示卷积层的数量。网络模块的输出尺寸按照实际的数据大小（1000×1000）进行计算。其中，卷积操作设置边缘填充模式，保证卷积核能够覆盖所有像素。因此，在步长为 1 的设置下，卷积层输出信号和输入信号的大小相同。对于 5 个池化层，VGGNet 设置步长为 2 进行下采样操作，采样区域为 2×2 的窗口区域。

表 4–5–1　VGGNet 网络结构配置

网络模块名称	VGG–16		VGG–19	
	网络模块配置	输出尺寸	网络模块配置	输出尺寸
conv1_x	$[3\times3, 64]\times2$	1000×1000	$[3\times3, 64]\times2$	1000×1000
pool1	max–pooling（stride 2）	500×500	max–pooling（stride 2）	500×500
conv2_x	$[3\times3, 128]\times2$	500×500	$[3\times3, 128]\times2$	500×500
pool2	max–pooling（stride 2）	250×250	max–pooling（stride 2）	250×250
conv3_x	$[3\times3, 256]\times3$	250×250	$[3\times3, 256]\times4$	250×250
pool3	max–pooling（stride 2）	125×125	max–pooling（stride 2）	125×125
conv4_x	$[3\times3, 512]\times3$	125×125	$[3\times3, 512]\times4$	125×125
pool4	max–pooling（stride 2）	64×64	max–pooling（stride 2）	64×64
conv5_x	$[3\times3, 512]\times3$	64×64	$[3\times3, 512]\times4$	64×64
pool5	max–pooling（stride 2）	32×32	max–pooling（stride 2）	32×32
fc6	4096–d fc	4096	4096–d fc	4096
fc7	4096–d fc	4096	4096–d fc	4096
fc8	1000–d fc，softmax	1000	1000–d fc，softmax	1000

VGGNet 沿用 AlexNet 思路，采用非饱和的 ReLU 函数作为神经元的激活函数。但是，VGGNet 没有采纳局部响应归一化操作，原因是该操作增加了计算复杂度，但是未能明显提高预测精度。VGGNet 的突出贡献是采用 3×3 大小的卷积核，成功将 CNN 的网络深度提高到 16～19 层。通过堆叠多个小尺寸的卷积核，减少了网络参数，降低了深度 CNN 陷入过拟合的风险，同时增加了模型的非线性映射，提高了预测准确度。因此，采用小尺寸的卷积核成为趋势，并被大多数研究采用（如 ResNet）。

3. GoogLeNet

GoogLeNet 在 AlexNet 基础上，将网络层数继续加深，达到了 22 层。随着网络结构的加深，

GoogLeNet 的预测精度也得到明显提高。GoogLeNet 在 ImageNet 数据集上的分类精度超过了以往的经典结构，同时获得 ILSVRC 2014 分类任务第 1 名。GoogLeNet 的突出贡献是在 AlexNet 基础上将网络结构深化，但是参数数量仅为 AlexNet 的 1/12。参数数量的减少，使得计算速度得到提升，同时也避免了深度 CNN 的过拟合问题。

在获得大量标记样本的前提下，提升深度 CNN 预测性能的可行方法是增加网络的深度（即网络层数量）和宽度（即每一层输出特征图数量），使得深度 CNN 能够提取更加深层的抽象特征。但是，这个方法将带来两个问题：一是网络的深度和宽度的增加，将导致参数数量迅速增加，在训练样本不足的情况下，容易造成深度 CNN 的过拟合问题；二是网络参数的迅速增加，将消耗更多计算资源，同时也降低了深度 CNN 的训练和预测速度。

为了增加网络的深度和宽度，同时又能减少网络参数数量，Szegedy 等设计了 Inception 模块。

（1）为了深化网络的宽度，Inception 模块分别采用 1×1 卷积核、3×3 卷积核、5×5 卷积核、3×3 最大池化（步长为 2）对输入特征图进行计算，同时将结果融合，如图 4-5-4（a）所示。这种计算方式，使得 Inception 模块能够以不同感受野提取输入信号的特征信息，使得输出信号包含了多尺度的特征信息，为后续精准分类打好基础。

（2）为了减少网络参数，Inception 模块在 3×3 卷积核和 5×5 卷积核之前、3×3 最大池化之后，设置了 1×1 卷积核进行卷积操作，减少了卷积层输出特征图的数量，如图 4-5-4（b）所示。通过这个方式，有效减少了 Inception 模块输出特征图数量，也使得构建更深层网络成为可能。

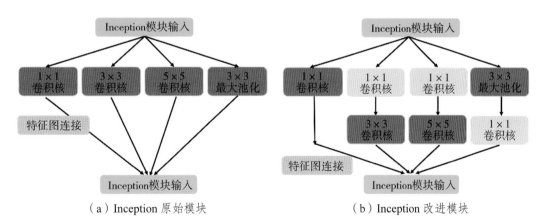

（a）Inception 原始模块　　　　　　　　（b）Inception 改进模块

图 4-5-4　Inception 模块结构

GoogLeNet 将 Inception 模块作为一个基本单元，用于构建网络结构。Inception 模块的功能相当于卷积模块，可以用于特征提取。然而，相比普通的卷积操作，Inception 模块的运算成本较高，因此仅在网络的深层区域使用，浅层部分仍然采用普通的卷积模块，见表 4-5-2。在 GoogLeNet 的结构中，Inception5_2 的输出是 32×32×1024，因此采用 32 倍下采样的平均池化之后输出为 1×1×1024。在编程实现中，该信号通过矩阵变形操作，成为一个大小为 1024 的特征向量。通过这个操作，模型提取的二维空间信息变成一维的特征向量，送入全连接层进行分类。

表 4-5-2　GoogLeNet 网络结构

网络模块名称	网络模块配置	输出尺寸
conv1_x	$[7\times7,\ 64]$（stride 2）	$500\times500\times64$
pool1	max-pooling（stride 2）	$250\times250\times64$
conv2_x	$[3\times3,\ 192]$	$250\times250\times192$
pool2	max-pooling（stride 2）	$125\times125\times192$
inception3_x	$[\ ]\times2$	$125\times125\times480$
pool3	max-pooling（stride 2）	$64\times64\times480$
inception 4_x	$[\ ]\times5$	$64\times64\times832$
pool4	max-pooling（stride 2）	$32\times32\times832$
inception 5_x	$[\ ]\times2$	$32\times32\times1024$
pool5	avg-pooling（stride 1）	$1\times1\times1024$
fc6	1024-d fc（dropout 40%）	1024
fc7	1000-d fc	1000
fc8	1000-d fc，softmax	1000

沿用 AlexNet 的基本策略，GoogLeNet 采用 ReLU 函数作为神经元输出的激活函数，在第一个全连接函数处使用 Dropout 技术（随机概率设为 40%），同时使用重叠池化进行下采样操作（统计区域为 3×3，步长为 2）。

4. ResNet

ResNet 是 ILSVRC 2015 分类任务、检测任务、定位任务的冠军。通过引入残差结构，ResNet 大幅提高了网络深度，并且成功解决了深度网络中出现的退化问题和过拟合问题。由于 ResNet 在分类性能中的优势，该网络结构也被迁移至全卷积网络（如 Deeplab）用于语义分割。

ResNet 沿用 VGGNet 和 GoogLeNet 的研究思路，不断加深网络深度，以期获取预测性能的提升。然而，在试验过程中，随着网络层数的增多，预测精度反而出现下降的趋势。这是深度网络中的退化问题，随着网络层数增多，不仅泛化能力减弱，连训练精度也随之下降。之所以出现这个问题，是因为网络层数越多，在反向传播计算梯度过程中更容易出现梯度消失的问题。

针对这一问题，ResNet 提出残差网络的构建。传统的神经网络按照逐层连接的方式向下依次传递，如图 4-5-5（a）所示。假设输入信号是 x，输出信号为 y，中间包含若干网络层且传递函数表示为 $f(x)$，则有 $y=f(x)$。假设训练误差为 E，则训练误差对输入信号 x 的梯度可以表示为

$$\frac{\partial(E)}{\partial(x)} = \frac{\partial(E)}{\partial(y)} \frac{\partial(y)}{\partial(x)} \tag{4.5.7}$$

在实际应用中，$\frac{\partial(y)}{\partial(x)}$ 在饱和区会趋近于一个很小的值。按照公式（4.5.7）中的梯度传递方式，容易引起浅层网络中的梯度消失。而残差结构通过恒等映射，在模块的输出中加入输入信号，则有 $y=f(x)+x$，如图 4-5-5（b）所示。此时训练误差对输入信号的梯度表示为

$$\frac{\partial(E)}{\partial(x)} = \frac{\partial(E)}{\partial(y)} \left[1 + \frac{\partial(y)}{\partial(x)} \right] \tag{4.5.8}$$

根据公式（4.5.8），残差模块的梯度可以表示为 $\left[1 + \frac{\partial(y)}{\partial(x)} \right]$。即使陷入 $y=f(x)$ 梯度的饱和区，仍然能够保证以合适的数值将梯度信息向下传递。残差模块通过这种方式，有效解决了梯度消失的问题。

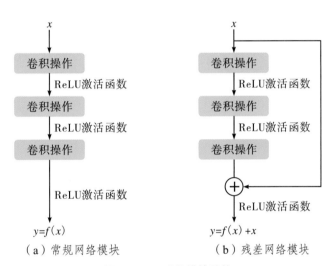

（a）常规网络模块　　　（b）残差网络模块

图 4-5-5　残差模块结构

在残差模块的恒等映射中，如果输入信号和输出信号的维数相同，则将两个信号在各个特征图中分别相加。如果输入信号和输出信号的维数不同，则考虑用以下两种方式进行处理：

（1）对新增维数的特征图用 0 进行填充，以此保证输入信号和输出信号的维数相同，这种方法不会增加参数。

（2）采用 1×1 的卷积核进行卷积处理，可以表示为 $y=f(x)+W_x$。卷积核可以表示为 $1×1×d_x×d_y$，其中，d_x 代表输入信号的维数，d_y 代表输出信号的维数。这种方法会增加网络参数数量，也会增加计算量。

为了减少计算量，对每个残差模块内的网络层进行降维处理。假设输入信号的特征图数量为 256，则先采用 1×1 的卷积核降低特征图的数量，接着采用 3×3 的卷积核进行特征提取，最后再采用 1×1 的卷积核将特征图数量恢复到 256，如图 4-5-6 所示。通过这种操作，ResNet 有效降低了网络参数数量，提高了计算速度。

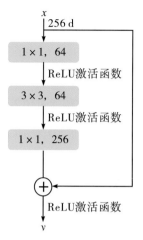

图 4-5-6　残差模块的维度转化

ResNet 虽然有多个不同层数的结构，但分类精度比较高的是 101 层（ResNet-101）和 152 层（ResNet-152）的网络结构，见表 4-5-3。在 ResNet 网络结构中，下采样操作除了在 2 个池化层（pool1 和 pool2）中进行，还在 3 个卷积层（conv3_1，conv4_1，conv5_1）中进行。该网络结构所有下采样的倍数都为 2，因此输出信号为 32 倍下采样大小。

表 4-5-3　ResNet 网络结构

网络模块名称	ResNet-101 网络模块配置	ResNet-152 网络模块配置	输出尺寸
conv1	7×7,64（stride 2）	7×7,64（stride 2）	500×500×64
pool1	max-pooling（stride 2）	max-pooling（stride 2）	250×250×64
conv2_x	$\begin{bmatrix} 1\times1,\ 64 \\ 3\times3,\ 64 \\ 1\times1,\ 256 \end{bmatrix} \times 3$	$\begin{bmatrix} 1\times1,\ 64 \\ 3\times3,\ 64 \\ 1\times1,\ 256 \end{bmatrix} \times 3$	250×250×256
conv3_x	$\begin{bmatrix} 1\times1,\ 128 \\ 3\times3,\ 128 \\ 1\times1,\ 512 \end{bmatrix} \times 4$	$\begin{bmatrix} 1\times1,\ 128 \\ 3\times3,\ 128 \\ 1\times1,\ 512 \end{bmatrix} \times 8$	125×125×512
conv4_x	$\begin{bmatrix} 1\times1,\ 256 \\ 3\times3,\ 256 \\ 1\times1,\ 1024 \end{bmatrix} \times 23$	$\begin{bmatrix} 1\times1,\ 256 \\ 3\times3,\ 256 \\ 1\times1,\ 1024 \end{bmatrix} \times 36$	64×64×1024
conv5_x	$\begin{bmatrix} 1\times1,\ 512 \\ 3\times3,\ 512 \\ 1\times1,\ 2048 \end{bmatrix} \times 3$	$\begin{bmatrix} 1\times1,\ 512 \\ 3\times3,\ 512 \\ 1\times1,\ 2048 \end{bmatrix} \times 3$	32×32×2048
pool2	avg-pooling（stride 1）	avg-pooling（stride 1）	1×1×2048
fc6	1000-d fc，softmax	1000-d fc，softmax	1000

深度 CNN 是一种端对端的网络结构，在训练过程中，所有的网络层均能够通过模型的反向传播进行参数优化。深度 CNN 所有的网络层都以减小训练误差为目标，因此该模型具有更好的分类能力。Sharma 等基于 CNN 进行中等分辨率卫星影像的地物分类研究，根据中等分辨率卫星影像特点，设计了 CNN 的深度、步长等结构信息。试验结果表明，该模型在测试集上的总体精度达到了 89.23%，Kappa 系数为 0.874。Huang 等在不同高度（5 m、10 m、15 m、20 m）利用无人机采集了田块的可见光图像，将每个图像划分为多个小块区域，采用卷积层和池化层提取特征，基于 texton 方法进行分类判别。试验结果表明，该模型在杂草识别上获得了较高的分类精度，其中，5 ～ 10 m 的无人机图像的分类效果最好，F1 分数达到了 94%。

二、全卷积网络

（一）经典的 FCN

CNN 虽然在遥感分类中取得巨大成功，但是由于 CNN 对输入图像只输出类别信息，因此对于密集预测（语义分割）的任务难以完成。可考虑的解决方案是采用滑动窗口的方式，对每个像素分别进行预测。在单个像素的分类中，将其滑动窗口作为 CNN 的输入图像，将 CNN 的输出作为该像素的类别信息，但是这种方法有两个缺点：一是计算效率低，由于相邻像素的窗口图像基本一致，因此在像素遍历的过程中，进行了大量的重复运算；二是分类精度低，由于 CNN 提取到的是局部区域的特征，因此限制了分类准确度。根据 Huang 等的试验结果，可以证明该方法在本研究中是不可行的。

如若研究目标是生成水稻田块的杂草分布图，则是一个像素级的分类任务，然而，CNN 对输入图像只输出一个类别信息，无法获得每个像素的类别，因此，CNN 无法适应既定的研究目标。一个解决方案是采用逐像素分类的方式，将每个像素的周围邻域输入 CNN，以此获得每个像素的类别。然而，该解决方案类似于基于像元的分析方法，准确率较低，且识别结果中存在椒盐噪声。根据以上研究结果可知，全卷积网络（FCN）是一个理想的解决方案。Shelhamer 等将 CNN 的全连接层转换为卷积层，形成 FCN。由于网络结构中去除了全连接层，因此保留了图像的二维空间信息，同时采用反卷积操作将下采样后的信号恢复至图像的原始空间分辨率，从而实现了像素级的识别。

相比 CNN 结构，FCN 能够对输入图像进行语义分割，生成像素级的分类结果。FCN 模型的核心是经典 CNN 网络结构，不同的是 FCN 模型保留了 CNN 结构中的卷积层和池化层，而将 CNN 模型中的全连接层替换为卷积层，这一改变使得 FCN 模型可以输入任意大小的图像，且直接在输出端得到每个像素的所属类别，从而实现一对一的端对端训练，如图 4-5-7 所示。通过这种结构转化，FCN 保留了输入图像中的空间分布信息。与 CNN 结构类似，FCN 仍然包含了特征提取和分类识别。其中，卷积层和池化层用于特征提取，而转化后的卷积层用于像素级的密集预测。其中，最后一个卷积层输出若干个特征图。特征图的数量等于类别数量，单个特征图代表了图像所有位置在某个类别上的概率分布。FCN 模型主要包括 FCN-32s、FCN-16s 和 FCN-8s 3 种基本结构，如图 4-5-8 所示。

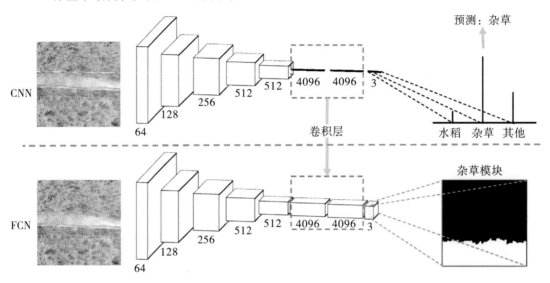

图 4-5-7　CNN 和 FCN 网络结构比较

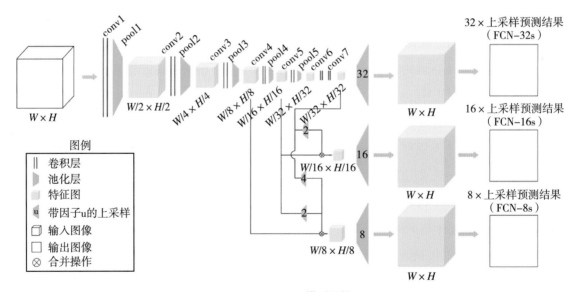

图 4-5-8　FCN 模型架构

通过卷积化的结构转换，FCN 保留了输入图像的二维空间信息。但是，由于池化层的下采样操作，最后卷积层输出特征图的尺寸远小于输入图像的尺寸，因此无法实现像素级的分类。针对这个问题，在最后一个卷积层后面，采用反卷积的方式，弥补下采样操作所造成的尺寸缩减，如图 4-5-9 所示。

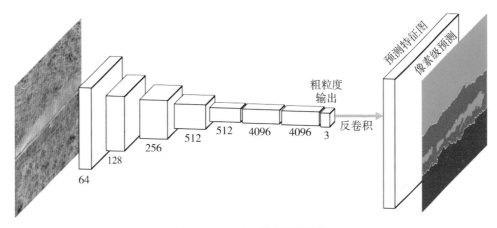

图 4-5-9　FCN 的反卷积操作

反卷积是卷积的逆向操作。假设卷积操作中输入特征图为 x，卷积核参数表示为矩阵 C，输出特征图为 y，则卷积操作过程可以表示为 $y=Cx$。由于反卷积是卷积的逆向操作，因此反卷积过程可以表示为 $x=C^{-1}y$。卷积和反卷积的操作过程如图 4-5-10 所示。从图 4-5-10 可以看出，传统的卷积操作将输入特征图的多个元素分别和卷积核相乘，并且将乘积相加得到卷积结果，是一个多对一的过程；而反卷积操作将单个元素分别和反卷积核相乘，得到反卷积结果，是一个一对多的过程。利用反卷积的这种性质，可以补偿下采样操作造成的空间分辨率的损失，对 FCN 的中间信号进行上采样操作，使其与输入信号的分辨率大小一致，实现像素级的分类。

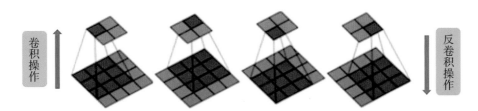

图 4-5-10　卷积和反卷积操作过程示意图

在 FCN 网络中，反卷积核的数值可以根据训练误差实时调整。因此，FCN 构建了一个端对端、像素对像素的分类结构。FCN 的卷积层、池化层、反卷积层都是可以训练的，构成了一个精准分割的整体结构。反卷积层输出的特征图的数量等于类别数量，特征图的大小等于输入图像的大小。每个特征图代表了图像所有像素在某个类别上的概率分布。对于单个像素，所有特征图在该位置上的最大值代表了这个像素的类别。

（二）FCN 改进方法

FCN 的基础结构构建了一个端对端的网络结构，实现了像素级的密集预测任务。然而，FCN 中一系列的下采样操作，造成了样本空间分布信息的损失。针对这个问题，FCN 采用可训练的反卷积网络，对信号进行上采样操作，将分辨率缩减的信号恢复至输入图像的分辨率。然而，这种上采样操作并不能完全恢复下采样所引起的信息损失，仍会造成输出结果的模糊（特别是在边界区域）。本节拟采用网络结构改进和后处理的方法，改进 FCN 的预测精度（特别是在边界区域），同时保证合适的执行速度。

1. 跳跃结构

跳跃结构将深层信息和浅层信息进行融合，用于改善输出精度。原始的 FCN 结构仅使用深层信息（最后一个网络层输出的特征图）来构建密集预测的输出。然而，由于网络浅层信息接受下采样次数少，包含更完整的空间信息，因此融合浅层信息能够获得更多的空间分布细节，用于提高预测精度。图 4-5-11 展示了 FCN 跳跃结构的细节。本节拟采用经典的 CNN 结构（AlexNet、VGGNet、GoogLeNet、ResNet）作为预训练模型，并且将其迁移至本研究的数据集。以上的 CNN 结构都包含 5 次下采样操作，每次使用 2 倍下采样，因此最后的输出是 32 倍下采样。按照跳跃结构的思路，可以在 32 倍下采样的信号中加入 16 倍、8 倍、4 倍、2 倍下采样的信号。根据 Huang 等和 Shelhamer 等的试验结果，本节只展示原始 FCN 结构以及加入 16 倍、8 倍下采样信号的网络结构。

（1）从图 4-5-11 可以看出，原 CNN 最后一个网络层的输出（map8）是 32 倍下采样。如果将 map8 直接使用反卷积层进行 32 倍上采样，得到的输出为 FCN-32s。

（2）如果将 map8 先进行 2 倍上采样（令结果为 fused1），将原 CNN 中 16 倍下采样的输出特征图（Pool4）采用 1×1 卷积核映射至与 fused1 相同的通道数（令结果为 fused2），将信号 fused1 和 fused2 中的每个元素单独相加（令结果为 fused3），使用反卷积操作将 fused3 进行 16 倍上采样，则得到的输出为 FCN-16s。

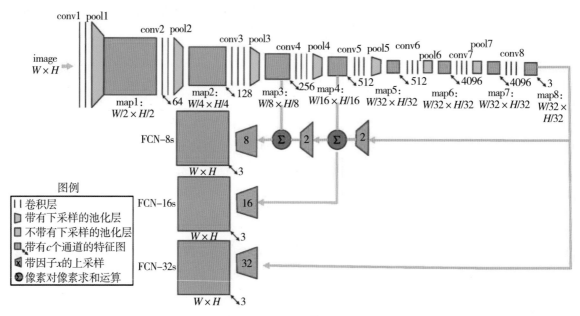

图 4-5-11　FCN 的跳跃结构

（3）如果将 16 倍下采样的融合结果（fused3）进行 2 倍上采样（令结果为 fused4），将原 CNN 中 8 倍下采样的输出（map3）使用 1×1 卷积核映射至与 fused4 相同的通道数（令结果为 fused5），将信号 fused4 和 fused5 中的每个元素单独相加（令结果为 fused6），使用反卷积操作将 fused6 进行 8 倍上采样，则得到的输出为 FCN–8s。

2. 基于全连接的条件随机场

条件随机场（CRF）是一种随机概率模型，每个标签序列对应一个概率，最终按照概率最大的标签序列作为模型输出。在本小节中，CRF 是一个后处理操作，在 FCN 输出的像素级的概率分布的基础上，结合输入图像的原始信息，生成所有预测结果的概率大小，根据预测值最大的原则获得最终结果，如图 4-5-12 所示。

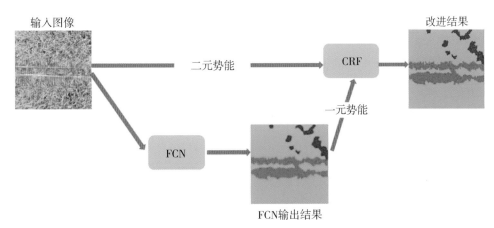

图 4-5-12　基于全连接的 CRF 运行原理

CRF 将图像中的每个像素作为一个节点，为所有存在联系的像素建立连接的边，因此整幅图像构成了一个无向图。基于全连接的 CRF 进行图像后处理，每个像素与其他像素之间均存在联系。本节后续关于 CRF 的内容将基于全连接的 CRF 展开讨论。假设图像所有的像素数量为 N，则预测标签是由 $X=[X_1, X_2, \cdots, X_N]$ 构成的随机序列。其中，X_i 代表分配给第 i 个像素的标签值。对于每一个预测标签 $x \in X$，都有一个对应的概率值 $P(x)$。则 CRF 最终输出的标签序列 $\hat{x}$ 对应概率值最大的预测序列，如下所示：

$$\hat{x} = \arg\max_{x \in X} P(x) \tag{4.5.9}$$

由于条件随机场符合吉布斯分布，因此其概率分布 $P(x)$ 能够用吉布斯能量函数 $E(x)$ 表示：

$$P(x) = \exp[-E(x)] \tag{4.5.10}$$

吉布斯能量函数 $E(x)$ 包含一元势能和二元势能，其公式如下：

$$E(x) = \sum_{i=1}^{N} \theta_i + \sum_{i=1}^{N} \sum_{j=1}^{i-1} \theta(\theta_i, \theta_j) \tag{4.5.11}$$

式中，θ_i 是一元势能，代表了像素 i 被分配为标签值 θ_i 的概率；$\theta(\theta_i, \theta_j)$ 是二元势能，

代表像素 i 被分配为标签值 θ_i 且像素 j 被分配为标签值 θ_j 的概率。一元势能的计算公式如下：

$$\theta_i = -\log\left[\,P\left(x_i\right)\right] \tag{4.5.12}$$

式中，$P\left(x_i\right)$ 是 FCN 网络输出的像素 i 标签为 x_i 的概率。根据 Krähenbühl 等的试验结果，二元势能通常由 2 个高斯核函数组成，公式如下：

$$\theta\left(\theta_i,\ \theta_j\right) = \mu\left(x_i,\ x_j\right)\left[w_1\exp\left(-\frac{\|p_i-p_j\|^2}{2\sigma_\alpha^2}-\frac{\|I_i-I_j\|^2}{2\sigma_\beta^2}\right)+w_2\exp\left(-\frac{\|p_i-p_j\|^2}{2\sigma_\gamma^2}\right)\right] \tag{4.5.13}$$

式中，第一项高斯核函数由像素的位置和颜色确定，第二项高斯核函数由像素的位置确定。w_1、w_2 是高斯核函数的权重；σ_α、σ_β、σ_γ 则控制着高斯核函数的形状和范围；w_1、w_2、σ_α、σ_β、σ_γ 是 CRF 模型的超参数，需要事先通过手动设定。$\mu\left(x_i,\ x_j\right)$ 是波特模型。该函数定义如下：

$$\mu\left(x_i,\ x_j\right) = \begin{cases} 1,\ x_i \neq x_j \\ 0,\ x_i = x_j \end{cases} \tag{4.5.14}$$

波特模型规定了位置相邻、颜色相近且分配不同类别的像素将受到惩罚，因此位置相邻且颜色相近的像素会被鼓励分配相同的标签。

按照上述公式，直接计算 $P\left(x\right)$ 的计算复杂度为 $O\left(3^N N^2\right)$，在实际应用中难以执行。因此基于 KL 散度最小值的原则，计算与 $P\left(x\right)$ 相近的概率分布 $Q\left(x\right)$：

$$Q\left(x\right) = \prod_{i=1}^{N} Q_i\left(x_i\right) \tag{4.5.15}$$

根据 Krähenbühl 等的研究结果，公式（4.5.15）中每一项乘子 $Q_i\left(x_i\right)$ 可以表述如下：

$$Q_i\left(x_i=l\right) = \frac{1}{Z_i}\exp\left\{-\varphi_\mu\left(x_i\right)-\sum_{l'\in L}\mu\left(l,\ l'\right)\sum_{m=1}^{K}w^{(m)}\left(f_i,\ f_j\right)Q_j\left(l'\right)\right\} \tag{4.5.16}$$

根据公式（4.5.16），可以引入消息传递机制，用于加速基于全连接 CRF 的前向计算过程，如下面的伪代码所示：

Algorithm 1：inference process of CRF

Initialize：$Q_i\left(x_i\right) \leftarrow \exp\{-\varnothing_\mu\left(x_i\right)\}$

while not converged do

    message passing：$\tilde{Q}_i^{(m)}\left(l\right) \leftarrow \sum_{j\neq i}k^{(m)}\left(f_i,\ f_j\right)Q_j\left(l\right)$ for all m

    compatibility transform：$\hat{Q}_i\left(x_i\right) \leftarrow \sum_{l\in L}\mu^{(m)}\left(x_i,\ l\right)\sum_m w^{(m)}\tilde{Q}_i^{(m)}\left(l\right)$

    local update：$Q_i\left(x_i\right) \leftarrow \exp\{-\varphi\mu\left(x_i\right)-\hat{Q}_i\left(x_i\right)\}$

    normalize $Q_i\left(x_i\right)$

在全连接 CRF 的前向计算过程中，初始化（Initialize）、相容变换（compatibility transform）、局部更新（local update）步骤的计算复杂度是 $O\left(N\right)$，计算速度较快。然而，消息传递（message passing）步骤的计算复杂度是 $O\left(N^2\right)$，在实际应用中难以执行。针对这个问题，对 $\tilde{Q}_i^{(m)}\left(l\right)$ 的表达式进行分解可得

$$\tilde{Q}_i^{(m)}\left(l\right) = \sum_{i\neq j}\exp\left\{\frac{\|f_i-f_j\|^2}{2\sigma^2}\right\}Q_j\left(l\right) \tag{4.5.17}$$

$$\frac{\|f_i-f_j\|^2}{2\sigma^2}=-\frac{1}{2}\left(f_i-f_j\right)^T U^T U\left(f_i-f_j\right)=-\frac{1}{2}\|g_i-g_j\|^2 \tag{4.5.18}$$

根据公式（4.5.17）和公式（4.5.18）可得

$$\tilde{Q}_i^{(m)}\left(l\right)=\sum_{j=1}^N \exp\left\{-\frac{1}{2}\|g_i-g_j\|^2\right\}Q_j\left(l\right)-Q_j\left(l\right) \tag{4.5.19}$$

针对公式（4.5.19）的计算内容，可以采用 Permutohedral Lattice 方法进行加速。Permutohedral Lattice 方法首先构建高维特征空间，将特征点映射至高维空间；然后对高维空间中的特征点进行下采样操作，对下采样的信号进行卷积；最后将卷积结果通过上采样操作恢复至原始特征空间，如图 4-5-13 所示。由于在高维特征空间中，卷积操作可以在每一个维度上单独完成，因此 Permutohedral Lattice 方法将公式（4.5.19）的计算复杂度从 $O\left(N^2\right)$ 降低至 $O\left(N\right)$。作为一种近似的消息传递机制，Permutohedral Lattice 有效降低了算法的运算量，在没有采用并行机制和显卡加速的情况下仍然能够获得良好的运行速度。

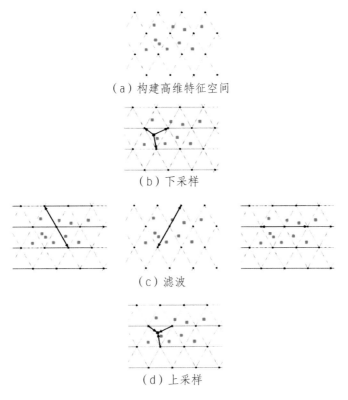

（a）构建高维特征空间

（b）下采样

（c）滤波

（d）上采样

图 4-5-13 基于 Permutohedral Lattice 的高维空间滤波

3. 基于局部连接的条件随机场

基于局部连接的条件随机场（PartCRF）在条件随机场的基础上提出假设：条件随机场的每个节点，只与周围节点存在连接关系。局部连接的假设存在坚实的理论基础：CNN 基于局部感受野提取特征，在图像分类上获得巨大成功。由于本研究采用条件随机场的目的是进行像素级的分类识别，因此可以期望局部连接的方式能带来分类效果的提升。在局部连接的假设下，条件随机场中两个像素 i 和 j 存在连接的前提条件是

$$d\left(P_i,\ P_j\right)\leqslant k \tag{4.5.20}$$

式中，d 代表曼哈顿距离；P_i 和 P_j 分别代表像素 i 和 j 的位置；k 为卷积核尺寸。根据该假设，条件随机场的吉布斯能量函数如公式（4.5.21）所示。在吉布斯能量函数（包括整个条件随机场的前向过程）的计算中，计算瓶颈是二元势能。从公式（4.5.21）可以看出，相比全连接的 CRF，局部连接的假设有效减少了二元势能的计算量。

$$E\left(x\right)=\sum_{i=1}^{N}\theta_i+\sum_{i=1}^{N}\sum_{j=1}^{k}\theta_{i,j}\left(\theta_i,\ \theta_j\right) \tag{4.5.21}$$

在局部连接的 CRF 中，本研究依然采用消息传递机制来加速计算过程。从公式（4.5.17）可以看出，$\tilde{Q}_i^{(m)}\left(l\right)$ 的计算过程是消息映射的计算瓶颈。然而，在局部连接的 CRF 中，通过连接区域的改变，能够有效解决这一问题。根据 Krizhevsky 等的研究结果，可以假定：在条件随机场中，与每个像素存在连接的是以该像素为中心、边长为卷积核尺寸的正方形区域。根据这个条件，可以应用二维卷积的高效运算速度与显卡的加速能力提升二元势能的计算效率。假设输入信号 P 的形状为 $[b_s,\ c,\ h,\ w]$，其中，b_s 代表单批的样本数量，c 代表输入信号的通道数量，h 代表高度，w 代表宽度，高斯核函数 g 则由特征向量 $[f_1,\ f_2,\ \cdots,\ f_d]$ 所定义，如下所示：

$$k_g\left[b,\ dx,\ dy,\ x,\ y\right]=\exp\left\{-\sum_{i=1}^{d}\frac{\left|f_i^{(d)}\left[b,\ x,\ y\right]-f_i^{(d)}\left[b,\ x-dx,\ y-dy\right]\right|^2}{2\theta_i^2}\right\} \tag{4.5.22}$$

若存在多个高斯核函数（如研究包含两个高斯核函数），则可以利用核函数的权重进行融合：

$$K=\sum_{i=1}^{s}w_ig_i \tag{4.5.23}$$

式中，s 代表高斯核函数的数量；w_i 代表高斯核函数 g_i 的权重。则消息传递的计算过程如下所示：

$$Q\left[b,\ c,\ x,\ y\right]=\sum_{i=1}^{k}\sum_{j=1}^{k}K\left[b,\ dx,\ dy,\ x,\ y\right]P\left[b,\ c,\ x+dx,\ y+dy\right] \tag{4.5.24}$$

公式（4.5.22）和（4.5.23）可以采用矩阵操作完成，可以一次性批量处理多张图像。公式（4.5.24）的计算过程和二维卷积的计算过程相同，可以采用高效的卷积计算完成，同时采用硬件加速（如 GPU）。因此，相比全连接的 CRF，基于局部连接的处理模式能够有效减少计算量，提升运算速度。另外，相比全连接 CRF 对下采样的信号进行卷积操作，局部连接的 CRF 直接对原始信号进行卷积处理，能够获得更加准确的结果。

相比其他解决方案，全卷积网络是一种端对端的网络结构，各个网络层均可以根据训练误差进行更新，因此可获得更加良好的分类效果。同时，全卷积网络在一次前向计算过程中完成图像中所有像素的识别，具备良好的处理效率。Maggiori 等采用全卷积网络进行航空遥感影像的地物分类研究。相比普通的全卷积网络，该研究将网络结构中的池化层去除，形成一个仅包含卷积和反卷积操作的网络结构。由于去除了池化操作，因此更好地保留了原始图像空间信息中的细节。试验结果显示，该模型在航空影像的地物分类研究中，不仅准确率高，而且执行速

度较快。Fu 等采用全卷积网络进行高分辨率卫星影像的地物分类研究。在全卷积网络的基础上，采用空洞卷积操作提取图像在不同尺度下的特征信息，引入跳跃结构改善分类结果中的细节信息，采用全连接条件随机场作为后处理操作。试验结果表明，该模型在测试集上的平均准确率、召回率、Kappa 系数分别达到 0.81、0.78、0.83，展示了良好的分类精度。由于全卷积网络能够生成像素级的识别结果，因此该模型在无人机影像的杂草识别中亦具备良好的应用潜力。Sa 等使用无人机平台，分别搭载一个 5 通道的多光谱相机（RedEdge-M）和一个 4 通道的多光谱相机（Parrot Sequoia），采集甜菜地的无人机影像。采用语义分割技术，将每个像素分为作物、杂草、背景，生成像素级的识别结果，探索不同输入通道下语义分割网络的识别精度。试验结果显示，采用数据融合技术，将两个多光谱相机的 9 个通道同时输入语义分割网络，得到的识别结果最好，此时对应于作物、杂草、背景的 AUC 值分别为 0.839、0.863、0.782，相比传统基于 3 个通道的语义分割模式的识别精度有了明显提高。

根据相关研究结果，针对遥感影像的杂草识别研究，全卷积网络是众多深度学习模型中较为合适的解决方案。然而，目前该技术更多被应用于遥感影像的地物分类研究，对遥感影像中杂草识别的研究和应用仍然较少涉及。

三、全连接网络

很多试验结果的高光谱数据类型为一维向量，因此本节选择探讨的分类模型为全连接网络（full connection network，FCN），该网络模型是神经网络模型中最基础的模型之一，在该网络中，除了输入层之外的每个层中每个节点都和上一层的所有节点有连接，如图 4-5-14 所示。

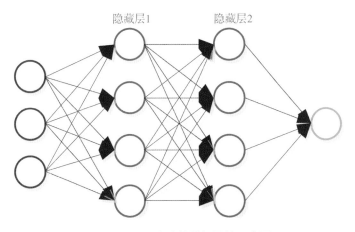

图 4-5-14　全连接神经网络示意图

假设批量样本为 X，批量的大小为 n，输入数量为 d，则 $X \in R^{n \times d}$。再假设单个隐藏层的神经元个数为 h，隐藏层的输出为 H、权重参数为 W_h、偏差参数为 b_h，输出层的权重参数为 W_O、偏差参数为 b_O，则得到：

$$O=(XW_h+b_h)W_O+b_O \tag{4.5.25}$$

基于神经网络建立分类模型，在全连接层中对数据的处理仅仅是仿射变换，引入激活函数对每个神经网络层仿射变换的数据做非线性处理，以达到更好的分类效果。常用的激活函数有 Sigmoid、ReLU、tanh、Softmax 等。在建模过程中，对网络中的隐藏层采用 ReLU 函数进行处理，最后的分类输出层则采用 Sigmoid 函数处理。

ReLU 函数公式为

$$\text{ReLU}(x)=\max(x,0) \tag{4.5.26}$$

Sigmoid 函数公式为

$$\text{Sigmoid}(x)=\frac{1}{1+e^{-x}} \tag{4.5.27}$$

在衡量模型的参数中，损失函数是常用来权衡输出值与目标值之间差距的指标。假设模型的目标输出是 y，训练样本的输出值为 y'，则损失函数如公式（4.5.28）所示。常见的损失函数有均方差（mean square error，MSE）和交叉熵（cross entropy，CE）等。

$$\text{Loss}=\frac{1}{n}\sum(|y'-y|) \tag{4.5.28}$$

MSE 函数公式为

$$\text{MSE}=\frac{1}{2n}\sum(y'-y)^2 \tag{4.5.29}$$

CE 函数公式为

$$\text{CE}=y\log(\hat{y})+(1-y)\log(1-\hat{y}) \tag{4.5.30}$$

反向传播算法是基于梯度下降法来实现对网络模型参数的优化，使损失函数尽可能地小。常使用的方法是随机梯度下降法，在兼顾训练速度和准确性的基础上使用单个批次的数据样本更新模型参数，其公式为

$$w^{\text{new}}=w-\eta\frac{\partial\text{Loss}}{\partial w} \tag{4.5.31}$$

为了避免过拟合的情况出现，在模型中加入正则化惩罚项 L2 范数和 Dropout 结构。L2 范数也称为"权重衰减"，可以使模型权重衰减，从而使特征对总体的影响减小，增强模型的抗干扰能力。L2 范数如公式（4.5.32）所示，它使模型偏向于范数较小的 w，通过限制 w 实现限制模型空间，避免了过拟合的情况。Dropout 的目的是在前向传播的过程中，按照一定的概率对全连接层的神经元进行选择，部分神经元停止训练，使得模型不再依赖局部特征，增强模型的泛化能力。如图 4-5-15，隐藏层中有一半的神经元在训练时没被选中，只有一半的神经元在执行训练工作。

$$\|w\|_2=\sqrt{\sum_{i=1}^{n}w_i^2} \tag{4.5.32}$$

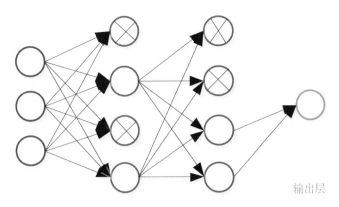

图 4-5-15　Dropout 示意图

学习率（learning rate，LR）是神经网络模型中非常重要的超参数，对学习率的调整是网络模型能否得到较好收敛的关键。为了使梯度下降法有较好的性能，需要给学习率设置合适的参数，一个好的学习率参数能够使网络在较短的时间内得到较好的收敛。在随机梯度下降法中，学习率设置过大，梯度容易在最小值附近出现振荡无法收敛，进而导致网络模型崩溃；学习率设置过小，则造成训练速度缓慢，容易陷入局部最小值，无法找到全局最优解，出现欠拟合的现象。为了找到合适的学习率，使模型得到更好的收敛，采用回调函数（callbacks function，CF）自动调整学习率。当训练指标的效果不再优化时，适当降低学习率，以实现对学习率的自动调整。

（一）自动编码器

自动编码器（简称"自编码器"，AutoEncoder）是一种无监督学习的神经网络结构，通过减少隐藏层中较少量的神经元来学习，不仅可以实现数据的降维和压缩，还可以产生和输入层相同的输出。自编码处理数据跟主成分分析（principal component analysis，PCA）的目的一样，都是为了实现数据的降维，但 PCA 是一种线性降维，而自编码是一种非线性的降维。其降维过程包括编码过程和解码过程，公式分别为

$$h=g\theta_1\left(x\right)=\sigma\left(w_1x+b_1\right) \tag{4.5.33}$$

$$\hat{x}=g\theta_2\left(x\right)=\sigma\left(w_2x+b_2\right) \tag{4.5.34}$$

假设输入的数据样本个数是 m，数据 x 在自编码网络中进行重构，得到重构数据 x'，在这个重构过程中原数据造成的损失如公式（4.5.35）所示：

$$\mathrm{Loss}\left(w,\ b\right)=\frac{1}{m}\sum_{r=1}^{m}\frac{1}{2}\|\hat{x}^{\left(r\right)}-x^{\left(r\right)}\|^2 \tag{4.5.35}$$

（二）栈式自编码神经网络

栈式自编码（stacked AutoEncoder，SAE）神经网络是通过多层的稀疏自编码器叠加而成的神经网络模型，以上一层自编码器的输出作为下一层自编码器的输入。稀疏自编码器指的是在

隐藏层对神经元加入稀疏约束，为了用尽量少的神经元来表示原始数据 x，对隐藏层中的神经元采用稀疏表达的方式来激活。假设隐藏层的神经元 j 的激活度为 p_j，则平均激活度 $\hat{p}_j$ 可表示为

$$\hat{p}_j = \frac{1}{m} \sum_{i=1}^{m} \left[a_j^2 \left(x^i \right) \right] \tag{4.5.36}$$

为了使隐藏层的神经元 j 尽可能为 0，让 $\hat{p}_j$ 尽可能地趋近 0，可以通过构造正则化 $\mathrm{KL}\left(p\|\hat{p}_j \right)$ 来约束网络，并加入权重衰减项 $\hat{w}_{ij}$ 来防止过拟合，则网络的损失函数就变为

$$\mathrm{Loss}_{\mathrm{sparse}}\left(w,\ b \right) = \mathrm{Loss}\left(w,\ b \right) + \beta \sum_{j=1}^{s} \mathrm{KL}\left(p\|\hat{p}_j \right) + \hat{w}_{ij} \tag{4.5.37}$$

四、深度学习目标检测算法

（一）算法概述

传统的目标检测使用不同尺寸的滑动窗口对图像穷举遍历或对区域进行选择，再从中获得所需要的特征，最后利用分类器进行分类。这种分类方法时间复杂度高，窗口存在冗余，还需要对筛选出来的框内的图像进行分类。

（二）基于候选区域的目标检测方法

区域检测建议首先找出目标可能在图像中的位置，然后通过图像中纹理、边缘等特征信息，仅利用较少窗口就能保证较好的召回率，分类的问题也就转换为筛选物体的候选框和使用候选框进行预测的问题。基于候选区域目标的检测算法及 Faster R-CNN 形成的过程如下。

1. R-CNN

R-CNN 利用选择性搜索的方法，首先，在图像中找出 2000 个左右可能包含物体的候选窗口。因为提取的窗口大小不一样，需要将候选窗口缩放成 227×227。其次，利用卷积运算对每个候选窗口提取特征，再将提取的特征利用 SVM 进行分类，最后进行边框回归操作。由于候选区域过多且每个候选区域都要进行卷积运算，因此效率很低。

2. SPPNet

空间金字塔池化网络（SPPNet）对 R-CNN 进行优化，根据最后输出类别的个数，算法会生成多个不同范围的池化层，由它们对输入的图像进行并行池化处理，使最终输出的特征个数与生成类别个数相等，再进行类别判别。只对原图进行一次卷积计算，就能得到完整图像的卷积特征图，然后通过池化窗口特征保持固定长度输出。相对于 R-CNN 需要对每个区域进行卷积计算，SPP Net 的效率要高 30～170 倍，并且具有较高的准确率。

3. Fast R–CNN

Fast R–CNN 首先通过卷积得出图像的特征图，其次利用选择性搜索在特征图上生成候选框，输入到 ROI 池化层，再根据候选框进行分区池化并输出特定大小的特征图，最后将 SVM 替换为 Softmax 进行分类，并且将检测框回归函数放进神经网络内部，与特征区域分类合并成为一个多任务模型，并表明了两个任务能够同时使用同一卷积特征。

4. Faster R–CNN

2016 年，Girshick 等提出了 Faster R–CNN 深度学习框架。Faster R–CNN 介绍了候选区域提取的方法，用区域提议网络（region proposal network，RPN）对候选区域进行选取，提高训练速度和候选区域质量，将候选区域提取、特征提取、回归与分类整合到了一起，根据输入的数据集直接输出相应的检测模型，实现了端对端的检测。Faster R–CNN 模型如图 4-5-16 所示。

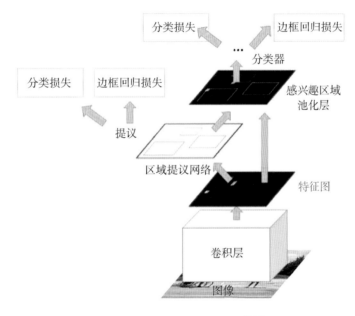

图 4-5-16　Faster R–CNN 模型

Faster R–CNN 主要分为以下 4 个内容：

（1）卷积层：包含一系列的卷积网络、ReLU 激活函数层、池化层，利用这些层提取图像完整的特征图。

（2）区域提议网络：将特征图输入到该网络生成候选框，通过实例真实值计算候选框与实例之间的重叠率，使用 Softmax 分类器区分是目标对象还是背景，接着使用边框回归对锚框不断进行修正，最后获得精确的候选区域。

（3）感兴趣区域池化层：根据前面输入的候选区域信息对特征图的感兴趣区域进一步分块

池化，得到统一的尺寸，最后输入到全连接层对类型进行判定。

（4）类别判断：利用候选区域图计算候选区域的类型，再一次使用边框回归获得检测框最后的精确位置。

因此 Faster R-CNN 共有 4 个损失函数：①候选区域分类损失函数，判断锚框所判别的类别跟实际是否一致。②候选区域位置回归损失函数，判断锚框位置微调的损失值。③感兴趣区域分类损失函数，判断感兴趣区所属类别跟实际是否一致。④感兴趣区域位置回归损失函数，对感兴趣区域的位置进一步微调。

数据集在 Faster R-CNN 中的训练过程如图 4-5-17 所示。

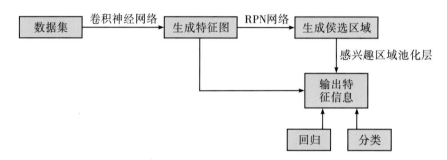

图 4-5-17　Faster R-CNN 中的模型训练流程

数据集中的图像首先通过卷积神经网络生成特征图，再将特征图输入到 RPN 网络中生成候选框。RPN 网络在对候选区域进行提取时分为以下几个部分。

（1）生成候选框。由卷积神经网络生成的特征图被输入 RPN 网络后，会通过一个大小为 3×3、步长为 1 的滑动窗口逐个像素生成 N 个候选框，N 为预先在网络内设置的候选框的个数。在 RPN 网络中，原始设置的候选框包含 3 种不同大小、3 种不同长宽比的 9 个候选框，每个候选框的中心点成为感受野，每个感受野对应原图的 16 个像素，每个候选框以感受野为中心生成，例如像素为 $W \times H$ 的特征图一共生成 $W \times H \times N$ 个候选框。生成单个像素候选框的具体操作如图 4-5-18 所示。

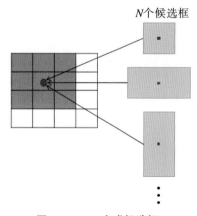

图 4-5-18　生成候选框

（2）计算重叠率（IOU 值）。在每个像素点产生候选框之后，网络会计算候选框与实例之间的重叠率，实例表示已经标定过的真实数据，即在训练前对图像进行人工标的区域框。IOU 值的计算原理如图 4-5-19 所示，A 表示候选框，B 表示实例，area 表示候选框与实例之间的重叠区域。IOU 值的计算公式如式（4.5.38）所示，A∩B 即 A 与 B 重叠的部分，A∪B 即 A 和 B 的面积之和减去 area 后的值。若 IOU 值大于 0.7，则判定候选框内为正样本；若 IOU 值小于 0.3，则判定候选框内为负样本；若 IOU 值大于 0.3 小于 0.7，则样本忽略不计，不参与训练。计算完候选框与实例之间的重叠率后，每个像素点根据回归函数返回 2N 个结果的得分，即将正负背景进行分类，并根据回归函数判断当前坐标值，返回 4N 个坐标回归值（x_1，x_2，y_1，y_2），N 表示候选框的个数。

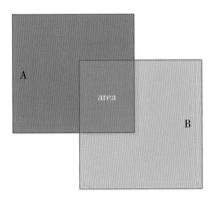

图 4-5-19　候选框与实例示意图

$$IOU = \frac{A \cap B}{A \cup B}$$

（4.5.38）

（3）对候选框进行筛选。在计算完正负背景后，会有很多候选框重叠在一起，因此，RPN 网络提出一种非极大值抑制（non maximum suppression，NMS）算法。通过 NMS 算法将多个重叠在一起的候选框的分值进行比较，并保留得分较高的候选框。图像经过非极大值抑制处理后再通过 top-N 算法，选取得分最高的前 N 个候选框，完成对候选框的筛选。针对边界越界的候选框，通过设置合适的阈值将其过滤。

将经过上述步骤筛选出的候选框作为候选区域输入到 ROI 池化层，特征图在 ROI 池化层对候选区域进行分块池化，得到固定尺寸的输出，最后通过 Softmax 交叉熵函数和 Smooth L1 函数对输出结果做分类和回归。

Fast R-CNN 在搜索候选窗口时消耗大量的时间，Faster R-CNN 将选择性搜索更换为区域提议网络用来进行边缘的提取，将候选区域提取、特征提取、回归与分类整合在一起，减少提议区域的生成数量，获得较高的检测准确率。利用不同尺寸的锚框，解决目标形状会发生变化的问题。具体做法是将提议区域放在最后一个卷积层的后面，通过训练提议区域得到候选区域。

（三）基于回归方法的目标检测方法

Faster R-CNN 目前应用广泛，但其算法模型在实时性检测下表现不够理想，不能满足实际应用的需求。因此，YOLO、SSD 等系列的目标检测算法被提出，可以在保证精度的情况下，提升检测的速度。这一类型的算法将目标检测问题变成了回归问题，在原图不同位置上使用回归方法，最后给出对象的位置和分类信息。

1. YOLOv1（you only look once version 1）

由 Joseph Redmon 提出的 YOLO 算法使用了回归的思想，将一幅图像分为 $S \times S$ 个网格，通过卷积网络对每个网格进行判断，对物体的类别进行判别，给出对物体的边界框的几个预测和判断的信息。若某个网络是物体的一部分，则认为该网络是该物体的概率较高，并给出该物体所属位置的几个猜想。最后根据所有网络的判断，合并相似的边界框，得到物体检测的结果。YOLO 算法对相近小物体检测效果一般，这是因为一个网格中只能预测出两个检测框且只能是同一种类。

2. YOLOv2

YOLOv2 去掉 Dropout，在每个卷积层后面添加了 Batch Normlization 层，提升了模型收敛速度，起到一定正则化效果。YOLOv1 在训练分类网络和检测网络中分别使用了不同分辨率的图像，网络需要切换以适应新的分辨率，检测效果有所损失。YOLOv2 在 ImageNet 小尺寸中预训练大概 160 个周期，再将 ImageNet 图片重新调整成新的大尺寸图像，微调检测模型 10 个周期，使模型可以适应放大图片，采用上述预训练的权重在实际数据集上微调，最后输出尺寸为 13×13。YOLOv2 引入了 anchor 机制，并采用新的网络模型 Darknet-19（19 个卷积层和 5 个池化层），相比 YOLOv1 计算量减少 33% 左右。

3. YOLOv3

YOLOv3 采用具有残差结构的 DarkNet53 结构，并采用 FPN 思想，将不同尺寸的特征图进行融合，在每个尺度上进行预测，提升了平均精确度（mAP）及小物体检测效果。

4. SSD（single shot multiBox detector）

YOLOv1 对每个网络的物体检测个数是指定的，容易造成遗漏，而且对物体的尺寸也比较敏感。SSD 模型结构如图 4-5-20 所示，前 5 层为 VGG-16 网络的卷积层，舍弃了 VGG-16 最后的全局池化和全连接层，并且分辨用卷积层 conv6 和卷积层 conv7 依次取代 fc6 和 fc7，作为基础分类网络的特征抽取，随后添加 3 个卷积层和 1 个平均池化层。采用 Faster R-CNN 的区域提议网络和锚框的思想机制进行改善，在不同卷积层所输出的不同尺寸卷积结果上进行多个尺寸划分，然后分别预测候选框的偏移及类别得分，在提升速度的同时也能保持相同的精确性。

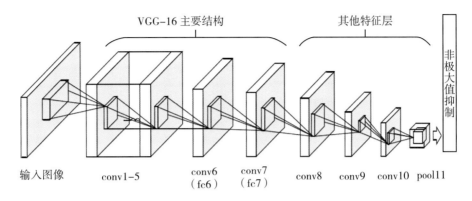

图 4-5-20　SSD 模型结构

MobileNet 是由谷歌研究设计的以移动为优先的一个卷积神经网络。MobileNet 对硬件资源的依赖比较低，能够在手机上快速运行。如图 4-5-21 所示，M 是输入特征图的通道数，N 是输出特征图通道数，D_K 为卷积核大小，D_F 为输出特征图的大小。该网络的特点是将传统的标准卷积换成一个深度卷积和一个 1×1 的点卷积，计算量从标准卷积降为深度可分离卷积，从而降低网络的计算量，两者的计算量对比如公式（4.5.39）所示。最后深度卷积将每个卷积核应用到每一个通道，完成 1×1 卷积组合通道卷积的输出。

$$\frac{D_K \cdot D_K \cdot M \cdot D_F \cdot D_F + M \cdot N \cdot D_F \cdot D_F}{D_K \cdot D_K \cdot M \cdot N \cdot D_F \cdot D_F} = \frac{1}{N} + \frac{1}{D_K^2} \tag{4.5.39}$$

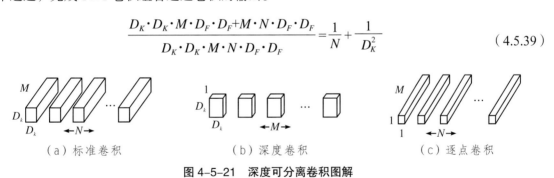

（a）标准卷积　　　　　　（b）深度卷积　　　　　　（c）逐点卷积

图 4-5-21　深度可分离卷积图解

在 MobileNet 中，引入了两个控制模型大小的超参数：宽度因子和分辨率因子。宽度因子主要是按比例减少通道数，用 α 表示，取值范围为 $0 \sim 1$，那么输入与输出通道数将变成 αM 和 αN，一般设置为 $0 \sim 1$，取值为 0.25、0.50、0.75、1.0。宽度因子将降低计算量和参数量，见公式（4.5.40）。分辨率因子主要是按比例降低特征图的大小，即用于控制输入图像的分辨率大小，用 ρ 表示，一般取值为 $0 \sim 1$，同样分辨率因子也将降低计算量和参数量，见公式（4.5.41）。

$$\frac{D_K \cdot D_K \cdot \alpha M \cdot D_F \cdot D_F + \alpha M \cdot \alpha N \cdot D_F \cdot D_F}{D_K \cdot D_K \cdot M \cdot N \cdot D_F \cdot D_F} = \frac{\alpha}{N} + \frac{\alpha^2}{D_K^2} \tag{4.5.40}$$

$$\frac{D_K \cdot D_K \cdot \alpha M \cdot \rho D_F \cdot \rho D_F + \alpha M \cdot \alpha N \cdot \rho D_F \cdot \rho D_F}{D_K \cdot D_K \cdot M \cdot N \cdot D_F \cdot D_F} = \frac{\alpha \rho}{N} + \frac{\alpha^2 \rho^2}{D_K^2} \tag{4.5.41}$$

在 SSD-MobileNet v1 模型中，去掉原来的 VGG 网络结构，将其换为 MobileNet 网络。SSD-MobileNet 从 conv0 到 conv13 的配置与 MobileNet 模型一致，相当于只去掉 MobileNet 最后的全局平均池化、全连接层和 Softmax 层。将 SSD 与 MobileNet 相结合，虽然使得检测效率略有下降，但计算量大幅减少，极大地提高了计算效率，使得修改后的网络模型在硬件资源有限的移动设备上部署时也能高效地运行。

（四）目标检测算法模型的应用

1. 基于服务器后台的分析应用

基于服务器后台的应用流程如图 4-5-22 所示：服务端事先部署训练好的深度学习网络模型，移动端采集数据，通过网络传输将图片发送到服务端，服务端对发送过来的图片进行识别，并将识别结果返回给移动端客户。这种应用的好处在于可以部署更深更复杂的模型，一般准确率较高。

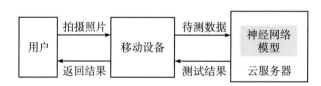

图 4-5-22　基于服务器后台应用流程

2. 基于移动端的应用

随着人工智能的发展，将深度学习模型应用到移动端等智能设备上已经成为一种趋势，基于移动端的深度学习框架也逐渐得到开发。谷歌推出了基于 TensorFlow 的 tfmobile 和 tflite，其设计思路是在服务器等性能强大的设备上训练自己的神经网络模型，随后将训练好的模型通过 tflite 移植到移动设备上，如图 4-5-23 所示。使用者可以根据自己的需求定制模型，在移动端实现图像分类任务。移动端的应用好处是可以摆脱对服务器的依赖，即使在断网的情况下也能进行数据的分析处理，但移动设备只能采用 CPU 进行运算，不能调用比较复杂的模型，精度受到限制，因此移动设备的性能起到很关键的决定作用。

图 4-5-23　基于移动端的应用思想

目前有三种较为常用的深度学习移动端开源框架，其对比见表 4-5-4。本节介绍的是 TensorFlow 的框架。

表 4-5-4　深度学习移动端框架对比

Caffe2	TensorFlow	Mxnet	Core ML
移动性高，结构清晰，模型过大，速度较慢	轻量级，快速，支持 Android 与 IOS 系统	支持多语言封装，但封装的框架长	基于 IOS 系统，支持多种模型

3. 卷积神经网络介绍与网络效果对比

卷积神经网络是经典的深度神经网络之一，其原理类似于人体的视觉神经系统，并在目标检测领域有着广泛的应用。卷积神经网络最早的原型是由 Alexander Waibel 等于 1989 年提出的时间延迟网络（TDNN），该网络的主要应用方向为语音识别，通过卷积操作和 BP 算法反向传播的方式，对频域内的信息进行提取分析。卷积神经网络的核心思想是采用固定大小卷积核，对图像中所有像素依次进行卷积操作，通过池化提取所需要的特征信息，最后通过全连接的方式将所有特征信息连接得到完整的特征信息图。卷积神经网络在进行特征提取时具有如下特点：

（1）稀疏连接。在传统的神经网络中，矩阵相乘通常作为建立输入与输出传递关系的主要方式，每个输入单元都会与每个输出单元相关联。而在卷积神经网络中，输入与输出之间采用的是稀疏连接的方法。该方法是采用远小于输入图片的卷积核，在千万个像素的图像中提取有意义的部分像素点，例如宽度为 3 的卷积核和宽度为 5 的卷积核。该方法能够有效减少参数并降低对存储空间的需求。图 4-5-24 为稀疏连接的示意图，若 X2 的核宽度为 3，则有 3 个输出受 X2 影响，即 S1、S2、S3。

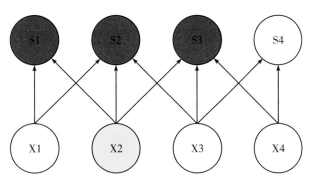

图 4-5-24　稀疏连接示意图

（2）权值共享。传统神经网络中，在计算每层的输出时，权值矩阵中的每个元素仅使用一次就不会再被使用到，因此会出现参数过多的情况，占用大量存储空间。为了解决这个问题，卷积神经网络提出了一种新的解决方法——权值共享。权值共享是指多个模型共享同一个参数集合（即卷积核），在进行卷积运算时每个输入都通过同一个定义好的卷积核输出相应结果，这样需要存储的参数就能够大幅减少，从而降低存储空间的占用。

（3）局部感受野。局部感受野的基本思想是对图像中部分区域进行卷积运算，以得到我们想要的特征信息。在一张图像中，如果只需要提取一些特征信息，那么在整张图像中有很多都是我们不需要的信息。因此不必对整张图都进行卷积操作，而是只取图像中一部分的感兴趣区域进行卷积操作，从而得到需要的特征值。该方法能够有效提高运算效率。

卷积神经网络由输入层、卷积层、激活函数、池化层以及全连接层组成。网络模型中除了输入层和输出层外，其余的层都包含在隐藏层内。引入隐藏层是为了更好地解决数据之间的非线性问题并更好地拟合模型。下面分别介绍卷积神经网络中各个层的作用及原理。

（1）卷积层。卷积层的作用主要是通过固定大小的卷积核对输入进行卷积操作。卷积核进行卷积操作的中心点被称为"感受野"，卷积核内包含了感受野周围不同位置的权值。进行卷积操作时，卷积核内的权值分别与各自对应的像素点的像素值相乘，再将相乘后的结果相加得到卷积操作后的结果。在进行卷积操作时，通过设置固定的步长，对图像中的所有像素点依次进行卷积操作，得到各像素点的卷积输出结果。卷积核每进行一次卷积操作，则移动一个步长。如图 4-5-25 所示，通过一个 3×3 的卷积核对图像中的一个像素点进行卷积操作，以如图 4-5-26 所示的 0 像素点作为中心点为例，其计算公式如式（4.5.42）所示。对于边界的像素点则采用边界补 0 的方式对边界进行扩充，使边界像素也能够进行卷积操作，具体操作如图 4-5-26 所示。

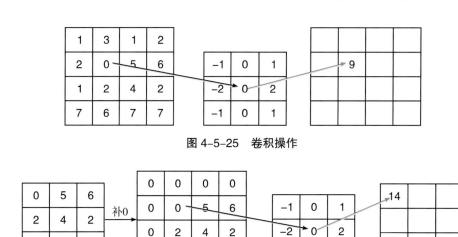

图 4-5-25　卷积操作

图 4-5-26　边界补 0 操作

$$1 \times (-1) + 3 \times 0 + 1 \times 1 + 2 \times (-2) + 0 \times 0 + 5 \times 2 + 1 \times (-1) + 2 \times 0 + 4 \times 1 = 9 \quad (4.5.42)$$

（2）激活函数。激活函数的引入主要是为了在网络中引入非线性因素并完成每层网络之间输入与输出的映射，建立函数关系。通过激活函数在模型中引入非线性因素能够有效地提高模型的表达能力，加快模型的收敛。

（3）池化层。池化层的作用主要是为了实现数据降维。数据降维是指在整体特征不变的条件下降低数据的维数，在进行池化操作时对滤波器的所有像素值取均值或最大值，常用的池化方法有最大池化和均值池化两种。最大池化法是将滤波器内所有的像素值进行比较并取最大值作为特征像素。如图 4-5-27 所示，通过一个 2×2 且步长为 2 的滤波器将 4×4 的图像降维，并取滤波器内所有像素值的最大值。

图 4-5-27 最大池化法

（4）全连接层。全连接层位于卷积神经网络的最后几层，其主要作用是对经过卷积操作和池化操作后得到的特征数据进行整合，并对整合结果进行回归分类，输出各个分类的分值，再通过反向传播更新整个网络的权值。

用于生成特征图的卷积神经网络可以是 VGG16、AlexNet、GoogleNet 以及 ResNet 等。这些卷积神经网络都在 ImageNet 图像识别比赛中取得过优异的成绩。本节使用的卷积神经网络是 VGG16 和 ResNet101，下面分别对这两种网络做详细的介绍并对比两种网络的效果。

VGG16 是经典的卷积神经网络之一。在 2013 年，VGG16 拿下 ImageNet 图像识别比赛的冠军。VGG16 卷积神经网络由 13 个卷积核为 3×3 的卷积层、5 个最大池化层和 3 个全连接层组成。前两个全连接层的神经元个数均为 4096 个，最后一个全连接层的神经元数量对应于分类类别的数量。若进行单分类，则最后一个全连接层的神经元数量为 2。VGG16 的完整网络结构如图 4-5-28 所示，通过 VGG16 卷积神经网络输出的特征图中，一个像素点对应原图的 16 个像素点。

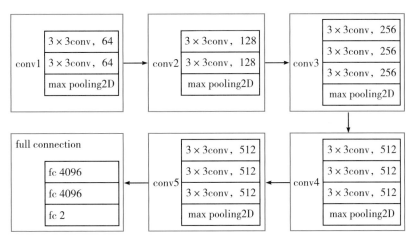

图 4-5-28 VGG16 卷积神经网络结构

VGG16 卷积神经网络的优点一方面在于其很好地利用了卷积核共享的方法，每个卷积层共享同一个卷积核，有效减少了网络中存储参数所占的空间。另一方面，VGG16 通过卷积层和池化层相互堆叠的方法，进一步加深了网络深度，使网络深度达到了 16 层乃至 19 层，有效提高了模型的收敛能力。然而 VGG16 卷积神经网络同样存在不足。随着网络深度的加深，网络所需的权重参数数量逐渐增多，在最后的全连接层内，网络所需的权重参数数量甚至达到上千万个，这样会导致在反向传播过程中，权值参数更新速度较慢且在训练过程中所需的存储空间过大。

ResNet101卷积神经网络又称"残差神经网络"，该网络因在图像分类和目标识别方面的出色表现，在2015年获得了ImageNet图像识别比赛的冠军。该网络的创新点在于引入了跳跃连接，即将输入直接连接到输出位置，并通过计算输入与输出之间的差值来反映输入与输出之间微小的变化。深层的网络训练效果会优于浅层网络，但并不是网络深度越大训练效果越好。如果网络深度过大，就会出现退化的现象，即当模型准确率达到最大值时就会出现衰退。除此之外，在训练过程中，随着网络深度的增加还会出现梯度消失的现象。残差神经网络更注重差值的变化，在对比差值之间的变化时效果更加明显，更有利于在反向传播过程中更新参数，因此该方法在网络深度加深的同时，也解决了网络出现退化以及梯度消失的问题。

残差神经网络能够将网络深度加深到101层甚至156层，其基础结构如图4-5-29所示，输出$H(x)$等于x与$F(x)$的和，即$H(x)=F(x)+x$。因此$F(x)$就代表输出与输入之间的差值，由若干个基础网络相互连接就得到了更深层的残差神经网络。

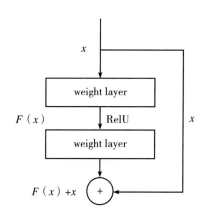

图4-5-29　ResNet101基础网络结构

五、人工神经网络

人工神经网络（或联结主义系统）或许是受到构成动物大脑的生物神经网络启发的计算系统。在实际应用中，超过80%的人工神经网络采用反向传播（BP）神经网络及其各种变化形式。BP神经网络是1986年由Rumelhart和McClelland等科学家提出的概念，是一种按照误差逆向传播算法训练的多层前馈神经网络，是目前应用最广泛的神经网络。人工神经网络无需事先确定输入与输出之间映射关系的数学方程，仅通过自身的训练，学习某种规则，在给定输入值时得到最接近期望输出值的结果。作为一种智能信息处理系统，人工神经网络实现其功能的核心是算法。BP神经网络是一种按误差反向传播（简称"误差反传"）训练的多层前馈网络，其算法称为"BP算法"，它的基本思想是梯度下降法，利用梯度搜索技术，以使网络的实际输出值和期望输出值的误差均方差达到最小。

作为有监督学习的代表算法，BP 神经网络体现了传统人工神经网络中最精华的部分，其具有形成非线性映射、自学习、自适应、鲁棒性等优点，同时在大型数据集上仍然具有较好的收敛能力。BP 算法由两部分组成：信息的正向传递与误差的反向传播。在正向传递过程中输入信息从输入层经隐藏层逐层计算传向输出层，每一层神经元的输出作用于下一层神经元的输入。如果输出层没有得到期望的输出，则计算输出层的误差变化值，然后转为反向传播，通过网络将误差信号沿原来的连接通路反传回来修改各层的权值直至达到期望目标。

图 4-5-30 展示了一个三层的 BP 神经网络，该网络共包含一个输入层、一个隐藏层和一个输出层。

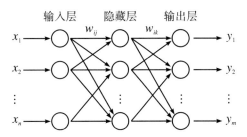

图 4-5-30　BP 神经网络结构示意图

假设该网络包含 n 个输入、m 个输出，隐藏层包含 s 个神经元，隐藏层和输出层的权值和偏置分别表示为 w 和 b，输入和输出分别表示为 x 和 y。输入层和隐藏层之间的权值为 w^1，偏置为 b^1，激活函数为 f^1，隐藏层的输出为 h；隐藏层和输出层之间的权值为 w^2，偏置为 b^2，激活函数为 f^2，则 BP 网络的前向传递过程为

$$h_j=f^1\left(\sum_{i=1}^{n}x_iw_{ij}+b_j\right)\quad(i=1,\ 2,\ \cdots,\ n;\ j=1,\ 2,\ \cdots,\ s)\qquad(4.5.43)$$

$$y_j=f^2\left(\sum_{j=1}^{s}x_jw_{jk}+b_k\right)\quad(j=1,\ 2,\ \cdots,\ s;\ k=1,\ 2,\ \cdots,\ m)\qquad(4.5.44)$$

常用的激活函数主要包括 Sigmoid 函数、tanh 函数、ReLU 函数，公式分别如下：

$$\mathrm{Sigmoid}\ (x)=\frac{1}{1+e^{-x}}\qquad(4.5.45)$$

$$\tanh\ (x)=\frac{e^x-e^{-x}}{e^x+e^{-x}}\qquad(4.5.46)$$

$$\mathrm{ReLU}\ (x)=\begin{cases}x,\ x\geqslant0\\0,\ x<0\end{cases}\qquad(4.5.47)$$

式中，Sigmoid 函数和 tanh 函数属于非线性函数，不仅全程可导，而且能够将输入映射到（0，1）以及（-1，1）之间，从而避免神经网络在训练过程中出现的发散现象。然而，Sigmoid 函数和 tanh 函数在饱和区非常平缓，梯度接近于 0（图 4-5-31），在训练过程中容易出现梯度消失的问题，减缓收敛速度。相反，ReLU 函数在大多数情况下梯度都是常数，能够有效加速网络收敛。而且，ReLU 函数是单边的，更加符合生物神经元的特性。近年来，ReLU 函数由于容易实现和性能良好而得到广泛应用。

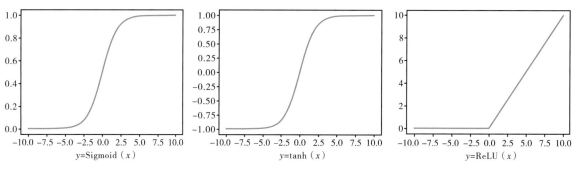

图 4-5-31　BP 神经网络的激活函数

对于传统的 BP 神经网络，设置过多的隐藏层容易造成过拟合的问题。因此，BP 神经网络通常设置 1～2 层的隐藏层。根据 Hecht-nielsen 的理论验证，一个 3 层的 BP 神经网络能够完成任意 n 维到 m 维的映射。

BP 神经网络的反向传播过程则是定义损失函数，根据损失代价调整各个网络参数。首先定义损失函数为

$$E=\frac{1}{2m}\sum_{i=1}^{m}(t_k-y_k)^2 \tag{4.5.48}$$

式中，t 是数据标记值；y 是网络输出值；m 是样本数量。根据梯度下降法原理，参数调整过程是将每个参数减去损失代价对该参数的导数，如下所示：

$$W^{(n+1)}=W^{(n)}-\Delta W^{(n)} \tag{4.5.49}$$

$$\Delta W^{(n)}=\alpha\frac{\partial(E)}{\partial[W^{(n)}]} \tag{4.5.50}$$

式中，$W^{(n)}$ 和 $W^{(n+1)}$ 分别代表调整前和调整后的权值；α 代表学习率。但是，这种参数调整方式往往容易造成过拟合和陷入局部最优值的问题。因此，在 BP 神经网络的反向传播过程中通常引入正则项和动量项：

$$\Delta W^{(n)}=\alpha\left\{d_w W^{(n)}+\frac{\partial(E)}{\partial[W^{(n)}]}\right\}+m\Delta W^{(n-1)} \tag{4.5.51}$$

式中，d_w 代表正则项系数；m 代表动量项系数。

在损失函数的计算过程中，对于样本数的选择有以下三种优化方法：

（1）批量梯度下降法：每次迭代都需要使用所有样本。这种优化方式计算出来的损失代价能更好地反映整体样本，衍生的梯度也能更准确地指向最优化方向。但是，在样本数量很大的时候，由于每次更新都需要统计所有样本，因此更新速度过慢。

（2）随机梯度下降法：每次迭代随机抽取一个样本计算代价函数和梯度。由于每次迭代不需要考虑所有样本，只需优化某一个样本上的损失代价，因此更新速度大大加快。然而，由于

没有考虑到整体，这种优化方式容易使网络参数陷入局部最优值。对于传统的神经网络，在样本数量较多的情况下，使用随机梯度下降法能够有效加速网络收敛，因此这种优化方法得到广泛应用。

（3）小批量梯度下降法：该方法是对批量梯度下降法和随机梯度下降法的折中，每次迭代使用若干个（通常会设置一个批量大小，即 batch size）样本进行参数更新。小批量梯度下降法更加接近批量梯度下降法的收敛结果，即更加接近全局最优值。在使用矩阵运算的情况下，批量计算的速度接近单个样本的处理速度。同时，迭代次数会成倍减少。但是，如果 batch size 的大小设置不当，则会对参数优化造成负面影响。小批量梯度下降法兼顾收敛的准确度和速度，目前已广泛应用在深度网络的优化研究中。

参考文献

［1］ 张学工.关于统计学习理论与支持向量机［J］.自动化学报，2000，26（1）：11.

［2］ HUNG C, XU Z, SUKKARIEH S. Feature learning based approach for weed classification using high resolution aerial images from a digital camera mounted on a UAV［J］. Remote Sensing, 2014, 6（12）：12037–12054.

［3］ GAMANYA R, DE MAEYER P, De DAPPER M. Object-oriented change detection for the city of Harare, Zimbabwe［J］. Expert Systems with Applications, 2009, 36（1）：571–588.

［4］ JOHNSON B, XIE Z X. Unsupervised image segmentation evaluation and refinement using a multi-scale approach［J］. ISPRS Journal of Photogrammetry and Remote Sensing, 2011, 66（4）：473–483.

［5］ SHEPHERD J D, BUNTING P, DYMOND J R. Operational large-scale segmentation of imagery based on iterative elimination［J］. Remote Sensing, 2019, 11（6）：658.

［6］ DENG X L, ZHU Z H, YANG J C, et al. Detection of citrus Huanglongbing based on multi-input neural network model of UAV hyperspectral remote sensing［J］. Remote Sensing, 2020, 12（17）：2678.

［7］ PEÑA J M, TORRES-SÁNCHEZ J, DE CASTRO A I, et al. Weed mapping in early-season maize fields using object-based analysis of unmanned aerial vehicle（UAV）images［J］. Plos One, 2017, 8（10）：e77151.

［8］ LÓPEZ-GRANADOS F, TORRES-SÁNCHEZ J, SERRANO-PÉREZ A, et al. Early season weed mapping in sunflower using UAV technology：variability of herbicide treatment maps against weed thresholds［J］. Precision Agriculture, 2016, 17（2）：183–199.

［9］ VAPNIK V H. An overview of statistical learning theory［J］. IEEE Transactions on Neural Networks, 1999, 10（5）：988–999.

［10］ SUYKENS J A K. Support vector machines：a nonlinear modelling and control perspective［J］. European Journal of Control, 2001, 7（2）：311–327.

［11］ CHI M, FENG R, BRUZZONE L. Classification of hyperspectral remote-sensing data with primal SVM for small-sized training dataset problem［J］. Advances in Space Research, 2008, 41（11）：1793–1799.

［12］ OSGOUEI P E, KAYA S, SERTEL E, et al. Separating built-up areas from bare land in mediterranean cities using sentinel-2A imagery［J］. Remote Sensing，2019，11（3）：345.

［13］SÁNCHEZ A V D. Advanced support vector machines and kernel methods［J］. Neurocomputing，2003，55（112）：5-20.

［14］CHANG C C, LIN C J. LIBSVM: A library for support vector machines［J］. ACM Transactions on Intelligent Systems and Technology（TIST），2011，2（3）：1-27.

［15］BREIMAN L. Random forests［J］. Machine learning，2001，45（1）：5-32.

［16］DE CASTRO A I, TORRES-SÁNCHEZ J, PEÑA J M, et al. An automatic random forest-OBIA algorithm for early weed mapping between and within crop rows using UAV imagery［J］. Remote Sensing，2018，10（2）：285.

［17］HUNG C, XU Z, SUKKARIEH S. Feature learning based approach for weed classification using high resolution aerial images from a digital camera mounted on a UAV［J］. Remote Sensing，2014，6（12）：12037-12054.

［18］SIMONYAN K, ZISSERMAN A. Very deep convolutional networks for large-scale image recognition［J］. IEICE Transactions on Fundaments of Electronics，2014.

［19］LECUN Y, BOTTOU L, BENGIO Y, et al. Gradient-based learning applied to document recognition［J］. Proceedings of the IEEE，1998，86（11）：2278-2324.

［20］SZEGEDY C, LIU W, JIA Y Q, et al. Going deeper with convolutions［C］//Proceeding of the IEEE conference on computer vision and pattern recognition，2015：1-9.

［21］SHARMA A, LIU X W, YANG X J, et al. A patch-based convolutional neural network for remote sensing image classification［J］. Neural Networks，2017，95：19-28.

［22］HUANG H S, LAN Y B, DENG J Z, et al. A Semantic labeling approach for accurate weed mapping of high resolution UAV Imagery［J］. Sensors，2018，18（7）：2113.

［23］LONG J, SHELHAMER E, Darrell T. Fully convolutional networks for semantic segmentation［C］//Proceeding of the IEEE conference on computer vision and pattern recognition，2015：3431-3440.

［24］KRÄHENBÜHL P, KOLTUN V. Efficient inference in fully connected CRFs with gaussian edge potentials［J］. Advences in neural information processing systems，2014，24.

［25］KRIZHEVSKY A, SUTSKEVER I, HINTON G E. ImageNet classification with deep convolutional neural networks［J］. Communications of the ACM，2017，60（6）：84-90.

［26］MAGGIORI E, TARABALKA Y, CHARPIAT G, et al. Fully convolutional neural networks for remote sensing image classification［J］. Geoscience and Remote Sensing Symposium. IEEE，2016：5071-5074.

［27］FU G, LIU C J, ZHOU R, et al. Classification for high resolution remote sensing imagery using a fully convolutional network［J］. Remote Sensing, 2017, 9（5）: 498.

［28］ SA I, POPOVIĆ M, KHANNA R, et al. WeedMap: A large-scale semantic weed mapping framework using aerial multispectral imaging and deep neural network for precision farming［J］. Remote Sensing, 2018, 10（9）: 1423.

［29］ GIRSHICK R. Fast R-CNN//Proceedings of the IEEE international conference on computer vision 2015［C］. Washington D C, 2015.

［30］ DENG J R, ZHONG Z J, HUANG H S, et al. Lightweight semantic segmentation network for real-time weed mapping using unmanned aerial vehicles［J］. Applied Sciences, 2020, 10（20）: 7132.

［31］ HECHT-NIELSEN R. Kolmogorov's mapping neural network existence theorem［C］//IEEE Intern Conf on Nenral Nets, 1987, 3: 11–14.

第五章

经典应用方向之
病害监测与识别

第一节　基于无人机高光谱遥感的柑橘黄龙病检测研究

一、案例简介

2017 年 12 月 19 日，华南农业大学国家精准农业航空施药技术国际联合研究中心团队成员在位于广东惠州市博罗县杨村镇井水龙村衫背山附近的柑橘黄龙病绿色防控与新栽培模式研发示范基地内，对该基地的柑橘试验区域进行高光谱遥感数据采集。当地气候温和湿润，适宜柑橘等果树种植。

二、材料与方法

（一）试验基地概况

试验区域天气晴朗无云，视野良好，柑橘大部分正处于成熟期，当天 11：00 ～ 13：00 太阳光强度稳定，适宜无人机低空遥感作业和地面高光谱数据的采集工作。本次试验的作物品种均为砂糖橘，试验区域分为 9 行种植，共有 334 棵柑橘果树。果树分为健康（H）和感染柑橘黄龙病（D）两大类，感染柑橘黄龙病的果树根据症状在冠层的分布程度分为 D1、D2 两个等级，见表 5-1-1。根据田间调查结果，健康植株共有 293 棵，染病植株共有 41 棵，其中，D1 等级的染病植株有 22 棵，D2 等级的染病植株有 19 棵。

表 5-1-1　柑橘黄龙病病害等级分级

感染柑橘黄龙病等级	等级说明
D1	感染柑橘黄龙病程度较轻，冠层症状不明显，或 50% 以下树梢表现出染病症状
D2	感染柑橘黄龙病程度严重且症状明显，冠层树梢 50% 以上表现出染病症状

（二）数据采集设备介绍

空中高光谱影像数据采集所采用的无人机低空遥感系统如图 5-1-1 所示，主要包括飞行平台、飞行控制系统、电动云台、高光谱数据采集系统、差分全球定位系统（记录飞行状态下的地理位置和三轴姿态）、地面站控制系统以及数据导出系统等。

图 5-1-1　无人机低空遥感系统

飞行平台为深圳市大疆创新科技有限公司生产的电动无人机遥感平台经纬 M600 Pro。经纬 M600 Pro 为六旋翼无人机，该机型采用模块化设计，有较强的可靠性和操作便捷性，配置了三余度的 A3 Pro 飞控系统、智能飞行电池组和电池管理系统，其部分参数见表 5-1-2。

表 5-1-2　大疆经纬 M600 Pro 无人机技术参数

参数	数值
机臂	437 mm
电池质量	10 kg
载重	6 kg
续航时间	15 ~ 20 min
最大水平飞行速度	65 km/h
可承受最大风速	8 m/s

飞行控制系统为 A3 Pro 飞控系统，有较强的适应性，采用多传感器融合算法，当六轴飞行器出现动力故障时，容错控制系统会稳定无人机的飞行姿态。该系统配置了三套惯性测量单元（IMU）和全球导航卫星系统（global navigation satellite system，GNSS）模块。通过对三套模块的实时监测，结合软件解析余度分析传感器是否正常工作，若传感器出现异常则迅速切换至另一套传感器，以实现六路冗余导航和稳定飞行。

电动云台为如影 MX 及其控制器，该云台配置了高精度 IMU，在高速运动中拍摄时仍能精准控制，能够较好地消除漂移现象。为了尽可能消除大幅度摆动和晃动带来的干扰，选用了较大动力的电机，提升动力和跟随速度。该云台可以挂载多种类型的相机，在挂载相机后需要对云台进行预先的调配平衡，调配平衡后可以增加云台的平稳性和续航能力。调配平衡需要手动进行，可搭载手机软件辅助自动调节，通过软件还可实时监控云台数据。可通过云台遥控器进行远距离的控制，挂载在无人机上的如影 MX 可通过遥控器随时改变倾角，达到拍摄的目的。

（三）采集方法

无人机低空高光谱影像数据的采集时间为 11：00 ～ 13：00，与地面高光谱数据采集工作同时进行，无人机在试验区域正上空飞行。在地面站设置好无人机飞行航线（图 5-1-2）和重叠率，飞行高度为 60 m，飞行速度为 3 ～ 4 m/s，光谱仪视场角为 15°，镜头竖直向下。无人机搭载 Cubert S185 高光谱成像仪。Cubert S185 搭配焦距为 23 mm 的施耐德红外校准镜头，在 60 m 的航高下可以同时获取空间分辨率为 0.186 m 的高光谱像元和空间分辨率为 0.84 cm 的灰度像元，并将其存储在微型计算机中。航线完成后把数据导出到地面控制站并快速检测数据是否可用。

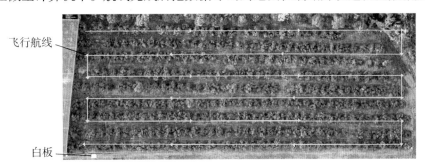

图 5-1-2 无人机高光谱数据采集航线示意图

对试验区域健康和染病柑橘果树进行随机采样并做好植株序号登记。由于染病果树数量较少且分布不均等，因此将染病果树全部采集，健康果树选取部分植株采集。对所选取健康植株的冠层随机选取 3 片叶子，感染柑橘黄龙病植株的冠层随机挑选 3 片症状明显的叶子和 3 片无明显症状的叶子进行地面光谱采集。

（四）数据集建立与结果

本试验通过提取柑橘植株冠层像素级的光谱样本，可以最大化柑橘植株冠层光谱特征的多样性，使冠层中心区域和边缘区域的光谱样本均能被用于训练，保证模型训练样本的多样性。由于试验区域感染柑橘黄龙病的植株只有 41 棵，与健康植株相比数量较少，且染病植株中，病害程度为 D2 等级的只有 19 棵。因此，对 19 棵 D2 等级的植株冠层光谱进行提取，并随机选取 19 棵健康植株提取冠层光谱，得到的健康植株光谱样本有 120 多万个，染病植株光谱样本超过 104 万个。将得到的样本数据集按照 3：7 的比例分成训练集和验证集。

三、数据处理

本试验所获得的高光谱影像波长范围为 450 ～ 950 nm，波段数为 125 个。

本试验中对柑橘植株冠层提取的光谱数据是一种连续型高维度数据，异常样本与实际样本存在一定的可分离特征，且异常样本占数据样本的小部分。高光谱数据维度较高，大部分的算法在处理此类高维数据时效果不明显，孤立森林算法的特点与本研究所使用的数据特点有较好的契合度。孤立森林算法的实现借助于 Python 语言，主要涉及的参数有三个，分别为孤立树的个数、每个孤立树采样的数量和训练抽取的特征数量。

（一）原始光谱及其特征

分析柑橘植株冠层光谱特征，探究染病植株与健康植株之间的光谱特征差异，是建立柑橘黄龙病判别模型的基础。分别选取一棵染病严重的植株和一棵健康植株，提取它们的冠层光谱，经过预处理后分别计算染病植株和健康植株冠层的平均光谱。如图 5-1-3 所示，两种光谱曲线都呈现出常见绿色作物的一般规律，即在蓝光和红光波段附近的光谱反射率较低，在绿光波段出现"绿峰"特征，红边波段附近出现反射率陡坡，近红外波段的反射率较高。

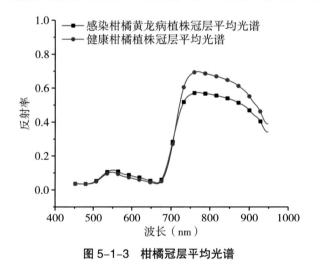

图 5-1-3　柑橘冠层平均光谱

对两种光谱曲线进行分析和对比发现，在可见光 450 ～ 720 nm 波长范围，感染柑橘黄龙病的植株冠层光谱反射率高于健康植株的冠层光谱反射率，感染柑橘黄龙病植株的"绿峰"特征反射率高于健康植株，在红边波段附近出现的陡坡斜率更高，即陡坡更陡。在近红外附近的720 ～ 950 nm 波长范围，健康植株冠层光谱反射率高于感染柑橘黄龙病植株冠层光谱的反射率。分析在这两处反射率值出现较大变化的主要原因为感染柑橘黄龙病的植株遭受病害胁迫，叶片内部生理结构产生变化，叶绿素含量减少，光合作用减弱，对水分和养分的吸收能力衰退，从而表现出外部的斑驳、黄化等症状。

（二）两种光谱转换方式

将原始光谱经过一阶微分变换后得到一阶导数光谱（FDR）。如图 5-1-4 所示，FDR 使柑橘冠层光谱特征更加明显，在 525 nm 附近和 720 nm 附近出现特征峰。感染柑橘黄龙病植株冠层的 FDR 与健康植株冠层的 FDR 在 525 nm 附近出现的特征峰基本同时到达峰值，感染柑橘黄龙病植株冠层的 FDR 在此位置的峰值较健康植株高。在 720 nm 附近的特征峰，感染柑橘黄龙病植株冠层的 FDR 先到达峰值，且峰值较健康植株低。在蓝光波段和红光波段，两种 FDR 变化趋近一致；在近红外波段，健康植株冠层 FDR 的绝对值比感染柑橘黄龙病植株冠大，表现出在近红外波段健康植株冠层光谱衰减的程度更为剧烈。

将原始光谱经过反对数变换后得到反对数光谱（ILR），如图 5-1-5 所示，ILR 不能像 FDR 那样直观地展示出特征峰，但是相比原始光谱，ILR 对感染柑橘黄龙病植株和健康植株之间的差异进行放大。在 450 ～ 530 nm 和 670 ～ 720 nm 波长范围，感染柑橘黄龙病植株和健康植株的 ILR 值趋近一致。将感染柑橘黄龙病植株和健康植株在 530 ～ 670 nm 和 730 ～ 950 nm 之间差异进行放大，健康植株在 530 ～ 670 nm 波长范围的 ILR 值比感染柑橘黄龙病植株大，在 730 ～ 950 nm 波长范围则表现相反。

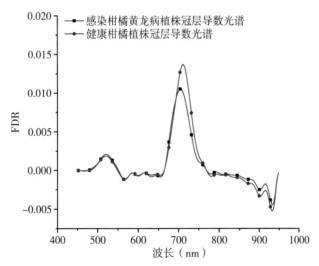

图 5-1-4　柑橘植株冠层导数光谱

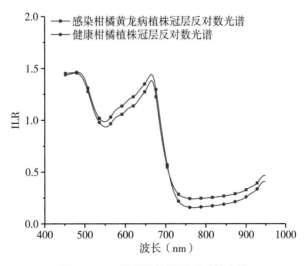

图 5-1-5　柑橘植株冠层反对数光谱

（三）参数信息提取

通过冠层提取的高光谱数据携带大量的柑橘冠层光谱信息，基于光谱变换的方法得到的变换数据能够更好地体现光谱特征。在原始光谱和变换光谱的基础上，提取冠层光谱特征参数信息，有助于分析染病植株冠层光谱的特征，见表 5-1-3。

表 5-1-3　柑橘冠层光谱特征参数信息

光谱特征	符号或公式	定义
蓝边幅值	D_B	470～490 nm 波长范围的一阶导数光谱最大值
蓝边位置	λ_B	470～490 nm 波长范围的一阶导数光谱最大值对应的波长
蓝边面积	SD_B	470～490 nm 波长范围的一阶导数光谱的积分
黄边幅值	D_Y	560～620 nm 波长范围的一阶导数光谱最大值
黄边位置	λ_Y	560～620 nm 波长范围的一阶导数光谱最大值对应的波长
黄边面积	SD_Y	560～620 nm 波长范围的一阶导数光谱的积分
红边幅值	D_R	640～780 nm 波长范围的一阶导数光谱最大值
红边位置	λ_R	640～780 nm 波长范围的一阶导数光谱最大值对应的波长
红边面积	SD_R	640～780 nm 波长范围的一阶导数光谱的积分
绿峰峰值	p_G	510～570 nm 波长范围光谱反射率最大值
绿峰位置	λ_R	510～570 nm 波长范围光谱反射率最大值对应的波长
绿峰反射高度	$1-\dfrac{R_S+\dfrac{R_E-R_S}{\lambda_E-\lambda_S}\times(\lambda_E-\lambda_S)}{R_C}$	510～570 nm 波长范围光谱反射率最大值的反射强度
红谷谷值	p_{R0}	640～700 nm 波长范围光谱反射率最小值
红谷位置	λ_{R0}	640～700 nm 波长范围光谱反射率最小值对应的波长
红谷吸收度	$1-\dfrac{R_C}{R_S+\dfrac{R_E-R_S}{\lambda_E-\lambda_S}\times(\lambda_E-\lambda_S)}$	640～700 nm 波长范围光谱反射率最小值的吸收强度

注：R_C、R_S、R_E 分别为吸收特征中心点、起点和结束点处的光谱反射率，λ_S、λ_E 分别为反射特征起点和结束点处的波长。

（四）最小噪声分离变换效果

经过最小噪声分离（MNF）处理过的高光谱影像如图 5-1-6 所示。图 5-1-6 展现的是 MNF 前三个分量，经过处理后的第一分量 MNF1 的亮白区域和深色区域能够较好地区分地表和植被，而 MNF2 和 MNF3 已经能够看出分量中出现大量的噪点。通过逐级查看每个分量发现前三个 MNF 分量能较好体现数据特性。

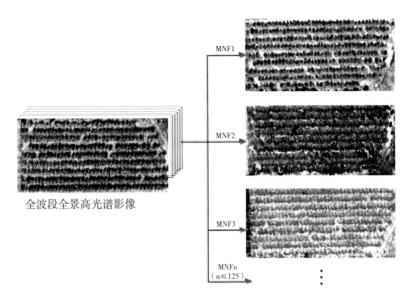

图 5-1-6　MNF 处理效果示意图

选取前三个 MNF 分量进行随机组合，得到如图 5-1-7 所示的合成图像，波段（分量）的组成顺序从（a）～（f）分别为 123、132、213、231、312、321。

图 5-1-7　MNF 前三个分量组合可视化

（五）遗传算法选取波段的实现

本研究中选取波段的目的是建立柑橘黄龙病的判别模型。基于全波段的高光谱数据在一定程度上能够建立柑橘黄龙病判别模型，但也浪费了计算机的运算资源，降低了运算效率。为了提高运算效率，降低时间成本，以柑橘黄龙病全波段判别模型为基准，根据个体对模型准确率的贡献度进行排序，保留贡献度高的个体，淘汰贡献度低的个体。在基因数量相同的情况下，个体的模型准确率越高，其贡献度越高；在模型准确率相同的情况下，个体的基因数量越少，其贡献值越高。该方法能根据建立判别模型的目的，选取有利于建模的特征波段，有助于提高基于特征波段的柑橘黄龙病判别模型的判别效果。但该方法有一定的局限性，作为选择基准的判别模型应具备较高的准确率，才能选择出具有建模意义的特征波段。该算法流程如图 5-1-8 所示。

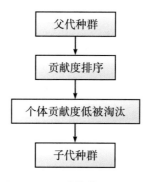

图 5-1-8　遗传算法流程图

基于遗传算法的柑橘植株冠层光谱特征波段的选取，通过 Python 环境实现，该算法的核心方案如下：

（1）采用二进制编码。

（2）自适应函数为 RMSE 函数。

（3）采用以全波段柑橘黄龙病判别模型为选择基准的贡献度排序法，贡献度越高的个体，被选中的可能性就越大。

（4）交叉重组方式为单点交叉，在初始群体随机设定交叉点并设定变化周期，随后两组染色体依据设定交叉概率进行配对。

（5）突变方式为均匀突变，可有效增加群体的多样性。

（6）终止条件选择迭代次数，设置遗传迭代次数为 1500 次。

在遗传算法中，交叉概率和突变概率对模型最后的输出有一定的影响。交叉概率设置太大，会破坏种群的优良性，使选择的波段结果不佳，降低模型的精度；交叉概率设置太小，会影响算法的进化，降低收敛性能。突变概率的设定值较低，常见取值小于 0.1。

在调试参数的过程中，通过控制单一变量进行逐步调试，分别观察交叉概率和突变概率对优选特征波段的影响。设定突变概率为 0.05 不变，控制交叉概率在 0.2 ～ 0.8，按照 0.1 的梯度进行变化，记录每次运算结果。如图 5-1-9（a）所示，当交叉概率为 0.5 时，其准确率达到最高，所选取的波段数量是 10 个。选取该交叉概率作为模型概率，控制突变概率在 0.02 ～ 0.08，按照 0.01 的梯度进行变化，记录每次运算结果。如图 5-1-9（b）所示，当突变概率为 0.02 时，其准确率最高且选择的波段数最少。

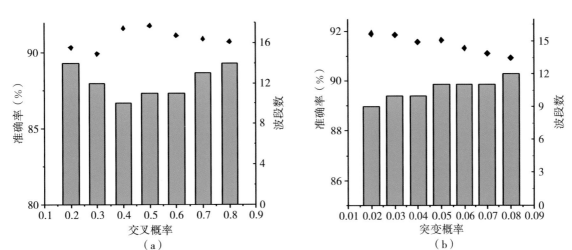

图 5-1-9　交叉概率和突变概率调试过程

以模型准确率为基准，分别选定交叉概率为 0.5 和突变概率为 0.02，通过该参数迭代 1500 次，遗传算法得到的输出波段为 468 nm、504 nm、512 nm、516 nm、528 nm、536 nm、632 nm、680 nm、688 nm，该波段组合得到的模型准确率为 91.92%，见表 5-1-4。这些波段在蓝光波长范围的有 1 个，在绿光波长范围的有 5 个，在红光波长范围的有 3 个。

表 5-1-4　遗传算法运行结果

算法参数	选取波段中心波长（nm）	准确率（%）
交叉概率 =0.5，突变概率 =0.02	468、504、512、516、528、536、632、680、688	91.92

四、模型构建

（一）基于支持向量机的柑橘冠层提取模型

基于支持向量机（SVM）实现柑橘冠层的提取主要依赖 ENVI 环境来实现，该环境已经将 SVM 算法进行封装，并可通过调整参数对 SVM 模型的效果进行优化。

SVM 主要的参数有惩罚系数和核函数，根据不同的核函数，还要调试不同核参数。本研究使用的是二项式核函数的 SVM 分类器，核函数如公式（5.1.1）所示：

$$K\left(x_i, x_j\right) = \left(\gamma x_i^T \cdot x_j + r\right)^2 \tag{5.1.1}$$

式中，γ 为多项式核函数的系数；r 为常数项。

SVM 建立分类模型的过程如图 5-1-10 所示，以 MNF 变换得到的前三个分量作为模型输入，通过 ENVI 分别建立冠层和非冠层的感兴趣区域，以建立的感兴趣区域作为模型输入并训练模型，将运用全景图像进行分类结果的输出。

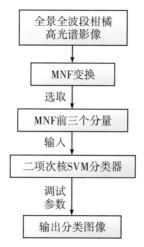

图 5-1-10　SVM 建模示意图

在冠层分类模型中，SVM 核函数的参数 γ 和 r 均采用默认值，γ 为 0.33，r 为 1.0；惩罚系数 C 从 10～50 按照梯度为 10 进行逐步调试，确定惩罚系数 C 为 40。通过该函数输出冠层的分类结果，如图 5-1-11 所示。图中黑色区域表示背景，白色区域表示提取的冠层。

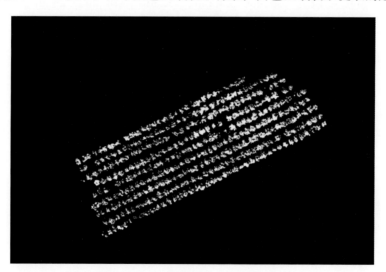

图 5-1-11　柑橘冠层 SVM 分类结果

（二）基于全连接神经网络的柑橘黄龙病检测模型

1. 基于栈式自编码神经网络的柑橘黄龙病检测模型

柑橘冠层全波段原始光谱中包含柑橘冠层原始光谱信息及特征，借助栈式自编码（SAE）神经网络模型自主提取柑橘冠层的光谱特征，降低数据维度，并建立检测模型。基于原始光谱的 SAE 神经网络柑橘黄龙病检测模型，采用的数据包括感染柑橘黄龙病植株冠层全波段原始光谱和健康柑橘植株冠层全波段原始光谱两类数据。

使用 SAE 神经网络构建的分类模型主要分为两个过程，第一个过程是编码降维和解码重构，第二个过程是使用最后一层编码的输出进行分类。编码降维和解码重构的过程各有三层网络，每层网络使用的激活函数为 ReLU，均采用了 Dropout 结构，LR 参数为默认。如图 5-1-12 所示，在编码过程中，全波段 125 个光谱特征经过第一层的自编码器后得到 64 维度的特征，该网络层需要 8064 个网络节点；通过第二层的自编码器进行特征变换，不进行特征压缩，该层需要 4160 个网络节点；第三层的自编码器将光谱特征维度进行降维，得到 16 维度的特征。在解码过程中，第一层的解码器将最后一层编码结果进行变换，第二层的解码器将 16 维度的特征进行重构，得到 64 维度的特征，第三层的解码器将 64 维度的特征进行重构得到重构后的光谱。

在 SAE 编码和解码的过程中，使用 MSE 作为损失函数对 SAE 的处理效果进行评价，当损失函数不再变化时，则终止迭代。如图 5-1-13 所示，在迭代到 46 次时，训练集和验证集的损失都趋近平缓，此时，训练集的损失为 0.587，验证集的损失为 0.682。

基于 SAE 神经网络进行分类，其网络结构如图 5-1-14 所示，将第三层自编码器的输出作为分类层的输入，分类层的激活函数为 Sigmoid。

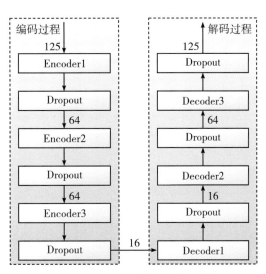

图 5-1-12　SAE 编码和解码过程

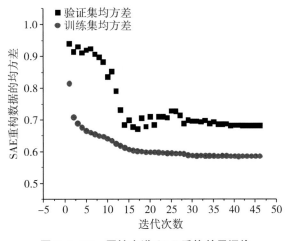

图 5-1-13　原始光谱 SAE 重构效果评价

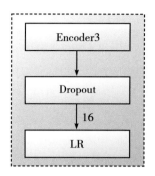

图 5-1-14　SAE 神经网络分类结构

在 SAE 编码过程中产生的参数总量有 13281 个，由于只选用第三层自编码器的输出，在分类层中，只需要选取其中的 1057 个网络节点建立分类模型，另外的 12224 个网络节点将会被冻结，大大提高模型的训练速度和检测效率。

全波段原始光谱经 SAE 降维后的分类结果如图 5-1-15 所示。由于模型设置的终止条件为连续 5 次损失值无法降低时则停止运算，因此，在经过 7 次的迭代之后，模型并没有得到提升。该模型对训练集分类的准确率为 72.76%，损失值为 0.5475；对验证集的分类准确率为 74.87%，损失值为 0.5224。

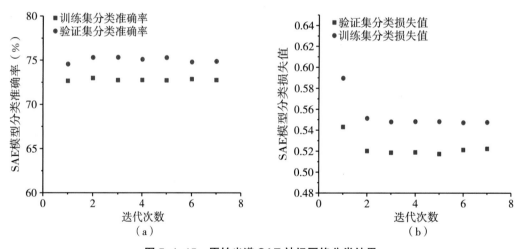

图 5-1-15　原始光谱 SAE 神经网络分类结果

基于全波段原始光谱的 SAE 分类效果并不是很理想，原因可能是原始光谱中健康植株光谱和染病植株光谱的特征并不明显，因此在该模型下无法得到较好的区别。经过数学变换的导数光谱，是区别于原始光谱的光谱形式，具有将原始光谱的特征信息突出化的能力。该试验将采用导数光谱建立柑橘黄龙病检测模型，对基于全波段的原始光谱和导数光谱建立的柑橘黄龙病检测模型的检测效果进行比较。

基于全波段导数光谱的柑橘黄龙病检测模型，以感染柑橘黄龙病植株冠层全波段导数光谱和健康柑橘植株冠层全波段导数光谱为输入数据，对导数光谱采用同样的网络结构建立 SAE 检测模型，得到 SAE 对导数光谱的重构损失，如图 5-1-16 所示。

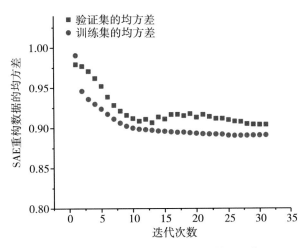

图 5-1-16　导数光谱 SAE 重构效果评价

导数光谱在 SAE 网络降维和重构过程中经过 31 次迭代，训练集的损失值为 0.891，验证集的损失值为 0.904。迭代次数较原始光谱减少，但造成的损失变大。

导数光谱经 SAE 网络降维和分类的结果如图 5-1-17 所示，导数光谱经过 16 次迭代，训练集的分类准确率为 89.88％，损失值为 0.2537；验证集的分类准确率为 90.01％，损失值为 0.2864。

比较图 5-1-15 与图 5-1-17 可以发现，导数光谱在重构过程中损失值较原始光谱大，但分类效果反而更佳，分类模型的损失值也更低。分析出现该现象的原因可能为导数光谱随波长增加不呈现明显的规律，且导数光谱的值波动比较大，基于非线性变换的重构光谱不能较好地将光谱还原，因此造成导数光谱在 SAE 网络重构过程中损失较大。但由于导数光谱的特征更加明显，因此可以大大提高检测的准确率，模型在检测中的误差减少，损失值也随之降低。

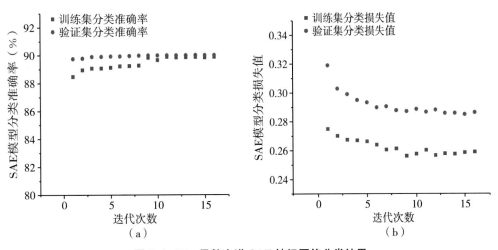

图 5-1-17　导数光谱 SAE 神经网络分类结果

2.基于变分自编码神经网络的柑橘黄龙病检测模型

变分自编码器（variational AutoEncoder，VAE）是一种无监督生成学习，根据输入数据与输出数据的概率分布，将求出条件概率分布的预测模型作为生成模型。如图 5-1-18 所示，将样本 $X=\{x_1, x_2, \cdots, x_n\}$ 转换为潜在空间中的两个参数：均值向量和标准差向量。这两个参数能够定义潜在空间中的正态分布，然后在构造的正态分布中随机采样，通过解码网络映射回输入数据，实现重构样本的目的。

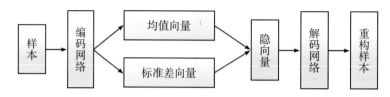

图 5-1-18　VAE 重构样本示意图

假设原样本 $X=\{x_1, x_2, \cdots, x_n\}$ 中每个 x_i 都存在独立的后验分布 $P(Z|x_i)$，使得每个 x_i 都服从于正态分布：

$$\log q_\emptyset (Z|x_i) = \log N (z; \mu_i, \sigma_i^2 I) \tag{5.1.2}$$

通过构建均值网络和标准差网络来计算每个独立 x_i 的均值和标准差：

$$\mu_i = f_1(x_i) \tag{5.1.3}$$

$$\log \sigma_i^2 = f_2(x_i) \tag{5.1.4}$$

在重构样本生成过程中，为了使重构效果保持随机性，需要保持模型具有一定的噪声强度，因此，重构过程中方差不能为 0，需要将 $P(Z|X)$ 服从于标准正态分布：

$$P(Z) = \sum_X P(Z|X) P(X) \tag{5.1.5}$$

由公式（5.1.5）可知，在满足 $P(Z|X)$ 为标准正态分布的情况下，$P(Z)$ 也将满足标准正态分布。因此，为了更好地让 $P(Z|X)$ 服从标准正态分布，在重构的基础上加入损失项 $\mathrm{Loss}(\mu_i)$ 和 $\mathrm{Loss}(\sigma_i^2)$，为了协调两个损失之间的比例，保证生成的数据质量，采用 KL 散度来计算损失，计算过程如公式（5.1.6）所示：

$$\mathrm{Loss}(\mu, \sigma^2) = \frac{1}{2} \sum_{i=1}^{d} (\mu_i^2 + \sigma_i^2 - \log \sigma_i^2 - 1) \tag{5.1.6}$$

实现正态分布之后，VAE 的另一个重要内容就是采样。生成数据的均值和标准差都是从潜在空间中采样，这个采样过程是不可导的，但是得到的结果可导。因此引入 ε，将原本从标准正态 $N(\mu, \sigma^2)$ 采样生成 Z 的过程变换成从 $N(\mu, I)$ 中采样 ε，进一步生成 $Z=\mu+\varepsilon\sigma$ 的过程，如图 5-1-19 所示。

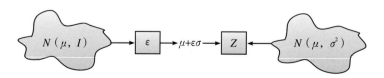

图 5-1-19　VAE 潜在空间的采样过程示意图

综上，VAE 的实现主要分为两个过程，第一个过程是建立重构数据的生成模型，第二个过程是利用生成的数据进行分类。

基于 VAE 建立生成模型的网络结构如图 5-1-20 所示，第一部分为编码压缩部分，将全波段 125 个光谱数据输入，经过第一层的编码器将 125 维特征降维到 64 维特征，该过程产生 8064 个网络节点；第二层的编码器将 64 维特征进行变换，不降低特征维数，该过程产生 4160 个网络节点；第三层的编码器将 64 维特征降维到 16 维，该过程有 1040 个节点产生。第二部分为采样重构过程，将从第三层编码器的输出构造潜在空间，在该潜在空间中采样均值和标准差，通过采样结果重构数据样本。

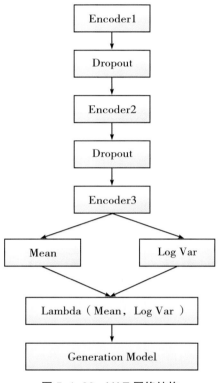

图 5-1-20　VAE 网络结构

VAE 网络中编码层的激活函数为 ReLU 函数，以损失函数评价训练效果，当连续 5 次训练损失不再降低时则停止训练。考虑到原始光谱在 SAE 网络中的分类表现不理想，而导数光谱在 SAE 网络中存在分类的可能性，因此在 VAE 网络中，仅将导数光谱作为输入数据来训练和分类，得到的训练结果如图 5-1-21 所示。经过 15 次的迭代，训练集的损失在稳定地减少，最终的损失值为 -4.8847，验证集在验证过程的损失存在波动，最终损失值为 -4.5582。

基于 VAE 网络的分类模型如图 5-1-22 所示，将潜在空间的采样结果输入分类层进行分类。整个网络中包含 13335 个网络节点，在分类层中只选取 1111 个网络节点进行训练分类模型，其他参数被冻结，其中分类层的激活函数为 Sigmoid 函数。

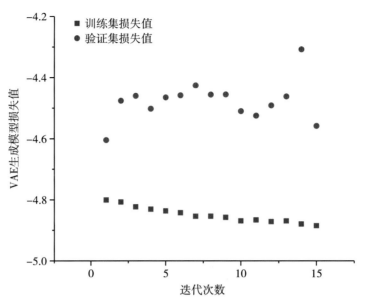

图 5-1-21　VAE 生成模型训练结果

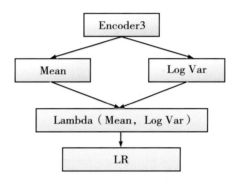

图 5-1-22　基于 VAE 网络的分类模型

　　基于 VAE 的分类模型经过 26 次的迭代停止训练，训练效果如图 5-1-23 所示。训练集的分类准确率为 90.15%，损失值为 0.2241；验证集的分类准确率为 91.25%，损失值为 0.2476。

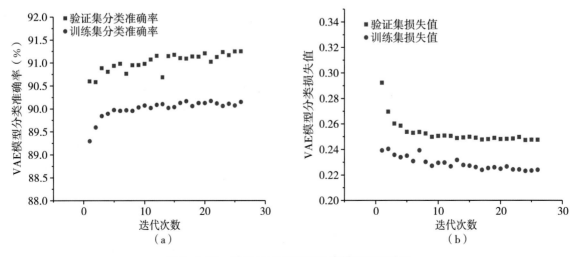

图 5-1-23　基于 VAE 网络的分类模型训练效果

比较导数光谱在 SAE 网络和 VAE 网络中的表现，可以发现 VAE 建立的分类模型分类准确率较 SAE 有所提升，模型的损失也得到降低。而且 VAE 是一种基于输入数据与输出数据对抗的生成模型，其模型鲁棒性和泛化性能较 SAE 也有较好的表现。

3. 基于优选波段的柑橘黄龙病检测模型

基于自提取和降维的神经网络建立的分类模型，其输入数据的本质仍然是全波段的高光谱数据。高光谱数据存在获取成本昂贵、采集难度较大等问题，因此，尝试采用通过遗传算法提取的特征波段建立分类。基于本章第一节"（五）遗传算法选取波段的实现"提取的特征波段，共包含蓝光波段、绿光波段和红光波段范围内的 9 个波段。考虑到植被在近红外波段范围常存在特征波段，故通过遗传算法迭代的算法结果往回寻找，发现中心波长为 852 nm 的近红外波段出现频率较高，因此将该波段同样作为特征波段，则遗传算法选择的特征波段共有 10 个，见表 5-1-5。

表 5-1-5　遗传算法选取特征波段　　　　　　　　　　（单位：nm）

波段名称	选取波段中心波长
蓝光波段	468
绿光波段	504、512、516、528、536
红光波段	632、680、688
近红外波段	852

基于特征波段柑橘黄龙病检测模型的全连接神经网络结构如图 5-1-24 所示，将遗传算法选择的特征波段作为分类模型的输入数据。该模型隐藏层共有 11 层，激活函数为 ReLU，其中有 4 层为 Dropout 层，7 层为数据变换层。数据变换层从上到下依次变换：

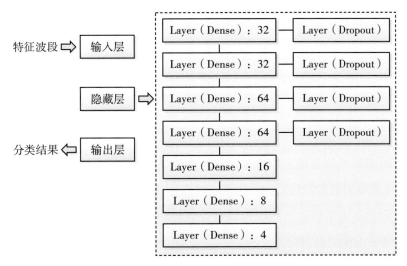

图 5-1-24　基于特征波段柑橘黄龙病检测模型的全连接神经网络结构

（1）通过352个网络节点将输入的10个特征扩展成32个特征，并在该层加入Dropout。

（2）通过1056个网络节点将32个特征进行变换，并在该层加入Dropout。

（3）通过2112个网络节点将32个特征扩展成64个特征，并在该层加入Dropout。

（4）通过4160个网络节点将64个特征进行变换，并在该层加入Dropout。

（5）通过1040个网络节点将64个特征压缩成16个特征。

（6）通过136个网络节点将16个特征压缩成8个特征。

（7）将8个特征压缩成4个特征，并将结果输出给分类层。

分类层的激活函数为Sigmoid，该模型经过70次的迭代，得到的分类效果如图5-1-25所示。训练集分类准确率为96.01%，损失值为0.0992；验证集分类准确率为97.16%，损失值为0.076。

与基于全波段高光谱数据经自编码神经网络提取的特征所建立的模型相比，基于特征波段的检测模型对柑橘黄龙病的分类效果明显提高，准确率得到明显提高，损失值明显下降，模型中需要调整的部分也得到降低，但该模型需要增加训练次数才能得到较好的收敛效果。由此可见，虽然神经网络能自动提取数据特征，但是如果人工提取特征，并将特征输入神经网络模型建立分类模型，模型效果可以得到较好的优化。

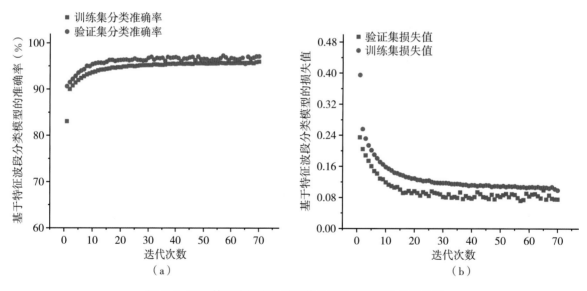

图5-1-25　基于特征波段柑橘黄龙病检测模型的分类效果

4. 基于植被指数的柑橘黄龙病检测模型

植被指数常用来反演植被的生理特性，自其被提出以来，在农情信息分析中一直处于重要地位。柑橘植株在感染柑橘黄龙病后，叶片表层特征会发生改变，叶绿素含量也会产生变化，氮、钾等微量元素会降低。由于植被指数在柑橘黄龙病检测研究中很少被提及，因此，本试验将探索植被指数对柑橘黄龙病的检测效果。

常见的植被指数有比值植被指数（RVI）、差值植被指数（DVI）、归一化植被指数（NDVI）、增强植被指数（EVI）、三角植被指数（TVI）、归一化绿度植被指数（NDGI）、绿波段比值植被指数（GRVI）和叶绿素植被指数（CVI）。此前均有研究将这些指数应用于农情分析，特别是在绿色植被的叶绿素反演、氮素反演和植被分类等方面，因此，本试验选择这8个植被指数构造特征。

高光谱数据的光谱分辨率高，在蓝光、绿光、红光和近红外波长范围均有较多的波段。为了让植被指数能够更好地体现感染柑橘黄龙病植株的光谱特征，本试验将遗传算法选择的特征波段作为植被指数模型计算的基础，植被指数计算的波长反射率值将基于表5-1-5选取的特征波段。

由于在红光波长范围和绿光波长范围的特征波段分别有多个，因此，将含有多个特征波段的红光和绿光波段依次代入植被指数模型中计算，得到植被指数特征共62个，各植被指数的特征数量见表5-1-6。

表5-1-6　基于特征波段的植被指数计算结果　　　　　　　　（单位：个）

植被指数名称	特征数量
比值植被指数	3
差值植被指数	3
归一化植被指数	3
增强植被指数	3
三角植被指数	15
归一化绿度植被指数	15
绿波段比值植被指数	5
叶绿素植被指数	15

将表5-1-6计算得到的植被指数作为特征输入到网络中，隐藏层的每个数据变换层都加入Dropout结构，激活函数为ReLU。该网络结构如图5-1-26所示，首先，通过8064个网络节点将64个特征扩展为128层；其次，通过16512个网络节点将128维特征进行变换；接着通过33024个网络节点将特征扩展为256维；再通过65792个网络节点将256维特征进行变换；最后通过8224个网络节点将特征压缩为32个，并输出到分类层中。

分类层的激活函数为Sigmoid，该模型经过56次迭代后得到的分类效果如图5-1-27所示。训练集分类准确率为97.02%，损失值为0.0783；验证集分类准确率为98.0%，损失值为0.0585。

将基于植被指数提取的特征作为模型输入，该分类模型的准确率较基于特征波段建立的分类模型的判别效果有所提高。虽然该模型仍然保持着简单的模型结构，训练效果拟合程度高，但模型输入特征的运算量大量增加。

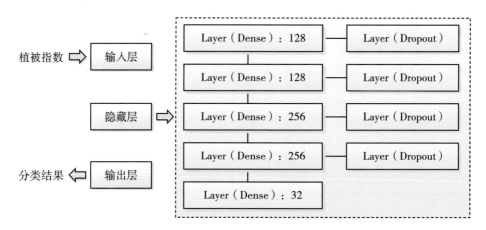

图 5-1-26　基于植被指数柑橘黄龙病检测模型的神经网络结构

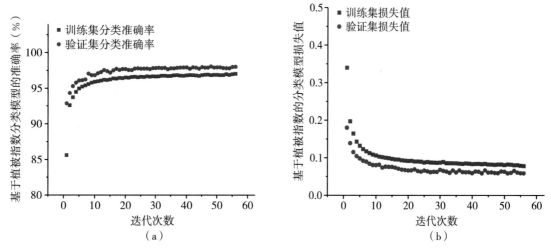

图 5-1-27　基于植被指数的柑橘黄龙病检测模型的分类效果

5. 基于多特征输入的柑橘黄龙病检测模型

通过比较基于特征波段和基于植被指数建立的分类模型，可以明显得出：使用经过提取的特征作为全连接神经网络的输入数据，在不提高网络复杂性的情况下，可以有效提高模型的分类效果。因此，经过提取柑橘植株冠层存在的特定光谱特征和基于特征波段建立的植被指数，将所提取的各类特征作为模型的多输入特征，建立基于多特征输入的柑橘黄龙病判别模型。

由于全连接网络只能处理一维向量，对于多特征输入的数据，全连接网络需要通过多层输入来并行处理数据。基于柑橘冠层提取的光谱特定特征参数包括极值特征（峰值或谷值）、位置特征、面积特征以及绿度和红度特征等。因此，基于全连接网络的模型特点，将网络模型设为五输入、单输出的模型。

基于多特征输入的全连接神经网络模型结构如图 5-1-28 所示，由 7 个部分组成，分别是极值特征处理层、位置特征处理层、面积特征处理层、绿度和红度特征处理层、植被指数特征处理层、特征拼接层和分类层。其中植被指数特征处理层的特征提取方式不变，其结构如图 5-1-26 所示。

极值特征处理层处理的特征包括蓝边、黄边、红边、绿峰、红谷和位置特征处理层的数据，以及极值特征所处的波长大小。极值特征处理层与位置特征处理层的网络结构一致，先通过 192 个网络节点将 5 维特征扩展到 32 维，再通过 1056 个网络节点进行特征变换，最后通过 66 个网络节点将数据压缩成 2 维特征，并输出给特征拼接层。

面积特征处理层处理的特征包括蓝边、黄边、红边的面积，绿度和红度特征分别指绿峰反射高度和红谷吸收度。面积特征处理层与绿度和红度特征处理层的网络结构一致。首先，将数据扩展为 32 维特征，面积特征处理层需要处理 64 个网络节点，绿度和红度特征层需要处理 48 个网络节点；其次，面积特征处理层与绿度和红度特征层分别需要处理 272 个网络节点，将 32 维特征做特征变换；最后，通过 17 个网络节点将数据压缩成 1 维数据并输出给特征拼接层。

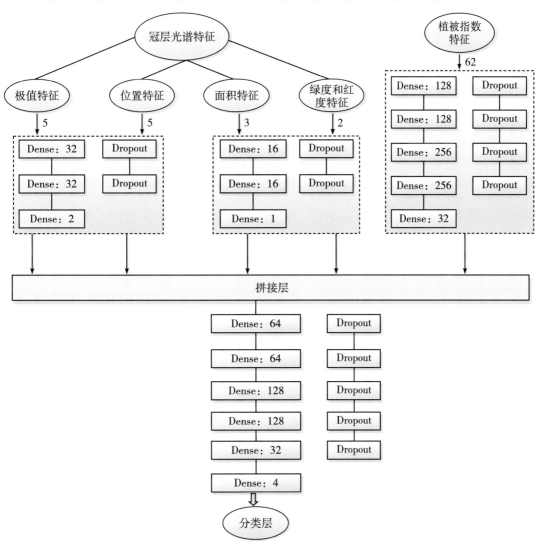

图 5-1-28　基于多特征输入的全连接网络模型结构

经过拼接层处理后的特征共 38 维，对拼接后数据进一步处理。首先，通过 2496 个网络节点将数据扩展为 64 维，再通过 4160 个网络节点进行特征变换；其次，通过 8320 个网络节点将数据扩展为 128 维，再通过 16512 个网络节点进行特征变换；最后，通过 4128 个网络节点将数据压缩为 32 维，再通过 132 个网络节点将数据压缩为 4 维，并输出到分类层。

设置分类层的激活函数为 Sigmoid，基于多特征输入的柑橘黄龙病检测模型分类结果如图 5-1-29 所示。模型在经过 87 次的迭代运算后收敛，训练集的分类准确率为 99.33%，损失值为 0.02662；验证集的分类准确率为 99.72%，损失值为 0.0119。

基于上述结果，可以发现基于多特征输入的柑橘黄龙病检测模型的神经网络结构复杂，隐藏层对数据的处理方面有 31 层，复杂性大大增加。由于输入数据的特征性强，保证了模型的鲁棒性，因此可以进一步证实特征数据对建立检测模型有很大的提升作用。

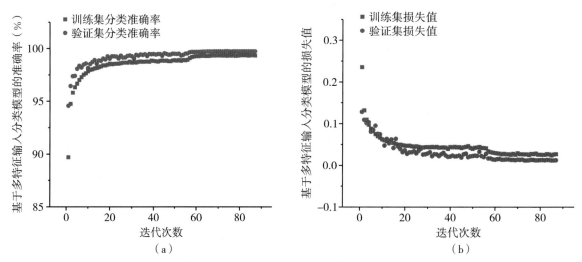

图 5-1-29　基于多特征输入的柑橘黄龙病检测模型分类精度和损失

五、结果与分析

（一）高光谱遥感病情分布图

为了更好地推进遥感检测的应用，更好地验证所建立的模型的可行性，本研究以图 5-1-11 所提取的试验区域柑橘冠层标签为依据，对试验区域柑橘植株进行高光谱遥感检测，以像素级检测研究植株冠层感染柑橘黄龙病的情况。

检测思路如图 5-1-30 所示，图中 "Hyperspectral Image" 表示采集的高光谱影像，"Label" 表示柑橘高光谱影像提取的冠层，白色表示柑橘冠层像素，黑色表示非冠层像素。通过 "Label" 影像逐像素读取，若读到白色像素，则提取该像素的行坐标 a 和列坐标 b，通过坐标法提取 "Hyperspectral Image" 影像中坐标（a，b）对应冠层像素的数据，以该像素的数据作为单一光谱样本，将所提取的光谱样本放入模型中检测，得到的检测结果若为健康，则返回"Label"影像给该像素标注为绿色；若为染病，则标注为红色。

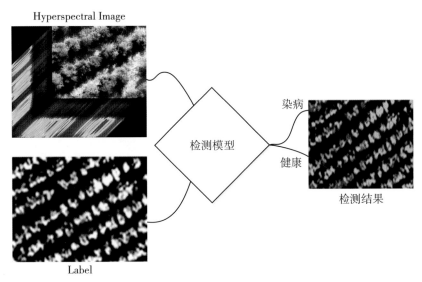

图 5-1-30　高光谱遥感影像检测思路

以地面调查结果为参考基准，试验前后共对试验区域开展了多次调查，将感染柑橘黄龙病的植株进行标注，如图 5-1-31 所示。图中粉色圆圈表示染病 D1 等级，黄色圆圈表示染病 D2 等级。

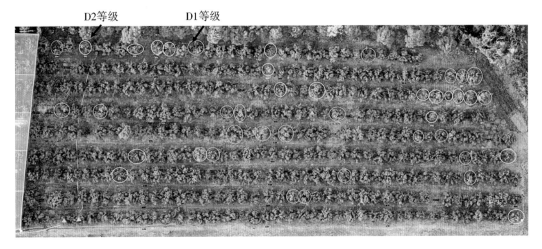

图 5-1-31　地面标识

全景高光谱遥感影像检测结果如图 5-1-32 所示，经过该模型检测的输出结果能够将 41 棵病树检测出来，并将病害在冠层的分布情况在输出结果中表示，但也将 8 棵健康植株识别错误，冠层出现大面积错误输出。图 5-1-32 中圆圈表示病树检测正确，方框表示检测结果与前期调查结果存在误判。

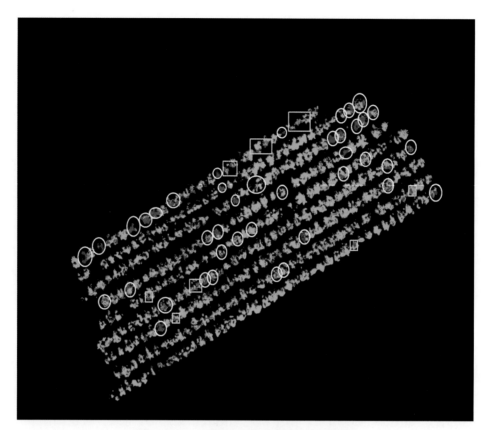

图 5-1-32 全景高光谱遥感影像检测结果

基于前期地面调查得到的 D1 等级和 D2 等级的染病植株，从图中可以进一步发现，不同等级的染病植株冠层确实存在不同覆盖度的病害分布。其中 D1 等级覆盖度均小于 50%，而 D2 等级的覆盖度大于 50%。

可以发现，对染病植株进行像素层面的识别，证明该方案可以实现检测病树的目的，而该方案存在误判的现象，证明该模型仍存在需要改进之处。不过，对个别健康植株的误判，也可能是该植株存在其他的病害导致的，这也可以提高果农的警惕程度。

检测结果显示，所有健康植株的冠层光谱样本在检测中并不能都表现为健康型。如图 5-1-33（a）所示，在健康植株中出现"花点"现象，个别像素被错判为染病，该冠层被错判的像素分布错乱无规律。出现这种情况的原因可能有两个：一是受光线、地面或其他地方的反射光影响而生成混合像元，造成结果的误判；二是染病植株冠层光谱并不全部表现为染病，导致训练集样本中混杂健康样本，当将健康植株冠层的光谱放入模型中训练时，会大大增加将健康植株误判为染病植株的概率。

在染病植株的分类结果中，如图 5-1-33（b）所示，可以看到病株病害程度较为严重，病害已蔓延至整个植株，因此需要及时将该植株挖除，以保护其他的柑橘植株，减少生产损失。从图 5-1-33（c）中可以看出病害在冠层的分布情况。在实际生产中，果农可以根据病害在冠层的分布情况判断是砍除个别枝干还是整棵挖除。

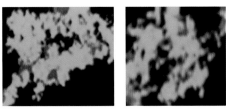

（a）"花点"现象

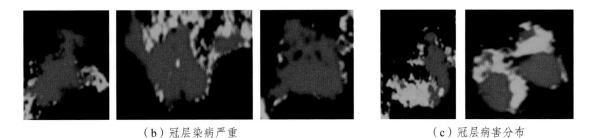

（b）冠层染病严重　　　　　　　　　　　（c）冠层病害分布

图 5-1-33　柑橘冠层检测结果表现

因此，通过对试验区域全景图的识别和分析，发现该技术方案可以对大面积柑橘果园实行无人机高光谱遥感检测柑橘黄龙病害，大大提高检测效率。

（二）总结

柑橘黄龙病的快速蔓延及强破坏力给柑橘产业带来的毁灭性影响日趋严重。对种植规模日益壮大的果园种植业来说，传统的检测柑橘黄龙病的技术手段不但浪费大量的财力物力，而且效率低下。随着图谱技术的逐渐成熟，近年来无人机高光谱遥感在农情分析领域的应用越来越广泛，这为无人机高光谱遥感检测柑橘黄龙病提供了可能性，但目前，关于无人机高光谱遥感检测柑橘黄龙病的研究鲜有报道。

本试验为探究无人机高光谱遥感技术检测柑橘黄龙病的实用性，开展了四个环节的研究：

（1）在高光谱遥感数据获取环节，通过设计地面试验和无人机空中试验，在天气良好的情况下，同步采集柑橘冠层和地面白板的高光谱数据。

（2）在数据预处理环节，首先对无人机影像进行拼接预处理操作，接着探索冠层光谱样本的提取方式，随后采用对比分析法和相关性分析法对无人机高光谱数据进行质量评价，结果表明 HandHeld 2 与 Cubert S185 采集的柑橘冠层高光谱数据相关性显著，R^2 均超过 0.96。此外，对比了 SG 平滑算法和 Daubechies 小波算法对高光谱数据的平滑去噪效果，最后采用孤立树算法检测数据集中的异常样本。

（3）在柑橘冠层光谱特征挖掘环节，首先通过对比法分析健康柑橘植株和感染柑橘黄龙病植株冠层的特征，通过光谱变换的方法比较了两者的差异，提取冠层光谱特定特征参数；接着采用最小噪声分离变换法将高光谱全景影像进行降维，提取前三个 MNF 特征；随后介绍了遗传算法的原理、实现、改进及结果；最后介绍了常用的反映氮素、叶绿素等生理特征的植被指数模型。

（4）在建立柑橘黄龙病检测模型环节，基于不同的数据特征处理方式，采用全连接网络建立柑橘黄龙病检测模型，并验证模型的效果。

通过以上处理得到的研究结论如下：

（1）冠层光谱样本的提取方式。基于冠层标签提取像素级光谱样本，能够较好地保证冠层光谱的多样性，提高模型的检测能力。通过柑橘植株冠层标签检测柑橘植株的染病情况，能够较好地反映柑橘植株的病害程度以及病害分布，对提高柑橘种植智能化管理有较大的帮助。

（2）空中高光谱数据质量评价。采用对比分析法比较地面和空中高光谱数据的异同，采用相关性分析法分析地面和空中高光谱数据的相关性。在可见光区间，地面与空中的光谱反射率变化趋势一致，由于 Cubert S185 设备因素，在近红外波长范围，出现反射率的衰减。通过相关性分析，地面白板的相关性 R^2 为 0.8697，而柑橘冠层光谱的相关性 R^2 均在 0.96 以上。

（3）平滑去噪算法的优化。采用 SG 平滑算法和 Daubechies 小波算法对无人机高光谱数据进行平滑去噪，均可以较好地实现高光谱数据去噪和平滑，但 Daubechies 小波算法在实现过程考虑噪声类型和特征重构，因此在本研究中选用 Daubechies 小波算法作为平滑去噪的最终技术手段，选用 db16 为小波基函数，通过粒子群算法优选阈值，改进阈值的选取方式，通过软阈值函数进行处理。

（4）特征挖掘对柑橘黄龙病检测有至关重要的影响。通过光谱变换，可以突出染病植株的光谱特征，增大与健康植株的差异，并基于原始光谱与变换光谱的分析，辨别柑橘黄龙病的光谱特征。MNF 变换能有效降低数据维度，选取前三个 MNF 分量能够提供足够的特征信息，提高柑橘植株冠层的提取效率。基于全波段的柑橘黄龙病检测模型，为选择算子的遗传算法选取柑橘黄龙病的特征波段，选取结果为 468 nm、504 nm、512 nm、516 nm、528 nm、536 nm、632 nm、680 nm、688 nm、852 nm，这些特征波段组合构建的柑橘黄龙病检测模型检测效果更好。

（5）人工挖掘特征能够有效提高柑橘黄龙病检测模型的效果。通过 SAE 神经网络和 VAE 神经网络自动提取特征建立检测模型，证明光谱变换后的导数光谱更有利于识别柑橘黄龙病。接着分别以特征波段、特征波段构建的植被指数、植被指数及特定特征参数的多特征输入等人工提取的特征作为全连接网络的输入，建立柑橘黄龙病检测模型。随着特征提取的深入，该模型检测效果更佳。基于多特征输入的柑橘黄龙病检测模型的分类效果：训练集分类准确率为 99.33%，验证集分类准确率为 99.72%。

（6）高光谱遥感检测柑橘黄龙病的测试。采用基于多特征输入的柑橘黄龙病检测模型对试验区域的柑橘植株进行检测，结果表明该模型能够有效检测出试验区域的染病植株，并且能够有效输出病害在植株冠层的分布情况，进而可以判断植株的病害等级。

第二节　基于地—空多源遥感的柑橘黄龙病智能识别技术的研究

一、案例简介

华南农业大学国家精准农业航空施药技术国际联合研究中心团队成员在广东惠州市博罗县柑橘黄龙病防控试验示范基地进行数据采集试验。针对柑橘黄龙病田间检测诊断，通过无人机采集了大量田间低空多光谱数据，并使用手机拍摄地面可见光图片数据，采用地—空多源数据相结合的方式展开了一系列特征工程，利用机器学习模型进行训练，使得在低空进行柑橘黄龙病检测得以实现。通过手机拍摄健康柑橘叶片和患柑橘黄龙病叶片图像，并进行数据增强，利用深度学习进行训练，建立及对比基于服务器后台和基于客户端的两个深度学习模型的效果，验证了无人机遥感及人工智能技术在柑橘黄龙病检测中的可行性。

二、材料与方法

试验时间为 2017 ～ 2019 年多个时间段的 11：00 ～ 15：00，采集时天气晴朗无云，太阳光强度稳定，视野良好。试验区域种植 9 行，株间行距 4 m，株间列距 2.5 m，共有 334 棵柑橘植株。植株分为健康和患柑橘黄龙病两大类。

（一）空中数据采集

试验使用大疆经纬 M100 无人机挂载 ADC Lite 多光谱相机进行数据采集。数据采集之前先进行白板校正，飞行高度为 60 m，飞行速度设置为 2 ～ 3 m/s，飞行前设置图片的航向重叠率和旁向重叠率均为 60%，飞行路线通过大疆 GS PRO 手机 App 设置。数据采集设备参数见表 5-2-1。

表 5-2-1　数据采集设备参数

设备	参数	数值
ADC Lite	分辨率	2014×1536 像素
	波段	520 ～ 600 nm
		630 ～ 690 nm
		760 ～ 900 nm
	图像尺寸	114 mm×77 mm×22 mm

续表

设备	参数	数值
ADC Lite	重量	200 g
	镜头尺寸	标准 8.5 mm 镜头（可选 4.5 ~ 10 mm 变焦镜头）
	视野	42.5° × 32.5°
	反射率	100%
校正白板	尺寸	50 cm × 50 cm

本试验对多光谱图像整体处理的流程如图 5-2-1 所示。

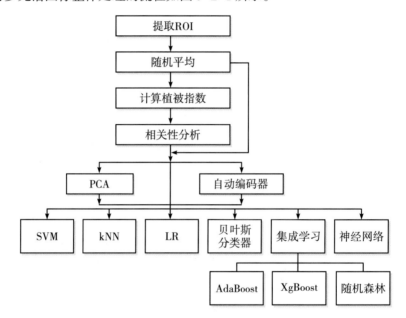

图 5-2-1 多光谱图像整体处理流程

首先，对 ADC Lite 采集的单张图片进行裁剪和拼接处理：利用图像在空间域中的重叠率寻找特征相似的点进行匹配，从而完成图像间的拼接，使用的软件为 PhotoScan。拼接过程中，导入图像和坐标信息，图像输入排列完成后，设置合适的精度和质量顺序生成密集点云、网格及纹理，就可以输出整幅拼接完成的正射影像图。其次，对拼接好的全景图进行阈值为 2% 的去噪处理，提取出图像上的 ROI 原始反射率特征。对于提取出来的反射率，先进行一系列特征提取和特征清洗：为了提高样本量，采用随机组合取平均值的方法，对于平均后的 ROI 计算各种常用的植被指数以扩充样本的特征，再通过相关性分析去除冗余的特征。对于最后提取的特征，进行 PCA 线性和 AutoEncoder 非线性特征压缩。最后对比各机器学习算法针对不同特征检测柑橘黄龙病的效果。

（二）地面可见光数据采集

可见光图像采集时间主要在 2017 ~ 2019 年，分多次试验完成，地点在广东省惠州市博罗县杨村镇新天地果园。为了保证样本采集的准确性，试验都在农学专家的指导下进行。在室外利用相机或手机对叶片样本进行拍摄，并将采集的叶片样本进行后期的 PCR 鉴定，确保了分类标签的准确性。同时，也采集了室内环境下可见光图像的相片：在明亮的室内环境下，将叶片样本平铺在白色背景上，使用相机拍摄叶片样本，拍摄距离为 5 ～ 10 cm。

　　本研究的试验数据来自多个时间段的多个设备，导致采集的图像大小不一，为了规范化数据集，将图像按比例缩放为 224×224 像素。其中，室内拍摄了 964 张健康叶片图像、695 张患病叶片图像，果园实际环境拍摄了 1210 张健康叶片图像、1353 张患病叶片图像。患病叶片的图像包括了各个患病阶段的图像。手机拍摄的叶片图像如图 5-2-2 所示。

（a）典型斑驳症状叶片　（b）均匀黄化叶片　（c）轻微患病叶片　（d）严重患病叶片　（e）健康叶片

图 5-2-2　叶片图像示例

　　在深度学习训练中，需要对海量的数据集进行训练迭代才能有较好的效果。而在现实情况中，收集病害叶片样本并对样本进行标识难度较大，目前还没有公开的柑橘黄龙病叶片数据集。因此，可以使用监督学习或非监督学习方法对数据样本进行扩充。

三、数据处理

（一）无人机拍摄图像数据预处理及特征提取

　　将无人机采集的多光谱图像通过 PixelWrench2 软件导出为 JPG 图像，通过地理信息在 Agisoft PhotoScan 软件中进行拼接，然后将图片导入 ENVI，通过线性拉伸去除阈值低于 2％ 和高于 98％ 的噪声，选取 2％ ～ 98％ 的图片并提取全景图中的 ROI 反射率信息进行分析。多光谱图像拼接及特征提取如图 5-2-3 所示。

　　在全景图中，随机抽取 27 株患病植株和 27 株健康植株，通过 ENVI 在每一植株上均匀提取 30 个 ROI 反射率点，每个 ROI 点的半径为 5 像素。为了保证算法训练的数据量，从 30 个像素点中随机选取 5 个像素点作平均并进行数据增强。

图 5-2-3　多光谱图像拼接及特征提取

　　为了利用有限的光谱信息建立更多有效的分类特征，国内外学者建立了一系列植被指数信息。柑橘黄龙病的分析常利用归一化植被指数（NDVI）、结构不敏感色素指数（SIPI）、三角植被指数（TVI）、差值植被指数（DVI）、比值植被指数（RVI）、样本植被指数（SR）、绿色植被指数（GI）、修正型叶绿素吸收反射率指数（MCARI1）、修正三角植被指数 –1（MTVI1）、修正三角植被指数 –2（MTVI2）、复归一化差值植被指数（RDVI）等进行分析，绿色差异植被指数（GDVI）、优化土壤调节植被指（OSAVI）、归一化差值绿度指数（NDGI）、红外百分比植被指数（IPVI）、叶绿素植被指数（CVI）、生长归一化植被指数（GRNDVI）、标准化红带指数（Norm R）、归一化近红外波段（Norm NIR）和标准化绿带指数（Norm G）也被广泛应用在遥感领域。初步筛选出植被特征后，开始对特征进行筛选。使用皮尔逊相关性计算各植被指数的相关性，如公式（5.2.1）所示。通过公式（5.2.5）将皮尔逊系数的范围从 –1 ～ 1 调整到0 ～ 1，结果越靠近 1，两个特征间越相似。

$$\eta = \frac{\mathrm{cov}\,(X_i,\ X_j)}{\sqrt{\mathrm{var}\,(X_i)\cdot\mathrm{var}\,(X_j)}} \tag{5.2.1}$$

$$\mathrm{cov}\,(X_i,\ X_j) = \mathrm{E}\{[X_i{-}\mathrm{E}\,(X_i)]\,[X_j{-}\mathrm{E}\,(X_j)]\} \tag{5.2.2}$$

$$\mathrm{var}\,(X_i) = \mathrm{E}\{[X_i{-}\mathrm{E}\,(X_i)^2]\} \tag{5.2.3}$$

$$\mathrm{var}\,(X_j) = \mathrm{E}\{[X_j{-}\mathrm{E}\,(X_j)^2]\} \tag{5.2.4}$$

$$\eta \to \eta \times 0.5{+}0.5 \tag{5.2.5}$$

　　结果如图 5-2-4 所示，可以看出 OSAVI 和 IPVI 与 NDVI、TVI 和 SIPI、MCARI1 和 MTVI1、DVI 和 MTVI1、GRNDVI 和 Norm NIR 之间都有非常高的线性相关性，说明之前的特征有大量的冗余信息，因此去除 TVI、DVI、IPVI、MCAR1 和 GRNDVI 五个植被指数信息。最后经过筛选得到相关性较低的植被指数（见表 5-2-2），并在后续进行特征压缩等相关处理。

　　线性特征指两个能够通过二维平面展示出来的变量间成正比的关系。而一切不是一次函数关系的都是非线性的，能解释高维复杂特征。模型也有线性与非线性之分，线性的数据只需简单的直线或平面就能对大部分数据进行分离，否则要对模型进行转换，如 SVM 利用核函数将特征空间转换到高维空间，使得线性模型 SVM 也能区分非线性特征数据。线性特征提取方法有主成分分析法、线性判别分析法等，非线性特征提取方法有神经网络、多项式相乘等。本研究保留相关性较低的特征，采用主成分分析（PCA）和自编码（AutoEncoder）进行非线性特征压缩。

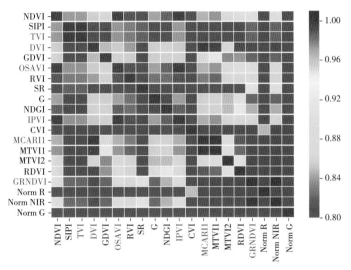

图 5-2-4 植被指数相关性分析结果

表 5-2-2 植被指数特征提取公式

植被指数名称	计算公式
归一化植被指数（NDVI）	NDVI=（NIR−RED）/（NIR+RED）
结构不敏感色素指数（SIPI）	SIPI=（NIR−GREEN）/（NIR+RED）
绿色差异植被指数（GDVI）	GDVI=NIR−GREEN
比值植被指数（RVI）	RVI=NIR/RED
样本植被指数（SR）	SR=NIR/GREEN
绿色植被指数（GI）	GI=GREEN/RED
归一化差值绿度指数（NDGI）	NDGI=（GREEN−RED）/（GREEN+RED）
叶绿素植被指数（CVI）	$CVI=（NIR×RED）/（GREEN）^2$
修正三角植被指数 −1（MTVI1）	MTVI1=1.2×[1.2×（NIR−GREEN）−2.5×（RED−GREEN）]
修正三角植被指数 −2（MTVI2）	$MTVI2=\dfrac{1.5[1.2×（NIR−GREEN）−2.5×（RED−GREEN）]}{\sqrt{（2×NIR+1）^2−（6×NIR−5×\sqrt{RED}）−0.5}}$
复归一化差值植被指数（RDVI）	$RDVI=\dfrac{（NIR−RED）}{\sqrt{（NIR+RED）}}$
标准化红带指数（Norm R）	Norm R=RED/（NIR+RED+GREEN）
归一化近红外波段（Norm NIR）	Norm NIR=NIR/（NIR+RED+GREEN）
标准化绿带指数（Norm G）	Norm G=GREEN/（NIR+RED+GREEN）

　　PCA算法是寻找几组包含绝大部分方差的正交坐标，通过这些坐标构成一个相对低维的空

间，并将原始数据映射到这个向量空间上，使得只需丢失少量的信息便可降低特征复杂度。首先对每一个特征减去各自的平均值，再通过公式（5.2.6）计算协方差矩阵的特征值和对应的特征向量，在对角矩阵中按照特征值的大小将相应特征向量进行降序排序，取前面 k 个特征向量，代表矩阵前 k 个最重要的特征。

$$A=Q\sum Q^{-1} \tag{5.2.6}$$

AutoEncoder 非线性特征压缩如图 5-2-5 所示，其主要包括编码和解码两个重要的过程。编码过程利用函数 h 将输入特征解释为抽象特征 Q，解码过程利用函数 g 将抽象特征 Q 投射回原始空间，获得重构样本。经过优化函数多次迭代，不断优化编码函数 h 和解码函数 g，使重构误差最小化，从而得到输入 s 的抽象特征 Q。当优化函数足够小时，表明抽象特征 Q 在一定允许误差范围内学习到了输入特征 s，Q 即为所需要的非线性特征。

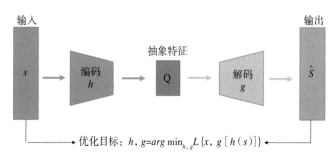

图 5-2-5　AutoEncoder 非线性特征压缩

（二）特征提取结果对比

PCA 降维后会得到各主成分，对这些主成分从大到小进行排序，值越大说明其越重要，相对应方差值所占总方差值的比例越大。图 5-2-6 表示使用 Sklearn.decomposition 函数对本试验数据压缩后的特征所占方差比例进行可视化，横坐标代表通过 PCA 提取主成分的值，纵坐标代表随着主成分的增加所占方差比例的大小。结果显示当取前 3 个主成分时，方差比例已经非常接近 100%，说明已经保留了原始数据的大部分信息。

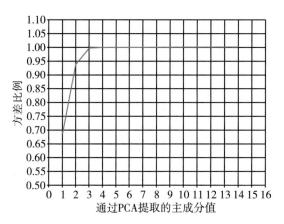

图 5-2-6　PCA 线性压缩特征选择

同理，可以发现 AutoEncoder 训练在特征 3 附近优化函数损失值不再下降。最后对压缩后的特征分布进行可视化，如图 5-2-7 所示。相比 PCA 压缩的特征，AutoEncoder 压缩特征的噪声点较多（红色），而 PCA 压缩后患病样本和健康样本有较清晰的分界线。通过坐标值可以看出 PCA 压缩的特征数值范围比 AutoEncoder 的要小，说明数据分布相对集中，有利于模型进一步分析。

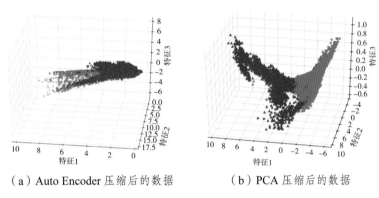

（a）Auto Encoder 压缩后的数据　　　　（b）PCA 压缩后的数据

图 5-2-7　线性特征与非线性特征对比

选择五组数据集进行对比试验，分别包括原始反射率、PCA 降维后的线性特征、AutoEncoder 降维后的非线性特征、PCA 降维特征与原始反射率组合、AutoEncoder 降维特征与原始反射率组合，各数据维度特征见表 5-2-3。

表 5-2-3　提取特征对比

	原始反射率数据	PCA 降维	AutoEncoder 降维	PCA 降维 + 原始反射率	AutoEncoder 降维 + 原始反射率
维度	3	3	3	6	6

（三）地面可见光拍摄图像数据监督的数据增强

通过随机裁剪、随机调整亮度、添加高斯噪声、调整对比度等方法，对图片数据的样本数量进行扩充，可以避免训练的过拟合，提升神经网络的泛化性能。在本研究中，如图 5-2-8 所示，对图像样本采用图像水平垂直翻转、随机裁剪、随机调整亮度、添加高斯噪声等方式来达到数据集扩充的目的。

本次试验基于 Python 的 labelImg 图像进行标注，采用的数据集为 PASCAL VOC，在软件中通过人工选取，在每一张图片中框选出目标的矩形框并添加合适的标签，就可以生成相应的 xml 标注文件。为了减少重复标注，先对原始数据进行手动人工标注，再使用 Python 进行数据增强，同时修改 xml 标注文件。监督增强后的数据中，室外获取的图像共 34646 张，室内获取的图像共 21555 张。

标注完成后需要通过 Python 生成四个文本，分别为训练集的数据信息、验证集的数据信息、训练集中用于验证的数据信息和测试集的数据信息。所有数据集准备工作完成后便可制作

PASCAL VOC 数据集，包含三个文件夹，分别用于存放图像数据、标签数据以及训练文本，将每个数据存放到对应文件夹，数据集就制作完成。

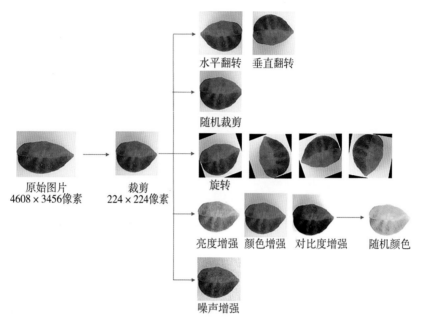

图 5-2-8　监督数据增强示例

（四）非监督的数据增强

使用生成对抗网络生成图片。如图 5-2-9 所示，生成对抗网络基于零和博弈思想，由一个生成器 $G(z)$ 和一个判别器 $D(x)$ 组成，生成器通过随机噪声 z 来拟合一张新的图片 x；判别器对生成的图片数据与真实数据进行判别比较，判别一张图片是不是"真实的"，输出一个 $0 \sim 1$ 范围的数值代表生成的数据是否为真实的数据。

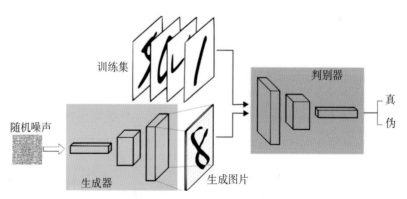

图 5-2-9　非监督数据增强思想

生成对抗网络的目标函数如公式（5.2.7）所示。判别器 D 同时判别真实的和伪造的两类数据，但理论上两类数据应该被判别出截然不同的结果，所以 D 的目标就是尽量把 G 生成的图片和真实的图片区别开。生成对抗网络使用对抗学习的方式进行，即通过交替学习训练生成器和判别器，先固定生成器训练判别器一段时间后，再固定判别器对生成器进行训练优化，直到模型收敛 $D[G(z)]=0.5$。

$$\min_{G} \max_{D} V(D, G) = E_{x \sim P_{data}(x)}[\log D(x)] + E_{z \sim P_z(x)}[\log(1-D(G(z)))] \quad （5.2.7）$$

四、结果与分析

（一）空中多源遥感的柑橘黄龙病智能识别技术的研究分析

本研究利用准确率、特异值、F1 分数和 Kappa 系数来分析对比各算法检测柑橘黄龙病的效果。

1. 机器学习算法训练结果对比分析

本研究采用 Python 语言调用 Sklearn 第三方库，先利用网格搜索对各算法的参数进行优化。各算法需要调整的参数见表 5-2-4，下文对表中的部分参数进行解释说明。

表5-2-4　各算法需要调整的参数

算法	参数
SVM	惩罚系数 C、核函数（线性 / 多项式 / 高斯核）
kNN	相近样本数、权重（均值 / 距离）、子叶树
LR	L1/L2 回归、优化函数
贝叶斯分类器	伯努利 / 高斯 / 多项式核函数
神经网络	隐藏层数、神经元数、激活函数、优化函数、学习率
随机森林	ID3/C4.5/CART、最大深度、最小子叶样本、最小分割样本、最大子叶样本
集成学习　Adaptive Boosting	ID3/C4.5/CART、最大深度、最小子叶样本、最小分割样本、最大子叶样本、评估器数量
XgBoost	Linear/tree booster、评估器数量、最大深度、学习率、最小叶子深度、gamma

利用正则函数可以很好地控制模型的复杂度，有效降低过拟合。其中 L0 正则指取向量中非 0 的个数，L0 正则难以优化；L1 正则通过绝对值使"稀疏"的同时更易优化；L2 正则相对于 L1 会使元素接近于 0 而不等于 0，从而实现了对模型空间的限制。本研究的逻辑回归函数中，L2 正则比 L1 正则的准确率要高，损失函数选择随机平均梯度算子。

L0 正则公式为

$$\|x\|_0 = \sqrt[0]{\sum_i x_i^0} \quad （5.2.8）$$

L1 正则公式为

$$\|x\|_1 = \sum_i |x_i| \quad （5.2.9）$$

L2 正则公式为

$$\|x\|_2 = \sqrt{\sum_i x_i^2} \qquad (5.2.10)$$

ID3 ［公式（5.2.11）］通过信息熵［公式（5.2.12）］得出：如果通过某个属性 a 对样本 D 进行划分得到的增益，该值越大说明区分度越大，该算法会优先使用区分度大的属性进行划分。当属性数目较多时，对应可取的样本可能较少，ID3 的泛化性较差，不能够给对样本很好的预测。C4.5［公式（5.2.14）］为了处理这个不足，先从划分属性中筛选出高于平均水平的属性、再从中挑选增益率最高的。CART［公式（5.2.16）］会在候选属性中选择基尼系数［公式（5.2.13）］最小的属性进行划分。本研究中的决策树，通过多次调参试验，采用基尼系数的 CART 算法会比基于信息熵的 ID3 算法准确率略高，树的深度设置为 8。

$$\text{Ent}(D) = -\sum_{k=1}^{|y|} p_k \log_2 p_k \qquad (5.2.11)$$

$$\text{Gain}(D, a) = \text{Ent}(D) - \sum_{v=1}^{V} \frac{|D^v|}{|D|} \text{Ent}(D^v) \qquad (5.2.12)$$

$$\text{Gainratio}(D, a) = \frac{\text{Gain}(D, a)}{\text{IV}(a)} \qquad (5.2.13)$$

$$\text{IV}(a) = -\sum_{v=1}^{V} \frac{|D^v|}{|D|} \log_2 \frac{|D^v|}{|D|} \qquad (5.2.14)$$

$$\text{Gini}(D) = \sum_{k=1}^{|y|} \sum_{k'} p_k p_{k'} = 1 - \sum_{k=1}^{|y|} p_k^2 \qquad (5.2.15)$$

$$\text{Gini index}(D, a) = \sum_{v=1}^{V} \frac{|D^v|}{|D|} \text{Gini}(D^v) \qquad (5.2.16)$$

针对不同的特征，模型需要分别进行训练，再利用优化后的模型对各特征数据进行测试。图 5-2-10 展示了整体模型建立的流程。随机选取样本，数据特征分为原始反射率数据、PCA 线性数据和 AutoEncoder 非线性数据，先分别进行比较，再将原始反射率数据分别与 PCA 数据和 AutoEncoder 数据进行结合。训练集、验证集、测试集之间的比例为 6：2：2。

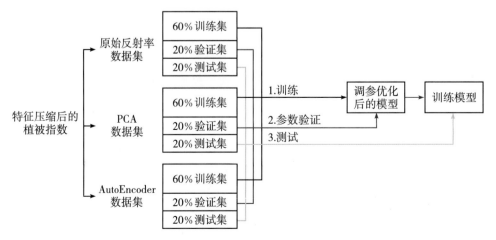

图 5-2-10 模型调参分析流程

2. 基于 ROI 像元的算法对比分析

各种机器学习算法分析结果如图 5-2-11 至图 5-2-17 所示，图中横坐标代表各数据集，纵坐标是各指标获得的值。

SVM 分析结果如图 5-2-11 所示，绿色曲线代表线性核函数，蓝色曲线代表高斯核函数，红色曲线代表多项式核函数。试验表明随着多项式核函数的次数增加，准确率并没有较大的提升，训练的时间反而呈指数级增长，所以选取 3 次多项式核函数进行比较。图 5-2-11（a）表明 PCA 特征在高斯核函数上的准确率比原始反射率高 6％左右，而 AutoEncoder 特征与原始反射率相接近，压缩后的特征加上原始反射率后准确率普遍都会上升，但对于 SVM 算法，PCA 总体效果要比 AutoEncoder 的效果要好。图 5-2-11（d）表明多项式核函数花费的时间要远高于其他两个核函数，加上原始反射率特征有很好的改善，说明原始反射率数据有利于收敛算法的时间，而线性核函数花费的时间要比高斯核函数的更长。高斯核函数的惩罚系数 C 和 $gamma$ 值都设为 100。图 5-2-11（e）表明高斯核函数在 PCA 数据上的鲁棒性是最好的，而线性函数在压缩特征中鲁棒性表现较逊色。整体上 SVM 高斯核函数效果较佳，准确率最高达 98.76％。

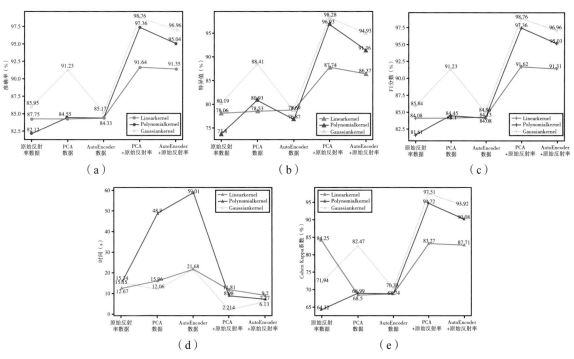

图 5-2-11　不同核函数 SVM 分析结果

kNN 中，kd 树的叶子节点的样本数设为 30，邻居样本设为 7。kNN 的分析结果如图 5-2-12 所示，红色曲线代表基于曼哈顿距离采用的距离权重，绿色曲线代表基于欧几里得距离采用的均一权重。可以看出基于两个参数的 kNN 模型准确率相近，PCA 的准确率比 AutoEncoder 的要高一点，AutoEncoder 的准确率甚至比原始反射率还要低，压缩后的特征加上原始反射率后准确率都有显著的提高，PCA 和 AutoEncoder 分别提高了 8% 和 9%。在时间上，两个参数所花费的时间相近，只是基于曼哈顿距离与基于欧几里得距离相比较为均匀，偏差较小。

逻辑回归函数分析结果如图 5-2-13 所示。图 5-2-13（a）表明逻辑回归的特异值较低，最大的只有 88.72%，说明逻辑回归函数在预测值为患柑橘黄龙病中，正确的比例较低，模型偏向于将健康的样本也预测为患病，预测患病比预测健康低了 3%。图 5-2-13（b）表明逻辑回归对非线性特征训练所花费时间会更多，PCA 所花费的时间与原始反射率所花费的时间比较相近。

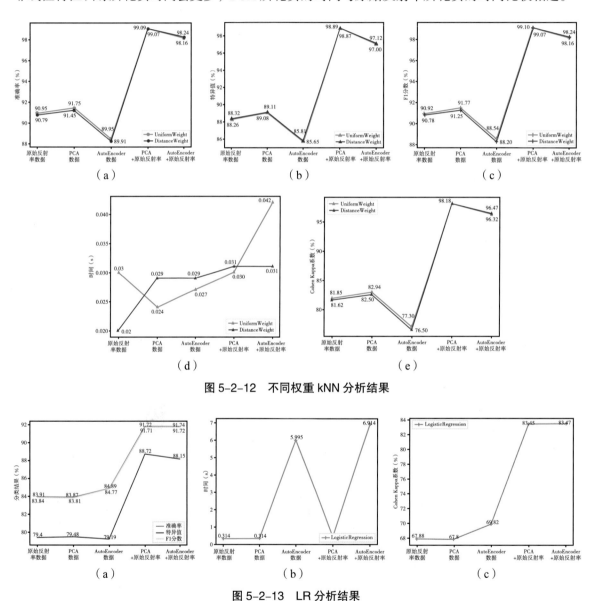

图 5-2-12　不同权重 kNN 分析结果

图 5-2-13　LR 分析结果

对于贝叶斯，图 5-2-14 中的绿色曲线、红色曲线和蓝色曲线分别对应高斯核贝叶斯、多项式贝叶斯、伯努利贝叶斯核函数。试验分析表明，在多项式贝叶斯中，随着多项式次数的增加，时间会明显增加，但对准确率的提高影响不大。对比其他模型，贝叶斯对于非线性特征准确率有明显下降，普遍只有 80% 左右的准确率。在多项式贝叶斯中，PCA 和 AutoEncoder 识别健康的准确率甚至比原始反射率还要低，AutoEncoder 特征在三个参数中的表现都比 PCA 的效果要差，PCA 识别健康植株准确率要比 AutoEncoder 高 6%，识别患病的植株比 AutoEncoder 高 8%。图 5-2-14（b）显示，健康样本的数据特征压缩后更容易被贝叶斯模型误判为患病。在模型的鲁棒性上，图 5-2-14（e）表明，贝叶斯的鲁棒性要比其他模型表现差，其中多项式贝叶斯表现最差。

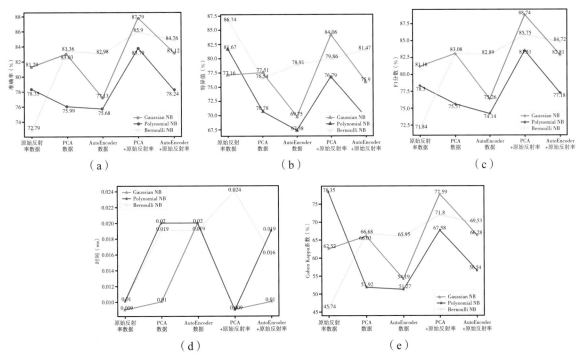

图 5-2-14 不同核函数贝叶斯分析结果

对于决策树，图 5-2-15（a）表明 AutoEncoder 压缩的数据与 PCA 相比准确率低 4%，增加原始反射率数据后准确率同样会有明显提升，且加上原始反射率数据后两种数据之间的差异会有所改善，两者差别降低为 1%。但与其他算法不一样的是，图 5-2-15（b）表明随着数据特征树和复杂度的增加，决策树所花费的时间逐渐增长，AutoEncoder 和原始反射率的组合花费的时间最多。图 5-2-15（c）表明 PCA 加上原始反射率数据得到的鲁棒性是最好的。

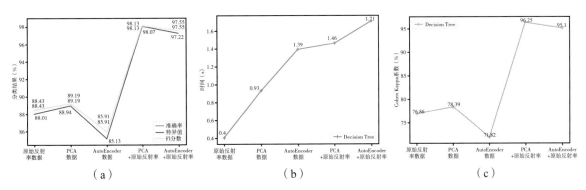

图 5-2-15 决策树分析结果

在集成学习中，AdaBoost 和随机森林是基于优化后的决策树进行集成的，XgBoost 则基于gbtree，由于 AdaBoost 在 Sklearn 中不能采用并行运算，所以需要更多的训练时间。通过对比图 5-2-16（d）可知，并行运算能很好地提高运算效率，因此随机森林所花费的时间远少于基于 Boosting 的两个分类器。图 5-2-16（a）和图 5-2-16（b）表明 AutoEncoder 识别健康样本和患病样本的效果仍低于 PCA。总体上，三种算法的准确率、特异值比较相似，但在数据集进行组合之前随机森林表现最好，数据集组合之后 AdaBoost 表现更好，比随机森林高 1%，且由图5-2-16（e）可知 AdaBoost 的鲁棒性较好。

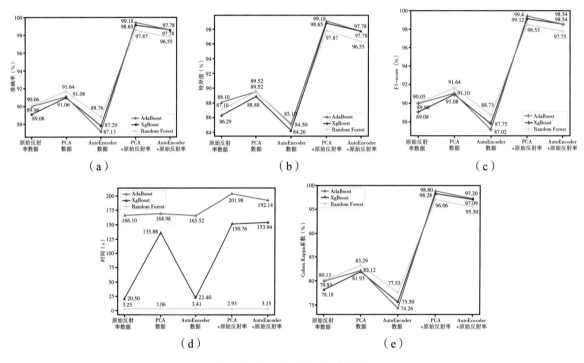

图 5-2-16　集成学习分析结果

对于神经网络，随着神经元和隐藏层的增多，训练的时间更长，但准确率却不一定会得到明显提高，而且模型参数的复杂还会带来一系列的问题，如过拟合、梯度消失等。设置隐藏层数为 2 ～ 5、每层神经元数为 8 ～ 64 进行试验，结果表明隐藏层为 3 层，神经元取 64、64、8的神经网络准确率较高。图 5-2-17（a）表明识别健康和患病植株的准确率都能达到 99.6%，图5-2-17（b）表明原始反射率对 PCA 训练所花费的时间影响不大，且 PCA 还能对其进行加速，原始反射率加上 PCA 的时间比原来减少了 20 s 左右，但原始反射率使 AutoEncoder 非线性特征训练所花费的时间增加了一倍。

总体上说，各算法鉴别健康样本的效果均比鉴别患病样本的效果要好。AutoEncoder 特征比原始反射率的准确率低或一致，但是加上原始反射率特征后准确率会有所上升，而 PCA 特征比原始反射率和 AutoEncoder 的特征准确率要高。整体上来看，AutoEncoder 特征在识别柑橘黄龙病上没有 PCA 的效果好。通过植被指数压缩特征以及和原始反射率的组合，准确率和鲁棒性都有所提高。在几种算法中，神经网络和 AdaBoost 所得到的效果是最好的，识别健康植株的准确率分别为 99.4％ 和 99.6％，识别患病植株的准确率分别为 99.1％ 和 99.6％，两种算法的分类效果比较接近。

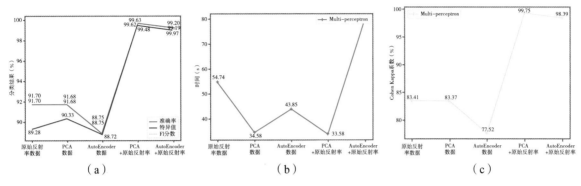

图 5-2-17　神经网络分析结果

3. 基于植株像元的算法对比分析

在前一节中，基于 ROI 对于整幅多光谱图像的健康植株和患病植株类别建立了模型，但实际应用中需要对每棵植株进行判别。因此，本节根据每棵植株的 ROI 识别结果，采取阈值决策方法，对植株的状态进行决策，即每棵植株提取 30 个 ROI，随机抽出 5 个 ROI 进行平均，以此作为样本，每棵植株共有 142506 个样本。计算每个样本的植被指数，再利用上一节中分类效果表现最好的参数对每棵植株的类别进行判别。

试验结果表明，每种算法都有自己的"分类偏好"：SVM 和 LR 倾向于将植株判别为健康，而 AdaBoost 和高斯核贝叶斯对健康和患病两类的预测结果比较均匀。因此，针对每个分类器采用不同的阈值控制，采用表现较好的阈值对分类效果进行调整，如果该植株中提取的样本被判

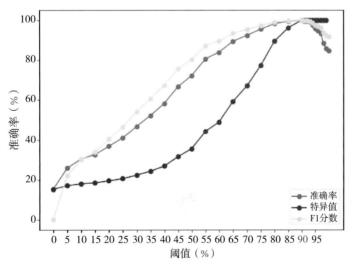

图 5-2-18　阈值筛选分析

别为患病的阈值超过了设定的阈值，则该植株被判别感染了柑橘黄龙病。如图 5-2-18 所示，AdaBoost 的分类识别准确率逐步上升，到达某一个值的时候开始下降，说明 90％的阈值时分类准确率最好，因此取 90％作为 AdaBoost 的阈值。同样道理，SVM、kNN、LR、高斯核贝叶斯和神经网络的阈值分别取 65％、55％、68％、58％和 80％。

各分类器的分类效果如图 5-2-19 所示，将被判别为患病的植株标记为红色，实际为健康而被判别为患病的标记黄圈，实际为患病却被判别为健康的标记红圈。通过比较图 5-2-19（a）到图 5-2-19（e），发现 LR 误判患病的结果最严重（黄圈最多），与上一节的分析结果一致；SVM 和 LR 在判别健康植株时少判的情况相对其他算法较严重（红圈较多）；此外 AdaBoost 在各算法中表现最好，能够准确地预测出患病植株和健康植株。

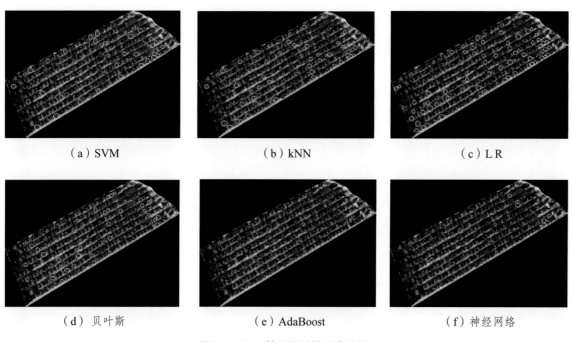

（a）SVM （b）kNN （c）LR

（d）贝叶斯 （e）AdaBoost （f）神经网络

图 5-2-19 基于植株的分类结果

更详细的信息见表 5-2-5。随着样本的增加，SVM、kNN、LR 和贝叶斯准确率严重下降，其中 SVM 与 LR 对健康植株的预测效果较差，两者准确率都低于 80％。而对于监测患病植株的表现，四种算法都表现得很差，特异值都低于 50％，达不到想要的结果。对比 Kappa 系数，除了 AdaBoost 和神经网络，其他几种算法的 Kappa 系数都低于 70％，表现的鲁棒性较差，说明这几种算法在监测柑橘黄龙病中很容易受到样本数量的影响。AdaBoost 和神经网络两种算法表现较好，且两者预测健康植株的准确率比较接近。

表 5-2-5　各算法基于植株分类结果　　　　　　（单位：%）

分析项	SVM（65%）	kNN（55%）	LR（68%）	贝叶斯（58%）	AdaBoost（90%）	神经网络（80%）
准确率	79.76	81.27	72.20	80.06	100	97.28
特异值	33.33	42.47	27.96	34.69	100	88.89
精确率	88.57	85.0	76.07	88.57	100	97.86
召回率	87.63	92.24	89.49	87.94	100	98.91
F1 分数	88.10	88.48	82.24	88.26	100	98.38
Kappa 系数	34.86	50.09	27.12	33.28	100	92.20

（二）地面多源遥感的柑橘黄龙病智能识别技术的研究分析

1. 目标检测模型评价标准

（1）平均精度均值是目标检测的评价指标之一，用于评价算法的优良性。利用混淆矩阵算出每一个任务目标的查准率（Precision，即精确率）和查全率（Recall，即召回率），并绘制出 PR 曲线，然后对 PR 曲线进行积分，得到每个目标预测的平均精度（mAP），再根据目标类别数求平均。

（2）交并比（IOU）。每个像素产生候选框后，网络会计算候选框与实例之间的重叠率，即交并比，当 IOU 值大于一定阈值时则认为候选框为正样本，否则为负样本（背景）。计算公式如下：

$$IOU = \frac{DetectionResult \cap GroundTruth}{DetectionResult \cup GroundTruth} \qquad (5.2.17)$$

（3）在计算完正负样本后，图片上会有许多框重叠在一起，区域提议网络使用非极大值抑制算法，根据每个预测框所得到的准确率以及提议区域的坐标位置筛选出置信度最高的预测框，只保留最高得分的一个，完成候选框的筛选。

（4）交叉熵：反映真实值与预测值之间的差距，根据差距结果判断预测值属于哪一种类，计算公式如下：

$$c = -\frac{1}{n}\sum_{i=1}^{n}\left[y\ln a + (1-y)\ln(1-a)\right] \qquad (5.2.18)$$

式中，y 表示真实值；a 表示预测值。计算结果越小表示预测值与真实值差距越小。

2. 基于 Faster R–CNN 算法分析

本试验采用服务处理器对数据进行处理，CPU 为 Intel Xeon（Skylake）Platinum8163 八核处理器，显卡为 NVIDIA T4，31Gib 内存，系统环境为 Ubuntu16.04，CUDA 版本为 9.0.176，Driver 版本为 390.116，CUDNN 版本为 7.0.5。

本次试验数据中室外数据多于室内数据。在田间环境下，由于柑橘植株疏密程度不同，加上采集叶片图像时拍摄角度、环境等的影响，使图片更为复杂。如何提高这类数据所建模型的准确率值得进一步研究。

VGG16 由 13 个 3×3 卷积核、5 个最大化池化层、3 个全连接层组成，最后一个全连接层神经元个数对应于分类类别的数量。VGG16 可以很好地利用卷积核共享的方法，有效减少网络中存储参数所需要的存储空间。VGG16 还通过卷积层与池化层相互组合的方法进一步加深网络深度，使网络深度达到 16 层甚至 19 层。但同时也出现一些问题，随着网络深度加深，网络所需的权重参数数量逐渐增多，导致在反向传播过程中权重更新速度慢。模型越复杂，除了会出现梯度消失，有时候还会出现深度越大错误率却越高的退化情况。ResNet 能通过恒等映射，利用输入图像与特征的差值进行学习，在实现网络深度加深的同时又解决了网络退化和梯度消失的问题。ResNet 能够将网络深度加深到 101 层甚至 156 层。

本试验中 Faster R–CNN 采用 ResNet101 卷积神经网络。在 Faster R–CNN 特征图中，anchors 生成的候选框大小决定了后续对候选框进行 IOU 值计算和候选框筛选过程中得到的最终候选框的质量。候选框太大会包括过多背景信息，候选框过小则不能将检测目标全部包含。默认的 RPN 网络设置三种不同长度（8、16、32）、三种不同长宽比（1:1、1:2、2:1）。在 RPN 网络中输入的特征图是经过多次卷积和池化后得到的结果，该图像中 1 个像素对应了原图的 16 个像素，因此这些候选框分别对应 128、256、512 个原图像素点。这种 anchor 对本试验图像数据中的检测目标来说过大，包含过多的背景信息，因此，将 anchor 生成的候选框调整为长度为 4、8、16，长宽比为 1:1、1:2、2:1 的 9 个框。另外，由于本研究属于二分类问题，因此将 Faster R–CNN 网络中的 Softmax 多分类函数改为二分类的 Sigmoid 函数。

试验先利用 Faster R–CNN 对比室内、室外两组实验数据，迭代 8000 步初步验证各情形下检测的效果，其中训练集占 56%，验证集占 24%，测试集占 20%。合适的学习率能够使网络在恰当的时间内得到较好的收敛：学习率设置过小，训练速度会很慢，容易陷入局部最小值，出现过拟合现象；学习率设置过大，梯度容易在某个值附近振荡不收敛，使网络崩溃。因此前 5000 步学习率为 0.001，后 3000 步学习率调整为 0.0001。试验的初步结果见表 5–2–6。

表 5-2-6　Faster R-CNN 室内外图片训练结果

	室内	室外
数据（个）	21560	34646
RPN 分类损失值	0.000522	0.20089
RPN 位置回归损失值	0.004899	0.008651
ROI 分类损失值	0.018348	0.074466
ROI 位置回归损失值	0.008201	0.055874
总损失值	0.411153	0.53948

　　利用可视化工具 TensorBoard 对迭代中的损失值、准确率、预测结果等进行观察和记录。初步训练对比可知，室外的照片由于背景、环境的影响，相同的学习率等参数下比较难收敛，损失值比室外的要高。综合室内、室外两组数据进行训练，迭代次数为 80000 次，学习率前 50000次为 0.001，后 30000 次为 0.0001，损失值如图 5-2-20 所示。总损失值如图 5-2-20（d）所示，有点偏高，但候选框和提议区域的损失值都很低。交叉熵损失值如图 5-2-20（a）所示，越接近0，表明预测效果越好，与真实值相对接近。

　　使用迭代了 80000 次后保存的模型，随机筛选了每种情况各 2 张图片数据作为测试集，对图片进行预测，试验结果如图 5-2-21 所示。通过非最大值抑制算法处理后预测数据的准确率均达到 99% 以上，表明即使在室外复杂的环境下，Faster R-CNN 也能够较准确地预测出叶片是否感染柑橘黄龙病。

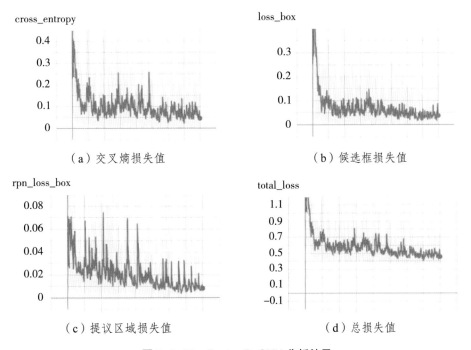

（a）交叉熵损失值　　　　　　　　　　（b）候选框损失值

（c）提议区域损失值　　　　　　　　　　（d）总损失值

图 5-2-20　Faster R-CNN 分析结果

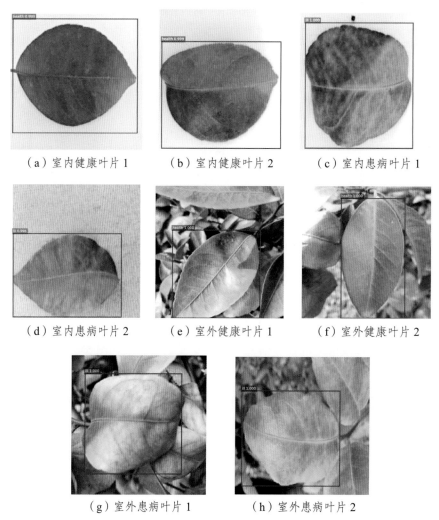

| （a）室内健康叶片 1 | （b）室内健康叶片 2 | （c）室内患病叶片 1 |

| （d）室内患病叶片 2 | （e）室外健康叶片 1 | （f）室外健康叶片 2 |

| （g）室外患病叶片 1 | （h）室外患病叶片 2 |

图 5-2-21　Faster R-CNN 试验结果

3. 基于 MobileNet 算法分析

由前文的介绍可知，宽度因子和分辨率因子可以对模型的复杂度进行控制。试验结果表明，模型越复杂，识别准确度会越高，但会越占用手机内存和 CPU 使用率，识别速度会变慢。为了更好地与 Faster R-CNN 进行对比，本研究使用宽度因子和分辨率因子均为 1 的标准 MobileNet。

使用 TensorFlow 框架中的 Object Detection API 库，基于 COCO 大型数据集下预训练的 SSD-MobileNet v1 模型。试验随机裁剪的算法会使原始图片尺寸变小，旋转数据增强的算法会对旋转后的图片进行像素填补，使图片变大，两者都会影响图片的尺寸。SSD-MobileNet v1 模型输入的图片为固定的尺寸 224×224 像素，因此前文中随机裁剪和旋转的图片在该模型下不适用，本节采用前一小节生成对抗网络生成的图片一起训练。SSD-MobileNet v1 模型中使用的训练数据集见表 5-2-7。

表 5-2-7	SSD-MobileNet 模型训练数据集	（单位：个）
环境	健康叶片	患病叶片
室内	7712	5568
室外	9688	10816

SSD-MobileNet v1 模型训练还需要利用 Python 脚本将之前标记的 xml 格式的标注转化为 csv 文件，最后生成 TensorFlow 可读取的 tfrecords 格式。利用少样本数据对比分析数据增强前后迁移学习和全新学习的试验结果，如图 5-2-22 所示。结果表明，在全新学习中，数据增强能使准确率提升 7%，迁移学习能使准确率提升 1%。数据增强增加了数据量与样本的多样性，对训练与测试准确率有显著的提升；迁移学习预训练的模型在大型数据中已经获得良好的训练，训练时一开始就能获得较高的准确率，随着训练步数增加，准确率逐步上升。

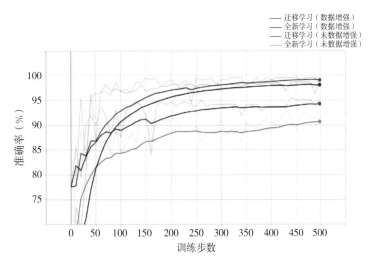

图 5-2-22　少样本数据对比分析结果

　　因此，本研究使用 fine-tuning 迁移学习的方法，使用 SSD MobileNet v1 coco2017_11_17 作为预训练模型。修改模型配置文件中的参数，设置学习率为 0.004，当迭代到 7000 步时，图 5-2-23（a）、5-2-23（b）表示当检测结果与标注结果的 IOU 不少于当前值时，则认为候选框有所要检测的目标，否则认为没有找到检测目标而判别为背景。由图 5-2-23（a）和 5-2-23（b）可知，IOU 阈值为 0.5 时，mAP 在 0.65 附近振荡；IOU 阈值为 0.75 时，mAP 在 0.5 附近振荡，整体 mAP 偏低。图 5-2-23（c）和 5-2-23（d）为 SSD-MobileNet v1 迭代 7000 步时的测试结果，每张图片右边为实例，左边为预测的结果。可以看到即使是简单的室内环境，也存在误判的情形。初步试验结果表明，SSD-MobileNet v1 目标检测在果园环境下阈值为 0.5 时最合适。

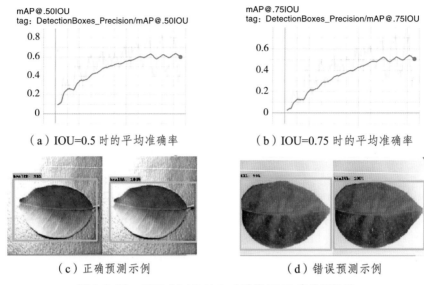

（a）IOU=0.5 时的平均准确率　　　　　（b）IOU=0.75 时的平均准确率

（c）正确预测示例　　　　　　　　　（d）错误预测示例

图 5-2-23　SSD-MobileNet v1 迭代 7000 步分析结果

继续对 SSD-MobileNet v1 进行迭代训练，当迭代到 50000 步时，试验结果如图 5-2-24 所示，mAP 都有了显著的提升，比之前上升了 20%，但总损失值仍比 Faster R-CNN 的大，说明预测值与真实值不一致的情况更严重，SSD-MobileNet v1 准确率不及 Faster R-CNN。

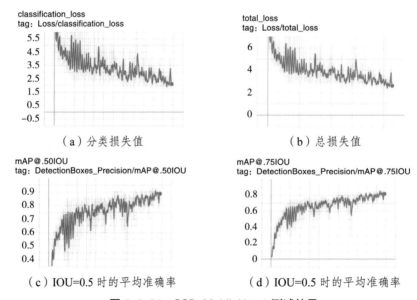

（a）分类损失值　　　　　　　　　　（b）总损失值

（c）IOU=0.5 时的平均准确率　　　　　（d）IOU=0.5 时的平均准确率

图 5-2-24　SSD-MobileNetv1 测试结果

参考文献

［1］ 朱梓豪 . 基于无人机高光谱遥感的柑橘黄龙病检测研究［D］. 广州：华南农业大学，2020.

［2］ 黄梓效 . 基于地 - 空多源遥感的柑橘黄龙病智能识别技术的研究［D］. 广州：华南农业大学，2020.

［3］ 高友文，周本君，胡晓飞 . 基于数据增强的卷积神经网络图像识别研究［J］. 计算机技术与发展，2018，28（8）：62-65.

［4］ 兰玉彬，朱梓豪，邓小玲，等 . 基于无人机高光谱遥感的柑橘黄龙病植株的监测与分类［J］. 农业工程学报，2019，35（3）：92-100.

［5］ 邓小玲，曾国亮，朱梓豪，等 . 基于无人机高光谱遥感的柑橘患病植株分类与特征波段提取［J］. 华南农业大学学报，2020，41（6）：100-108.

［6］ 邓小玲，林亮生，兰玉彬 . 基于调制荧光检测技术的柑橘黄龙病诊断［J］. 华南农业大学学报，2016，37（2）：113-116.

［7］ CHEN T T, YANG W G, ZHANG H J, et al. Early detection of bacterial wilt in peanut plants through leaf-level hyperspectral and unmanned aerial vehicle data［J］. Computers and Electronics in Agriculture, 2020, 177: 105708.

［8］ DENG X L, HUANG Z X, ZHENG Z, et al. Field detection and classification of citrus Huanglongbing based on hyperspectral reflectance［J］. Computers and Electronics in Agriculture, 2019, 167: 105006.

［9］ DENG X L, LAN Y B, XING X Q, et al. Detection of citrus Huanglongbing based on image feature extraction and two-stage BPNN modeling［J］. International Journal of Agricultural and Biological Engineering, 2016, 9（6）: 20-26.

［10］ LAN Y B, HUANG Z X, DENG X L, et al. Comparison of machine learning methods for citrus greening detection on UAV multispectral images［J］. Computers and Electronics in Agriculture, 2020, 171: 105234.

［11］ DENG X L, ZHU Z H, YANG J C, et al. Detection of citrus Huanglongbing based on multi-input neural network model of UAV hyperspectral remote sensing［J］. Remote Sensing, 2020, 12（17）: 2678.

［12］ DENG X L, LAN Y B, HONG T S, et al. Citrus greening detection using visible spectrum imaging and C-SVC［J］. Computers and Electronics in Agriculture, 2016, 130: 177-183.

第六章 经典应用方向之虫害监测与识别

第一节 基于无人机多光谱图像的棉花蜘蛛螨二级分类检测方法

一、案例简介

2017 年 7 月 20 日至 21 日，华南农业大学国家精准农业航空施药技术国际联合研究中心团队成员在新疆石河子市开展了棉花蜘蛛螨的螨害检测试验。本研究提出了一种基于机器学习方法的两阶段分类检测方法。选取两块棉田为研究对象，进行无人机影像采集及同步地面调查，之后对采集的多光谱图像进行拼接和地理配准，采用支持向量机进行场景分类，采用基于迁移学习的卷积神经网络进行棉花虫害识别。

二、数据采集

本研究选择的棉田于 2017 年 4 月 5 日播种棉花种子。田间行距为 75 cm，根据种群密度调整株距。试验区处于半干旱地区，所有植物均采用膜下滴灌系统灌溉。选择两处棉田（一处发生螨害，另一处未发生螨害）作为试验场地。数据采集期间棉红蜘蛛处于初期生长阶段，棉花开始出现叶面损害的症状。在选定的棉田上空拍摄无人机多光谱图像，并同步进行地面调查。

（一）无人机图像采集

在本研究中，选用一架四旋翼无人机（大疆经纬 M100）开展飞行作业，使用农业多光谱相机（ADC Lite）采集无人机图像。ADC Lite 是一款 320 万像素分辨率的单传感器相机，可用于捕捉近红外（800 nm）、红光（650 nm）和绿光（550 nm）反射光波长。ADC Lite 摄像机被安装在经纬 M100 上，并一直保持镜头向下。

在每个场地内划定 100 m×60 m 的飞行区域进行飞行。记录飞行区域四个角的坐标并输出到无人机软件中进行自动任务规划。在田块上放置 4 个标志物作为地面控制点，记录它们的坐标，以便进行图像地理配准。航向重叠率与旁向重叠率分别设置为 60 % 和 40 %。无人机于当地时间 10：00～14：00 晴天无云的情况下进行遥感图像采集作业。在无人机起飞之前与之后拍摄校准过的地面面板的图像。在飞行过程中，无人机高度保持离地 60 m，空间分辨率 2.4 cm。

（二）地面调查

对于出现棉红蜘蛛症状的所有地点，都记录 GPS 位置和虫害严重程度。在这项工作中，根据叶面损失的比例，确定了螨害的四类严重程度：正常（0%）、轻度（1%～15%）、中度（16%～30%）、重度（31%～100%）。在农艺专家的指导下，由人工判断棉花的严重程度。此外，还记录了 140 个无螨点的位置。

三、数据预处理

利用 PIX4D 软件将重叠的图像拼接成连贯的图像。使用在飞行前后拍摄的校准面板图像，将无人机图像的像素值转换为每个通道中的地表反射率。地理参考地面控制点（GCP）用于通过 ArcGIS 软件对正射影像进行地理配准，如图 6-1-1（a）所示。使用 ArcGIS 软件将被调查的地点映射到正射图像中。在被调查的地图中，根据地面调查获得的螨虫侵袭的严重程度，每个被调查的地点都用特定的颜色标记，如图 6-1-1（b）所示。

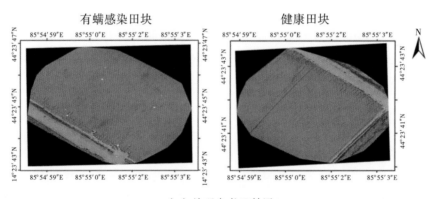

（a）地理参考正射图

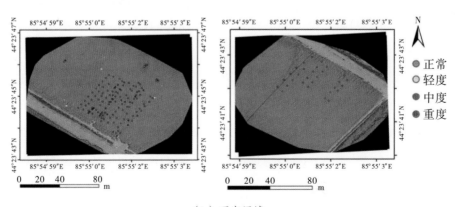

（b）研究区域

图 6-1-1　有螨感染田块与健康田块的感染程度

四、检测方法建立

本试验所使用的检测方法包括两个阶段（场景分类和螨害识别）的分类方法。在第一阶段，需对正射影像进行逐像素分类，并将每个像素分为三类（阴影、棉花和其他）；在第二阶段，对第一阶段分类的棉花像素做进一步处理，并将其分为正常、轻度、中度、重度 4 个等级。具体工作流程如图 6-1-2 所示。

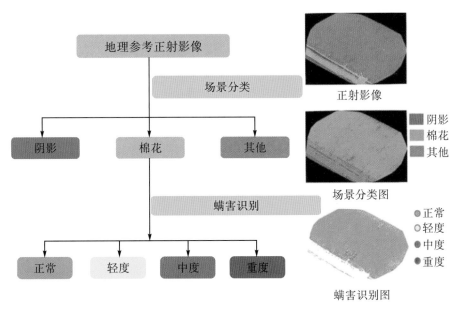

图 6-1-2　工作流程

（一）场景分类

作为螨害识别的前一个阶段，场景分类的目标是将每个像素分为三类（阴影、棉花和其他）。在本节中，采用支持向量机来执行逐像素分类任务。与其他传统算法（如 BP 神经网络）相比，支持向量机因其在输入空间维数较高的情况下仍具有良好的泛化性能而被认为是一个很好的候选算法。

（二）螨害识别

对所有棉花样本做进一步处理，并将其分为四个螨害严重程度类别（正常、轻度、中度和重度）。采用基于迁移学习的卷积神经网络等经典算法进行螨害识别。

1. 基于迁移学习的卷积神经网络

本研究采用的网络架构是经典 AlexNet 的改进版本，是深度学习的突破，带来了计算机视觉的革命。AlexNet 包含 8 个层，前 5 层（C1，C2，C3，C4 和 C5）是卷积层，其余 3 层（FC6，FC7 和 FC8）是全连接层，如图 6-1-3 所示。在图 6-1-3 中，卷积层和全连接层分别简写为 C 和 FC（如"C3"表示它是卷积层，是网络的第 3 层）。在最后一个全连接层（FC8）上增加一个 Softmax 层，输出各类别的一维概率分布，该分布的最大值对应于预测标签。

由于这项工作中的数据集很小，因此受完全监督的深度架构（如 AlexNet）将极大地覆盖训练数据，从而实现合并能力。迁移学习可以作为一种有效的工具来训练大型网络，同时最小化过拟合。

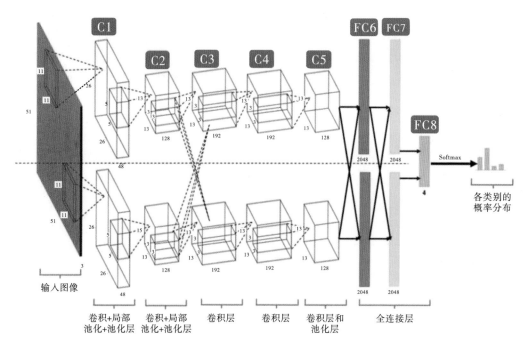

图 6-1-3 棉铃虫感染分类 AlexNet 体系结构

2. 方法比较

除了卷积神经网络，手工设计的功能也是遥感应用的一种行之有效的方法。本研究选择了三种手工设计的特征：①选择光谱带（SB）作为颜色描述符。②选择七个植被指数（NDVI、GNDVI、DVI、RGI、ACI、MACI、GRVI）来评估昆虫胁迫的潜力。③计算局部二值模式直方图（LBPH）以作为纹理描述符。

五、结果与分析

本试验包括定量分析和定性分析。在定量分析中，性能评估采用了总体准确性、用户准确性和生产者准确性。对于定性分析，将分类器应用于正射影像，以生成螨害分布图，从而进行可视化分析。

（一）场景分类

此步骤的目标是将每个像素分为三类（阴影、棉花和其他）。要构建用于模型优化和评估的数据集，需从正射影像中提取两部分图像。由于无人机图像可以从视觉上区分不同的类别，因此对所选图像进行了像素级的仔细标记。随机选择 2700 个样本（每个类别 900 个样本），每个样本代表正射影像中的一个像素。采用支持向量机（SVM）分类器进行逐像素分类。以近红外、红光、绿光通道的光谱反射率为输入，以阴影、棉花、其他三类光谱反射率为输出。SVM 的核心函数是线性函数，目标函数类型是 C 支持向量分类（C–SVC）。采用 10 倍交叉验证进行评估，验证样本的准确率高达 97.1%。试验结果表明，样本是线性可分的。试验使用的 SVM 分类器经过了鉴定，可以为随后的螨害识别提供准确的场景分类图。

（二）螨害识别

在上一阶段，研究者将调查区域映射到正射影像中，这样就可以确定调查区域在正射影像中的位置。试验遵循 Albetis 和 Duthoit 等的采样策略，根据棉花的行距和大小，从调查地点的正射照片中提取样本。根据上一步的场景分类图，只选取棉花类中的像素。对于每个选定的像素，提取其周围的小块土地（21×21×3 像素）作为样本。每个样本的螨害严重程度是根据地面调查的结果进行划分的。在所有的样本中，约有一半的样本被随机选择作为训练数据集，其余的样本被用作验证数据集，见表 6-1-1。

表 6-1-1　每个类的训练和验证样本的数量　　　　　（单位：个）

	正常	轻度	中度	重度
训练集	1409	294	558	233
验证集	1300	300	500	200
合计	2709	594	1058	433

1. 基于迁移学习的卷积神经网络

在本研究中，分别对基于迁移学习的 AlexNet 和未基于迁移学习的 AlexNet 进行了试验，试验结果见表 6-1-2。从表 6-1-2 中可以看出，在准确性方面，基于迁移学习的 AlexNet 明显优于未基于迁移学习的 AlexNet 方法，特别是对于生产者精度，可以有效减少遗漏和错误。

表 6-1-2　验证数据集上传输 AlexNet 的实验结果

方法	类别	总精度	生产者精度	用户精度
未基于迁移学习的 AlexNet	正常	0.744	0.960	0.865
	轻度		0.013	1.000
	中度		0.874	0.526
	重度		0.105	0.955
基于迁移学习的 AlexNet	正常	0.954	0.992	0.974
	轻度		0.903	0.941
	中度		0.904	0.944
	重度		0.905	0.866

2. 方法比较

除了基于迁移学习的 AlexNet，还评估了其他特征描述符（SB、VI 和 LBPH）的性能，见表 6-1-3。SB 和 VI 是作为输入样本的平均值计算的。在特征向量的基础上分别添加 SVM 分类器和 CNN 模型。SVM 的核函数为 RBF，目标函数类型为 C-SVC。CNN 模型是经典 LeNet 模型的改进版本，只是核尺寸改变以适应一维信号。从表 6-1-3 可以看出，基于迁移学习的 AlexNet 在所有指标上都优于其他。出现这一结果可能有两个原因：一是 AlexNet 通过自动学习特征的方法获得高精度的性能，其表现优于 SVM 方法；二是 AlexNet 的深度明显比经典的 LeNet 模型更深，可以学习到更多细节性的图像特征信息，从而获得更好的性能。

表 6-1-3　在验证数据集上与其他方法的结果进行比较

方法	类别	总精度	生产者精度	用户精度
SB+VI+LBPH+SVM	正常	0.865	0.975	0.981
	轻度		0.690	0.761
	中度		0.852	0.689
	重度		0.450	0.763
SB+VI+LBPH+CNN	正常	0.795	0.961	0.941
	轻度		0.480	0.623
	中度		0.758	0.573
	重度		0.285	0.722
基于迁移学习的 AlexNet	正常	0.954	0.992	0.974
	轻度		0.903	0.941
	中度		0.904	0.944
	重度		0.905	0.866

3. 可视化分析

根据表 6-1-3 的比较结果，应用基于迁移学习的 AlexNet 将正射影像映射到螨害分布图中，结果如图 6-1-4 所示，其中，黑色虚线表示无人机的作业区域。从图中可以看出，分类结果与地面调查结果基本一致。

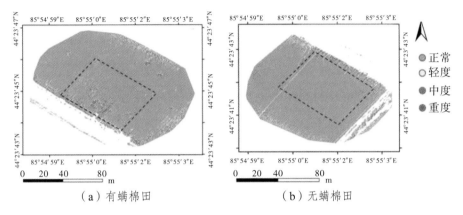

（a）有螨棉田　　　　　　　　　（b）无螨棉田

图 6-1-4　输出的螨害分布图

综上所述，本试验以一个有螨棉田和一个无螨棉田为研究对象，开展了无人机多光谱图像采集和并行地面调查、无人机图像拼接和地理配准。采用两阶段分类方法进行螨害检测：在第一阶段，利用支持向量机对每个像素进行分类，并将每个像素分为棉花、阴影和其他三类；第二阶段，采用基于迁移学习的 AlexNet 将所有棉花像素分为正常、轻度、中度、重度四类。试验结果表明，两阶段分类法在精度方面优于其他方法，显示了该方法在无人机多光谱图像虫害检测方面的潜力。

第二节　基于无人机图像的小麦叶枯病检测

一、案例简介

2017 年 7 月 24 日，华南农业大学国家精准农业航空施药技术国际联合研究中心团队成员在河南新乡市开展了基于无人机图像的小麦叶枯病检测试验。本试验以两个麦田为对象，进行无人机图像收集与同步地面调查；对无人机图像数据进行分析，探讨其与叶枯病类型的关系；应用 CNN 进行数据预处理、分类和超参数优化试验，除 CNN 外，还评估传统方法的性能；人工提取颜色、纹理特征和植被指数特征，并采用支持向量机作为分类器。试验结果表明，CNN 方法的总体准确度和标准误差分别为 91.43％ 和 0.83％，在精确度和稳定性方面优于其他方法。试验证明，无人机遥感技术可以作为小麦叶枯病检测的有效工具。

二、数据采集

本研究选取两个试验田，一个感染叶枯病，另一个无症状，小麦行距 1 m，如图 6-2-1 所示。2017 年 4 月 22 日，小麦正处于抽穗期，无人机飞行和田间作业在无云条件下进行。叶枯病正处于初期，大部分叶片开始发黄。

图 6-2-1　研究区域

（一）无人机图像采集

使用多旋翼无人机大疆精灵 4 进行数据采集，如图 6-2-2 所示。大疆精灵 4 可以自主飞行，也可以通过集成 GPS 接收器的遥控器飞行。它的机载摄像头是一个标准的 RGB 摄像头，拍摄的图像大小为 4000×3000 像素。无人机在 80 m 高度采集了叶枯病田块和无症状田块的图像，空间分辨率为 3.4 cm。无人机的技术参数见表 6-2-1。

图 6-2-2　正在试验田中作业的大疆精灵 4

表 6-2-1　大疆精灵 4 及其机载摄像头的技术参数

参数	数值
重量	1380 g
轴距	350 mm
最大水平飞行速度	72 km/h（运动模式）
最大续航时间	20 min
照片大小	4000×3000 像素
镜头	FOV 94° 20 mm

（二）地面调查

地面调查包括记录病害严重程度和所有症状出现部位的精确位置。将地面控制点标记（0.9 m×0.4 m 白板）放置在现场，如图 6-2-3 所示，每一个位置都有一个精确的控制点，如 cp1、cp2 等所示。在出现叶枯病症状的每个部位，记录病情严重程度和地面控制点编号。

图 6-2-3　叶枯病田块中作为地面控制点地面标志物分布

植物病害严重程度对应于样本单位表现为病害视觉症状的百分比。叶枯病疾病严重程度分为正常、轻度、中度、重度四类，如图 6-2-4 所示。

图 6-2-4　小麦叶枯病害严重程度等级

三、检测方法建立

（一）数据集准备

为了反映症状部位的面积（3 m×3 m），从原始无人机图像中分割出 100×100 像素大小的小样本，收集到的图像中共产生了 2400 个样本。每个样本代表麦田中的一个小区域，并根据地面调查结果被分配一个特定的标签（正常、轻度、中度、重度）。

因此，数据集由从原始无人机图像分离的样本组成。根据地面调查，每个样本由 100×100 像素和一个标签组成。由于本试验是在叶枯病初期进行的，因此调查中未发现重度类别，如图 6-2-5 所示。

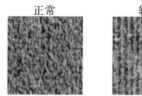
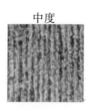

图 6-2-5　不同程度叶枯病的田间分类图

接下来，将数据集分为两部分：训练样本和验证样本。从每个类别中随机抽取 60％ 的样本作为训练样本，其余 40％ 作为验证样本。在本试验的数据集中，正态样本的数量大于其他类别。为了避免产生数据不平衡的问题，本试验选取每个类别相似的数量，见表 6-2-2。数据集的训练样本用于卷积神经网络（CNN）训练和参数更新，而验证样本用于性能评估。

表 6-2-2　训练集与验证集　　　　　　　　　（单位：个）

类别	训练集	验证集
正常	84	56
轻度	44	29
中度	20	13
重度	0	0
合计	148	98

（二）检测方法选择

本研究采用 CNN 对叶枯病进行分类，选用的 CNN 框架是经典 LeNet-5 的基本架构，同时为了适应试验数据进行了一些调整。该网络体系结构由三个模块组成：预处理、特征提取和分类，如图 6-2-6 所示。

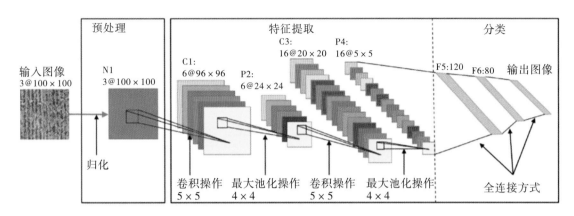

图 6-2-6　CNN 的叶枯病分类架构

其中，在第一个模块中，对输入图像进行批量归一化。在第二个模块中，对归一化后的图像进行特征提取。在第三个模块中，使用 3 个完全连接的层进行分类，全连接层、卷积层和最大池化层分别缩写为 F、C 和 P。例如，"C1：6@96×96"表示这是第 1 层，它是一个卷积层，由 6 个特征图组成卷积层，每个特征图的大小为 96×96 像素，"F5：120"表示这是全连接层，它是第 5 层，有 120 个神经元。

1. 预处理

在特征提取和分类之前，对每个输入图像进行批量归一化处理，以解决内部协变量偏移的问题。批量规范化的应用通常适用于在学习率更高的情况下稳定训练过程。在 CNN 体系结构中，预处理是一个标准化步骤，用于固定输入图像的均值和方差。

2. 特征提取

寻找有效的图像特征可以为下一步的分类奠定良好的基础。特征提取策略对分类器的最终性能有很大的影响。与传统的特征提取不同，CNN 能够自动提取有效特征，克服过拟合问题。该网络结构极大地提高了遥感图像分类、目标检测和分割的性能。

CNN 体系架构中的特征提取模块是一个多阶段的级联。每个阶段的输入和输出是一组数组，称为特征映射。在每个阶段中，输出表示在输入的所有位置提取的特征图。一般来说，每个阶段由两层组成：卷积层和池化层。卷积层是 CNN 的核心构建块，它包含了一组可学习的过滤器。利用每个滤波器中的可训练权值，并根据反向传播过程中的训练损失值进行更新，卷积层的输出可以有效学习输入阵列的特定特征。设 x 为含有 l_x 特征映射的输入数组，y 为含有 l_y 特征映射的输出数组，W_{ij} 表示将输入中的第 i 个特征映射与输出中的第 j 个特征映射相关联的二维权重。x 与 y 的关系式记为

$$y_j = \sum_{i=1}^{l_x} W_{ij} * x_i + b_j \ (j=1, \ 2, \ \cdots, \ l_y) \tag{6.2.1}$$

式中，$*$ 为二维离散卷积算子；b_j 为可训练偏置参数。

卷积后的非线性激活函数，可以是 Sigmoid、tanh 或整流线性函数 ReLU。虽然激活函数的类型很多，但是 ReLU 在 CNN 算法中被广泛使用。ReLU 易于实现，对于加快训练过程的收敛具有重要意义。

池化算子计算平均值或选择每个特征图上邻近的最大值。该算子生成一个更小的输出特征映射，它对输入特征映射的一些变化具有鲁棒性。最大池化和平均池化是 CNN 中常用的池化类型，而最大池化的性能通常比平均池化要好。

3. 分类

本研究设计了三个完全连通的分类层。第一个全连接层（第 6 层，图 6-2-6 中的 F5）以第 5 层所有特征图（h_5）的级联作为输入。用 W_6 和 b_6 分别表示这一层的权值和偏置。这一层的输出（记为 h_6）公式为

$$h_6 = \varphi\left(W_6 h_5 + b_5\right) \tag{6.2.2}$$

式中，$\varphi(\cdot)$ 表示非线性激活函数；W_6 和 b_6 分别表示连接的权值和偏差。与卷积操作相似，ReLU 作为激活函数。

最后一个全连接层是输出层，输出不同叶枯病类别的概率。这一层有 4 个神经元，分别对应 4 种叶枯病类别（正常、轻度、中度、重度）。输出表示为 $y = [y_1, y_2, y_3, y_4]$，其中 y_i 是第 i 类的输出概率。因此，y 的最大值对应的是最终分类的类别。

（三）算法比较

本节将 CNN 与传统的人工特征提取方法进行性能比较。在这一部分中，选取了三种特征：颜色直方图、局部二值模式直方图（LBPH）和植被指数。颜色直方图可以直观地区分健康小麦和患病小麦的颜色差异，这可能导致颜色直方图的差异；LBP 特征可以看出病害可能导致的无人机图像纹理变化；植被指数可以检测农作物的受胁迫程度。

1. 颜色直方图

通过计算图像数据数组中每种颜色出现的次数来计算颜色直方图。在这项工作中，分别计算所有通道（红色、绿色和蓝色）的颜色直方图，并将其连接为特征向量。

2. 局部二值模式直方图

原始的 LBPH 被引入用于纹理特征提取。对于图像中的每个像素，设置该算子阈值为一个 3×3 的中心值邻域，并将比较结果视为一个二进制数，即该像素的新值。然后将标签图像的直方图作为纹理特征描述符。LBPH 方法已成功应用于图像分类任务，特别是在人脸识别中。本文采用 LBPH 提取纹理特征用于叶枯病分类。

3. 植被指数

本研究计算了 8 个植被指数作为无人机图像的特征向量，用于区分叶枯病感染程度的不同类别。在这项工作中，无人机图像只包含 RGB 波段。因此，不能使用与其他波段有关的植被指数，取而代之的是几个只涉及 RGB 波段的植被指数。所选植被指数的名称及公式见表 6-2-3。

表 6-2-3　选定植被指数汇总

指数名称	公式
归一化绿红差异指数	$NGRDI = \dfrac{Green-Red}{Green+Red}$
归一化绿蓝差异指数	$NGBDI = \dfrac{Green-Blue}{Green+Blue}$
过绿	$ExG = 2 \times Green - Red - Blue$
过红	$ExR = 1.4 \times Red - Green$
过绿 – 过红	$ExGR = 3 \times Green - 2.4 \times Red - Blue$
绿叶指数（可见光植被指数）	$GLI = \dfrac{2 \times Green - Red - Blue}{2 \times Green + Red + Blue}$
红绿率指数	$RGRI = Red/Green$
蓝绿率指数	$BGRI = Blue/Green$

4. 支持向量机

在支持向量机解决方案中，采用了一种大余量策略和核映射技术来完成分类任务。在过去的几年中，支持向量机方法已经被证明在一些分类和非线性函数估计问题上优于许多现有的方法。特别是在小规模训练数据集中，支持向量机具有良好的泛化能力。由于本研究的训练数据集规模较小，因此，根据前一节中提取的特征，本研究采用支持向量机方法进行分类。

四、结果与分析

（一）试验预处理

图 6-2-7（a）显示了未经批量归一化的训练过程的平均分类准确率（MCA）曲线。对输入图像进行批量归一化，将各通道（红、绿、蓝通道合计）的均值和方差分别设为 0.5 和 0.5。批量归一化后的训练曲线如图 6-2-7（b）所示。通过比较表明，使用批量归一化可以显著加快网络训练的速度。在这种情况下，需使用批量归一化进行预处理操作。然而，从图 6-2-7 中可以观察到该方法存在过拟合的风险，这仍有待解决。

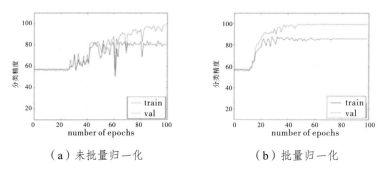

（a）未批量归一化　　　　　　　　　（b）批量归一化

图 6-2-7　有批量归一化和未批量归一化的性能比较

（二）超参数调优实验

深度神经网络在许多视觉分类应用中显示出巨大的潜力，但其最终性能受到超参数选择的影响比较大。为了获得近似最优的超参数，进行了若干个超参数选择实验。它们之间的影响通过训练样本和验证样本的 MCA 曲线来证明，如图 6-2-8 所示。在每个图中，一个超参数被改变，而其他保持不变。不同学习率的表现如图 6-2-8 所示。从图 6-2-8（a）可以看出，学习速度太小会减慢代价函数的收敛速度，而学习速率过大则会导致神经网络发散。通过选择适当的学习速率可以获得更好的分类性能，如图 6-2-8（b）所示。

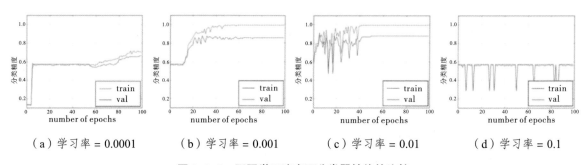

（a）学习率 = 0.0001　　（b）学习率 = 0.001　　（c）学习率 = 0.01　　（d）学习率 = 0.1

图 6-2-8　不同学习速率下分类器性能的比较

不同动量的分级机性能如图 6-2-9 所示。结果表明，适当增大动量系数可以很好地加速代价函数的收敛。然而，在初始阶段使用过大的动量系数（0.97）会破坏训练过程的稳定性。动量系数的更好选择如图 6-2-9（b）（c）所示。

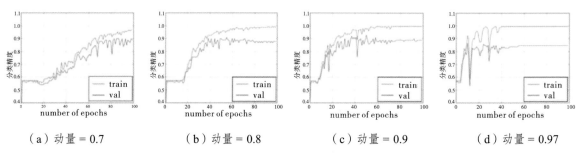

（a）动量 = 0.7　　　（b）动量 = 0.8　　　（c）动量 = 0.9　　　（d）动量 = 0.97

图 6-2-9　不同动量的分级机性能比较

图 6-2-10 显示了不同批量大小的性能。从图 6-2-10（a）可以看出，过小的批量会导致初始阶段的振荡，但是过大的批量会减慢学习过程并降低分类精度，如图 6-2-10（d）所示。使用适当的批量大小可以获得更好的分类器性能，如图 6-2-10（b）（c）所示。

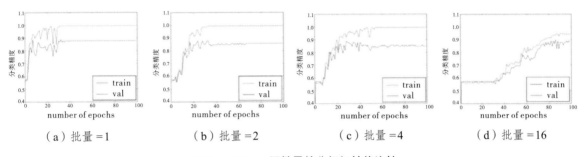

（a）批量 =1　　　　（b）批量 =2　　　　（c）批量 =4　　　　（d）批量 =16

图 6-2-10　不同批量的分级机性能比较

不同重量衰减的性能如图 6-2-11 所示。从图 6-2-11 可以看出，使用权重衰减对提高分类器性能没有影响，因此该研究中将不使用重量衰减参数。超参数优化后，所选超参数值见表 6-2-4。

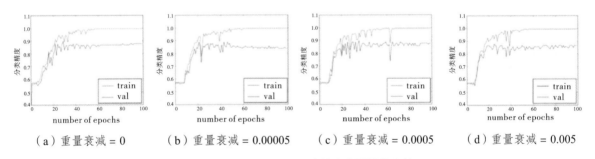

（a）重量衰减 = 0　　（b）重量衰减 = 0.00005　（c）重量衰减 = 0.0005　（d）重量衰减 = 0.005

图 6-2-11　不同重量衰减的分类器性能比较

表 6-2-4　本试验所选用的超参数值

超参数	学习率	动量	批量大小	重量衰减
值	0.001	0.9	4	0

（三）与其他方法比较

本研究通过与 CNN 方法的比较，探讨了叶枯病分类的四种算法。第一种比较算法只利用颜色直方图进行特征提取，而支持向量机（SVM）用于多类分类；第二种比较算法只使用 LBPH 方法进行特征提取，而支持向量机用于多类分类，半径和采样点分别设置为 1 和 8；第三种比较算法计算了 8 个植被指数（VI）作为特征向量，使用支持向量机作为分类器；第四种比较算法将颜色直方图、LBPH 和植被指数作为特征向量，用于支持向量机分类。对于所有的支持向量机模型，选择径向基函数作为核函数，将惩罚系数设置为 1.0，并采用"一对一"策略进行多类分类。

为了评估不同方法的性能，计算了总体准确度（OA）和标准误差（SE），用于测量试验结果的分类精度和标准差。在本试验中，训练样本和验证样本是从数据集中随机选取的。为了减少随机性的影响，样本选择和分类迭代了 10 次，记录连续 10 个试验的 OA、SE 和混淆矩阵的量化测量并取平均值。最终的 OA 和 SE 见表 6-2-5，其对应的混淆矩阵见表 6-2-6。

表 6-2-5　不同方法在验证集上的总体精度（OA）和标准误差（SE）

方法	OA（%）	SE（%）
颜色直方图+SVM	85.92	1.31
LBPH+SVM	65.10	2.86
VI+SVM	87.65	1.17
颜色直方图+LBPH+VI+SVM	90.00	0.96
CNN	91.43	0.83

从表 6-2-5 可以看出，LBPH+SVM 方法的精度较低。其原因是不同类别的纹理特征差异不大。然而，颜色直方图 +SVM 方法获得了更高的精度，因为不同类别的颜色差异更明显。由于在不同颜色通道（植被指数）上的数学计算可以看作是另一种颜色信息，因此 VI+SVM 方法与颜色直方图方法具有近似的性能。颜色直方图 +LBPH+VI+SVM 方法进一步提高了分类精度，因为额外有效的特征有助于改进分类。试验结果表明，CNN 方法获得的 OA 最高，SE 最低，在准确性和稳定性方面优于其他方法。另一方面，对于染病样本的识别，CNN 方法明显优于其他方法。这一结果的一个可能原因是 CNN 强调自动特征学习，它可以结合颜色和纹理特征，为分类阶段提取更好的特征。

表 6-2-6　不同方法之间的混合矩阵

方法	GT/ 预测类	正常（%）	轻度（%）	中度（%）
颜色直方图+SVM	正常	89.11	10.89	0.00
	轻度	13.79	84.48	1.72
	中度	2.31	22.31	75.38
LBPH+SVM	正常	98.57	1.43	0.00
	轻度	72.07	27.59	0.34
	中度	48.46	46.92	4.62
VI+SVM	正常	88.39	11.61	0.00
	轻度	8.97	88.62	2.41
	中度	0.77	16.92	82.31
颜色直方图+LBPH +VI+SVM	正常	94.33	5.67	0.00
	轻度	9.16	89.28	1.56
	中度	1.80	21.48	76.72
CNN	正常	93.93	6.07	0.00
	轻度	7.93	88.62	3.45
	中度	0.00	13.08	86.92

小麦叶枯病是一种在全球范围内引起小麦严重减产的病害。通常，叶枯病防治是通过均匀的化学喷洒来进行的，大多数农民都采用这种方法。然而，过度使用化学手段已造成农业和环境问题。为了解决这些问题，必须使用精确的喷洒系统。在这种情况下，对整个现场的病害检测可以为喷雾机提供决策支持信息。本试验的目的是评估无人机遥感在叶枯病探测中的潜力，但其他病理也可能引起类似叶枯病的症状，在目前的研究中，很难区分不同种类的疾病感染。因此，在未来的工作中，将从两方面进行改进：①收集其他疾病的无人机数据，并建立一个有效的分类器。②计划添加额外的数据，并使用迁移学习来克服过拟合的问题。

第三节　基于深度学习与无人机遥感的松材线虫病枯死树检测及定位

一、案例简介

华南农业大学国家精准农业航空施药技术国际联合研究中心团队成员在江西吉安市吉安县的松材线虫病疫区通过无人机遥感采集松材线虫病枯死树的地面数据，获取树林的正射影像图并对数据进行预处理，通过卷积神经网络对原始数据进行训练，得到检测效果良好的松材线虫病枯死树检测模型，最后结合地理位置信息系统和检测模型，获取每个松材线虫病枯死树的经纬度信息。

二、材料与方法

本次试验的数据采集时间段是 12：00 ～ 14：00，病疫区的面积为 1.7952 km^2，通过 eBee 无人机搭载 2000 万像素的带有 GPS 模块的 senseFly S.O.D.A 可见光相机，对病疫区地面数据进行采集。eBee 无人机与 senseFly S.O.D.A 可见光相机模型分别如图 6-3-1 和图 6-3-2 所示。

图 6-3-1　eBee 无人机

图 6-3-2　senseFly S.O.D.A 可见光相机

在数据采集过程中，通过 PIX4D 软件规划无人机的航行路线，保证其覆盖到松材线虫病疫区的所有区域。在无人机飞行之前，通过 PIX4D 软件设置好固定的重叠率，并对目标区域的每个位置定点拍摄，得到带有地理位置信息的正射影像图，以保证在后期的数据处理中能够正确地对图像进行拼接，且在检测过程中能准确地读取病树的地理位置信息。在无人机飞行过程中，将无人机的飞行高度设置为 1000 m，拍摄的旁向重叠率设置为 60%，航向重叠率设置为 60%，对每个区域定点拍摄，获得该区域的正射影像图。

由于不同时期的枯死树呈现的形态各有不同，因此拍摄的数据中松材线虫病枯死树的特征主要包括三种：呈橙黄色的轻度患病枯死树、呈红褐色的重度患病枯死树以及呈全白色的完全枯死树。三种枯死树的图像如图 6-3-3 中的黑框内所示。每种类型的枯死树数量不等，在数据采集完成后对图像进行预处理，并对三种类型的枯死树进行统一标注。

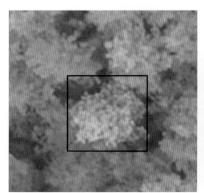 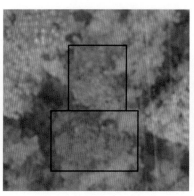 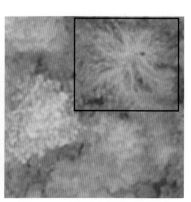

（a）轻度患病枯死树　　　　　（b）重度患病枯死树　　　　　（c）完全枯死树

图 6-3-3　不同类型的枯死树

三、数据处理

采用计算机视觉手段，对收集的地面数据进行预处理，包括图像拼接和图像切割。

（一）图像拼接

首先，如图 6-3-4（a）（b）所示，两张图像有很多相同的特征点，两张图像的航向重叠率为之前设置好的 60%，根据重叠率找到两张图像特征相似的点进行匹配，将两张图像进行拼接，得到如图 6-3-4（c）所示的拼接后的图像。

（a）枯死树图 1　　　　　　（b）枯死树图 2　　　　　　（c）枯死树拼接图

图 6-3-4　带有重叠率的两张图像与拼接结果

本次试验中用于图像拼接的工具是 PhotoScan 图像处理软件。在拼接过程中，首先将所有采集的数据输入到 PhotoScan 中；再根据航片坐标等信息对图像进行排列；图像输入排列完成后，通过设置合适的精度和质量顺序生成密集点云、网格及纹理；最后输出整个图像拼接完成后的正射影像图。松材线虫病疫区整体图像如图 6-3-5 所示。

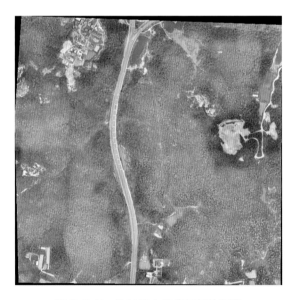

图 6-3-5　松材线虫病疫区整体图像

（二）图像切割

图像拼接完成后首先对图像进行等比例切割。由于在原始数据中，每张图像都设置了重叠率（如果不设置重叠率就不能保证采集到目标区域的所有位置），因此如果直接用原始数据进行训练，会在训练过程中对同一特征目标进行多次特征提取，这样容易引起模型过拟合。先对原始图像进行拼接，再对拼接后的图像进行切割，能够有效防止出现数据重复的情况。

图像切割通过 MATLAB 编程实现，每次切割的长和宽为原图的 1/20，通过 400 次的迭代输出松材线虫病疫区各个区域的图像。图 6-3-6 为切割后的部分图像，根据图像中有效信息进行筛选，最终可用于制作松材线虫病枯死树数据集的图像为 340 张。

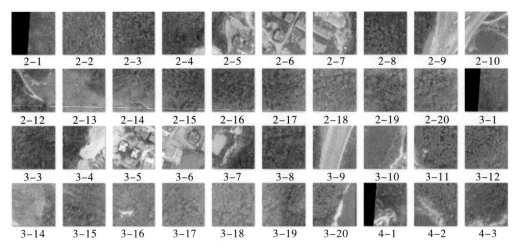

图 6-3-6 切割后的部分图像

（三）图像标注及数据集的制作

图像切割完成后，需要对 340 张图像进行标注并制作用于训练的数据集，图像标注的目的是选取需要训练的特征区域，根据标注完成后生成的实例提取特征区域的特征值。本次试验使用的图像标注工具是基于 Python 的 labelImg 图像标注软件，该软件提供了 2 种数据标签保存格式：YOLO 与 PASCAL VOC。本研究使用的数据集是 PASCAL VOC。在标注时，通过人工选取能包含整个目标的矩形框并添加合适的标签，对图像中的松材线虫病枯死树一一标注。本次图像标注的对象为松材线虫病枯死树，将所有种类的枯死树标注的标签均设置为 "dead tree"。

标注完成后，每幅图像会生成对应的 xml 文件，每个 xml 文件中包括了图像中的所有标注信息，如图 6-3-7 所示。

	filename	path		database	width	height	depth	segmented		name	pose		truncated		difficult	xmin	ymin	xmax	ymax
2	10-9.tif	D:\vis\KSS\DIE TREE\dead tree数据\图片\10-9.tif		Unknown	372	365	3		0	dead tree	Unspecified		0		0	230	313	265	344
3	10-9.tif	D:\vis\KSS\DIE TREE\dead tree数据\图片\10-9.tif		Unknown	372	365	3		0	dead tree	Unspecified		0		0	317	182	347	224
4	10-9.tif	D:\vis\KSS\DIE TREE\dead tree数据\图片\10-9.tif		Unknown	372	365	3		0	dead tree	Unspecified		0		0	179	220	220	250
5	10-9.tif	D:\vis\KSS\DIE TREE\dead tree数据\图片\10-9.tif		Unknown	372	365	3		0	dead tree	Unspecified		1		0	4	1	67	36
6	10-9.tif	D:\vis\KSS\DIE TREE\dead tree数据\图片\10-9.tif		Unknown	372	365	3		0	dead tree	Unspecified		1		0	254	337	277	365

图 6-3-7 图像标注信息

图像标注完成后，通过 Python 生成 4 个文本，分别包含用于训练的数据信息、用于验证的数据信息、训练集和验证集的总体数据信息以及用于测试的试验数据。本次试验设置的训练集占原始数据的 80%，验证集占原始数据的 20%，测试数据集占原始数据的 70%。

所有数据集准备工作完成后便可以制作 PASCAL VOC 数据集。PASCAL VOC 数据集包含三个文件夹，分别用于存放图像数据、标签数据以及训练文本。将每个数据存放至对应文件夹后，数据集制作完成。

四、模型构建

（一）Faster-R CNN 模型训练

本试验使用的 Faster-R CNN 深度神经网络是基于 TensorFlow 深度学习工具框架编写的 tf-Faster-R CNN。本研究分别用 VGG16 和 ResNet101 两种卷积神经网络对松材线虫病枯死树原始数据进行建模，其模型训练效果分别如图 6-3-8、图 6-3-9 所示，模型精确率与召回率 PR 曲线与 x 轴、y 轴形成的面积代表模型的平均精度。模型训练效果表明，ResNet101 残差神经网络效果要优于 VGG16 卷积神经网络，因此，选用 ResNet101 作为后续模型改良的基础训练网络。

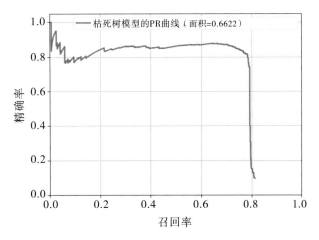

图 6-3-8　VGG16 模型训练效果

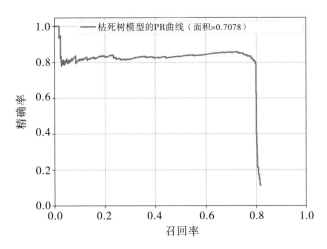

图 6-3-9　ResNet101 模型训练效果

（二）模型优化与改进

松材线虫病枯死树检测模型的数据准备以及模型搭建过程已经在前文做了详细的介绍，然而仅使用原始数据以及未改进的网络进行训练得到的模型效果并不理想，经过试验得到初始模型的平均精确率仅为70.78％。因此，本研究需要根据检测目标的形状和大小，对训练网络进行优化和修改，并通过图像的各种变换对数据进行增强。本研究的整体改良思路如图6-3-10所示。

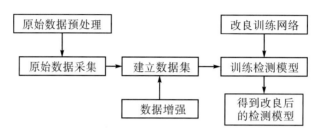

图6-3-10　模型优化的整体思路

（三）分类函数的改进

损失函数在模型训练中发挥的作用是比较预测值和真实值之间的差异大小，根据损失值的变化指导模型中参数的更新和模型收敛方向。损失值越小说明训练结果与预测结果之间的差距越小，模型训练效果就越好。在目标检测中，分类可以分为两种：仅检测一种目标的二分类和检测多个种类的多分类。在原始的Faster-R CNN网络中使用的分类函数是Softmax交叉熵分类函数。

Softmax交叉熵函数是Softmax函数与交叉熵函数的结合，用于对特征值进行分类。最终提取的特征值首先通过Softmax函数进行归一化处理，再通过交叉熵函数计算出损失值。下面分别对Softmax函数和交叉熵函数进行介绍。

Softmax函数的算法表达式如下：

$$Softmax = \frac{\exp(logits)}{reduce\_sum[\exp(logits), dim]} \quad (6.3.1)$$

式中，exp表示e的n次方；reduce_sum表示求和；logits代表每个输出结果。Softmax函数的实现原理是将所有的输出结果通过exp转换数值后相加得到总和，再计算每个通过exp转换后的输出值占总和值的比例，返回一个概率值并根据概率值判断预测的目标种类，所有的概率值相加为1。

交叉熵函数反应的是真实值与预测值之间的差距，根据差距结果判断预测值属于哪一种类别，该算法表达式如下：

$$c = -\frac{1}{n}\sum_n[y\ln a + (1-y)\ln(1-a)] \quad (6.3.2)$$

式中，y 表示真实值；a 表示预测值；c 为交叉熵计算结果，c 值越小则表示预测值与真实值之间的差距越小。

Softmax 交叉熵分类函数在多分类任务中能够对多个目标进行有效分类，但本试验所研究的松材线虫病枯死树检测只有一个目标，属于二分类问题。因此 Softmax 函数并不适用。在 Faster-R CNN 网络中我们将 Softmax 交叉熵分类函数修改成更加适用于二分类的 Sigmoid 交叉熵二分类函数。

Sigomid 函数的函数表达式如式（6.3.3）所示，该函数能够将所有的数据收敛在 0 ~ 1 内，其函数曲线如图 6-3-11 所示。将 Sigomid 函数与交叉熵函数相结合组成 Sigmoid 交叉熵二分类函数。

$$f(x)=\frac{1}{1+e^{-x}} \tag{6.3.3}$$

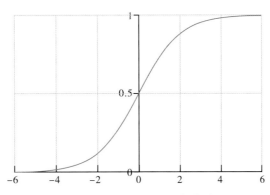

图 6-3-11　Sigmoid 函数曲线

原始的 RPN 网络中，在训练过程中，通过 Softmax 函数返回多个不同种类目标的 IOU 值来对多个种类的正样本和负样本进行分类。将 Softmax 函数替换为 Sigmoid 函数后，网络仅返回 2 个值，即对一种目标的正样本和负样本进行分类。通过试验证实，将 Softmax 交叉熵函数替换为 Sigmoid 交叉熵函数后，模型平均精确度提高到 72.45%，试验结果的 PR 曲线如图 6-3-12 所示。

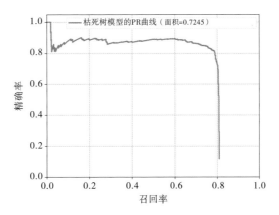

图 6-3-12　损失函数改进结果

（四）数据集增强

损失函数改进后，模型准确率有了略微的提高，但想要准确检测到所有病树，这样的精确度还远远不够。考虑到用于训练的数据仅 340 张，可用数据量明显不足，因此需要通过人工手段对数据集进行增强。本试验实现数据增强的方式是通过 OpenCV 的内置函数对图像进行一些变换。OpenCV 是一个常用的计算机视觉处理工具，其内封装了各种用于图像处理的算法，包括图像几何变换、图像平滑处理、图像边缘检测以及图像增强和分割等基本的图像处理算法。本次数据增强的算法包含以下几种：

1. 图像变暗及变亮

图像变暗及变亮的原理是首先设置一个权值，通过 Python 中的 for 循环遍历输入图像中的所有像素，将所有的像素乘以预先设置好的权值，用乘以权值后的新像素值代替原来的像素值。该方法可以使处理后的图像与原始图像形成差异，不会导致训练中出现过拟合现象。如果要使图像变暗，则将预先设置的权值设定成一个小于 1 的数。为了保证图像不失真，该值不应小于0.5，本试验设置的图像变暗权值是 0.7。同理，如果要使图像变亮则将预先设置的权值设定成一个大于 1 的数，为了保证图像不失真，该值不应大于 1.5，本试验设置的图像变亮权值是 1.3。图像变亮与变暗的变换很好地模拟了松材线虫病枯死树在光线较弱和光线较强的环境条件下采集到的不同图像。原始图像与经过变亮、变暗处理后的图像对比如图 6-3-13 所示。

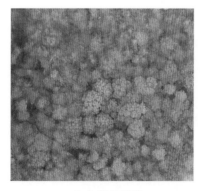 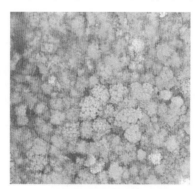 

（a）原始图像　　　　　　（b）亮度增强后的图像　　　　　（c）亮度减弱后的图像

图 6-3-13　原始图像与变亮、变暗图像对比

2. 图像旋转

图像旋转属于图像几何变换的一种，通过改变病树在图像中的像素坐标实现位置变换，达到数据增强的效果。在 OpenCV 有封装好的用于图像旋转的函数。在进行旋转操作时需要先生成一个转换矩阵作为模板，该矩阵包含了旋转的中心点、旋转角度、旋转后的缩放比例以及旋转后的矩阵效果。本试验设置的旋转中心点为图像的中心像素点，旋转角度为 45°，缩放比例为 1，即与原始图像大小保持不变。原始图像与根据转换矩阵进行旋转后的图像的对比如图 6-3-14 所示。

（a）原始图像　　　　　　　　　（b）旋转后的图像

图 6-3-14　原始图像与旋转后的图像对比

3. 图像翻转

图像翻转同样是图像几何变换的一种，其原理是将原始像素点映射到变换后的目标图像位置生成新的像素点。根据变换方法的不同可以分为沿 x 轴翻转、沿 y 轴翻转以及沿 x 轴和 y 轴翻转。三种方法中目标像素点和原始像素点的变换关系如式（6.3.4）所示：

$$\mathrm{dst}_{ij}=\begin{cases}\mathrm{src}_{\mathrm{src.rows}\text{-}i\text{-}1,\,j}, & \text{沿 } x \text{ 轴翻转}\\ \mathrm{src}_{i,\,\mathrm{src.cols}\text{-}j\text{-}1}, & \text{沿 } y \text{ 轴翻转}\\ \mathrm{src}_{\mathrm{src.rows}\text{-}i\text{-}1,\mathrm{src.cols}\text{-}j\text{-}1}, & \text{沿 } x \text{轴和} y \text{轴翻转}\end{cases} \qquad （6.3.4）$$

式中，dst_{ij} 表示目标像素点；src 表示原始图像中的像素点；rows 表示行数；cols 表示列数。

本试验使用的方式是沿着 y 轴翻转，经过翻转变换后原始目标区域的位置信息发生了改变，实现了数据增强的效果。原始图像与进行翻转变换后的图像对比如图 6-3-15 所示。

（a）原始图像　　　　　　　　　（b）翻转后的图像

图 6-3-15　原始图像与翻转图像对比

原始图像数据经过上述 4 种变换后，可用数据集的数量增加至原来的 5 倍，共 1700 张，通过 labelImg 标注工具对新增的 1360 张图像进行标注，制作成新的数据集。在损失函数优化的条件下，将新的数据集放入网络中进行训练后得到的模型平均精确度达到 80.11%。数据增强后训练结果的 PR 曲线如图 6-3-16 所示。

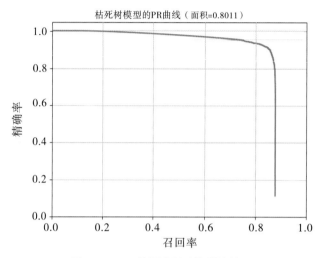

图 6-3-16　数据增强后的训练结果

（五）RPN 网络中 anchors 的改进

特征图在 RPN 网络的训练过程中，anchors 起到了至关重要的作用。anchors 生成的候选框大小决定了 IOU 值计算和最终候选框的质量。如果生成的候选框相对于检测目标过大，即便候选框包含整个检测目标，其中也含有过多的背景信息；如果候选框过小，则不能将检测目标完全包含在候选框内。在原始的 RPN 网络中，本研究设置了 3 种不同边长、3 种不同长宽比的 9 个 anchors，长度分别为 8、16、32，长宽比分别为 1:1、1:2、2:1。9 种 anchors 如图 6-3-17 所示。

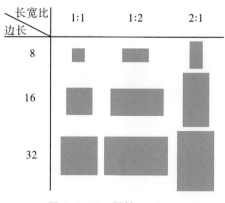

图 6-3-17　原始 anchors

在 RPN 网络中输入的特征图是经过多次卷积和池化后得到的结果，其图像中的 1 个像素点对应了原始图像中的 16 个像素点。因此边长为 8、16、32 的候选框可以分别包含 128、256 以及 512 个原始图像中的像素点。在原始的 Faster-R CNN 网络中，检测的对象为人、马、猫、狗等目标，其在图像中所占像素点都较大，所以设置边长为 8、16、32 的候选框是合适的。然而松材线虫病枯死树的检测目标较小，有的病树只占几个像素点，所以原始的 RPN 网络中设置的候选框并不适用。因此，本试验舍弃了边长为 16 和 32 的 6 个候选框，添加了边长为 2 和 4，长宽比为 1 : 1、1 : 2、2 : 1 的 6 个候选框，保留了边长为 8 的 3 个候选框，改进后的候选框如图 6-3-18 所示。

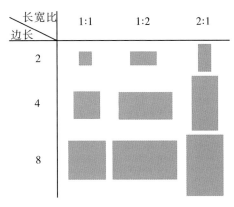

图 6-3-18　改进后的 anchors

在损失函数改进且数据增强的条件下，通过试验证实将数据集放入改进后的 RPN 网络中训练后，模型平均精确度能够提升到 89.14%。试验结果的 PR 曲线如图 6-3-19 所示。

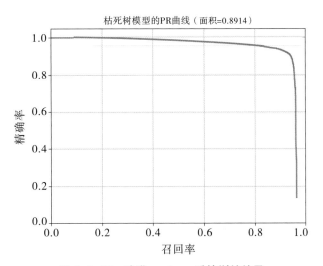

图 6-3-19　改进 anchors 后的训练结果

（六）网络改良后的模型效果及总结

本研究使用的 CPU 为 Intel Xeon CPU Gold 6130 16 核处理器，编译环境为 Ubuntu16.04，以

Python 作为基础编程语言的服务器对模型进行训练。设置的迭代次数为 50000 次。

本研究对比了通过 VGG16 和 ResNet101 两种网络训练的效果，在原始网络和数据条件下，用 VGG16 训练的模型精度为 66.22%，用 ResNet101 训练的模型精度为 70.78%。本次研究选取效果更好的 ResNet101 残差神经网络作为模型训练网络进行对比试验。通过试验证实，在数据未增强的情况下，将 Softmax 交叉熵函数替换为 Sigmoid 交叉熵函数后模型平均精确度提高到 72.45%。在分类函数优化的条件下，将增强后的数据集放入网络中进行训练后得到的模型平均精确度达到 80.11%。在分类函数改进后且数据增强的条件下，将数据集放入改良后的 RPN 网络中训练后，模型平均精确度能够提升到 89.14%。模型平均精确度从初始的 66.22% 提升到了 89.14%，整体提升了 22.92%，模型检测速度为 1.064s。本次研究在不同条件下得到的模型训练效果见表 6-3-1。

表 6-3-1　不同条件下的模型效果对比

使用的网络	分类函数替换	数据增强	修改 anchors	模型准确率	检测速度
VGG16	No	No	No	66.22%	0.649s
ResNet101	No	No	No	70.78%	1.129s
ResNet101	Yes	No	No	72.45%	1.079s
ResNet101	Yes	Yes	No	80.11%	1.122s
ResNet101	Yes	Yes	Yes	89.14%	1.064s

试验结果表明，ResNet101 卷积神经网络的效果要优于 VGG16 卷积神经网络，经过数据增强且对 Faster-R CNN 中的分类函数和 RPN 网络进行改良优化后，模型准确率有了很大的提升。原始数据增强并优化 RPN 网络以及分类函数后，通过基于 ResNet101 卷积神经网络的 Faster-R CNN 网络训练得到的最终检测模型，其模型检测结果如图 6-3-20 所示。检测结果中包含了所有种类的枯死树且置信度都在 90% 以上。

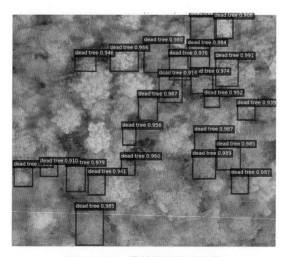

图 6-3-20　最终模型检测效果

（七）检测目标定位及位置信息提取

建立松材线虫病枯死树检测模型后，考虑在模型检测的基础上通过对 Faster-R CNN 目标检测网络进行优化改进，使其在输出检测结果的同时，能够同时输出每一个病树的具体经纬度信息，实现对松材线虫病枯死树的快速检测及定位。检测目标地理位置信息提取的整体流程如图 6-3-21 所示。

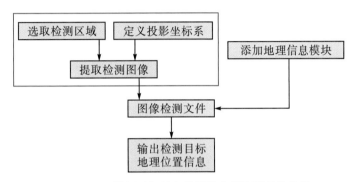

图 6-3-21　检测目标地理位置信息提取的整体流程

（八）原始图像投影坐标定义

为了得到检测目标的具体经纬度信息，首先要为待检测的图像添加其对应的地理位置信息并定义其投影坐标。由于本试验在原始数据采集过程中使用的 senseFly S.O.D.A 可见光相机携带有 GPS 模块，因此采集的原始图像中携带有目标图像的具体经纬度信息，不必再为原始图像添加其对应的地理位置信息，只需要为原始图像定义投影坐标。

原始的地理坐标系是通过一个三维球面及经纬度来确定地球上的每个地区。定义投影坐标的意义在于将三维的地理坐标系转化为平面坐标系，再按照平面坐标系确定每个地区的位置，实现通过图像中的图上坐标确定其对应的投影坐标，再根据投影坐标转换得到其对应的经纬度信息。

本试验为图像定义投影坐标的工具是 ArcMap。ArcMap 是 ArcGIS 产品的组件之一，是一款针对图像地理位置信息转化和处理的软件，其包含许多图像处理工具，实现投影坐标定义的工具是 ArcMap 中的投影定义工具。

本试验选定的投影坐标系是 UTM 墨卡托投影坐标系。在选定具体投影坐标系时，需要根据检测区域的具体地理经度信息按公式（6.3.5）转换，得到合适的墨卡托投影分布带数。

$$N = \frac{x}{6} + 31 \tag{6.3.5}$$

式中，N 表示墨卡托投影分布带数；x 表示区域经度的整数部分，$\frac{x}{6}$ 的结果取整。

试验区所在的江西吉安市吉安县的经度为 114.92°，取整数部分为 114，根据上述计算公式得到墨卡托投影分布带数为 50。又因为当地属于北半球，所以最终确定 UTM 墨卡托投影坐标系为 WGS 1984 UTM Zone 50N，该投影坐标系定义的经度范围为 114°～120°，中央经线为 117°，定义投影坐标系的具体操作如图 6-3-22 所示。

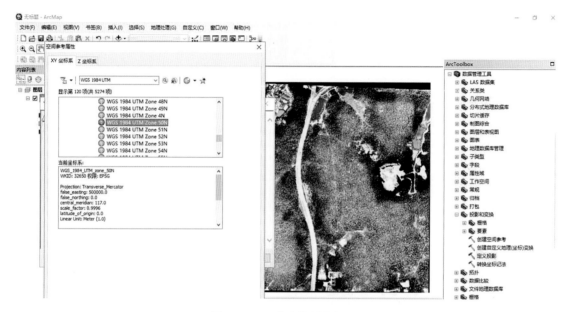

图 6-3-22　定义投影坐标系

（九）检测图像提取

通过图像拼接得到的目标区域图像大小为 22342×21911 像素，考虑到该图像过大不便于放入模型中进行检测，本试验将图像中的一小部分裁剪出来，以实现松材线虫病枯死树的检测及定位。

基于 MATLAB 和 Python 传统的图像裁剪算法，虽然能够将图像的固定区域裁剪出来，但得到的图像不包含地理位置信息。为了在裁剪图像的同时依然保留图像原本的地理位置信息，本试验通过 ArcMap 中的栅格裁剪工具对目标检测区域进行裁剪，详细步骤如下：

1. 创建图像中的感兴趣区域

在 ArcMap 中，通过创建后缀名为"shp"的 Shapefile 文件，选取图像中感兴趣区域。Shapefile 文件的主要功能是创建一个模板图形，用于存储感兴趣区域的图像信息，包括左上角与右下角的投影坐标、感兴趣区域的行列数等。在创建 Shapefile 文件时需要对模板图形进行投影坐标系定义，定义的投影坐标系要与原图像的投影坐标系相同，本研究中定义的投影坐标系为 WGS 1984 UTM Zone 50N。该文件下提供诸多掩膜图像形状，如圆形、矩形、多边形，本试验选用矩形作为掩膜图像。通过编辑 Shapefile 文件选取图像中像素为 1427×1384 的一小块区域，选定的区域会记录下图像左上角与右下角的投影坐标，具体操作如图 6-3-23 所示。

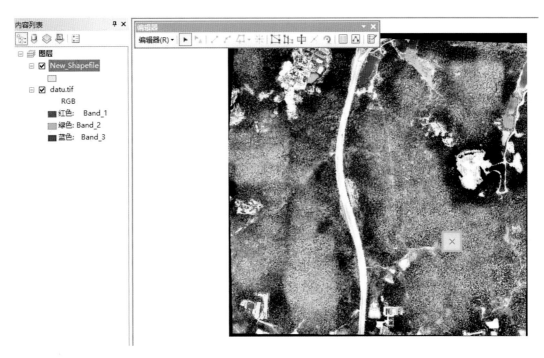

图 6-3-23　选取感兴趣区域

2. 通过选定好的感兴趣区域对图像进行裁剪

选定好原始图像中的感兴趣区域后，通过 ArcMap 中的栅格裁剪工具对原始图像进行裁剪，裁剪过程中需要输入原始图像和已编辑好的 Shapefile 文件，栅格裁剪工具会根据 Shapefile 文件输出图像中 x 轴方向和 y 轴方向的投影坐标最大值与最小值，并生成一个新的图像，即感兴趣区域的图像内容。新生成的图像中包含了与原始图像相同的投影坐标系，且每个位置的经纬度与原始图像相同，裁剪后的结果如图 6-3-24 所示。

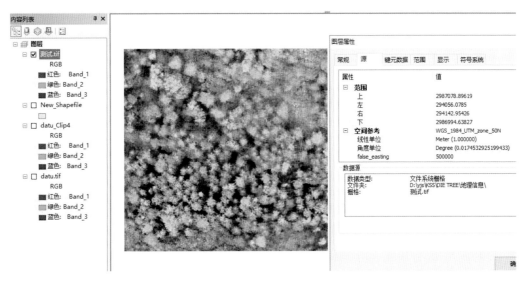

图 6-3-24　图像裁剪结果

（十）在 Faster-R CNN 中添加地理信息输出模块

在原始的 Faster-R CNN 中，对输入图像的目标检测是通过网络中的 Demo 图像检测文件实现的。Demo 文件将读取检测图像、读取检测模型以及输出检测文件整合在一起。首先，通过 OpenCV 读取待检测图像，再读取已训练好的模型；其次，根据检测模型对待检测图像进行目标检测，在图像中寻找与检测目标特征相似的目标，并返回目标的左上角与右下角的行列数；最后，Demo 文件根据返回行列数，采用基于 Python 的 Matplotlib 画图工具，对目标检测结果添加最小外接矩形，并在最小外接矩形上添加文本内容，包括检测目标名称及置信度。本研究在原有的 Demo 图像检测文件基础上，对文件内部的检测流程进行了修改，在图像检测网络中添加了坐标系转换函数和目标检测结果的经纬度输出模块，从而实现在输出目标检测结果的同时，输出各个检测结果的具体经纬度信息。

在本研究中，各坐标系之间的转换是通过基于 Python 编写的 Gdal 库和 Osr 库编写相关的坐标系转换函数实现的。Gdal 库和 Osr 库都是开源的经过 X/MIT 许可协议后，用于栅格空间内的数据转换库。这两个库能够读取输入图像的行列数、附带的投影坐标参考系和地理坐标参考系，并提供了各种用于图上坐标系、投影坐标系以及地理坐标系三种坐标系之间的关系转换函数。本试验编写的转换函数包括图上坐标与投影坐标的转换函数、投影坐标与地理坐标之间的转换函数，下面分别对两种函数进行介绍。

1.图上坐标与投影坐标的转换函数

Gdal 库中提供了名为"GetGeoTransform（ ）"的函数，该函数能够读取输入图像的左上角和右下角的投影坐标。如果输入图像定义的 UTM 投影坐标系为北半球，则返回左上角的投影坐标；如果输入图像定义的 UTM 投影坐标系为南半球，则返回右下角的投影坐标。同时 GetGeoTransform（ ）函数还会读取输入图像在宽度上和高度上的分辨率，返回 6 个值，并根据这 6 个值结合具体目标的图上坐标，计算每个目标对应的投影坐标。图上坐标与投影坐标在 x 轴和 y 轴之间的计算公式分别如式（6.3.6）和式（6.3.7）所示：

$$P_x = \text{trans}[0] + \text{col} \times \text{trans}[1] + \text{row} \times \text{trans}[2] \qquad (6.3.6)$$

$$P_y = \text{trans}[3] + \text{col} \times \text{trans}[4] + \text{row} \times \text{trans}[5] \qquad (6.3.7)$$

式中，P_x 和 P_y 分别代表在 x 轴和 y 轴方向的投影坐标；col 表示图像中目标的图上坐标列数；row 表示图像中目标的图上坐标行数；trans［0］和 trans［3］表示输入图像左上角的投影坐标；trans［2］和 trans［4］表示输入图像右下角的投影坐标；trans［1］和 trans［5］表示输入图像在宽度上和高度上的分辨率。由于本次图像拍摄的位置是北半球，所以仅返回图像左上角的投影坐标，trans［2］和 trans［4］的返回值为 0。

图上坐标与投影坐标的转换函数整体功能实现流程如图 6-3-25 所示。

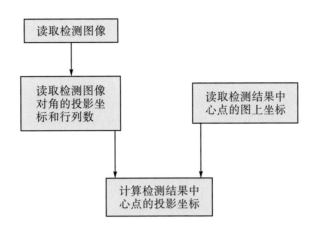

图 6-3-25　图上坐标与投影坐标的转换函数整体功能实现流程

2. 投影坐标与地理坐标的转换函数

Osr 库中提供两种函数，GetProjection（）函数与 CloneGeogCS（）函数，这两种函数分别能够读取图像中定义的投影坐标系与地理坐标系。除此之外，Osr 库还提供了名为"CoordinateTransformation（）"的坐标系转换函数，专门用于实现投影坐标系与地理坐标系之间的协调转换。在投影坐标与地理坐标的转换函数的实现过程中，首先通过 Osr 库中的 GetProjection（）函数和 CloneGeogCS（）函数读取待检测图像的投影坐标参考系和地理坐标参考系，再通过 Osr 库中的 CoordinateTransformation（）函数实现投影坐标参考系和地理坐标参考系之间的协调转换。本研究中实现的坐标系转换是 WGS 1984 UTM zone 50N 投影坐标系与 WGS 84 地理坐标系之间的协调转换。完成坐标系之间的协调转换后，根据通过图上坐标与投影坐标的转换函数获取的投影坐标，得到每个目标检测结果的最终经纬度信息。投影坐标与地理坐标的转换函数整体实现流程如图 6-3-26 所示。

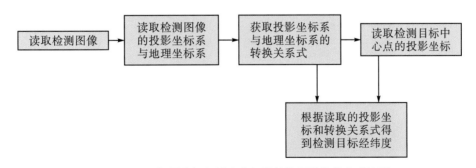

图 6-3-26　投影坐标与地理坐标的转换函数整体实现流程

（十一）改进后的 Demo 检测过程及训练结果

在 Demo 图像检测文件中添加了坐标系转换函数和检测目标地理位置信息输出模块后，图像检测的整体流程如下：

（1）通过 OpenCV 读取需要检测的图像，然后读取已训练好的检测模型，根据检测模型找出图像中与检测目标特征相似的目标物，并返回该目标物体的 x 轴方向与 y 轴方向的图上坐标最大值与最小值。所有目标检测结果在 x 轴方向与 y 轴方向的图上坐标最大值与最小值会被统一存储在一个列表中。

（2）通过 Python 迭代的方式，依次读取列表中每个目标检测结果在 x 轴方向与 y 轴方向的图上坐标最大值与最小值，根据返回的最大值和最小值计算出每个目标检测结果中心点的行列数。中心点计算公式如式（6.3.8）和式（6.3.9）所示：

$$X_m = (\text{bbox}[2] + \text{bbox}[0])/2 \tag{6.3.8}$$

$$Y_m = (\text{bbox}[3] + \text{bbox}[1])/2 \tag{6.3.9}$$

式中，X_m 表示检测目标结果的中心行数；Y_m 表示检测目标结果的中心列数；bbox[0] 和 bbox[2]、bbox[1] 和 bbox[3] 分别表示检测目标结果行数的最大值与最小值，以及列数的最大值与最小值。

（3）根据计算公式获取每个目标检测结果中心点的行列数后，首先，通过迭代的方式，将每个检测目标结果的中心点行列数依次输入到图上坐标与投影坐标的转换函数中，得到每个检测目标结果中心点对应的投影坐标；其次，将得到的投影坐标输入到投影坐标与地理坐标的转换函数中，得到每个检测目标结果的最终地理位置信息；最后，将获取的地理位置信息添加在每个检测目标结果的图上坐标中心点上。检测输出结果如图 6-3-27 所示。

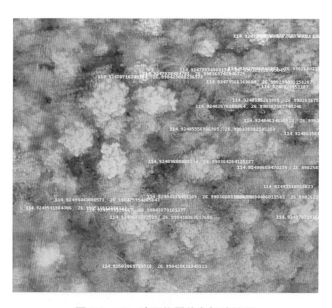

图 6-3-27　地理位置信息标注结果

虽然通过上述的坐标系转换函数实现了检测目标的地理位置信息提取，但考虑到直接在图像上标注地理位置信息可能存在信息显示不完整或地理位置信息之间存在遮挡无法看清的问题。本研究在图像上标注地理位置信息的同时，将每个目标检测结果的地理位置信息整合在一起并输入一个文本，文本中包含了每个病树的地理位置信息，输出的病树地理位置信息文本如图6-3-28所示。

通过上述方法能够实现松材线虫病枯死树的快速检测定位，病树防治工作者可以根据模型检测输出的经纬度信息快速找到出现病症的松材线虫病枯死树并对其进行相应处理，实现松材线虫病枯死树的快速检测和精确定位，能够节省大量人力物力。

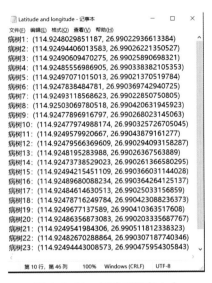

图 6-3-28　经纬度信息文本

五、结果与分析

本试验分为两大部分，第一部分是模型构建及改进。首先将 Faster-R CNN 的 VGG16 卷积神经网络替换为 ResNet101 残差神经网络，模型准确率从 66.22％ 提高到 70.78％；其次，将 Faster-R CNN 的 Softmax 交叉熵函数替换为 Sigmoid 交叉熵函数，模型准确率达到 72.45％；再通过数据增强的方式将数据量提高到 1700 张，将模型准确率提高到 80.11％；最后将 RPN 网络中的 anchors 进行优化调整，将模型精度提高到 89.14％。对比原始的 66.22％，模型准确率整体提升了 22.92％。模型最终得到的检测结果置信度均在 90％ 以上，对松材线虫病枯死树具有良好的检测效果。

第二部分是为模型添加地理信息来定位发生病虫害的松材线虫植株。首先，通过 ArcGIS 对原始图像定义投影坐标系，然后选取需要检测的感兴趣区域，对感兴趣区域进行裁剪，生成带有地理位置信息的图像；其次，在 Faster-R CNN 的 Demo 文件中添加地理信息模块，其中包括图上坐标与投影坐标转换函数、投影坐标与地理坐标转换函数；最后，根据网络返回的目标检测结果的行列数最大值与最小值，计算目标检测结果的中心点行列数，通过坐标系转换函数转换，得到每个检测目标中心点的经纬度坐标并标注在图像上，同时生成对应的检测结果经纬度信息文本。

参考文献

［1］ 童泽京. 基于深度学习与无人机遥感的松材线虫病枯死树检测及定位［D］. 广州：华南农业大学，2020.

［2］ 祁媛，徐伟诚，王林琳，等. 基于无人机遥感影像的沙糖橘果树提取方法研究［J］. 华南农业大学学报，2020，41（6）：126-133.

［3］ HUANG H S，DENG J Z，LAN Y B，et al. A two-stage classification approach for the detection of spider mite-infested cotton using UAV multispectral imagery［J］. Remote Sensing Letters，2018，9（10）：933-941.

［4］ CHAPELLE O，HAFFNER P，VAPNIK V. Support vector machines for histogram-based image classification［J］.IEEE Transactions on Neural Networks，1999，10（5）：1055-1064.

［5］ DONAHUE J，JIA Y Q，VINYALS O，et al.Decaf：A deep convolutional activation feature for generic visual recognition［C］//International Conference on Machine Learning，2014：647-655.

［6］ CONGALTON R G. A review of assessing the accuracy of classifications of remotely sensed data［J］. Remote Sensing of Environment，1991，37（1）：35-46.

［7］ ALBETIS J，DUTHOIT S，GUTTLER F，et al. Detection of Flavescence dorée grapevine disease using unmanned aerial vehicle（UAV）multispectral imagery［J］.Remote Sensing，2017，9（4）：308.

［8］ LECUN Y，BOTTOU L，BENGIO Y，et al. Gradient-based learning applied to document recognition［J］.Proceedings of the IEEE，1998，86（11）：2278-2324.

［9］ HUANG H S，DENG J Z，LAN Y B，et al. Detection of helminthosporium leaf blotch disease based on UAV imagery［J］.Applied Sciences，2019，9（3）：558.

第七章　经典应用方向之作物杂草分类识别

第一节 无人机遥感图像采集系统构建及水稻杂草识别研究

一、案例简介

2017 年 10 月，华南农业大学国家精准农业航空施药技术国际联合研究中心团队成员在华南农业大学增城教学实践研究基地进行水稻杂草识别的无人机遥感图像采集试验。该地区属于典型的亚热带季风气候带，阳光和热能资源充足，雨热同季。试验围绕无人机遥感图像采集系统的构建和对水稻杂草的识别展开，搭建了基于嵌入式的无人机遥感图像采集平台；对水稻杂草可见光遥感图像进行了处理，提取了水稻杂草可见光遥感图像的颜色 RGB 特征、颜色空间 HSV 特征、Tamura 纹理特征和可见光植被指数特征并构建特征向量；最后通过建立分类模型，对每个图像样本进行分类，分为水稻区、杂草区和其他区，得出可见光遥感图像分类结果。

二、材料与方法

该研究基地占地总面积为 0.54 hm^2，划分为 172 个面积为 20 m^2 的大小相同、规格整齐的区域，如图 7-1-1 所示。这些区域于 2017 年 8 月 21 日全部灌溉并播种"华航 31 号"水稻，植株行距间距 50 cm。水稻幼苗期每公顷面积喷施 50 kg 氮素、50 kg 五氧化二磷和 20 kg 氧化钾。在研究区的水稻田块中，自然生长着千金子和碎米莎草类型的杂草。如图 7-1-2 所示，许多杂草与水稻夹杂在一起，在田间混合生长。

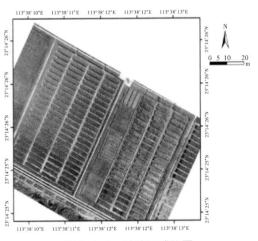

图 7-1-1 试验区域位置

（a）千金子　　　　　　　　　　　　（b）碎米莎草

图 7-1-2　水稻杂草夹杂生长

本次无人机采集可见光遥感图像数据是通过规划航线、自主飞行的方式进行。无人机地面站控制软件 DJI GS PRO 是大疆公司专门设计的 iPad 应用程序，可以控制本次采集的方式。本试验无人机遥感图像采集系统是基于嵌入式展开的，包含硬件平台和软件平台。采集系统主要由嵌入式开发板、无人机平台、可见光相机、无线串口模块以及地面站等部分组成。

系统硬件搭建方案如图 7-1-3 所示。硬件结构主要包括两套系统：机载系统和地面站。机载系统需要具备可开发的无人机操作平台以及带可见光相机的嵌入式处理器系统，地面站包括 PC 机以及相关的地面平台。

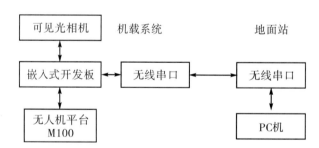

图 7-1-3　系统硬件平台搭建方案

（一）无人机机型平台

无人机平台需包含无人机的机架、桨叶、电机、电子调速器、飞行控制系统、电池等，此外还包括方便开发的改装支架、二次开发的软件接口等。经过对比，本研究的无人机平台选用大疆经纬 M100 飞行平台，其包含了上述所需的各个部分。经纬 M100 是一款平稳可靠、功能强大、可灵活扩展的飞行平台，其设计目的即为用于科研领域。其方便调节的扩展架、众多的通接口、高强度的稳固机架以及续航能力长的特点，可以适应户外采集遥感图像的操作，而且经测试表明，经纬 M100 无人机在二次开发的研究上满足用户的功能需求，适合作为无人机遥感图像采集系统的开发平台。经纬 M100 外观如图 7-1-4 所示，主要技术参数见表 7-1-1。

图 7-1-4　经纬 M100 外观图

表 7-1-1　经纬 M100 主要技术参数

参数	型号或数值
无人机平台型号	DJI Matrix100
对称电机轴距	650 mm
最大起飞重量	3600 g
标配电池容量	4500 mAh
飞控系统型号	N1
有 GPS 悬停精度	垂直：0.5 m；水平：2.5 m
最大旋转角速度	俯仰轴：300 °/s；航向轴：150 °/s
最大俯仰角度	35 °
最大上升速度	5 m/s
最大下降速度	4 m/s
最大可承受风速	10 m/s
最大航行速度	22 m/s（ATTI 模式，无负载）
悬停时间（TB47D 电池）	无负载：22 min；负载 500 g：17 min；负载 1 kg：13 min
遥控器工作频率	5.725 ～ 5.825 GHz，2.400 ～ 2.483 GHz
遥控器信号有效距离（无干扰，无遮挡下）	CE：3.5 km；FCC：5 km

　　机载系统实物图如图 7-1-5 所示，该系统由经纬 M100 无人机、TK1 开发板、可见光相机和无线串口模块组成。对后两种硬件的配置介绍如下。

图 7-1-5　机载系统实物图

1. 可见光相机

在户外采集可见光遥感图像过程中，需要在机载平台上配置一台可见光相机，并通过嵌入式开发板 TK1 的控制指令触发拍照。在采集过程中，无人机的飞行速度保持一定的速率，因此，可见光相机采集图像的分辨率和采集频率需要得到保证。通过对比和分析，本系统选用了一台 GoPro 推出的 Hero4 相机。该相机采用机身三防一体化设计，体积较小、安装方便、性能优越，适用于对无人机可见光遥感图像的采集。GoPro Hero4 外观如图 7-1-6 所示。

图 7-1-6　GoPro Hero4 外观图

GoPro Hero4 相机采用高性能的逐行扫描 CCD 感光芯片，静态图片分辨率高达 1200 万像素，可满足高分辨的遥感图像采集的要求。在本系统中，采集图片的大小被设置为 1024×1024 像素。图像采集的帧率最高为 30 fps，即每秒最多采集 30 帧，满足系统对采样频率的要求。续航能力长，可在 1080P 下连续拍摄 90 min，具有超广角的镜头，有轻微的几何失真。

2. 无线串口模块

无线串口模块控制芯片采用具有两个串口的 STC12C5a60s2，该型号兼容嵌入式系统。指令无线传输采用的是 E30-TTL-100 433M 无线串口传输模块，该模块开放了多个频道供用户选择，发射功率为 100 mW，可在线修改收发频率、串口波特率以及发射功率等各种参数，最大传输距离可达 2000 m。该模块的外观如图 7-1-7 所示。

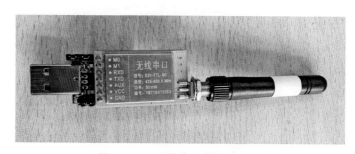

图 7-1-7　无线串口模块外观图

为了更好地实现友好的用户界面（UI），在 TK1 嵌入式开发板、配置环境 ubuntu14.04、QT 开发平台、C++ 编程语言设计了如图 7-1-8 所示的串口配置可视化操作界面。该界面可使用户方便地在同一嵌入式的环境下配置无线串口的同一参数，如串口号、波特率、数据位、校验位、停止位等。根据通信协议中三次握手协议，当发送窗口发送一定数量和长度的字符时，通过无线串口传输，接收端接收到相同数量和长度的字符时，向发送端反馈接收到相同数量和长度的字符信息，说明了数据不掉包；在接收到数量或长度不相同的字符时，接收端没有反馈给发送端应发送的字符数量和长度，说明了数据存在丢失。友好的 UI 能够更好地实现无人机的控制和遥感图像的采集，为无人机遥感图像采集系统的硬件搭建提供了一定的基础。

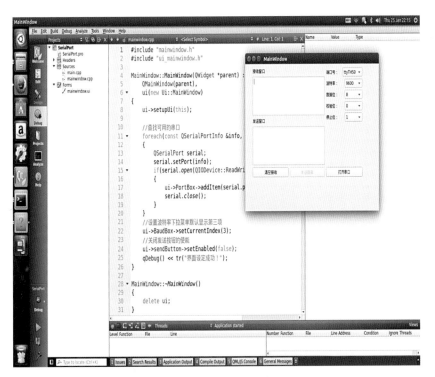

图 7-1-8　串口配置可视化操作界面

地面站开发平台主要完成两个任务：一是通过无线串口发送飞行的相关指令（如起飞、悬停、返航等）至 TK1 嵌入式开发板，控制经纬 M100 无人机的相关操作；二是通过无线串口发送触发拍照的指令至 TK1 嵌入式开发板，控制可见光相机采集遥感图像。地面站的实物外观如图 7-1-9 所示，由 PC 机和无线串口模块组成，地面站的 PC 机选择通用商务笔记本，i5 以上 CPU 及 4GB 以上内存，安装 ubuntu14.04 操作系统，定制 Qt 软件开发环境，采用 C++ 作为编程语言，地面站的无线串口模块型号与机载系统的无线串口模块型号保持一致。通过串口的设置可以控制无人机的飞行状态，从而更好地保证采集可见光遥感图像的质量，完成无人机遥感图像采集系统硬件平台的搭建。

图 7-1-9　地面站的实物外观

为了更好地进行可视化控制操作，并对无人机功能实现二次开发，避免只通过大疆公司配置的遥控手柄进行操作，导致无法按照用户的实际需求添加所需要的功能，本研究在上位机编写了地面站控制界面，从而更好地脱离所配置的遥控器，实现了对经纬 M100 无人机基于嵌入式的二次开发。

如图 7-1-10 所示，当需要重新配置无人机的飞行参数时，点击控制面板的"Init"按键，激活无人机，实现初始化，避免因误触而产生的参数错误；当需要启动无人机执行任务时，点击"take off"按键，实现无人机按照预设的安全起飞高度，竖直起飞离地面 3 m 高处，等待用户下一步操作指

图 7-1-10　地面站控制界面

令；当无人机需要降落时，点击"land on"按钮，实现无人机的降落，直接中断无人机正在执行的飞行任务，以避免因无人机电量不足、遭遇障碍物等突发情况而损坏机体的情况出现；当无人机严重偏离既定的航线时，点击"go home"按钮，实现无人机强制返回，并且调用起飞前无人机所在的位置坐标参数，实现无人机自动返航并降落在起点附近的位置。

而在 FlyControl 的组框中，在 X、Y、Z 轴对应数值设置框中输入任意一个数字，并按回车键确认，无人机按照向 X、Y、Z 轴飞行所输入的距离长度，实现在飞行空间内的任意方向维度的操作；在 YAW 中输入任意一个正数，并按回车键确认，无人机实现按输入正数的度数顺时针旋转，反之，输入负数则实现按逆时针方向旋转。

（二）系统的软件平台

系统的软件平台搭建框架如图 7-1-11 所示。

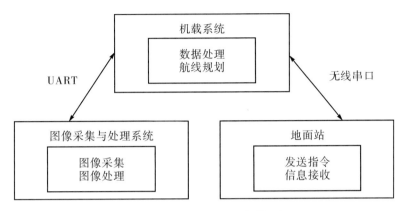

图 7-1-11 系统的软件平台搭建框架

在整个采集系统软件框架中，系统主要由三个部分组成，分别是机载系统、图像采集与处理系统和地面站。机载系统是处理航线规划、控制无人机飞行状况的核心，在这一系统中，程序主要控制无人机接收用户的指令，按照用户的想法执行飞行任务，并且在指定的区域中采集可见光遥感图像，完成既定的目标。图像采集与处理系统是基于 GoPro Hero4 可见光相机摄像头实现的。因为在采集过程中需要配置 Opencv 开发环境，同时调用库中与相机采集相关的 API 函数，从而实现对可见光遥感图像的采集，下一步通过对对象的分类模型构建，直接将采集的图像经预处理后导入分类模型，得出分类结果，从而实现无人机遥感图像采集与分析有机结合的研究，为获取作物实时的生长状况等提供重要的依据和支持。地面站主要完成信息接收和指令发送工作，其基本目的是保证经纬 M100 无人机在发送指定的飞行操作任务外，按照感兴趣区域飞行，从而获取可靠而准确的可见光遥感图像。同时，在指令发送过程中，可以通过反馈得到可见光相机是否按照用户的要求采集图像，避免机载系统因信号无法接收，导致可见光遥感图像无法采集的情况出现。为了更好地做到发送信息匹配度高，使地面站的 PC 机与机载系统的互相收发的指令解释一致，PC 机配置的环境是 ubuntu14.04，同样使用的开发环境是 QT，编程语言是 C++，从而实现数据环境一致化，保证了信息的准确性和有效性。机载系统需要使用 TK1 嵌入式开发板控制，因此需要在开发板上搭建嵌入式的 Linux 开发环境。

水稻杂草可见光遥感图像采集，需要在阳光明媚、晴天、无云覆盖的天气下进行，图像采集的时间最适宜在当地的 10：00 ～ 16：00。如图 7-1-12 所示，使用的设备为大疆精灵 4。该设备配置 GPS/GLONASS 双模 GPS，控制方式分为智能控制和手动控制两种方式。智能控制表示无人机可以按照预先规划好的航线，按照既定的飞行速度、飞行高度和飞行方向进行；手动控制表示可以通过人为控制的方式，手动调节无人机飞行的参数。相机云台可以控制并保持摄像头始终竖直向下拍摄。配置的可见光相机影像传感器是 1/2.3 英寸 CMOS, 采集遥感图像的有效像素是1240万, 镜头视场角94°, 有较轻微的几何失真。

图 7-1-12　大疆精灵 4

采集的可见光图像的数据处于水稻幼苗期, 与杂草混杂在一起, 建议使用对应的除草剂处理, 减少杂草对水稻作物的危害。在无人机真正采集所需的可见光遥感图像前, 选择一块 60 m × 50 m 的矩形区域作为本次试验前的飞行区域进行数据采集。根据采集的图像和地面调查结果显示, 决定本次无人机飞行的区域由 90 个水稻划分区域 (1800 m²)、8 个杂草划分区域 (160 m²) 和 38 个水稻 – 杂草划分区域 (760 m²) 组成, 而且水稻 – 杂草区域分别具有不同程度的杂草密度, 如图 7-1-13 所示。在进行地面调查期间, 在农学专家的指导下, 通过直接的视觉判断可以估计该区域的杂草密度。由图 7-1-13 可以清楚地看出, 试验区域包含的水稻 – 杂草组合比较复杂, 二者夹杂在一起的情况比较多。

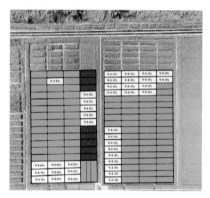

（a）实验场地的地面实况图

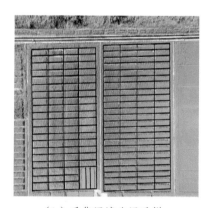

（b）采集区域分区采样

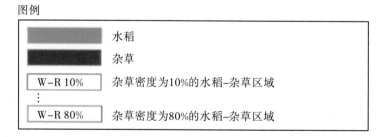

图 7-1-13　水稻整体可见光遥感图像

因此, 在无人机采集数据前, 先收集飞行区域每个角落的坐标作为边界点, 并把无人机放置在与试验地块作物根部等高的地方, 记录其GPS信息, 把相应的坐标点输入至无人机地面站, 规划航线并选择自主飞行的方式。无人机在飞行时保持距离地面 6 m 的高度进行采集, 空间分辨率约为 0.3 cm。由于无人机低空遥感采集图像时只能够覆盖感兴趣区域的一部分, 因此, 要想获取该区域的整体图像信息，无人机必须相隔一段距离采集一张图像，这样才可以确保采集的前后两张图像有一定的重叠率。本试验无人机飞行设置的纵向和横向拍摄重叠率分别是60%和50%。

本次试验共采集了91张可见光遥感图像，图像分辨率为4000×3000像素，且图像的地理坐标均已知道。采集当天天气晴朗无云，采集过程中摄像头始终保持竖直向下。采集的可见光遥感图像均带有三个RGB颜色波段，图像文件格式保存为JPG。直接对采集的遥感图像进行观察，采集的数据整体图像分辨率和重叠率均满足采集前的数据标准，符合要求。

三、数据处理

（一）两种图像预处理方式

1. 中值滤波预处理

本研究图像预处理的方式采取的是空间域里中值滤波的方法。水稻杂草可见光遥感图像的中值滤波前后对比如图7-1-14所示。从图7-1-14可以看出，经过中值滤波图像预处理操作后，图像中的各种噪声明显得到了抑制，图像的质量明显增强，加大了下一步图像处理的可操作性。

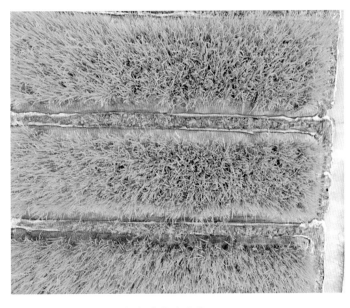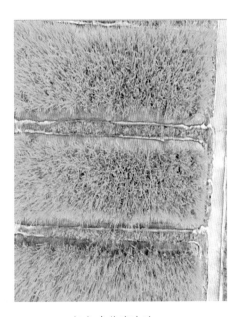

（a）中值滤波前　　　　　　　　　　　　　　（b）中值滤波后

图 7-1-14　中值滤波前后效果对比图

2. 水稻杂草标记

经过图像预处理后，每张原始图像被分割成大小为 100×100 像素的子图像，共获得 109200 个样本。为了保证和验证图像分类的效果，随机选取 6000 张子图像作为训练数据集，随机选取 1500 张子图像作为测试数据集。将水稻杂草可见光遥感图像按照研究对象的类别分为三类：水稻区、杂草区和其他区（包括裸地、塑料和水等）。通过直接的视觉判断就足以区分所划分的三类对象，因此采取用指定的颜色手动标记地面区域标签的方法，如图 7-1-15 所示，水稻类的颜色标记为绿色，杂草类的颜色标记为红色，其他类的颜色标记为灰色，从而更好地评估不同分类模型处理后的水稻杂草分类结果。

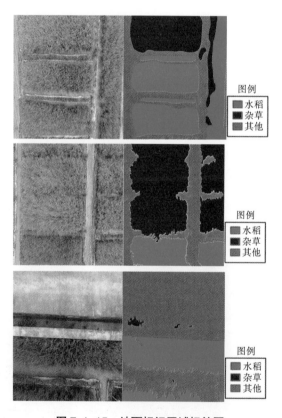

图 7-1-15　地面标记区域标签图

（二）特征提取与选择

本试验采取颜色特征、纹理特征和可见光植被指数特征多特征结合的方法展开研究。对颜色特征的研究为 RGB 三个颜色分量与 HSV 三个颜色空间分量的一阶矩（均值）、二阶矩（方差）和三阶矩（偏度）。

四、分类模型构建

（一）基于 SVM 分类

本研究采用径向基核函数作为 SVM 的核函数，并通过网格搜索的方式选择最优惩罚系数（$C=96$），进行 SVM 分类器分类。将上述水稻杂草可见光遥感图像提取的特征信息输入 SVM 分类器，测试图像样本数是 1500 张，得出的训练结果混淆矩阵见表 7-1-2。

表 7-1-2 水稻杂草可见光遥感图像对象 SVM 训练结果混淆矩阵

		预测结果（张）			类别精度（％）	总体精度（％）
		水稻区	杂草区	其他区		
实际结果（张）	水稻区	1362	86	52	90.8	
	杂草区	1261	328	46	88.5	88.6
	其他区	132	70	1298	86.5	

（二）基于混合核函数 SVM 分类

从分类问题的角度来说，传统的 SVM 具有多重优点，不过，在绝大多数的研究当中，均默认选取单一的径向基核函数，很少有学者关注到核函数的选取对模型精度与预测结果可能造成的影响。因此，本研究主要以 Mercer 核理论为基础，构建一种以优化 SVM 模型为基础的混合核函数模型，获得一种新的核函数。

根据 Mercer 核理论，核函数能够对高阶的向量空间中任意两个位置的点进行内积运算，并运用之前输入空间中的核函数作为新的核函数取代。核函数的选择与经验是密不可分的，通常情况下，为了解决一般的分类问题，往往选择径向基核函数作为主要的核函数，其原因主要是，大多数数据在处理过程中分布的规律几乎是服从高斯分布，因此径向基核函数就是合适的选择。但是，只依靠经验的方式去选择核函数会导致对部分数据的误判，从而降低分类精度。同时，只有当数据在分布时符合选定的核函数区域时，核函数才会对该数据造成影响，而对没有进入该区域的数据容易出现分类错误的情况。因此，可以选择在多类核函数的限制下，将任意的数据进行系统的分类，使数据落入任一区域时，核函数都能够准确地做出判断，从而提高分类模型的准确率。一般而言，分类模型的主要性能由两个方面决定，一方面是模型学习能力的高低，另一方面是模型推广能力的高低。

根据 Mercer 核理论，在 $Q_3(\theta, \theta^p)$ 是 $L^m \times L^m$ 上的核的前提下，若 $\theta(x)$ 为 $X \in L^m$ 到 L^m 的映射，则 $Q(x_1, x_2, x_3) = Q_3[\theta(x_1), \theta(x_2), \theta(x_3)]$；若 $f(x)$ 是定义在 $X \in L^n$ 上的实

质函数，则 $Q(x_1,x_2,x_3)=f(x_1)f(x_2)f(x_3)$ 是正定核；若 Q_1 和 Q_2 是 $L^n \times L^n$ 上的核，则 $Q(x_1,x_2,x_3)=Q_1(x_1,x_2,x_3)+Q_2(x_1,x_2,x_3)+Q_3(x_1,x_2,x_3)$。根据加法原理可知，在不同的组合权重下，函数 $Q(x_1,x_2,x_3)=Q_1(x_1,x_2,x_3) \cdot Q_2(x_1,x_2,x_3) \cdot Q_3(x_1,x_2,x_3)$ 属于核。同样的，若 $p(x)$ 是系数全为正数的多项式，则 $Q(x_1,x_2,x_3)=p[Q_1(x_1,x_2,x_3)]$、$Q(x_1,x_2,x_3)=\exp[Q_1(x_1,x_2,x_3)]$ 及 $Q(x_1,x_2,x_3)=\exp\left\{-\dfrac{\|x-x_i\|}{2\sigma^2}\right\}$ 均为核。

因此，通过上述理论的分析，本研究选择多个核函数组合的方式形成混合核函数，从而代替单一核函数。选择的核函数是径向基核函数、多项式核函数和 Sigmoid 核函数的组合方式，具体的公式为

$$K(x,x_i)=\rho_1 \exp\left\{-\dfrac{\|x-x_i\|}{2\sigma^2}\right\}+\rho_2[(x \cdot x_i)+1]^q+\rho_3 \tan[v(x \cdot x_i)+c] \qquad (7.1.1)$$

式中，$\rho_1+\rho_2+\rho_3=1$，且 ρ_1、ρ_2、ρ_3 均大于 0。

在此函数中，ρ_1、ρ_2 和 ρ_3 的值决定了各单一核函数在混合核函数中所占的比重。当 $\rho_1>0.5$ 时，表明径向基核函数占主导地位；当 $\rho_2>0.5$ 时，表明多项式核函数占主导地位；当 $\rho_3>0.5$ 时，表明 Sigmoid 核函数占主导地位。由于所构建的混合核函数中，可以通过动态调整 ρ_1、ρ_2 和 ρ_3 的数值比例灵活组合，达到性能更好的混合核函数分类模型，因此，构造的混合核函数既可以实现分类模型拟合度上的优势，也可以发挥分类模型数据推广性能上的优势。通过网格搜索的方式，得出在 $\rho_1=0.74$、$\rho_2=0.14$、$\rho_3=0.12$ 时，分类的各项精度和总体精度效果最好。测试图像样本数是 1500 张，得出的水稻杂草可见光遥感图像对象混合核函数 SVM 训练结果混淆矩阵见表 7-1-3。

表 7-1-3　水稻杂草可见光遥感图像对象混合核函数 SVM 训练结果混淆矩阵

		预测结果（张）			类别精度（%）	总体精度（%）
		水稻区	杂草区	其他区		
实际结果（张）	水稻区	1391	135	46	92.7	
	杂草区	98	1355	47	90.3	90.3
	其他区	136	45	1319	87.9	

（三）基于混合函数 SVM 分类

本次分类的目的是将获取的样本分类为三类：水稻区、杂草区和其他区。对于多类分类问题，传统 SVM 有两种解决方案，即一对一和一对多。但是，通常一对一的方法容易造成数据泛化误差，而一对多的方法容易造成众多的分类器，从而降低分类的效率。为了解决上述问题，本研究将水稻区、杂草区和其他区的三种分类问题进行分解，建立基于混合函数的 SVM 分类器，以决策树为基础，构建数据的弱样本集，通过每一级的 SVM 识别出一种类型，而剩余的样本集进入下一级的 SVM 进行识别，如图 7-1-16 所示，逐级依次递减，最终决策树的叶子节点得到的

是三种分类。

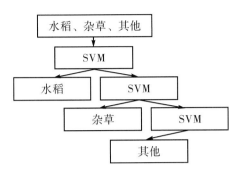

图 7-1-16　决策树 SVM 多分类示意图

研究表明，当分类器面对不同的应用环境和数据特点时，应该选择不同的分类平面进行分类判别，否则可能造成最终的分类结果误差较大。在复杂的环境下，传统的 SVM 在分类过程中平面的选择是保持不变的，因此造成准确率较低。距离分类平面较远的数据，往往能够被准确地识别，得出正确的分类结果；而距离分类平面较近的数据，往往存在模糊识别的现象，得出误差较大的分类结果。因此，想要提升 SVM 分类的精度，应该尽可能建立适用于数据最大正确概率的分类平面，从而确保数据有效且正确地分类。

因此，选择适用于 SVM 在复杂环境下的最大正确概率的分类平面，再结合 Adaboost 算法，建立 SVM-Adaboost 组合的分类模型。SVM-Adaboost 分类器构建流程如图 7-1-17 所示。

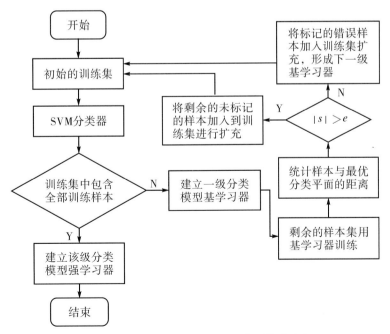

图 7-1-17　SVM-Adaboost 分类器构建流程

起始时通过训练建立的基学习器对样本的分类准确率低，因此通过对平面分类错误的样本做更多的标记后，调整建立下一个基学习器。由于分类平面的样本大部分属于支持向量，通过不断迭代建立基学习器后，根据最大的概率统计，最终形成强学习器，进而提升 SVM 分类的准确率。

构建 SVM-Adaboost 分类器的步骤如下：

（1）训练集中的所有样本都不会被标记，随机将训练集划分并选择较少数量的样本构建一个初始的训练集，对其中所有样本进行标记并确保在划分的训练集中至少都包含各类的对象。

（2）根据初始的训练集，获得一个水稻区的 SVM 弱分类器，并与训练集中所有标记的样本进行比较，进而建立一级分类模型的基学习器。

（3）将所有未进行标记的样本导入一级分类模型的基学习器，选取水稻区分类平面附近分类模糊、不准确的样本，并从非水稻区选择所有的样本计算其相似度，统计样本误判的概率，根据计算的结果得出最优化的分类平面的距离，建立最优化平面。

（4）统计各样本与最优化距离 s，若 $|s|>e$，则表明建立的最优化平面对于 SVM 在样本分类时精确度和可信度高，将剩余的未标记的样本划分并加入下一级的训练集中，得出训练后的 SVM；若 $|s|\leqslant e$，则表明建立的最优化平面对于 SVM 在样本分类时精确度和可信度低，容易出现对样本数据分类误判的现象，因此，将标记错误的样本加入初始训练集中进行扩充，形成下一级基学习器，寻求更优化的分类平面，从而提升 SVM 的分类正确率。

（5）经过逐次迭代后，当训练集的每个样本数据均被标记后，迭代行为结束，进而最终训练生成水稻区的强学习器。其他区域可以运用同样的训练方式逐类进行训练，进而获得各类相对应的 SVM 强分类器，提高各类别的分类精度。

通过网格搜索的方式，得出在 $s=0.63$ 时，分类的各项精度和总体精度最高。测试图像样本数是 1500 张，水稻杂草可见光遥感图像对象混合函数 SVM 训练结果混淆矩阵见表 7-1-4。

表 7-1-4　水稻杂草可见光遥感图像对象混合函数 SVM 训练结果混淆矩阵

		预测结果（张）			类别精度（%）	总体精度（%）
		水稻区	杂草区	其他区		
实际结果（张）	水稻区	1404	65	31	93.6	
	杂草区	92	1373	55	91.5	91.2
	其他区	83	89	1328	88.5	

五、结果与分析

采集获取的水稻杂草可见光遥感图像共 91 张，大小为 4000×3000 像素，经过预处理后，分割成 100×100 像素大小的子图像，共获得 109200 个样本。图像区域共分为三类：水稻区、杂草区和其他区。选择并提取颜色 RGB 特征 G 一阶、B 三阶 2 个均值，颜色空间 HSV 特征 S

一阶、H 二阶 2 个均值，Tamura 纹理特征的对比度与线性度 2 个均值，植被指数 GLI、RGRI 和 EXG 3 个均值，共构建 9 维特征向量并输入到各个建立的分类器中进行分类，各个分类器的分类结果见表 7-1-5。

表 7-1-5　水稻杂草可见光遥感图像分类结果

分类方法	正确识别数量（个）			类别精度（%）			总体精度（%）
	水稻区	杂草区	其他区	水稻区	杂草区	其他区	
SVM	1362	1328	1298	90.8	88.5	86.5	88.6
混合核函数 SVM	1391	1355	1319	92.7	90.3	87.9	90.3
混合函数 SVM	1404	1373	1328	93.6	91.5	88.5	91.2

由表 7-1-5 可知，混合函数 SVM 模型的分类效果最好，达到 91.2%；混合核函数 SVM 模型的分类效果次之；SVM 的分类效果最差。模型分类的结果符合对改进 SVM 模型算法的理论。所有对象区域分类结果中，水稻区在各个分类器中类别识别的正确率是最高的，这与前面特征统计时表现的数据特点一致，选择和提取的特征中，水稻区与其他两类区域区分度最高。为了更加直观地观察各个分类器对水稻杂草可见光的识别特点，绘制了各分类模型效果图，如图 7-1-18 所示。

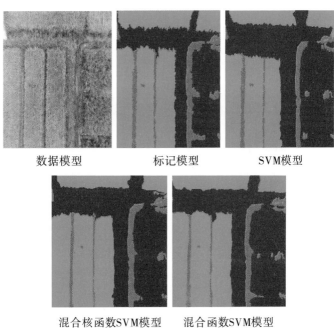

数据模型　　　　　标记模型　　　　　SVM模型

混合核函数SVM模型　　混合函数SVM模型

图 7-1-18　各分类模型效果对比图

从分类模型效果图可以直观地看出，混合函数 SVM 模型在处理水稻区、杂草区和其他区各类区域之间边界的细节上比其他两类分类模型精准度更高，各个分类的区域趋势与所标记的图像几乎一致。因此，选取混合函数 SVM 模型作为水稻杂草可见光遥感图像识别的分类模型，可以为后续的无人机精准施药提供重要的辅助信息。

第二节　基于无人机遥感图像的稻田杂草识别研究

一、案例简介

华南农业大学国家精准农业航空施药技术国际联合研究中心团队成员在华南农业大学增城区教学科研基地针对稻田杂草进行无人机图像数据采集试验。该试验以水稻生长初期（苗期和分蘖期）的两个田块作为试验地点，使用无人机采集田块的低空遥感影像；基于无人机影像的位置信息和颜色纹理特征进行图像拼接，形成田块的正射影像图；采用面向对象图像分析方法和深度学习算法进行数据分析，进而生成水稻田块的杂草分布图和施药处方图。

二、材料与方法

试验对象为基地内的两块水稻田：田块 F1 和田块 F2，如图 7-2-1 所示。两块试验田都是矩形的平整地块，田间主要杂草为千金子和碎米莎草，还有少量的马塘和稗草。在水稻生长期间，未发现有其他病虫害的出现。

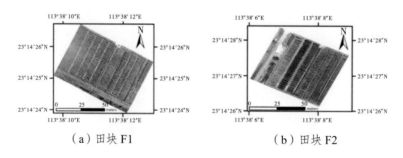

（a）田块 F1　　　　　　　（b）田块 F2

图 7-2-1　试验田块的地理位置

本次试验采用大疆精灵 4 无人机进行数据采集，其外观如图 7-2-2 所示，技术参数见表 7-2-1。大疆精灵 4 配合地面站控制软件 DJI GS PRO，能够设定作业区域和拍照重叠率，自动规划航线，并且自主完成飞行和图像采集任务。本试验使用大疆精灵 4 自带的云台相机进行图像采集，该云台相机是一个标准的可见光航拍相机，能够避免无人机飞行过程中造成的运动模糊，图像采集后自动进行畸变校正，能够校正广角相机普遍存在的桶形失真。大疆精灵 4 的云台可以保证作业过程中相机的角度垂直向下，能够稳定拍摄角度，提高照片质量，为后续的图像拼接和正射影像图生成打好基础。在图像采集过程中，大疆精灵 4 能够自动将 GPS 信息记录到无人机图像中，为后期的图像拼接提供地理信息坐标。该试验涉及的算法统一使用一台 CPU 为 i7-7700、显卡为 GTX 1080 TI、内存为 32G 的台式机完成。

图 7-2-2　大疆精灵 4

表 7-2-1　大疆精灵 4 的技术参数

技术参数	数值
重量（含电池和桨叶）	1380 g
轴距	350 mm
最大水平飞行速度	72 km/h（运动模式）
最大飞行时间	28 min
照片尺寸	4000×3000 像素
机载相机镜头	FOV 94° 20 mm

　　试验于四个不同时间在两个不同地块（田块 F1 和 F2）开展数据采集，试验详情见表 7-2-2。其中，两次试验在水稻处于苗期时开展，另外两次试验在水稻处于分蘖期时开展，每次试验的田间图像如图 7-2-3 所示。在苗期和分蘖期开展试验，是因为作物生长早期是除草的最佳时间，对于保证作物产量具有重要意义。每次试验记录田块边界点的坐标并且导入地面站软件，用于作业区域设定和航线规划。为保证后期的图像拼接和正射影像图生成，航拍的横向重叠率和纵向重叠率分别设置为 70% 和 60%。无人机飞行高度设置为距离地面 10 m，对应的空间分辨率为0.5 cm。

表 7-2-2　数据采集详情

数据编号	试验地点	试验时间	作物生长阶段
D1	田块 F1	2017 年 10 月 2 日	分蘖期
D2	田块 F1	2017 年 10 月 10 日	分蘖期
D3	田块 F2	2017 年 11 月 10 日	苗期
D4	田块 F2	2017 年 11 月 18 日	苗期

（a）2017年10月2日　　（b）2017年10月10日　　（c）2017年11月10日　　（d）2017年11月18日

图7-2-3　试验田间图像

　　图7-2-4展示了若干稻田杂草的图像，包括千金子、碎米莎草、马塘和稗草。从图7-2-4可以看出，对于水稻和杂草夹杂的场景，算法分割的难度较大。图7-2-5则展示了若干无人机遥感图像，从中可以看出，由于无人机飞行时距离较高，水稻和杂草的区别并不明显，因此识别难度较大。

（a）千金子　　　　　　（b）碎米莎草　　　　　　（c）马塘　　　　　　（d）稗草

图7-2-4　稻田杂草图像

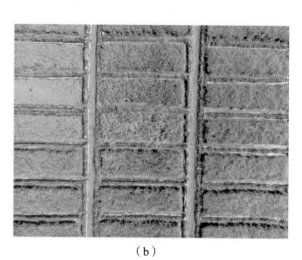

（a）　　　　　　　　　　　　　　　　　　（b）

图7-2-5　无人机遥感图像

三、数据处理

数据预处理包括图像拼接和图像切割，如图 7-2-6 所示。由于本研究的目标是生成整个田块的杂草分布图和施药处方图，因此需要通过图像拼接形成整个田块的正射影像图。本研究生成的正射影像图边界清晰连贯，作物成像质量良好，证明拼接效果良好，为下一步的分析识别提供了保障。

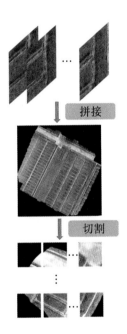

图 7-2-6　数据预处理流程

将正射影像图切割成为大小为 1000×1000 像素互不重叠的子图像，切割之后数据集的样本数量见表 7-2-3。

表 7-2-3　数据集样本数量

数据编号	试验地点	试验日期	样本数量（个）
D1	田块 F1	2017 年 10 月 2 日	182
D2	田块 F1	2017 年 10 月 10 日	182
D3	田块 F2	2017 年 11 月 10 日	120
D4	田块 F2	2017 年 11 月 18 日	120

根据研究目标，本试验将无人机图像的所有像素分为三类：水稻、杂草、其他。为进行模型的训练和验证，对所有的无人机图像进行了像素级的标记，如图 7-2-7 所示。另外，对于试验田块之外的区域，将其标记为无效区域（黑色）。在模型的训练和验证过程中，无效区域将被忽略。因此，数据集中的每个样本包含 1 幅无人机图像和对应的标记图像。数据集分为三个部分：

训练集、验证集和测试集。其中，训练集用于模型参数调整，验证集用于超参数选择，测试集用于性能验证。对采集到的数据，选择 D1 和 D3 作为训练集和验证集，选择 D2 和 D4 作为测试集。进行数据划分的原因是要保证测试集数据和训练集、验证集数据来自不同试验，使测试结果更能体现分析模型的泛化能力。对于数据集 D1 和 D3，随机选取其中 60％作为训练集，其余 40％作为验证集。因此，本研究中训练集、验证集和测试集的数量分别是 182、120、302 个。

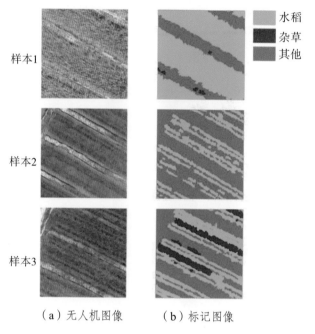

（a）无人机图像　　　（b）标记图像

图 7-2-7　数据集部分样本

本研究对尺度参数设置了 5 个数值进行性能测试，分别是 100、150、200、250、300。由于所检测的对象（水稻和杂草）的形状不规则，形状特征难以作为分类依据，因此将形状因子设为 0.1，即在计算对象异质性过程中，形状特征仅占 10％，而颜色特征占 90％。根据 eCognition 软件的推荐数值，将紧致度和平滑度分别设置为 0.5。

本研究采用多尺度分割算法和 K-means 分割算法进行图像分割，综合比较两种算法在准确性和运行速度上的优劣。两种算法需对训练样本、验证样本、测试样本进行分割。对于训练样本的分割对象，本研究为其设置样本筛选条件（只有符合条件的对象才会进行特征提取），目的是给分类器提供良好的训练样本，避免无效特征对分类器构建造成的影响。仿照 Sharma 等的样本选择标准，本研究对训练样本提取特征的条件如下：①对象中无效区域的比例小于 20％。②统计对象的所有像素类别，占比最高的类别所占比重必须大于 50％。对于验证样本和测试样本，则不设置样本筛选条件，目的是保留各种情况下的样本数据，充分测试分类器的鲁棒性。多尺度分割算法特征提取的样本数量见表 7-2-4。可以看出，随着尺度参数增大，分割结果的对象数量不断减少。出现这种现象的原因是随着尺度参数增大，对象融合过程中异质性改变的最小阈值变大，会有更多的对象参与融合，因此融合结果的对象数量减少。

表 7-2-4　多尺度分割算法在不同尺度参数下的对象数量

尺度参数	训练样本（个）	验证样本（个）	测试样本（个）
100	18206	1863873	5567366
150	11017	792935	2415533
200	6850	415362	1312532
250	4632	241046	815692
300	3336	148987	534659

多尺度分割算法在不同尺度参数的分割时间见表 7-2-5。该时间为多尺度算法分割 302 幅测试图像所用时间的平均值，代表多尺度分割算法分割一幅 1000×1000 像素可见光图像所用的时间。从表 7-2-5 可以看出，随着尺度参数增加，分割时间也不断增加。与分割数量的变化类似，随着尺度参数增大，对象融合过程中异质性改变的最小阈值变大，会有更多的对象参与融合，因此对象融合过程会耗费更多时间。

表 7-2-5　多尺度分割算法在不同尺度参数下的分割时间

尺度参数	分割时间（ms）
100	3615.89
150	3615.89
200	3642.38
250	3662.25
300	3705.30

针对聚类中心数量和对象最小尺寸这两个超参数，本研究在反复尝试的基础上，确定了聚类中心数量的取值范围为 [5, 10, 15]，对象最小尺寸的取值范围是 [2000, 3000, 4000]。采用网格搜索策略，搜索聚类中心数量和对象最小尺寸的最佳取值组合。K-means 分割算法对训练样本、验证样本、测试样本进行分割，分割结果的对象数量见表 7-2-6。从表 7-2-6 可以看出，随着聚类中心数量增大，分割结果的对象数量不断增加；随着对象最小尺寸不断增大，分割结果的对象数量不断减小。出现这个结果的原因是，随着对象最小尺寸增大，会有更多面积小于尺寸阈值的对象参与对象融合，因此分割结果的对象数量更少。

K-means 分割算法在不同参数下的分割时间见表 7-2-7。该结果为多尺度算法分割 302 幅测试图像所用时间的平均值，代表 K-means 分割算法分割一幅大小为 1000×1000 像素可见光图像所花时间。从表 7-2-7 中可以看出，随着聚类中心数量增加，分割时间也不断增加，出现这个结果的原因是，K-means 算法在每次调整聚类中心的过程中，需要计算每个像素特征值与所有聚类中心特征值的欧式距离。随着聚类中心增加，这个步骤会消耗更多时间。另外，从表 7-2-7 中可以看出，随着对象最小尺寸增加，分割时间也不断增加，出现这个结果的原因是，随着对象最小尺寸增大，会有更多面积小于尺寸阈值的对象参与对象融合，因此在这个步骤会花费更多时间。

表7-2-6　K-means 分割算法在不同参数下的对象数量

聚类中心数量	对象最小尺寸（像素）	训练样本（个）	验证样本（个）	测试样本（个）
	2000	9946	442773	1406450
5	3000	7546	308720	994789
	4000	6249	241266	778714
	2000	17779	833283	2027658
10	3000	13264	579388	1414868
	4000	10763	447493	1097255
	2000	20440	948550	2336004
15	3000	15088	651723	1614937
	4000	12207	500319	1251528

表7-2-7　K-means 分割算法在不同参数下的分割时间

聚类中心数量	对象最小尺寸（像素）	分割时间（ms）
	2000	2584.73
5	3000	2596.83
	4000	2636.53
	2000	2847.22
10	3000	2908.81
	4000	3014.14
	2000	3009.50
15	3000	3094.06
	4000	3161.36

四、评价指标

为了对算法模型进行评价，从执行速度和准确率两方面对算法进行量化。

（一）执行速度

本试验采用单幅图像的执行时间作为执行速度的量化指标。为减少随机性误差，统计多幅图像的执行时间并且取平均值。

（二）准确度

采用总体精度（OA）和平均交并比（MIU）作为准确度的量化指标。总体精度是分类正确的样本数占总样本数的比例，是对准确度最常用的衡量指标，为大多数遥感研究所采用。平均交并比是指样本预测值和真实值的交集和并集的比值，是语义分割的标准衡量指标，为大多数的语义分割研究所采用。由于本研究的主要目标是为水稻田块生成一个杂草分布图，即对遥感图像实现像素级的分类，等同于一个语义分割研究，因此引入平均交并比作为准确度的主要衡量指标。

本研究先计算试验结果的混淆矩阵，再通过混淆矩阵计算总体精度和平均交并比。假设共有 k 个类别，则混淆矩阵是一个 $k \times k$ 的矩阵。假设混淆矩阵为 c，则 $c_{i,j}$ 表示实际类别为 i 而被分为类别 j 的样本数。令 t_i 为实际类别为 i 的总样本数，则 t_i 的计算过程如下：

$$t_i = \Sigma_{j=1}^{k} c_{i,j} \tag{7.1.2}$$

根据上面的定义，则总体精度的计算过程如下：

$$OA = \frac{\Sigma_{i=1}^{k} n_{i,i}}{\Sigma_{i=1}^{k} t_i} \tag{7.1.3}$$

平均交并比的计算过程如下：

$$MIU = \frac{1}{k} \Sigma_{i=1}^{k} \frac{n_{i,i}}{t_i + \Sigma_{j=1}^{k} n_{j,i} - n_{i,i}} \tag{7.1.4}$$

五、数据分析

（一）基于面向对象图像分析的水稻杂草识别

本研究的分类对象没有统一或规格的形状，因此没有考虑形状特征，仅提取每个对象的颜色特征和纹理特征。针对分割结果的每一个对象，对于颜色特征，本研究选择每个颜色通道（红色、绿色、蓝色）的平均值进行表征，共 3 个特征。由于水稻和杂草在颜色上存在差异，会导致每个通道的平均值存在一定差异，因此选择每个通道的平均值作为颜色特征。对于纹理特征，将图像从 RGB 颜色空间转换到灰度颜色空间，转化为局部二值直方图像进行表征，统计灰度值分布信息，统计范围为［0，255］，间隔为 1，因此共有 256 个特征。选择该纹理特征的原因是，水稻和杂草分布于图像的不同位置，且水稻和杂草在纹理上存在差异，必然造成局部纹理特征的不同。连接颜色特征和纹理特征，形成对象的特征向量，共包含 259 个特征。根据标记图像，统计所有像素的类别信息，使用占比最高的种类作为对象的类别。因此，将每个对象转换为带有类别信息的特征向量。

综合应用 3 种代表算法，寻求分类性能的提升。本研究包含 3 个步骤：①对每个分割参数（对于多尺度分割算法，分割参数是尺度参数；对于 K-means 分割算法，分割参数是聚类中心数量和对象最小尺寸）的样本集，分别采用 BP 神经网络、支持向量机和随机森林，在训练集上进行分类器的参数更新，在验证集上进行超参数选择，完成分类器构建。②对每个分割参数，统计分类器在验证集上的分类性能，完成超参数选择。③根据选择的分割参数，分别统计多尺度分割算法和 K-means 分割算法在测试集上的分类性能。

1. 分类器构建

对于 BP 神经网络，本研究构建一个三层的网络结构，包括一个输入层、一个隐藏层和一个输出层。对于各个超参数，则采用尝试法，通过对比分类器在验证集上的分类结果确定各个超参数的数值。最终，中间隐藏层的神经元数量定为 100，激活函数选择 ReLU 函数，学习率设为0.0001，动量项大小设为 0.9，参数优化方式使用随机梯度下降法。

对于支持向量机，采用 RBF 函数作为特征空间映射的核函数。在序列最小优化算法的优化过程中，采用启发式方法加速参数优化过程。由于本试验的分类目标为水稻、杂草、其他三类，类别数量较少。为了加速支持向量机的决策过程，本研究采用一对多策略构建多分类结构。对于惩罚系数 C 和 RBF 函数的参数 α，分别在每个分割参数下，根据 SVM 在验证集上的准确率进行调整。

对于随机森林，采用随机且有放回的采样方式选择训练样本。对于节点复杂程度，采用基尼值进行量化。根据 scikit-learn 官网推荐，对单个决策树的深度不做限制，将节点分裂所需的最小样本数设置为 2。另外，对于决策树的数量，分别在每个分割参数下，根据随机森林在验证集上的准确率进行调整。

2. 超参数选择

对于多尺度分割算法的每个分割参数，使用训练好的分类器对验证集进行预测。预测结果的分类精度见表 7-2-8，其中，OA 代表总体精度，MIU 代表平均交并比。从表 7-2-8 可以看出，尺度参数越小，分类准确度越高。出现这种情况的原因是，尺度参数越小，分割对象尺寸越小，将多个物体误分到同个对象的可能性越低，因此准确度越高。从各个模型的分类结果来看，BP 网络的准确度最高，其次是支持向量机，最后是随机森林。出现这个结果的可能原因是水稻和杂草在颜色和纹理上非常类似，提取出来的特征差异性小，随机森林采用属性值进行类别划分的方式难以进行有效区分，而 BP 网络和支持向量机都具有非线性映射的功能，能够将原始特征空间映射到高维线性可分的特征空间，因此得到较高的准确率。从表 7-2-8 的样本统计来看，本次试验的数据量较大。相比支持向量机，BP 网络更加适应大样本数据集，因此得到更高的准确率。总体来说，在尺度参数取值 100、分类器选择 BP 网络的情况下，多尺度分割算法得到了最好的分类结果，其总体精度达到 83.4%，平均交并比达到 68.1%。

表 7-2-8　多尺度分割算法在验证集上的分类精度

尺度参数	BP 网络		支持向量机		随机森林	
	OA（%）	MIU（%）	OA（%）	MIU（%）	OA（%）	MIU（%）
100	83.4	68.1	80.8	63.9	77.2	57.2
150	82.6	67.2	80.7	64.2	76.6	56.3
200	81.4	65.6	80.2	63.6	77.3	57.8
250	80.9	65.3	80.2	63.9	78.1	59.6
300	80.7	65.0	77.7	59.0	78.8	61.1

多尺度分割结果的分类时间见表 7-2-9，试验结果为分类算法处理 120 幅验证集图像所用时间的平均值。该结果仅包含特征提取和分类识别的时间，不包含分割算法所用时间（分割步骤所花时间见表 7-2-5）。从表 7-2-9 可以看出，尺度参数越小，对象尺寸越小，则对象数量越多，因此对所有对象进行特征提取和分类识别所用时间也越多。从各个分类器的统计结果来看，BP 网络运行所用的时间最少，其次是支持向量机，随机森林所用时间最多。出现这个结果的原因是，随机森林设置了多个决策树，每个样本在预测过程中需要通过所有的决策树进行决策和投票，因此需要更多的运行时间。本研究中，支持向量机采用了一对多的方式构建多分类的支持向量机，虽然比一对一的分类器数量少，但是仍然需要 3 个（数据共有水稻、杂草、其他三个类别）二分类的支持向量机。每个样本在预测过程都需要经过这 3 个二分类器进行决策投票，因此仍然需要花费较多时间。BP 网络只需要单个分类器就能得到最终结果，因此执行速度最高，分类所用时间最少。

表 7-2-9　多尺度分割结果的分类时间

尺度参数	BP 网络（ms）	支持向量机（ms）	随机森林（ms）
100	1303.05	1751.45	1661.66
150	842.63	936.94	1024.38
200	645.53	692.91	760.75
250	545.98	591.75	634.39
300	514.81	524.56	575.43

综合表 7-2-8 和表 7-2-9 的试验结果来看，对于多尺度分割，最佳的尺度参数是 100。在该参数下，多尺度分割得到的最终分类精度最高。虽然该参数下的分类识别需要较多时间，但是对于线下处理的试验任务来说，这个执行速度是可以接受的。根据不同分类器的统计结果，BP 网络的准确度最高，且执行速度最快，因此是最优的分类器。

与多尺度分割算法类似，对于 K-means 分割算法的每个超参数组合，将训练好的分类器应用于验证集的预测，预测结果的分类精度见表 7-2-10。从表 7-2-10 可以看出，随着聚类中心数量增大，准确度有提高的趋势。出现这个结果的原因是，聚类中心数量越大，分割结果对象数量越多，单个对象尺寸越小，将不同物体误分到同个对象的可能性越小，因此准确度越高。另外，从表 7-2-10 可以看出，随着对象最小尺寸增大，准确度在整体上有下降的趋势。出现这个结果的原因是，随着对象最小尺寸增大，更多小于该尺寸阈值的对象会合并到相邻对象中，而对象尺寸越大，将多个不同物体误分到同个对象的可能性越大，因此准确度越低。与多尺度分割算法的试验结果相似，对于不同分类器在验证集的分类精度，BP网络最好，其次是支持向量机，随机森林最差。总体来说，K-means在聚类中心为10、对象最小尺寸为2000的设置（由于该研究等同于语义分割研究，而语义分割的标准评价指标是平均交并比，因此本研究按照平均交并比的结果进行超参数选择）下，采用BP网络获得的准确度最高，在验证集上的总体精度达到83.6%，平均交并比达到68.7%。

表7-2-10　K-means分割算法在验证集上的分类精度

聚类中心数量	对象最小尺寸（像素）	BP网络		支持向量机		随机森林	
		OA（%）	MIU（%）	OA（%）	MIU（%）	OA（%）	MIU（%）
5	2000	80.9	64.6	79.4	62.1	75.8	54.9
	3000	80.6	64.3	79.0	61.6	77.1	57.6
	4000	80.1	63.5	78.7	61.3	77.2	57.7
10	2000	83.6	68.7	80.3	63.3	76.6	56.6
	3000	81.9	66.1	80.1	63.2	75.8	55.5
	4000	82.1	66.5	80.1	63.4	76.7	57.2
15	2000	83.7	68.6	80.4	63.2	76.5	56.2
	3000	82.9	67.6	80.3	63.1	76.5	56.3
	4000	82.1	66.5	80.4	63.4	76.8	56.8

K-means分割结果的分类时间见表7-2-11，试验结果为分类算法处理120幅验证集图像所用时间的平均值。该结果仅包含特征提取和分类识别的时间，不包含分割算法所用时间（分割步骤所花时间见表7-2-5）。从表7-2-11可以看出，随着聚类中心数量增大，分类时间有增多的趋势。出现这个结果的原因是，聚类中心越大，对象数量越多，因此对所有对象进行特征提取和分类识别所用的时间也越多。另外，从表7-2-11可以看出，随着对象最小尺寸增大，分类时间不断减少。出现这个结果的原因是，随着对象最小尺寸增大，更多小于该尺寸阈值的对象会合并到相邻对象中，对象数量减少，因此对所有对象进行特征提取和分类识别所需的时间减少。与多尺度分割算法的试验结果类似，对比各分类器在验证集上的分类速度，整体上BP网络最快，其次是支持向量机，最后是随机森林。

表7-2-11　K-means分割结果的分类时间

聚类中心数量	对象最小尺寸（像素）	BP网络（ms）	支持向量机（ms）	随机森林（ms）
5	2000	681.5	714.6	773.1
	3000	587.0	597.1	658.3
	4000	554.3	536.9	536.9
10	2000	1040.4	1202.4	1157.5
	3000	979.2	905.1	935.2
	4000	857.4	774.5	826.5
15	2000	1045.3	1426.0	1297.9
	3000	873.5	1006.7	1046.9
	4000	729.6	828.5	871.2

3. 性能测试

综上可知，对于多尺度分割算法，尺度参数设为 100；对于 K-means 分割算法，聚类中心数量设为 10，对象最小尺寸设为 2000 像素。分类器采用 BP 网络。根据分割算法的最优超参数设置，将训练好的分类器应用于测试图像的预测。由于测试集数据并未参与分类器构建，因此能充分体现分类器的泛化能力。测试图像的预测结果见表 7-2-12。从表 7-2-12 可以看出，经过参数优化后，多尺度分割算法和 K-means 分割算法获得了相近的准确率。

表 7-2-12　分割算法在测试集上的分类精度

分割算法	OA（%）	MIU（%）
多尺度分割算法	82.5	66.8
K-means 分割算法	82.3	66.6

分割算法在测试集上的混淆矩阵见表 7-2-13。从表 7-2-13 可以看出，两种分割算法对各个类别的识别率都比较接近，且对水稻和杂草的识别率都偏低。出现这个结果的原因是，田间生长的水稻和杂草大小不一，没有固定形状，因此分割算法难以将作物从背景中精确地分割出来，造成后期分类时难以区分。

表 7-2-13　分割算法在测试集上的混淆矩阵

分割算法	所属类别	预测类别		
		水稻（%）	杂草（%）	其他（%）
多尺度分割算法	水稻	78.5	6.1	15.3
	杂草	17.0	63.7	19.3
	其他	5.2	2.3	92.5
K-means 分割算法	水稻	79.5	7.6	12.9
	杂草	18.9	65.0	16.1
	其他	5.0	3.2	91.8

分割结果的运行时间见表 7-2-14。试验结果包含图像分割时间、特征提取和分类识别的时间、分割及分类的总时间，其中每个时间项都是分割算法处理 302 幅测试集图像所用时间的平均值。从表 7-2-14 可以看出，多尺度分割算法的运行时间远远大于 K-means 分割算法的运行时间。在图像分割步骤，多尺度分割算法在每次迭代中，都需要计算对象的异质性大小，计算内容包括颜色异质性和形状异质性，计算复杂度较高，因此需要更多时间；而 K-means 分割算法在每次迭代中，仅需计算各个像素和聚类中心特征向量的欧式距离，以及统计每个对象的面积，计算相对简单，因此所需时间更少。在特征提取和分类识别步骤，由于多尺度分割结果的对象数量远大于 K-means 分割结果的对象数量（见表 7-2-4 和表 7-2-6），因此在多尺度分

割算法中对所有对象进行特征提取和分类识别需要更多时间。

表7-2-14　分割算法的运行时间

分割算法	图像分割（ms）	特征提取和分类识别（ms）	总时间（ms）
多尺度分割算法	3615.9	2847.2	6463.1
K-means 分割算法	1303.1	1040.4	2343.5

图 7-2-8 展示了部分测试样本的分类结果。其中，样本 1、样本 2 是水稻处于分蘖期的田块图像（来自数据集 D2），样本 3、样本 4 是水稻处于苗期的田块图像（来自数据集 D4）。分析图 7-2-8 可以得出以下结论：

（1）多尺度分割算法和 K-means 分割算法对分蘖期的水稻和杂草基本能够分割出来，并且正确完成后续的识别，但是对于苗期的作物则难以有效分割和识别。出现这个结果的原因是，处于分蘖期的水稻和杂草已经生长得较为茂密，因此分割目标的尺寸较大，分割算法容易将其从背景中分割出来；而处于苗期的水稻和杂草还较为稀疏，分割目标较小且分布不规则，加大了分割和识别过程的难度。

（2）对于样本 4 中的杂草，多尺度分割算法和 K-means 分割算法都将其误判为背景。出现这个结果的原因是，样本 4 中的杂草是秋天时的千金子，其颜色较暗，且与田地的颜色较为接近，传统的基于手工提取特征的方式难以对这两个类别有效区分，因此造成了后期分类中的误判。

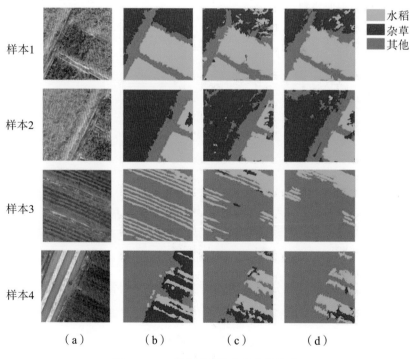

图 7-2-8　部分测试样本的分类结果

注：（a）输入图像；（b）标记图像；（c）多尺度分割算法的运行结果；（d）K-means 分割算法的运行结果。

（二）基于深度学习的水稻杂草识别

根据全卷积网络（FCN）的基本结构，本研究采用四个经典的全连接网络（CNN）结构（AlexNet、VGGNet、GoogLeNet、ResNet）作为预训练模型，将 CNN 中的全连接层转化为卷积层。各预训练模型中，参数设置如下：

（1）在 AlexNet 中，对于局部响应归一化函数，将函数中的超参数设置为 $k=2$，$n=5$，$\alpha=10^{-4}$，$\beta=0.75$。

（2）对于 VGGNet，本研究采用 VGG–16 作为 FCN 的预训练模型。

（3）对于 GoogLeNet，在每个卷积层后面加上 ReLU 函数作为激活函数。在第一个全连接层中，使用 Dropout 技术，设置参与训练的神经元的比例为 40%。

（4）对于 ResNet，常用的网络结构包含 101 层和 152 层（ResNet–101 和 ResNet–152），网络层数较多。为了获得较快的执行速度，本研究采用 ResNet–101 作为预训练模型。

根据 FCN 的基础结构，本研究采用三种方法对 FCN 进行改进，以寻求预测精度的提升。三种方法分述如下：

1. 跳跃结构

本研究采用三种跳跃结构（FCN–32 s、FCN–16 s、FCN–8 s）进行无人机遥感图像的语义分割，其中，FCN–32 s 代表原始的全卷积网络，并未采用跳跃结构。不同跳跃结构在测试集上的试验结构见表 7-2-15。从表 7-2-15 可以看出，采用跳跃结构之后，准确率有了一定提高。同时，执行速度并没有明显下降。得到这个结果的原因是，FCN 浅层网络保留较为完整的空间信息，因此加入浅层的特征信息之后，准确率有了一定提升。特别是 pool4 这一层特征信息的融合（FCN–32 s 结构变成 FCN–16 s 结构），明显提升了分类精度。同时，浅层信息的融入，在前向计算过程中仅表现为矩阵的乘法和加法，运算速度较快，因此对执行速度没有明显的影响。

表 7-2-15　FCN 在不同跳跃结构下的试验结果

跳跃结构	OA（%）	MIU（%）	执行时间（ms）
FCN–32 s	88.4	77.2	67.5
FCN–16 s	89.4	78.6	68.1
FCN–8 s	89.5	78.8	68.5

不同跳跃结构在测试集上的混淆矩阵见表 7-2-16。本研究的主要目的是识别出无人机遥感图像中的杂草区域，但是 FCN–32 s 对杂草的识别率较低，只有 76.2%。出现这个结果的可能原因是，杂草在田间的分布没有规律，大小不一，采用高倍数（32 倍）进行上采样操作难以恢复杂草的分布信息。从表 7-2-16 可以看出，采用跳跃结构能够逐步提高 FCN 对于杂草的识别率。

出现这个结果的可能原因是，浅层网络特征图的下采样倍率较小，仍然包含着杂草的空间分布信息，因此加入这部分特征之后能够有效提高 FCN 对杂草的识别率。

表 7-2-16　FCN 在不同跳跃结构下的混淆矩阵

跳跃结构	所属类别	预测类别		
		水稻（%）	杂草（%）	其他（%）
FCN-32 s	水稻	91.7	3.6	4.7
	杂草	9.2	76.2	14.6
	其他	7.8	1.3	90.9
FCN-16 s	水稻	89.3	5.0	5.7
	杂草	7.8	77.7	14.5
	其他	4.1	1.7	94.3
FCN-8 s	水稻	87.9	5.5	6.5
	杂草	7.0	78.9	14.1
	其他	3.6	1.4	95.0

图 7-2-9 展示了 FCN 不同跳跃结构对部分测试样本的识别结果。其中，样本 1 和样本 2 是水稻处于分蘖期的遥感图像，样本 3 和样本 4 是水稻处于苗期的遥感图像。从图 7-2-9 可以看出，采用跳跃结构之后，结果图像的轮廓更加接近标记图像。特别是对于样本 3，采用跳跃结构之后，识别精度有了明显改进。出现这个结果的原因是，样本 3 的水稻处于苗期，不同行的水稻间隔很小，FCN-32 s 是对最后一个网络层的特征图（相比输入图像尺寸是 32 倍下采样）直接进行反卷积得到识别结果，由于上采样倍数太高，难以恢复水稻行的间隔细节，而浅层网络的输出特征图由于下采样倍数较小，仍然保留水稻行之间的间隔细节，因此加入浅层网络的信息之后能明显提高分类准确度。

图 7-2-9　基于跳跃结构的分类结果

注：（a）输入图像；（b）标记图像；（c）FCN-32 s 识别结果；（d）FCN-16 s 识别结果；（e）FCN-8 s 识别结果。

2. 基于全连接的条件随机场

本试验采用全连接条件随机场（FullCRF）作为 FCN 的后处理操作。FullCRF 的吉布斯能量函数由一元势能和二元势能组成。其中，一元势能由 FCN 输出的像素级的概率分布确定，二元势能由一对高斯核函数组成。二元势能使用消息传递机制进行加速，同时采用 Permutohedral Lattice 方法降低消息传递的计算复杂度。

FullCRF 包含 5 个超参数：w_1、w_2、σ_α、σ_β、σ_γ。其中，w_1、σ_α、σ_β 代表二元势能第一个高斯核函数的权重和形状，w_2、σ_γ 代表二元势能第二个高斯核函数的权重和形状。对第一个高斯核函数，在 $w_1=3$、$\sigma_\alpha=30$、$\sigma_\beta=4$ 的设置下，FullCRF 在基于无人机遥感的水稻杂草识别中有较好的效果。因此，本试验根据上述数值进行超参数设置。根据 Krähenbühl 等的推荐设置，将 w_2 和 σ_γ 的值均设置为 1。

FCN 在 FullCRF 下的分类精度见表 7-2-17，执行速度见表 7-2-18。其中，FullCRF 的执行时间是在 100 幅测试图像上执行时间的平均值。从表 7-2-17 可以看出，FCN 在加入 FullCRF 后处理操作之后，准确率有了小幅度的提升，但是提升幅度并不明显。出现这个结果的可能原因是，FullCRF 为了降低消息传递的计算复杂度，将样本进行下采样，再进行分析。和 FCN 一样，下采样的操作减少了原始信息，因此对分类精度的提升幅度不大。从表 7-2-18 可以看出，FullCRF 的执行速度较慢。作为后处理操作，FullCRF 的执行时间是主框架（FCN）的 26 倍，极大降低了前向计算的速度。出现这个结果的原因是，FullCRF 基于全连接架构，在计算每个像素点的吉布斯能量时，均需统计该像素点与所有其他像素点的二元势能，因此计算复杂度过高。即使采用消息传递和 Permutohedral Lattice 方法进行加速，二元势能的计算仍然是 FullCRF 的计算瓶颈，明显降低了算法的前向计算速度。

表 7-2-17　FCN 在 FullCRF 下的分类精度

方法	OA（%）	MIU（%）
FCN-32 s	88.4	77.2
FCN-32 s+FullCRF	88.9	78.1

表 7-2-18　FCN 在 FullCRF 下的执行时间

方法	FCN 执行时间（%）	FullCRF 执行时间（%）	总时间（%）
FCN-32 s	67.5		67.5
FCN-32 s+FullCRF	67.5	1752.5	1820.0

FCN 在 FullCRF 下的混淆矩阵见表 7-2-19，若干样本的识别结果如图 7-2-10 所示。从表 7-2-19 可以看出，FCN 在加入 FullCRF 后处理程序之后，对各个类别的识别率均有所提高，

但是提高幅度并不明显。从图 7-2-10 也可以看出，FullCRF 对 FCN 的识别结果没有明显改进。

从上面的分析可以看出，FullCRF 算法对 FCN 的识别精度有小幅度的提升，但是，由于二元势能的计算量过大，FullCRF 消耗了大量的执行时间，因此该算法对 FCN 的改进效果并不明显。

表 7-2-19　FCN 在 FullCRF 下的混淆矩阵

方法	所属类别	预测类别		
		水稻（%）	杂草（%）	其他（%）
FCN-32 s	水稻	91.7	3.6	4.7
	杂草	9.2	76.2	14.6
	其他	7.8	1.3	90.9
FCN-32 s+FullCRF	水稻	92.3	3.5	4.2
	杂草	9.1	76.7	14.1
	其他	7.4	1.2	91.4

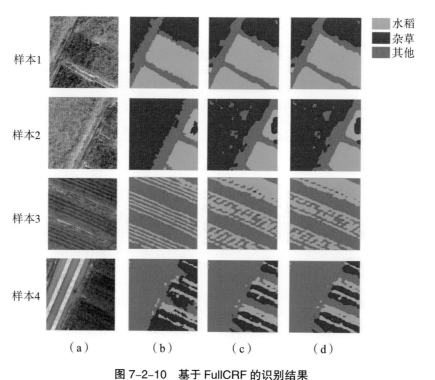

图 7-2-10　基于 FullCRF 的识别结果

注：（a）输入图像；（b）标记图像；（c）FCN-32s 识别结果；（d）FCN-32s+FullCRF 识别结果。

3. 基于局部连接的条件随机场

本研究采用局部连接条件随机场（PartCRF）作为 FCN 的后处理操作。PartCRF 与 FullCRF 基本一致，仍然通过计算吉布斯能量函数来获得标签序列的概率分布，因此，对于 PartCRF 二元势能计算中的超参数（w_1、w_2、σ_α、σ_β、σ_γ），仍然采用与 FullCRF 相同的设置。PartCRF 与

FullCRF 的主要区别是，在二元势能的计算中，每个像素并非与图像中所有其他像素存在连接，仅与以该像素为中心且边长为 k 的正方形区域内的像素存在连接。其中，k 为卷积核尺寸，是 PartCRF 的超参数，需要事先设定。本研究采用 FCN 输出的像素级概率分布计算一元势能，通过 PartCRF 算法在验证集上的准确率和执行速度，测试 PartCRF 在不同卷积核尺寸下的运行性能。

　　PartCRF 在验证集上的试验结果见表 7-2-20。其中，执行时间是 PartCRF 在 100 幅验证集图像上的平均执行时间。从表 7-2-20 可以看出，在开始阶段，随着卷积核逐渐增大，PartCRF 的分类精度也逐渐提高，但是，超过某个卷积核尺寸（k=37）之后，则进入准确率的饱和区。出现这个结果的原因是，在遥感图像中，单个像素的类别并非仅由该像素的光谱值确定，而是由周围区域的整体特征所决定。因此，在图像的原始分辨率下，有效统计该像素与周围区域的关系能有效提高识别精度。但是对于遥感图像中的单个像素，距离较远的像素并不能影响其类别设定，因此，继续增加卷积核尺寸并不能带来分类精度的提升。从执行速度上看，随着卷积核尺寸增加，执行时间也有较大幅度的增加。出现这个结果的原因是，卷积核尺寸越大，则消息传递过程的计算量越大，因此需要消耗更多的执行时间。从表 7-2-20 可以看出，在卷积核尺寸 27 之后，继续增加卷积核的尺寸，不仅没带来准确率的有效提升，反而大幅降低了执行速度，因此选择 27 作为 PartCRF 的最佳卷积核尺寸。在后续 PartCRF 的试验中，均采用这一数值作为卷积核尺寸的默认设置。

表 7-2-20　PartCRF 在不同卷积核尺寸下的试验结果

卷积核尺寸	OA（%）	MIU（%）	执行时间（ms）
7	92.2	84.8	25.9
17	92.7	85.4	102.9
27	92.9	85.9	258.3
37	93.1	86.2	488.4
47	93.2	86.4	768.3
57	93.2	86.4	1161.5

　　本试验中，PartCRF 采用 FCN 输出的像素级的概率分布计算一元势能，基于局部连接的方式计算二元势能。FCN 在 PartCRF 下的分类精度见表 7-2-21。从表 7-2-21 可以看出，FCN 采用 PartCRF 作为后处理算法，能够有效提高分类器的分类精度。其中，平均交并比的提升幅度达到了 1.8%。该结果说明，PartCRF 采用局部连接作为条件随机场的连接方式，能够更好地反映不同像素在分类中的相互作用机制，因此获得更高的分类精度。

表 7-2-21　FCN 在 PartCRF 下的分类精度

方法	OA（%）	MIU（%）
FCN–32s	88.4	77.2
FCN–32s+PartCRF	89.4	79.0

表 7-2-22 统计了 FCN 和 PartCRF 的执行速度，表中所列时间是 FCN 和 PartCRF 在 100 幅测试图像上的平均执行时间。从表 7-2-22 可以看出，相比 FCN 算法，PartCRF 仍然需要更多的执行时间，这是因为 PartCRF 的计算复杂度更高。然而，作为条件随机场的实现算法，PartCRF 的执行速度已经比 FullCRF 提高了接近 8 倍，这说明采用局部连接的方式能够有效降低条件随机场前向计算的复杂度，从而提高执行速度。

表 7-2-22　FCN 在 PartCRF 下的执行时间

方法	FCN 执行时间（ms）	PartCRF 执行时间（ms）	总时间（ms）
FCN–32 s	67.5		67.5
FCN–32 s+PartCRF	67.5	258.3	325.8

表 7-2-23 统计了 FCN 在 PartCRF 下的混淆矩阵。从表 7-2-23 可以看出，在加入 PartCRF 后处理之后，FCN 对各个类别的识别率均有提升。其中，对杂草的识别率提升幅度最大，达到了 3.9%。这是因为杂草大小不一，形状没有规律，FCN–32 s 采用高倍率（32 倍）的上采样操作，难以在输出结果中恢复杂草的准确分布信息。PartCRF 算法在图像的原始分辨率下，统计每个像素与周围像素在分类中的相关关系（以二元势能定义），因此能够有效修正 FCN 的输出结果，获得更高的准确率。

表 7-2-23　FCN 在 PartCRF 下的混淆矩阵

方法	所属类别	预测类别		
		水稻（%）	杂草（%）	其他（%）
FCN–32 s	水稻	91.7	3.6	4.7
	杂草	9.2	76.2	14.6
	其他	7.8	1.3	90.9
FCN–32 s+FullCRF	水稻	93.2	3.3	3.5
	杂草	8.8	80.1	11.1
	其他	7.3	1.3	91.4

图 7-2-11 展示了 PartCRF 算法在部分测试集样本上的识别结果。从图 7-2-11 可以看出，采用 PartCRF 作为后处理算法之后，FCN 能够输出更加清晰的作物轮廓信息（样本 3 中的黑色边框区域）。这是因为水稻行距离较近，FCN–32 s 采用高倍率的上采样操作难以将相邻水稻行有效区分。而 PartCRF 算法在图像的原始空间分辨率下，分别统计每个像素和周围像素在分类

上的相关关系（二元势能），因此能有效识别水稻行间的隔离区域。另外，从图 7-2-11 可以看出，采用 PartCRF 作为后处理算法之后，FCN 对杂草区域的识别精度更高（样本 2 的白色边框），这与混淆矩阵的统计结果基本一致。

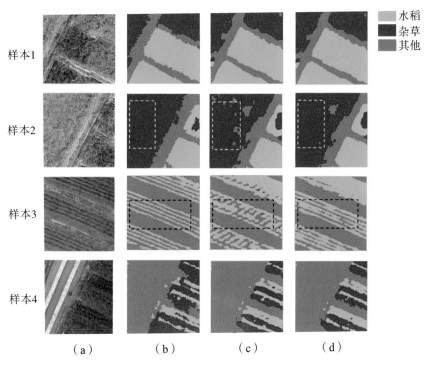

图 7-2-11 基于 PartCRF 的识别结果

注：（a）输入图像；（b）标记图像；（c）FCN-32 s 识别结果；（d）FCN-32 s+PartCRF 识别结果。

4. 混合使用以上三种方法改进探究

除了使用单一的改进方法之外，本研究仍然尝试混合使用多个方法对 FCN 的基本结构进行改进。对于跳跃结构，由于 FCN-8 s 的泛化性能优于 FCN-16 s，且执行速度与 FCN-16 s 比较接近，因此本研究采用 FCN-8 s 作为 FCN 的跳跃结构。对于 FullCRF 计算二元势能中的 5 个超参数（w_1、w_2、σ_α、σ_β、σ_γ），根据本书第四章第五节"2. 基于全连接的条件随机场"的试验结果，将其数值设置为 $w_1=3$、$w_2=1$、$\sigma_\alpha=30$、$\sigma_\beta=4$、$\sigma_\gamma=1$。对于 PartCRF 计算二元势能中的 5 个超参数（w_1、w_2、σ_α、σ_β、σ_γ），采用与 FullCRF 相同的设置。对于 PartCRF 中的卷积核尺寸，根据本书第四章第五节"3. 基于局部连接的条件随机场"的试验结果，将其设置为 27。

FCN 各个改进方法在测试集上的分类精度见表 7-2-24。从表 7-2-24 可以看出，对于单个改进方法（跳跃结构、FullCRF、PartCRF），跳跃结构和 PartCRF 对 FCN 的改进幅度较大，在平均交并比上的提升幅度均超过了 1.6%。然而，FullCRF 对识别精度没有明显的提高。对于后处理操作而言（FullCRF、PartCRF），PartCRF 对 FCN（包括 FCN-32 s 和 FCN-8 s）的识别结果均能有效提高其准确度，但是 FullCRF 对其识别结果没有明显提升。一方面，这说明 FullCRF

采用 Permutohedral Lattice 方法进行信号的下采样，影响了算法的准确度，而 PartCRF 虽然缩小了像素间的连接范围，但是由于能够准确计算像素间的二元势能，因此能够获得更高的准确率；从另一方面，这也证明了基于局部感受野的方式（PartCRF 的局部连接方式、CNN 的局部连接方式）更能有效提取样本特征，更加适合于分类研究。从改进方法的结合上看，混合使用多个改进方法能进一步提高模型的分类精度。从表 7-2-24 可以看出，在跳跃结构（FCN-8 s）的基础上，使用后处理操作（FullCRF 和 PartCRF），能够进一步提高识别率。其中，PartCRF 的提升效果最为明显，对 FCN-32 s 和 FCN-8 s 平均交并比的提升幅度分别达到了 1.8% 和 1.4%。

表 7-2-24　FCN 在各种改进方法下的分类精度

方法	OA（%）	MIU（%）
FCN-32 s	88.4	77.2
FCN-8 s	89.5	78.8
FCN-32 s+FullCRF	88.9	78.1
FCN-32 s+PartCRF	89.4	79.0
FCN-8 s +FullCRF	89.9	79.5
FCN-8 s +PartCRF	90.3	80.2

FCN 各种改进方法的执行时间见表 7-2-25。从单一改进方法的执行时间上看，跳跃结构（FCN-8 s）的执行速度最快，其次是 PartCRF，而 FullCRF 最慢。这是因为跳跃结构所增加额外计算量比较小（在编程实现上仅表现为若干次的矩阵乘法和加法），因此执行速度最快。PartCRF 需要依次统计每个像素与所有周围其他像素的二元势能，计算量较大，但因为使用矩阵操作和显卡加速，执行时间仍控制在合理范围。FullCRF 需要依次统计每个像素与所有其他像素的二元势能，计算复杂度非常高，即使在实现过程中采用 Permutohedral Lattice 方法改进，计算量仍然非常巨大，因此占用较多的执行时间。从多个改进方法结合的执行时间上看，后处理操作之前，在 FCN 中加上跳跃结构并未明显降低网络的执行速度。

表 7-2-25　FCN 在各种改进方法下的执行时间

方法	FCN 执行时间（ms）	后处理时间（ms）	总时间（ms）
FCN-32 s	67.5		67.5
FCN-8 s	68.5		68.5
FCN-32 s+FullCRF	67.5	1752.5	1820.0
FCN-32 s+PartCRF	67.5	258.3	325.8
FCN-8 s +FullCRF	68.5	1752.5	1821.0
FCN-8 s +PartCRF	68.5	258.3	326.8

表 7-2-26 统计了 FCN 各种改进方法对测试集识别结果的混淆矩阵。由于研究目标是对水稻田的遥感图像进行杂草识别（因为该识别结果可直接作为精准施药的依据），主要的衡量指标是对杂草的识别率，因此对于混淆矩阵的讨论主要围绕杂草识别率来展开。从单个改进方法的运行结果看，跳跃结构（FCN-8 s）和 PartCRF 的改进效果较为明显，而 FullCRF 的改进效果较差。其中，FCN-8 s 和 PartCRF 对杂草识别率的提升幅度分别达到了 2.7% 和 3.9%。从后处理操作（FullCRF、PartCRF）上看，使用后处理操作能够进一步提高 FCN（FCN-32 s 和 FCN-8 s）对杂草的识别率。其中，PartCRF 对杂草识别率的提升幅度最为明显，对 FCN-32 s 和 FCN-8 s 识别率的提升幅度分别达到了 3.9% 和 4.4%。从多个改进方法的结果来看，混合使用多个改进方法能够进一步提高模型对杂草的判别能力。从表 7-2-26 可以看出，在跳跃结构（FCN-8 s）的基础上，进一步使用后处理操作（FullCRF、PartCRF）能够进一步提高 FCN 对杂草的识别率。其中，FullCRF 和 PartCRF 对 FCN-8 s 在杂草识别率上的提升幅度分别达到了 0.9% 和 4.4%。

表 7-2-26　FCN 在各种改进方法下的混淆矩阵

方法	所属类别	预测类别		
		水稻（%）	杂草（%）	其他（%）
FCN-32 s	水稻	91.7	3.6	4.7
	杂草	9.2	76.2	14.6
	其他	7.8	1.3	90.9
FCN-8 s	水稻	87.9	5.5	6.5
	杂草	7.0	78.9	14.1
	其他	3.6	1.4	95.0
FCN-32 s+FullCRF	水稻	92.3	3.5	4.2
	杂草	9.1	76.7	14.1
	其他	7.4	1.2	91.4
FCN-32 s+PartCRF	水稻	93.2	3.3	3.5
	杂草	8.8	80.1	11.1
	其他	7.3	1.3	91.4
FCN-8 s+FullCRF	水稻	88.4	5.4	6.2
	杂草	7.0	79.8	13.2
	其他	3.6	1.3	95.1
FCN-8 s+PartCRF	水稻	89.6	5.1	5.4
	杂草	7.4	83.3	9.3
	其他	4.3	1.6	94.2

图 7-2-12 展示了各种改进方法在若干个测试集样本上的识别结果。从图中样本 1 的识别结果可以看出，引入跳跃结构的 FCN（FCN-8 s）及其改进结构能够准确识别出分布于水稻中的小块杂草（黑色方框），而普通 FCN（FCN-32 s）及其改进结构均无法识别该块区域。从 FCN 的识别结果来看，该方法对大片杂草的识别率较高（样本 2），但是识别出分布在水稻中的小块杂草仍有难度。跳跃结构由于引入了浅层网络的特征信息，保留了较为完整的作物分布信息，因此对小块杂草的识别准确度较高。从样本 4 的识别结果也得出类似的结论。引入跳跃结构的 FCN（FCN-8 s）及其改进结构能够得到作物的准确轮廓信息，而普通的 FCN（FCN-32 s）及其改进结构则识别效果欠佳。在跳跃结构的基础上，FCN-8 s 仍存在部分误判（如黄色方框区域内将水稻判别为杂草），而 PartCRF 的引入则有效修正了这个错误。从样本 2 的识别结果来看，对于大片杂草的识别结果（白色方框区域），基于跳跃结构和 PartCRF 后处理操作的识别结果最好。这是因为该算法结合了浅层网络的特征信息，同时统计了每个像素和周围像素在分类上的相关关系（以二元势能定义），因此获得更加精准的识别结果。

综合比较各种改进方法的准确率和执行速度（表 7-2-24、表 7-2-25、图 7-2-10），基于跳跃结构和 PartCRF 后处理算法的识别精度最高（MIU 为 80.2%），且执行速度较快（执行时间为 326.8 ms）。从算法对杂草的识别率（表 7-2-26）来看，基于跳跃结构和 PartCRF 后处理算法也获得了最高的识别率（83.3%），能够对植保机械的精准施药作业提供决策支持。

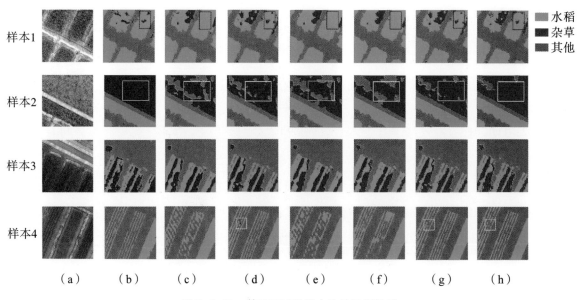

图 7-2-12　基于不同改进方法的识别结果

注：（a）输入图像；（b）标记图像；（c）FCN-32 s 识别结果；（d）FCN-8 s 识别结果；（e）FCN-32 s+FullCRF 识别结果；（f）FCN-32 s+PartCRF 识别结果；（g）FCN-8 s+FullCRF 识别结果；（h）FCN-8 s+PartCRF 识别结果。

六、结果与分析

深度学习算法生成处方图的准确度和速度都优于面向对象图像分析方法。其中，对于本次试验的两个田块（大小分别为 70 m×60 m 和 30 m×60 m），深度学习算法（基于混合改进方法的 FCN）能够在 20 min 之内完成处方图生成。在杂草阈值为 0.0% 的情况下，深度学习算法生成处方图的准确率为 83.6%，减药率为 35.5%。

采用 FCN 对水稻田的遥感图像进行语义分割，得到像素级的输出结果。采用不同的预训练模型和改进方法，探索 FCN 的最佳结构，寻求该模型在杂草识别上的最优性能。具体工作如下：

（1）基于迁移学习，采用几个经典的 CNN 结构（AlexNet、VGGNet、GoogLeNet、ResNet）作为预训练模型。将 CNN 的全连接层转换为卷积层，构建 FCN 结构。使用 CNN 在大数据集（ImageNet）上训练的权值作为 FCN 的初始化权值，在训练集上进行微调，在测试集上进行性能验证。试验结果表明，在统一采用 32 倍下采样率的前提下，VGGNet 的准确率最高（MIU 为 77.2%），且速度较快（执行时间为 67.5 ms）。因此，本研究采用 VGGNet 作为预训练模型，构建 FCN 的基础网络结构。

（2）在 FCN 基础结构的基础上，采用三种不同方法（跳跃结构、全连接条件随机场、局部连接条件随机场）对 FCN 进行改进，寻求预测精度的提升。试验结果证明，跳跃结构和局部连接条件随机场对准确率的提升幅度较为明显，在平均交并比上的提升幅度分别达到了 0.9% 和 1.8%。从算法对杂草的识别率来看，跳跃结构和局部连接条件随机场对杂草识别的提升幅度分别达到了 0.5% 和 3.9%。从执行速度上看，跳跃结构的速度最快（相比 FCN 基础结构，额外增加的运行时间是 1 ms），其次是局部连接条件随机场（258.3 ms），全连接条件随机场最慢（1752.5 ms）。

（3）除了使用单个方法对 FCN 进行改进，本研究仍然探索了多个改进方法的结合。在跳跃结构的基础上，继续加入条件随机场（包括全连接和局部连接）作为后处理操作。试验结果表明，在所有的模型中，基于跳跃结构和局部连接条件随机场的 FCN 获得了最高的预测精度，总体精度和平均交并比分别达到了 90.3% 和 80.2%，执行时间为 326.8 ms。另外，该模型对杂草的识别率达到了 83.3%，说明该算法的运行结果能够为后续的精准施药提供决策支持。

本研究基于面向对象图像分析和深度学习的试验结果，先将区域图像的识别结果进行融合，生成整个田块的杂草分布图，再通过棋盘分割将杂草分布图划分为若干个网格区域，利用设定的杂草阈值生成施药处方图。具体流程如图 7-2-13 所示。

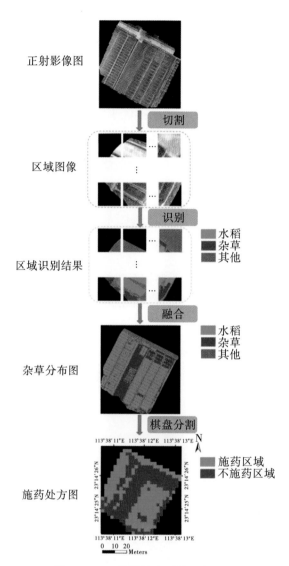

图 7-2-13　施药处方图的生成流程

（一）杂草分布图生成

本研究分别采用面向对象图像分析方法和深度学习算法，对水稻田块的局部区域图像进行识别，得到像素级的分类结果。本节将对局部区域图像的识别结果进行融合，得到整个田块的杂草分布图。

对于面向对象图像分析方法，采用的具体算法是多尺度分割算法和 K-means 分割算法。根据本书第七章第二节"（一）基于面向对象图像分析的水稻杂草识别"的内容，对于多尺度分割算法，该方法尺度参数设为 100，形状因子设为 0.1，紧致度设为 0.5。特征提取选择颜色（每个颜色通道的均值）和纹理特征（LBP 特征），分类识别选择 BP 网络。对于 K-means 分割算法，将聚类中心数量设为 10，对象最小尺寸设为 2000 像素。与多尺度分割算法类似，K-means 分割算法的特征提取选择颜色（每个颜色通道的均值）和纹理特征（LBP 特征），分类识别选择 BP

网络。

对于深度学习算法，采用的是 FCN 基础结构（FCN-32 s）和 FCN 改进算法（FCN-8s+PartCRF）。根据本书第七章第二节"（二）基于深度学习的水稻杂草识别"的试验结果，对于 FCN 基础结构，采用 VGG-16 Net 作为预训练模型，将所有的全连接层转化为卷积层。使用迁移学习，将该模型在 ImageNet 数据集上训练的权值作为网络的初始权值，在本研究的训练集上进行微调。在 FCN 的基础上，加上跳跃结构，并且使用局部连接的条件随机场（PartCRF）作为后处理操作，将 PartCRF 算法的卷积核尺寸设为 27。该测试集包括数据集 D2 和数据集 D4，这两个数据集分别在不同时间采集于不同水稻田块。其中，数据集 D2 采集于田块 F1，水稻处于分蘖期；数据集 D4 采集于田块 F2，水稻处于苗期（表 7-2-3）。由于测试集数据没有参与模型训练和超参数选择，因此基于识别算法在测试集上的识别结果作为性能评估。

表 7-2-27 统计了不同算法在测试集上的分类精度。从表 7-2-27 可以看出，深度学习算法（FCN-32S 和 FCN-8S+PartCRF）的分类精度明显高于面向对象图像分析方法（多尺度分割算法和 K-means 分割算法）。FCN 在没有采用改进算法的前提下（FCN-32 s），在测试集上的识别精度比面向对象图像分析方法高出了 10.4％ 以上，展现出了良好的泛化性能。在采用跳跃结构和 PartCRF 处理之后，FCN 的准确率得到了进一步提高，提升幅度达到了 3％。

表 7-2-27 不同识别算法在测试集上的分类精度

算法	OA（％）	MIU（％）
多尺度分割算法	82.5	66.8
K-means 分割算法	82.3	66.6
FCN-32s	88.4	77.2
FCN-8s +PartCRF	90.3	80.2

表 7-2-28 统计了不同算法在测试集上识别结果的混淆矩阵。从表 7-2-28 可以看出，相比面向对象图像分析方法，深度学习算法对各个类别的识别率都有所提高，其中，深度学习算法对杂草的识别率有了明显提高。从表 7-2-28 可以看出，在没有采用改进方法的前提下，FCN 对杂草的识别率提高了 11.2％（相比面向对象图像分析方法）。在使用跳跃结构和 PartCRF 后处理之后，FCN 对杂草的识别率得到了进一步提高，提升幅度达到了 7.1％。杂草识别率的提升，为后续施药处方图的生成奠定了坚实基础。

表 7-2-28　不同识别算法在测试集上的混淆矩阵

分割算法	所属类别	预测类别		
		水稻（%）	杂草（%）	其他（%）
多尺度分割算法	水稻	78.5	6.1	15.3
	杂草	17.0	63.7	19.3
	其他	5.2	2.3	92.5
K-means 分割算法	水稻	79.5	7.6	12.9
	杂草	18.9	65.0	16.1
	其他	5.0	3.2	91.8
FCN-32 s	水稻	91.7	3.6	4.7
	杂草	9.2	76.2	14.6
	其他	7.8	1.3	90.9
FCN-8s+PartCRF	水稻	89.6	5.1	5.4
	杂草	7.4	83.3	9.3
	其他	4.3	1.6	94.2

表 7-2-29 统计了不同算法在测试集上的运行时间。测试集包含 302 幅 1000×1000 像素的图像（182 幅来自数据集 D2，120 幅来自数据集 D4）。面向对象图像分析方法和深度学习算法都包含两个处理步骤。其中，面向对象图像分析方法第一个步骤是图像分割，第二个步骤是特征提取和分类识别；深度学习算法的第一个步骤是 FCN 前向计算，第二个步骤是 PartCRF 后处理。从表 7-34 可以看出，深度学习算法的执行速度明显快于面向对象图像分析方法。在没有使用改进方法的前提下，FCN 的执行速度是多尺度分割算法的 95.7 倍，是 K-means 分割算法的 34.7 倍。这是因为多尺度分割算法和 K-means 分割算法都属于自下而上的区域融合算法，多次的条件检测和区域融合消耗了大量的执行时间，同时多个区域的特征提取和分类识别也加大了运算量；而 FCN 的前向计算是端到端的识别过程，且主要的计算过程均采用矩阵操作和硬件加速，因此获得了巨大的效率提升。结合准确率和执行速度进行判断，深度学习算法是更优的方案，因为在没有采用改进方法的前提下，FCN 的识别精度已经超过了面向对象图像分析方法。采用跳跃结构和 PartCRF 后处理改进之后，FCN 仍然保持较快的执行速度。从表 7-2-29 可以看出，FCN 改进结构的执行速度是多尺度分割算法的 19.8 倍，K-means 分割算法的 7.2 倍。

表 7-2-29　不同算法在测试集上的运行时间

算法	步骤 1 执行时间（ms）	步骤 2 执行时间（ms）	总时间（ms）
多尺度分割算法	3615.9	2847.2	6463.1
K-means 分割算法	1303.1	1040.4	2343.5
FCN-32 s	67.5		67.5
FCN-8 s +PartCRF	68.5	258.3	326.8

图 7-2-14 展示了不同算法输出的整个田块的杂草分布图。虽然整个田块的杂草分布图是由多个区域的识别结果融合而成，但是最终的杂草分布图轮廓清晰，没有明显的间隔痕迹。这主要是由于单个区域的识别精度较高，因此得到了较为理想的融合效果。从图 7-2-14 可以看出，相比面向对象图像分析方法，深度学习算法输出的杂草分布图与标记图像更为接近，这与准确率的统计结果（表 7-2-27）基本一致。从样本 1（数据集 D2）中杂草密集区域（白色边框）的识别结果看，多尺度分割算法和 K-means 分割算法的识别结果均带有噪声，将较多的杂草误判为水稻，而 FCN 基本结构（FCN-32 s）和 FCN 改进结构（FCN-8 s+PartCRF）对该区域均能准确识别。从样本 2（数据集 D4）中的水稻行（黄色边框）识别结果来看，多尺度分割算法和 K-means 分割算法由于对象尺寸较小，且与背景颜色接近，均未能有效提取出处于苗期的水稻行，而 FCN 基本结构和改进结构均能准确识别。

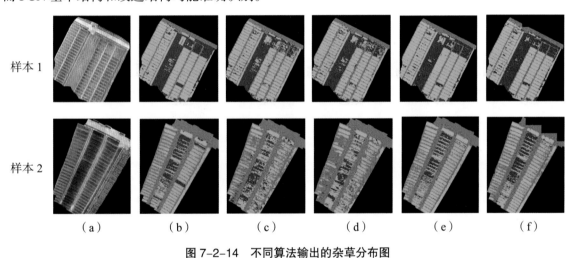

图 7-2-14　不同算法输出的杂草分布图

注：（a）正射影像图；（b）标记图像；（c）多尺度分割算法输出图像；（d）K-means 分割算法输出图像；
（e）FCN-32 s 输出图像；（f）FCN-8 s+PartCRF 输出图像。

为具体对比不同算法的识别结果，图 7-2-15 展示了面向对象图像分析方法和深度学习算法在若干局部区域的识别结果。其中，样本 1、样本 2 是水稻处于分蘖期的遥感图像，样本 3、样本 4 是水稻处于苗期的遥感图像。从样本 1 的识别结果可以看出，多尺度分割算法和 K-means 分割算法的识别结果中均带有噪声，且将部分水稻误判为杂草（白色边框）。而 FCN 基本结构和 FCN 改进结构对该区域均能有效识别，不存在面向对象图像分析方法结果中的误判情况。这是因为面向对象图像分析方法仅根据单个对象中的特征进行分类，没有考虑到不同对象之间的相互关系，因此对过分割的小区域不能正确分类；而深度学习算法（FCN）以整个图像信息为基础，综合考虑各个区域之间的关系从而进行分类，因此得到更加准确的结果。在样本 3 中，水稻和杂草是交叉分布的。从该样本的识别结果可以看出，多尺度分割算法和 K-means 分割算法虽能大致识别出水稻和杂草区域，但是未能有效恢复其轮廓信息，而 FCN 基本结构和 FCN 改进结构的识别结果与标记图像则比较接近，达到了良好的识别效果。另外，多尺度分割算法和 K-means 分割算法对分布于水稻行外的杂草（蓝色边框区域）产生了漏判，而深度学习算法由于识别率高，则有效避免了这一问题。在样本 4 中，水稻行密集分布且带有分离间隔。从该样本的识别结果来看，多尺度分割算法和 K-means 分割算法未能有效提取水稻行信息，且将部分水稻误判为杂草（黄色边框区域），而 FCN 基本结构不仅能有效识别出水稻行，还避免了面向对象图像分析方法中的误判。采用跳跃结构和 PartCRF 后处理之后，FCN 能够更准确地恢复水稻行轮廓，且能有效区分密集分布的水稻。

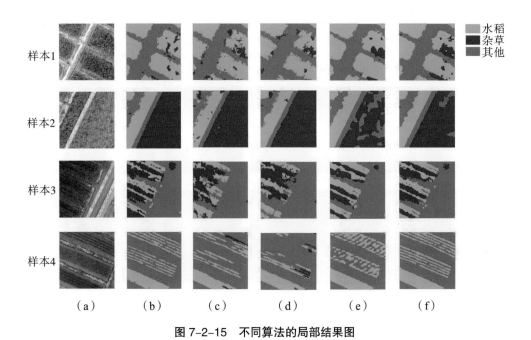

图 7-2-15　不同算法的局部结果图

注：（a）正射影像图；（b）标记图像；（c）多尺度分割算法输出图像；（d）K-means 分割算法输出图像；
（e）FCN-32 s 输出图像；（f）FCN-8 s+PartCRF 输出图像。

（二）施药处方图生成

本研究将水稻田块的杂草分布图转化为网格状施药处方图。在施药处方图中，同个作业网格内的区域采用同一种处理策略（即施药或不施药），如图 7-2-16 所示。根据施药处方图，植保机械能够针对杂草生长的区域重点施药，对没有杂草的区域则不施药，因此能够达到减药增效的效果。

施药处方图生成包括棋盘分割和阈值比较两个步骤。通过棋盘分割，将杂草分布

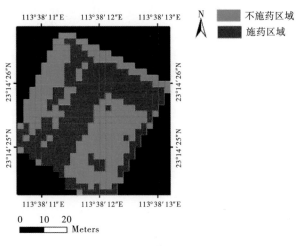

图 7-2-16　施药处方图示例

图划分为若干个正方形的网格区域，统计每个网格区域内的杂草密度，与预先设定的阈值进行比较，从而确定是否对该区域进行施药。杂草密度是网格区域中杂草所占面积与区域面积的比值。在技术实现上，则改为统计区域中杂草类别的像素数量与区域总像素数量的比值。在阈值比较过程中，如果杂草密度大于预先设定的阈值，则该作业网格为施药区域，否则为不施药区域。根据 Sharma 等的建议，本研究设定了 7 个杂草阈值（0.0%、2.5%、5.0%、7.5%、10.0%、12.5%、15.0%）进行测试分析。

在对处方图生成效果的评价中，本研究采用了准确率、执行速度、减药率作为评价指标。在准确率计算中，采用标记图像生成的处方图作为标准，将分类（类别包括施药区域和不施药区域）正确的网格数量除以全部网格数量（包括施药区域和不施药区域，不包含田块外的区域）作为准确率的数值。对执行速度，则统计杂草分布图转化为施药处方图所用时间。对减药率，则计算处方图中不施药的区域数量占全部网格（不包括田块外的区域）数量的比例。

表 7-2-30 统计了不同算法在不同阈值下所生成处方图的准确率。从表 7-2-30 可以看出，随着杂草阈值逐渐增加，处方图的准确率也逐渐提高。这是因为大块杂草容易识别，小块杂草难以识别。随着杂草阈值的提高，部分小块杂草的错误识别（误判或漏判）被忽略，因此带来了准确率的提高。从表 7-2-30 可以看出，面向对象图像分析的两种实现方法（多尺度分割算法和 K-means 分割算法）的准确率较为接近，深度学习的两种方法（FCN 基本结构和 FCN 改进结构）的准确率也较为接近。另外，深度学习算法的准确率明显高于面向对象图像分析方法。在阈值为 0.0% 的情况下，深度学习算法所生成的处方图的准确率较大值比面向对象图像分析方法的准确率较大值高出了 16.8%。这是因为在该阈值下，只要在网格区域内有一个其他类别的像素被误判为杂草，则该区域就被判定为施药区域。由于面向对象图像分析方法所输出的杂草分布图准确率较低，多个区域内的水稻被误判为杂草，因此所生成的处方图存在准确率较低的问题。如将该处方图作为施药依据，则会对正常水稻施用除草剂，不仅影响水稻产量，也会带来环境的污染。由于深度学习算法输出的杂草分布图准确率较高，因此后续所生成的施药处方图准确率较高，能作为施药作业的决策依据。虽然深度学习算法和面向对象图像分析方法在处方图生成上的准确率差距会随着杂草阈值的增加而有所减少，但是，从农田管理的角度看，较低的杂草阈值更能保证水稻的产量和质量，因为按照该阈值的处方图进行施药更能避免水稻田受到杂草侵入的影响。深度学习算法能在低阈值的情况下输出准确度较高的处方图，能够为植保机械的除草作业提供科学的决策支持。

表 7-2-30　不同算法在不同阈值下处方图的准确率

阈值（%）	多尺度分割算法（%）	K-means 分割算法（%）	FCN-32 s（%）	FCN-8 s +PartCRF（%）
0.0	64.4	68.6	85.4	83.6
2.5	80.7	82.7	94.5	91.6
5.0	84.7	85.6	93.8	89.9
7.5	85.6	87.7	94.2	90.7

续表

阈值（%）	多尺度分割算法（%）	K-means 分割算法（%）	FCN-32 s（%）	FCN-8 s +PartCRF（%）
10.0	87.7	90.1	95.0	91.7
12.5	90.1	90.9	95.2	92.8
15.0	91.2	91.6	95.6	93.1

表 7-2-31 统计了不同算法在不同阈值下生成处方图的运行时间。该运行时间包括了将测试集数据（包括数据集 D2 和 D4）从杂草分布图转化为施药处方图的执行时间。从表 7-2-31 可以看出，不同算法和不同阈值下生成处方图的时间较为接近。这是由于在不同算法和不同阈值下，生成处方图的过程都是分别统计每个区域的杂草密度并且和阈值进行比较，计算量是接近的，因此执行时间也较为接近。另外，从表 7-2-31 可以看出，将两个田块（田块 F1 的大小是 70 m×60 m，田块 F2 的大小是 30 m×60 m）的杂草分布图转化为处方图的总时间小于 1 min，因此处方图生成步骤的执行速度较快，能够适应田间杂草管理作业的需求。

表 7-2-31　不同算法在不同阈值下生成处方图的运行时间

阈值（%）	多尺度分割算法（ms）	K-means 分割算法（ms）	FCN-32 s（ms）	FCN-8 s +PartCRF（ms）
0.0	59092	58913	58308	58213
2.5	58984	58959	57979	58252
5.0	58966	58847	57947	58193
7.5	59021	59026	57834	58135
10.0	58981	59092	57936	58111
12.5	58978	58909	57995	58135
15.0	58974	58905	57877	58056

表 7-2-32 统计了不同算法在不同阈值下所生成的处方图的减药率。通过处方图信息，将没有杂草的网格区域判定为不施药区域，不仅能够有效减少除草剂的使用，还能降低植保机械的作业功耗。从表 7-2-32 可以看出，随着杂草阈值的增加，处方图的减药率也逐渐提高。这是因为随着杂草阈值的增大，更多杂草密度小于该阈值的网格区域被判定为不施药区域，因此减药率就高。在低阈值的前提下，深度学习算法输出的处方图的减药率明显高于面向对象图像分析方法。特别是在阈值为 0.0 % 的情况下，深度学习算法所生成处方图的减药率较大值比面向对象图像分析方法的减药率较大值高出 17.0 %。这是因为面向对象图像分析方法所生成的处方图存在较多误判，将不施药区域判定为施药区域，因此没有能够有效减少除草剂的使用。在实际田间作业中，较低的阈值能够有效避免水稻田受到杂草侵蚀。但是面向对象图像分析方法所生成处方图准确率不足，未能有效降低农药使用。相比之下，深度学习算法由于生成的处方图准确率较高，能够为植保作业的减药增效提供有效支持。

表 7-2-32　不同识别算法在不同阈值下处方图的减药率

阈值（%）	多尺度分割算法（%）	K-means 分割算法（%）	FCN-32 s（%）	FCN-8 s +PartCRF（%）
0.0	11.2	21.0	38.0	35.5
2.5	43.0	51.7	59.0	85.4
5.0	55.0	61.2	64.1	63.1
7.5	62.2	67.3	66.9	65.7
10.0	66.6	70.3	69.2	68.5
12.5	69.9	72.7	70.9	69.8
15.0	72.9	75.3	72.1	72.0

图 7-2-17 展示了不同算法在不同阈值下针对数据集 D2（田块 F1）所输出的处方图。在该数据集中，田块中的水稻处于分蘖期。由于该田块杂草生长较密，因此较多网格区域都是必须施药的区域。

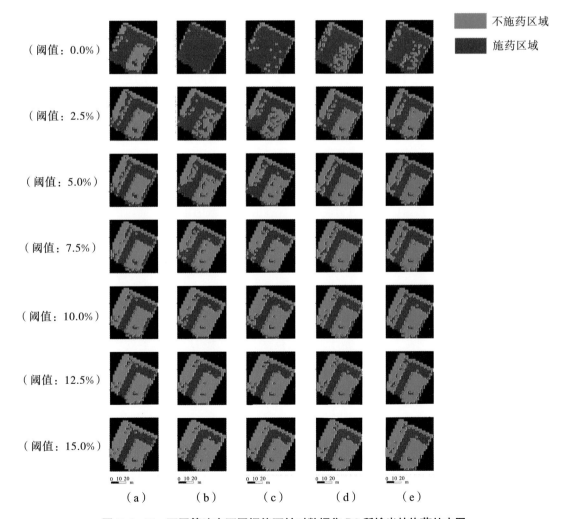

图 7-2-17　不同算法在不同阈值下针对数据集 D2 所输出的施药处方图

注：（a）标记图像的处方图；（b）多尺度分割算法的处方图；（c）K-means 分割算法的处方图；

（d）FCN-32 s 的处方图；（e）FCN-8 s+PartCRF 的处方图。

从图 7-2-17 可以看出，在阈值较高的情况下（如 15.0％），各个算法所生成处方图的准确率都较高，与标记图像转化的处方图较为接近。但是，在阈值较低的情况下（0.0％和 2.5％），深度学习算法输出的处方图的准确度明显高于面向对象图像分析方法。从图 7-2-17 可以看出，多尺度分割算法和 K-means 分割算法将较多不该施药的区域误判为施药区域（白色边框和蓝色边框区域）。这是由于该方法所输出的杂草分布图准确率不高，因此导致后续生成的处方图也存在准确率低的问题。处方图的准确率低，不仅增加了植保机械作业的功耗，也使得减药效果不够明显（见表 7-2-32）。综合来看，深度学习算法杂草识别率较高，既能够保证处方图的准确率，也能够有效减少除草剂使用、降低植保机械作业功耗。

图 7-2-18 展示了不同算法在不同阈值下针对数据集 D4（田块 F2）所输出的施药处方图。在该数据集中，田块中的水稻处于苗期。与田块 F1 的识别结果不同，对于田块 F2 的识别结果，在全部的杂草阈值下，深度学习算法输出处方图的准确率都要明显优于面向对象图像分析方法，特别是在阈值为 0.0％的情况下，这种差异更加明显。从图 7-2-18 可以看出，在该阈值下，多尺度分割算法和 K-means 分割算法将大多数的非施药区域误判为施药区域。FCN 基本结构则有效降低了误判。在跳跃结构和 PartCRF 后处理之后，准确率得到进一步提升，FCN 改进结构输出的处方图几乎与标记图像输出的处方图是一致的。这是因为在苗期阶段，水稻的尺寸较小，难以准确提取水稻的轮廓信息，而且水稻和杂草在生长初期形状较为类似，难以有效判别，同时水稻和杂草都没有固定大小，且形状不一，进一步造成识别难度的加大。面向对象图像分析方法不论是使用多尺度分割算法还是 K-means 分割算法，都难以正确将各个水稻和杂草对象准确分割出来，分割阶段的错误（如过分割）为后续的分类识别带来困难。因此，对于水稻处于苗期的田块图像，面向对象图像分析方法输出的杂草分布图准确率低，直接影响了后续生成的施药处方图的准确率。而 FCN 方法基于整个图像进行分析，有效考虑了每个像素和周围像素的关系，因此得到了更准确的杂草分布图和施药处方图。

水稻田块处方图的生成过程，包含六个连续步骤：图像采集、图像拼接、图像切割、图像识别、结果融合、处方图转化。表 7-2-33 统计了不同算法在数据集 D2 上各个处理步骤的执行时间。其中，数据采集使用大疆精灵 4 无人机完成，规划路径采用地面站软件 DJI GS PRO 生成，实际作业根据规划路径自主飞行，相片采集通过预设的照片重叠率自动触发。图像拼接、图像切割、图像识别、结果融合、处方图转化都在服务器上完成。服务器的 CPU 为 i7，显卡为 GTX1080 TI，内存为 32G。

表 7-2-33　不同算法在数据集 D2 上各个处理步骤的执行时间

处理步骤	多尺度分割算法（s）	K-means 分割算法（s）	FCN-32 s（s）	FCN-8 s+PartCRF（s）
数据采集	316.0	316.0	316.0	316.0
图像拼接	688.9	688.9	688.9	688.9
图像切割	23.1	23.1	23.1	23.1

续表

处理步骤	多尺度分割算法（s）	K-means分割算法（s）	FCN-32 s（s）	FCN-8 s+PartCRF（s）
图像识别	1176.3	426.5	12.3	59.5
结果融合	7.7	8.0	7.3	7.4
处方图转化	35.5	35.5	35.0	35.1
总时间	2247.5	1498.0	1082.6	1130.0

从表7-2-33可以看出，数据采集、图像拼接和图像切割的执行时间是相同的。这是因为对于同一个田块的数据，不同算法在数据采集和图像预处理的操作都是一样的。结果融合和处方图转化步骤的执行速度也较为接近。执行速度上存在较大差异的处理步骤是图像识别。从表

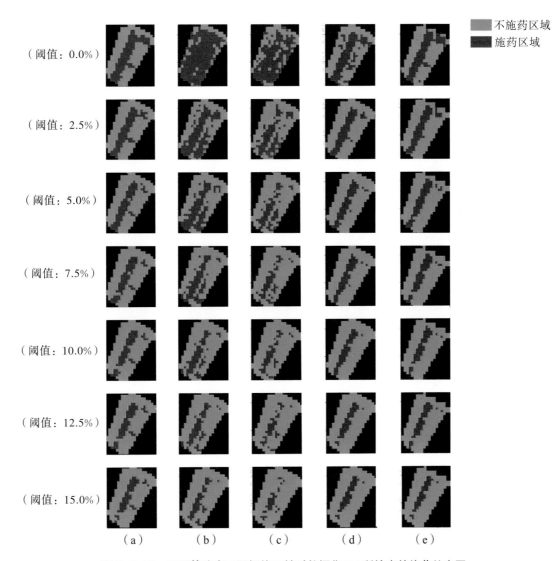

图 7-2-18 不同算法在不同阈值下针对数据集 D4 所输出的施药处方图

注：（a）标记图像的处方图；（b）多尺度分割算法的处方图；（c）K-means分割算法的处方图；

（d）FCN-32 s 的处方图；（e）FCN-8 s+PartCRF 的处方图。

7-2-33 可以看出，深度学习算法在图像识别上的处理时间明显少于面向对象图像分析方法。在图像识别处理步骤时，FCN-32 s 的执行速度是多尺度分割算法的 95.6 倍。对于一块 70 m × 60 m 的水稻田块，FCN 基本结构及其改进结构能在 20 min 内为其生成施药处方图，且包括数据采集和图像分析步骤的时间。

表 7-2-34 统计了不同算法在数据集 D4 上各个处理步骤的执行时间。与数据集 D2 的试验结果类似，在数据集 D4 上，深度学习算法的执行速度明显快于面向图像分析方法。由于田块 F2 的面积较小，因此为该田块生成处方图的时间也少于田块 F1。从表 7-2-34 可以看出，对一个 30 m × 60 m 的水稻田块，FCN 基本结构及改进结构都能在 15 min 左右为其生成处方图信息。

表 7-2-34 不同算法在数据集 D4 上各个处理步骤的执行时间

处理步骤	多尺度分割算法（s）	K-means 分割算法（s）	FCN-32 s（s）	FCN-8 s+PartCRF（s）
数据采集	130.0	130.0	130.0	130.0
图像拼接	681.0	681.0	681.0	681.0
图像切割	22.4	22.4	22.4	22.4
图像识别	775.6	281.2	8.1	39.2
结果融合	5.8	5.1	4.9	4.9
处方图转化	23.4	23.4	23.0	23.1
总时间	1638.2	1143.1	869.4	900.6

水稻田的杂草管理要求较高的时效性，若杂草侵蚀发生后未能及时进行除草作业，则杂草会同水稻争夺营养和阳光等资源，最终影响水稻的产量和质量。传统人工调查的方式，不仅效率低下，而且工作量大，难以为大面积的水稻田杂草管理提供支持。从表 7-2-33 和表 7-2-34 的结果可以看出，采用无人机与深度学习的检测模式，能够快速生成精准的施药处方图，不仅能够保证水稻的产量和质量，也能够有效减少除草剂的使用。

参考文献

［1］ 邓宇森.无人机遥感图像采集系统构建及水稻杂草识别研究［D］.广州：华南农业大学，2019.

［2］ 祝思君.基于深度学习的无人机遥感图像目标识别方法研究［D］.北京：北京建筑大学，2018.

［3］ 黄华盛.基于无人机遥感图像的稻田杂草识别研究［D］.广州：华南农业大学，2019.

［4］ 黄龙，杨媛，王庆军，等.结合全卷积神经网络的室内场景分割［J］.中国图象图形学报，2019，24（1）：64-72.

［5］ 彭文，兰玉彬，岳学军，等.基于深度卷积神经网络的水稻田杂草识别研究［J］.华南农业大学学报，2020，41（6）：75-81.

［6］ YU J X，GAO H T，PAN L，et al.Mechanism of resistance to cyhalofop-butyl in Chinese sprangletop［Leptochloa chinensis（L.）Nees］［J］.Pesticide Biochemistry and Physiology，2017，143：306-311.

［7］ SCHWARTZ A M，PASKEWITZ S M，ORTH A P，et al.The lethal effects of Cyperus iria on Aedes aegypti［J］.J Am Mosq Control Assoc，1998，14（1）：78-82.

［8］ SHARMA A，LIU X W，YANG X J，et al.A patch-based convolutional neural network for remote sensing image classification［J］.Neural Networks，2017，95：19-28.

［9］ SHELHAMER E，LONG J，DARRELL T. Fully convolutional networks for semantic segmentation［J］. IEEE Transactions on Pattern Analysis and Machine Intelligence，2017，39（4）：640-651.

［10］ LÓPEZ-GRANADOS F，TORRES-SÁNCHEZ J，SERRANO-PÉREZ A，et al.Early season weed mapping in sunflower using UAV technology：variability of herbicide treatment maps against weed thresholds［J］.Precision Agriculture，2016，17（2）：183-199.

［11］ LOTTES P，KHANNA R，PFEIFER J，et al. UAV-based crop and weed classification for smart farming［C］// IEEE.IEEE International Conference on Robotics & Automation. Singapore：IEEE，2017：3024-3031.

［12］ ALEXANDRIDIS T K，TAMOURIDOU A A，PANTAZI X E，et al.Novelty detection classifiers in weed mapping：silybum marianum detection on UAV multispectral images［J］.Sensors（Basel），2017，17（9）：2007.

［13］ CHEN L C，PAPANDREOU G，KOKKINOS I，et al. DeepLab：semantic image segmentation with deep convolutional nets，atrous convolution，and fully connected CRFs［J］. IEEE Trans Pattern Anal Mach Intell，2018，40（4）：834–848.

［14］ KRÄHENBÜHL P，KOLTUN V. Efficient inference in fully connected CRFs with gaussian edge potentials［J］. Advances in Neural Information Processing Systems. 2011，24：109-117.

［15］ LAN Y B，HUANG K H，YANG C，et al. Real-time identification of rice weeds by UAV low-altitude remote sensing based on improved semantic segmentation model［J］. Remote Sensing，2021，13（21）：4370.

［16］ JIANG R，SANCHEZ–AZOFEIFA A，LAAKSO K，et al. Uav-based partially sampling system for rapid ndvi mapping in the evaluation of rice nitrogen use efficiency［J］. Journal of Cleaner Production，2021，289：125705.

［17］ JIANG R，ARTURO S A，KATI L，et al. Assessing the operation parameters of a low-altitude UAV for the collection of NDVI values over a paddy rice field［J］. Remote Sensing，2020，12：1850.

第八章

经典应用方向之

作物养分监测

第一节　基于无人机遥感的棉花水肥监测研究

一、案例简介

2018 年 6 月至 9 月，华南农业大学国家精准农业航空施药技术国际联合研究中心团队成员在新疆石河子市 145 团开展了棉花水分胁迫试验和棉花氮肥胁迫试验。利用 eBee SQ 固定翼无人机搭载 Parrot Sequoia 相机来采集棉花冠层的低空多光谱数据，地面测定叶面积指数和采集叶片样本以测定等效水厚度、冠层等效水厚度、叶片含氮量；基于成功拼接和配准的多光谱图像，提取本试验各个梯度处理的多光谱特征，并利用统计分析工具对多光谱特征和地面数据进行数学建模。

二、材料与方法

本研究开展不同灌水量和施氮量的试验，棉花品种为"新陆早 64 号"。研究区概况如图 8-1-1 所示。

图 8-1-1　研究区概况

试验田面积 56 亩，平均海拔 400 m，属于新疆棉花生产区。试验地区年平均气温 6.5 ～ 7.2 ℃，一年中的最高气温出现在 7 月，平均气温 25.1 ～ 26.1 ℃。试验地区为灌溉农业区，年降水量为 125.0 ～ 207.7 mm，一年中降水较多的月份主要是 4 月、5 月、6 月和 7 月，降水量 13.0 ～ 20.0 mm。试验地区日照充沛，年日照时数为 2721 ～ 2818 h，一年中较晴朗的天气从 7 月 4 日前后开始，持续 3.5 个月，在 10 月 19 日前后终止。

（一）水分试验

灌水量试验设置 3 个灌溉量梯度处理，分别标记为 WA、WB、WC，如图 8-1-2 所示。其中，WC 为符合棉农生产经验的最佳处理，WA 的灌溉量约为 WC 的 1/3，WB 的灌溉量约为 WC 的 1/2。WA、WB、WC 3 个处理的施肥量相同，与下文处理 ND 一致。

图 8-1-2　处理划分示意图

3 个处理之间的灌溉回路的隔离通过用卡子卡住滴灌系统细管实现。以图 8-1-2 的 WA、WB 处理为例，WA 和 WB 之间的黄色线条正是用来隔开 WA 和 WB 的灌溉回路的卡子所在的直线。在该直线与东西走向的滴灌系统细管交叉的地方，给滴灌细管装上卡子，则 WA 主管道的水就无法流入 WB，对于 WB 同理，这样就实现了各处理之间灌溉回路的隔离。

每一个灌溉回路都装有流量计以监控灌溉量的实际情况，流量计安装在主管道始端。此外，水井处还装有总的流量计以监控整块试验棉田的用水量。每次采集空地数据，都会记录流量计的数据。经过计算，每次的梯度灌溉记录见表 8-1-1。

表 8-1-1　灌溉记录 （单位：m^3/hm^2）

灌溉日期	WA	WB	WC
6 月 29 日	193.27	228.26	648.57
7 月 5 日	72.12	150.00	370.49
7 月 13 日	135.58	172.83	0.00
7 月 18 日	173.08	234.78	500.29
7 月 28 日	135.58	211.96	389.40
8 月 4 日	126.92	211.96	483.52

续表

灌溉日期	WA	WB	WC
8 月 12 日	135.58	211.96	336.96
8 月 22 日	144.23	211.96	260.03

经过持续的监测，WA、WB、WC 3 个处理的梯度灌溉总量分别为 1116.36 m^3/hm^2、1633.71 m^3/hm^2、2989.26 m^3/hm^2。灌溉总量如图 8-1-3 所示。

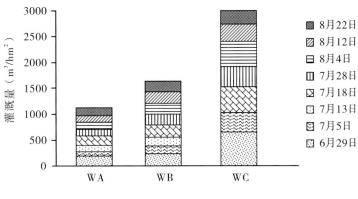

图 8-1-3　灌溉量示意图

（二）氮肥试验

氮肥试验设置 4 个施氮量梯度处理，分别标记为 NA、NB、NC、ND，如图 8-1-4 所示。其中，ND 为符合棉农生产经验的最佳处理，NA 从未施加追肥，NB 的施氮量为 ND 的 1/3，NC 的施氮量为 ND 的 1/2。NA、NB、NC、ND 4 个处理的灌水量与处理 WC 一致。

图 8-1-4　处理划分示意图

每次施氮量的梯度处理在灌溉时进行，氮肥施用记录见表8-1-2。

表8-1-2　氮肥施用记录（kg/hm²）　　　　　　（单位：kg/km²）

灌溉日期	NA	NB	NC	ND
6月29日	0	8.557	12.456	25.716
7月5日	0	8.557	12.456	25.716
7月13日	0	8.557	12.456	26.132
7月18日	0	13.311	17.794	36.103
7月28日	0	13.311	17.794	36.103
8月4日	0	7.737	14.814	28.126
8月12日	0	7.737	14.814	28.126

本试验的肥料采用两种固体肥，一种是对施氮量梯度构成主要影响的尿素，另一种是沃达农业科技股份有限公司生产的佰伦偲牌大量元素水溶肥料。佰伦偲牌大量元素水溶肥料包含的化学元素较多，对于氮素之外的元素本试验不做梯度处理，所有处理保持一致。氮素含量根据两种肥料的配料表进行计算，每次肥料称重都会详细记录每个处理的肥料重量，并按照肥料的元素构成表计算对应的氮含量，继而根据对应的处理面积计算每次的施氮量。

经过持续的监测，NA、NB、NC、ND 4个处理的梯度施氮总量分别为0 kg/hm²、67.767 kg/hm²、102.584 kg/hm²、206.022 kg/hm²。累计施氮量如图8-1-5所示。

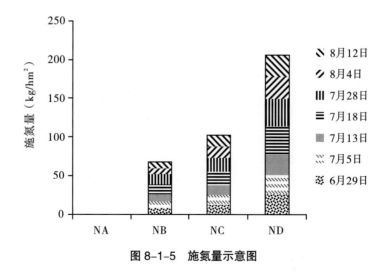

图8-1-5　施氮量示意图

（三）地面数据获取

1.叶片样本采集

本研究以棉花冠层为主要研究对象，为了弱化采样位置对结果的影响，从每一株采样棉花植株上摘取一片棉花功能叶（主茎倒四叶）。每一个处理中随机选择 6 株植物进行取样，一个处理共取 6 片叶片，记下每一个采样点对应的 GPS 信息。收集叶片后，立即将叶片密封在带编号的密封袋中，然后装在备有冰块的盒子里，尽快运送到实验室。

2.等效水厚度

用分析天平称取鲜叶质量，测量叶片面积后，先以 100℃恒温烘干 1 h，再以 60℃恒温烘干 12 h，测量其干质量。

试验采用 LI-3100C Areameter 测定叶片样本的面积，设备如图 8-1-6 所示。

图 8-1-6　LI-3100C Areameter

等效水厚度（EWT）是常用的植物水分指标，可通过以下公式计算：

$$EWT = \frac{FW - DW}{A} \tag{8.1.1}$$

式中，FW 表示棉花叶片的鲜重；DW 表示棉花叶片的干重；A 表示棉花叶片的叶面积。

3.叶片氮含量

将烘干后的叶片样本研磨粉碎后，利用凯式定氮仪，按照农业行业标准 NY/T 2017—2011《植物中氮、磷、钾的测定》测量棉花叶片的含氮量。每个棉花叶片的含氮量重复测量 3 次，取 3 次测量的平均值作为测量结果。

4.叶面积指数测量

叶面积指数（LAI）可以定义为单位土地面积上所有叶片表面积的总和。叶面积指数是反映棉花冠层光合作用能力、棉花生长状况的一个重要参数。

叶面积指数的计算方式为

$$叶面积指数 = 叶片总面积 \div 土地面积 \tag{8.1.2}$$

在棉花叶片采样点使用植物冠层数字图像分析仪 CI-110（图 8-1-7）和便携触屏电脑来测量叶面积指数，如图 8-1-8 所示，同时记录每个采样点的 GPS 信息。CI-110 植物冠层数字图像分析仪通过鱼眼镜头和 CCD 图像传感器来获得植物冠层图像。

图 8-1-7　植物冠层数字图像分析仪 CI-110

CI-110 植物冠层数字图像分析仪所测得的叶面积指数数据可通过描形称重法校正。描形称重法是一种传统的、具有一定破坏性的直接测定方法，在一种特定的坐标纸上，用铅笔将待测叶片的轮廓描出并依叶形剪下坐标纸，称取叶形坐标纸重量，按公式计算叶面积。

图 8-1-8　叶面积指数测量

采样结束后，通过 CI-110 配套的专业软件计算植物冠层叶面积指数和冠层其他参数。根据采样点编号和位置信息，进行叶面积指数数据整理，便于后期的数据分析。

5.冠层等效水厚度

冠层等效水厚度（EWTcanopy）可定量描述冠层水平的等效水厚度，是重要的田间作物表面参数。作物冠层等效水厚度的计算与应用，近些年很多相关研究都有涉及。

冠层等效水厚度可用以下公式计算：

$$EWTcanopy=EWT \times LAI \tag{8.1.3}$$

（四）遥感数据获取

1.多光谱数据采集

多光谱遥感数据的获取使用 senseFly 公司生产的固定翼无人机 eBeeSQ，搭载的多光谱传感器是 Parrot Sequoia 多光谱相机，如图 8-1-9 所示。

图 8-1-9　eBee SQ（左）和 Parrot Sequoia（右）

Parrot Sequoia 可在飞行中同时获取五种数据，包括近红外、红边、红光、绿光和可见光 RGB 图像。红外、红边、红光和绿光的详细参数见表 8-1-3。

表 8-1-3　Parrot Sequoia 的多光谱参数

波段名称	波长（nm）
绿光	530 ～ 570
红光	640 ～ 680
红边	730 ～ 740
近红外	770 ～ 810

本试验的多光谱数据采集时间严格控制在北京时间 13：00 ～ 15：00，该时间段属于试验棉田的正午时间，太阳位于棉田正上方。采集多光谱数据时，会采集 60 m、80 m、100 m 三个高度的数据。其中，根据现场数据分析情况，60 m 高度的多光谱数据采集次数多于一次。

在 60 m 的离地飞行高度，Parrot Sequoia 的分辨率为每像素 5.65 cm；

在 80 m 的离地飞行高度，Parrot Sequoia 的分辨率为每像素 7.54 cm；

在 100 m 的离地飞行高度，Parrot Sequoia 的分辨率为每像素 9.42 cm。

试验现场见图 8-1-10 至图 8-1-11。

图 8-1-10　eBee SQ 在试验棉田起飞

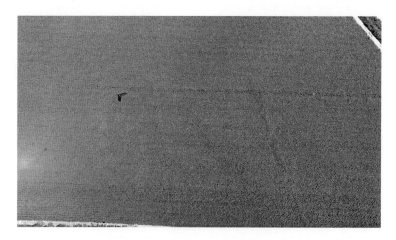

图 8-1-11　eBee SQ 在试验棉田上空

本试验中，Parrot Sequoia 相机需要配套使用辐射校准板。本试验采用 Sequoia 官方建议的 AIRINOV 公司生产的辐射校准板，如图 8-1-12 所示。

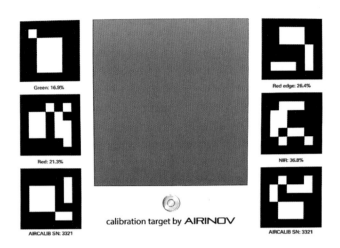

图 8-1-12　AIRINOV 辐射校准板

在每次使用 Parrot Sequoia 采集多光谱数据之前，用 AIRINOV 辐射校准板来校准 Parrot Sequoia 的光照传感器，并使用 Parrot Sequoia 拍摄 AIRINOV 辐射校准板，这是计算反射率的重要步骤。

2. 可见光数据采集

本试验使用多旋翼无人机大疆精灵 4 采集可见光图像，如图 8-1-13 所示。大疆精灵 4 拥有一体化设计的云台，可以较好地拍摄正射影像。可见光数据采集与多光谱数据采集在同一天进行。

图 8-1-13　大疆精灵 4 无人机

本试验的超低空可见光数据采集时间严格控制在北京时间 8 : 30 ～ 10 : 30 或北京时间 18 : 30 ～ 20 : 00，该时间段试验棉田的太阳光不强烈。通过 DJI GS Pro 软件进行航线规划，采集试验棉田上空 40 m 和 80 m 处的可见光图像。将采集到的图像通过 PIX4Dmapper 进行拼接后可得到 40 m 和 80 m 的全棉田正射可见光图像。

在 40 m 的离地飞行高度，大疆精灵 4 的分辨率为每像素 1.7 cm；

在 80 m 的离地飞行高度，大疆精灵 4 的分辨率为每像素 3.5 cm；

在 160 m 的离地飞行高度，大疆精灵 4 的分辨率为每像素 7.0 cm。

此外，操控大疆精灵 4 飞至棉田中央约 160 m 高度，拍摄本试验棉田的正射全景图及试验棉田的斜角俯视图（图 8-1-14），以记录每期空中数据采集时棉田的情况，用于每期多光谱数据的辅助验证。

图 8-1-14　试验棉田的斜角俯视图（花铃期）

3. 试验数据采集时间

试验棉田的水肥管理是通过滴灌系统进行的，一般情况下，两次滴灌之间间隔 7 ～ 10 天，具体时长受天气、生产经验、棉花生长期的影响。如上文提到的，每次的水和氮肥梯度管理是通过滴灌系统实现的，因此，试验数据采集也根据滴灌日期、天气选取最佳的采集日期。一般情况下，试验数据采集在滴灌后第三天或第四天进行，采集的数据包括地面棉田数据和低空遥感数据。

为尽量减少数据采集误差带来的影响，实际数据采集次数比上述最佳时间对应的次数要多。数据采集时间包括 7 月 4 日、7 月 9 日、7 月 15 日、7 月 22 日、7 月 31 日、8 月 9 日、8 月 16 日、8 月 26 日。

三、数据处理

（一）多光谱图像处理与冠层多光谱特征提取

使用 Parrot Sequoia 多光谱相机官方配套的 PIX4Dfield 多光谱数据处理软件对采集到的数据

进行处理，分析使用 PIX4Dfield 处理后得到的拼接结果，发现拼接图像并没有很好地融合，因此 PIX4Dfield 的输出数据还需要进一步处理。从 Parrot Sequoia 相机获取的原始多光谱数据到成功拼接配准的多光谱图像，本试验的处理流程如图 8-1-15 所示。

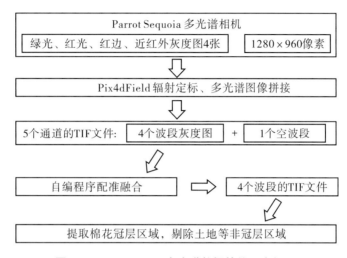

图 8-1-15　Sequoia 多光谱数据的处理流程

（二）图像拼接

1. Parrot Sequoia 原始文件

Parrot Sequoia 相机单次拍摄会生成 5 个文件，包含 1 张格式为 JPG 的可见光照片和 4 张 16 位 TIF 格式的单波段灰度图，如图 8-1-16 所示。同一组文件的文件名具有一致的前缀，前缀信息包含拍摄时间和有规则的编号，多光谱灰度图文件名的后缀分别为"_GRE.TIF""_RED.TIF""_REG.TIF""_NIR.TIF"。

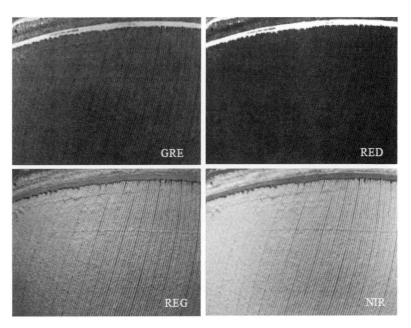

图 8-1-16　Parrot Sequoia 相机单次拍摄生成的文件

例如名为"IMG_180704_121403_0162_RGB.JPG""IMG_180704_121403_0162_GRE.TIF""IMG_180704_ 121403_0162_RED.TIF""IMG_180704_121403_0162_REG.TIF""IMG_180704_ 121403_0162_NIR.TIF"的 5 个文件就是一组。

2. PIX4Dfield 多光谱图像拼接

Parrot Sequoia 相机的生产厂商开发了专门用于处理多光谱的软件 PIX4Dfield，把要处理的单组多光谱照片输入软件并进行处理，就可以获得拼接好的单波段灰度图或多波段拼接融合图。

3. PIX4Dfield 多光谱图像配准

PIX4Dfield 输出的多波段拼接融合图，一般文件名后缀为"DATA.TIF"，用 ENVI5.3 读取文件进行分析，可发现输出文件一共包含 5 个通道：4 个多光谱镜头波段和 1 个空的通道。从上述多波段拼接融合图中剔除空的通道，输出包含绿光（GRE）、红光（RED）、红边（REG）、近红外（NIR）4 个波段的 TIF 文件。再次用 ENVI5.3 打开所得 4 个波段的 TIF 文件，发现波段之间没有很好地对齐，说明图像配准不理想，其中一次的多光谱数据如图 8-1-17 所示。

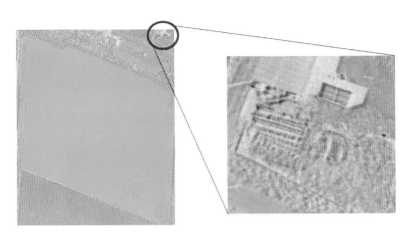

图 8-1-17　PIX4Dfield 图像配准不理想

为了解决 PIX4Dfield 图像配准不理想的问题，研究者编写代码，开发了一个专门解决该问题的工具软件。通过该工具软件，可以输出配准效果符合数据分析要求的四波段融合 TIF。

（三）图像配准

经 PIX4Dfield 拼接的 4 个波段灰度图之间存在错位现象，因此需要将其进行波段间配准融合。本研究基于 Python+OpenCV 开发的工具软件，主要步骤包括特征点提取和匹配、特征对提纯、仿射变换。

为了确保配准效果，本研究应用穷举加手动调参的方法。拼接完成的棉田多光谱数据包含 4 个波段的灰度图，如图 8-1-18 至图 8-1-21 所示。

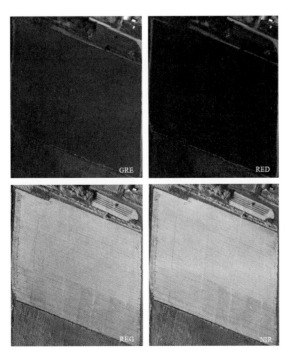

图 8-1-18　苗期试验棉田多光谱图像

本研究的灰度图中主要包括正中央的棉田、南侧的荒置草地、西侧的保护林带、北侧的树和厂房。从整体的观察可以发现，红光、绿光波段的棉田全景图较暗，因为植物对红光、绿光波段反射率低；红边、近红外波段棉田全景图较亮，因为植物对红边、近红外波段的反射率较高。

图 8-1-19　花期试验棉田多光谱图像

大多数情况下，多光谱数据采集条件良好的话，原始的多光谱数据是可以成功拼接的。如果出现不能良好拼接的情况，也可以选取目标区域内的几组多光谱数据进行拼接。

图 8-1-20　花铃期试验棉田多光谱图像

一般而言，健康的作物对红光波段的反射率较低，不健康的作物对红光波段的反射率相对较高；健康的作物对近红外波段的反射率较高，不健康的作物对近红外波段的反射率相对较低。因此可以观察到，近红外波段试验棉田的 WA 处理相对于 WC 处理明显较暗，因为 WA 处理受到严重的水分胁迫，田间观察到 WA 处理的棉花整体处于萎蔫状态。

图 8-1-21　吐絮期试验棉田多光谱图像

图中也可以观察到滴灌系统末端压力降低的现象。NB、NC、WB、WA 处理的南北中轴线区域相对于处理其他区域亮度不一致，因为受到滴灌系统压力无法均衡的影响，靠近主管道的滴灌带的压力会比远离主管道的滴灌带压力要大，靠近主管道的滴灌带的实际滴灌量较大，滴灌带末端的实际滴灌量较小。因此靠近主管道的棉花群体的水肥条件受到试验胁迫处理的影响较少，整体生长情况比处理其余的棉花群体要更好，从图像上可以明显观察到上述差异。

棉田南边 2～3 个膜的多光谱成像在某些时期会略有不同，原因是该区域的棉花是混杂品种，主要是"新陆早 74 号"，少数是"新陆早 64 号"。品种混杂的原因是该棉田采用机械化播种，播种机在进入棉田之前，在其他棉田进行过播种，而上一块棉田作业采用的品种不是"新陆早 64 号"而是"新陆早 74 号"，因此播种机内残留较多"新陆早 74 号"种子。由于播种机从东南角进入，因此 NB、NC、WA、WB 4 个处理南部的 2～3 个膜的棉花品种以"新陆早 74 号"为主。

1. ROI 选取与统计

（1）ROI 选取。用 ENVI5.3 打开已提取的冠层多光谱数据，运用 ROI 工具，每个处理随机选取 6 个 ROI 区域。

图 8-1-22 局部地展示了 ROI 的选取，选取对象是四通道的棉花冠层（本例中 ENVI 选取了其中一个波段作为操作视图），视野中央是 NB 处理，采用绿色标注的 ROI 随机选取了 6 个近似圆形的区域。

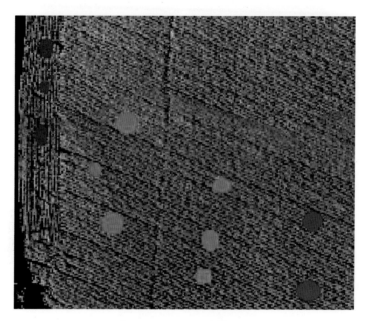

图 8-1-22　ROI 选取区域

（2）ROI 统计。应用 ENVI5.3 的 ROI 工具的统计功能，输出每一个 ROI 的统计数据，然后导入到 Excel 中进一步开展统计分析。ENVI5.3 的 ROI 工具的统计功能中平均值、标准差的计算是包含已经去除的非冠层区域的点阵量为 0 的 DN 值，这会影响实际的冠层统计。因此，利用 Excel 对 ENVI 导出的 ROI 的统计数据进行深入分析，可以得到每一期多光谱数据每一个处理 6 个 ROI 的准确统计信息，并且把统计信息作为处理的多光谱特征。

2. 反射率计算

本研究每次多光谱数据采集均使用 Parrot Sequoia 相机手动拍摄 AIRINOV 校正板，如图 8-1-23 所示。每一块 AIRINOV 校正板上面都有二维码，其中 4 个二维码的下方分别标注了 GRE、RED、REG、NIR 4 个波段对应的中央灰色正方形的反照率。通过 ENVI 软件，选取每个波段在 AIRINOV 校正板正中央的灰色区域，计算平均 DN 值，依据对应波段的反照率，可以计算每一期多光谱数据的对应反射率。

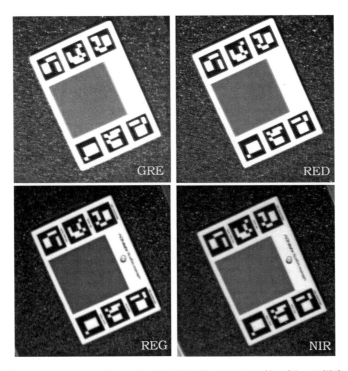

图 8-1-23　Parrot Sequoia 相机拍摄的 AIRINOV 校正板一组样张

四、模型构建与分析

（一）基于无人机遥感图像的棉花水分状况监测分析

1. 水分梯度试验的多光谱特征

不同时期的多光谱数据经过拼接融合、特征提取、反射率计算等步骤，再经过 Excel 整理和图表输出，结果如图 8-1-24 所示。从图中可以看出，绿光、红光两个波段的反射率在7%～12%，红边、近红外两个波段的反射率在 35%～75%；同一灌溉水平下，7 月 22 日光谱反射率最高，7 月 16 日次之，说明棉花盛花期对水分反应最敏感；在所有时期近红外波段的反射率与水分处理梯度均呈明显的正相关关系，表明近红外波段对水分胁迫敏感；大部分时期红光波段反射率与水分处理梯度呈负相关关系，8 月 16 日、8 月 26 日最明显，7 月 9 日、7 月 16日次之，7 月 22 日、8 月 9 日关系最弱。

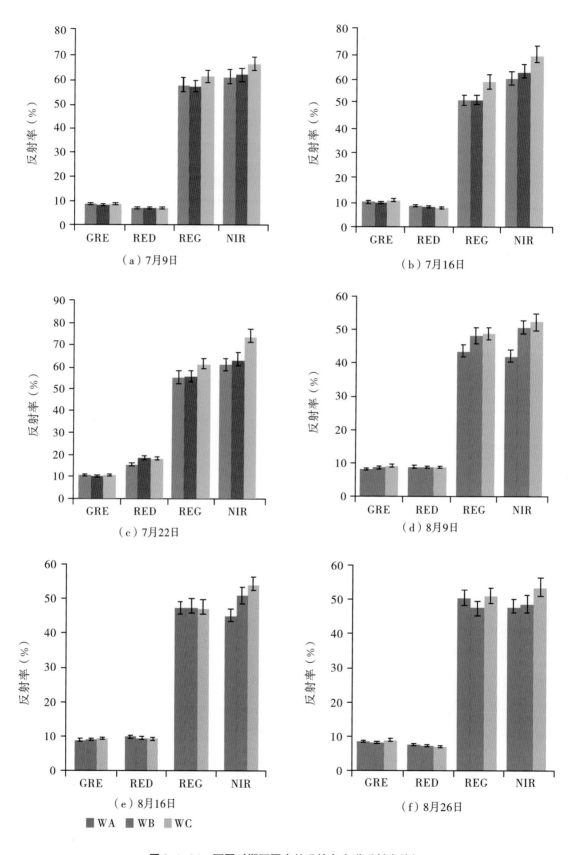

图 8-1-24　不同时期不同水处理的多光谱反射率特征

分析图 8-1-24 可得，相当一部分时期红边波段的反射率与水分处理梯度呈明显的正相关关系，7 月 22 日、8 月 9 日最明显，8 月 16 日、8 月 26 日无相关关系，表明花铃期红边波段对水分胁迫敏感，吐絮期红边波段对水分胁迫不敏感。在 8 月 9 日、8 月 16 日两个时期，绿光波段的反射率与水分处理梯度呈正相关关系，其余时期无明显相关关系。

2. 棉花水分状况指标

（1）等效水厚度（EWT）。不同时期不同水分处理的等效水厚度如图 8-1-25 所示。叶片等效水厚度在 8 月 9 日、8 月 19 日与水分处理梯度呈明显的正相关关系，其余时期等效水厚度与水分处理梯度未表现明显正相关关系。WC 处理 8 月份叶片等效水厚度相比 WA、WB 处理明显较大，在 8 月 16 日达到最大值，该结果与田间观察长势相符，田间观察可见 WC 处理在 8 月份仍保持较旺盛的长势，大部分植株继续长出嫩叶；而同时 WA、WB 处理仅少部分植株继续长出嫩叶，WA 处理的植株生殖器官发育提前。

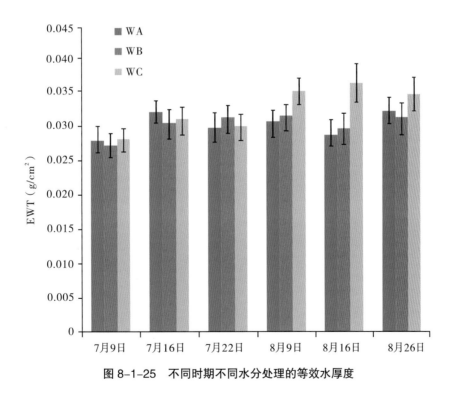

图 8-1-25　不同时期不同水分处理的等效水厚度

（2）叶面积指数（LAI）。不同时期不同水分处理的叶面积指数如图 8-1-26 所示。由图 8-1-26 可知，在棉花整个生育期，叶面积指数与水分处理梯度呈明显的正相关关系，灌溉量越大，叶面积指数越大。7 月 16 日，试验棉田处于盛花期，叶面积指数在各个处理均取得最大值，7 月 16 日之后，叶面积指数均呈下降趋势。叶面积指数的变化符合棉花不同生长期营养生长的变化，在盛花期后，棉花的营养生长逐渐减弱，生殖生长逐渐加强，因此，盛花期之后叶面积指数呈下降趋势。

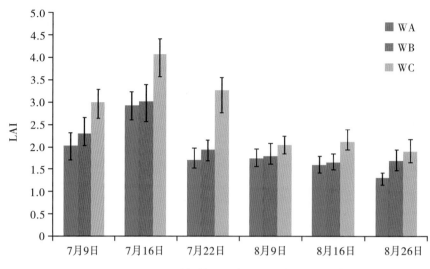

图 8-1-26　不同时期的不同水分处理的叶面积指数

（3）冠层等效水厚度（EWTcanopy）。不同时期不同水分处理的冠层等效水厚度如图 8-1-27 所示。由图 8-1-27 可知，在所有时期，冠层叶面积指数与水分处理梯度呈明显的正相关关系，灌溉量越大，冠层叶面积指数越大。在 7 月 16 日，试验棉田处于盛花期，冠层叶面积指数各个小区均取得最大值，7 月 19 日之后叶面积指数均呈下降趋势。

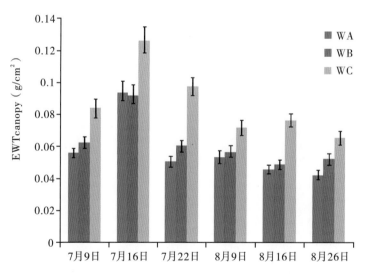

图 8-1-27　不同时期不同水分处理的冠层等效水厚度

（4）灌溉量指数（IVI）。本研究建立棉花灌溉量指数指示棉花的灌溉水平，用于建立多光谱数据与灌溉量之间的关系。以 WC 为最佳生产处理时，考虑到加上标准误差的和约为 1，因此取 WC 的 IVI 值为 0.9。

各个处理在不同时期的 IVI 值见表 8-1-4。3 个处理之间的这一阶段的比例基于这期间 4 次灌溉的平均值。

表 8-1-4　各个处理不同时期的 IVI 值

时间	WA	WB	WC
6 月 28 日～ 7 月 25 日	0.332	0.519	0.9
7 月 26 日～ 8 月 30 日	0.340	0.466	0.9

通常 IVI 值为 0 ～ 2。当棉花的灌溉量正常时，IVI 值为 1；当灌溉量小于正常需水量时，IVI 值处于 0 和 1 之间；当灌溉量大于正常需水量时，IVI 值大于 1。根据以上描述，IVI 可用于生成灌溉农田信息图并用于指导实际生产。

3. 模型建立

本研究利用 SPSS 24 对多光谱和地面验证数据进行多元回归分析，得出以下结果：

（1）全程监测的模型，见表 8-1-5。在不考虑时期对分析结果的影响的情况下，分析 6 期数据、3 个水分处理，共 36 组多光谱和地面参数数据，选取其中 18 组作为训练集，18 组作为验证集。

表 8-1-5　全程监测的水分状况指标的回归模型

指标	波段	回归模型	R^2
EWTcanopy	NIR，RED	$EWTcanopy=0.216\rho_{NIR}-0.185\rho_{RED}-0.036$	0.604
	NIR，REG	$EWTcanopy=0.396\rho_{NIR}-0.381\rho_{REG}+0.043$	0.658
EWT	NIR，RED	$EWT=-0.009\rho_{NIR}+0.004\rho_{RED}-0.035$	0.079
	NIR，REG	$EWT=0.025\rho_{NIR}-0.060\rho_{REG}+0.048$	0.346
LAI	NIR，RED	$LAI=7.699\rho_{NIR}-6.492\rho_{RED}-1.511$	0.723
	NIR，REG	$LAI=10.943\rho_{NIR}-7.741\rho_{REG}-0.057$	0.683

研究分析了 EWTcanopy、LAI、EWT 三个水分状况指标与基于多光谱特征 NDVI、DVI、各个波段的数学组合等之间的关系，其中，相关性最好的是 NIR、RED 组合与 NIR、REG 组合。

其中，模型相关性较好的水分状况指标有 EWTcanopy 和 LAI。因此，可以用 NIR、RED 组合或者 NIR、REG 组合预测 EWTcanopy，特别是模型 $EWTcanopy=0.396\rho_{NIR}-0.381\rho_{REG}+0.043$，$R^2=0.658$；可以用 NIR、RED 组合或者 NIR、REG 组合预测 LAI，特别是模型 $LAI=7.699\rho_{NIR}-6.492\rho_{RED}-1.511$，$R^2=0.723$。

由于 NIR 和 RED 是经典植被指数 NDVI 的参数，而且在上述分析中，NIR、RED 与 EWTcanopy、LAI 有良好的相关性，因此，用验证集对模型 $EWTcanopy=0.216\rho_{NIR}-0.185\rho_{RED}-$

0.036 以及模型 LAI=7.699ρ_{NIR}−6.492ρ_{RED}−1.511 进行验证，得出图 8-1-28 的关系图。

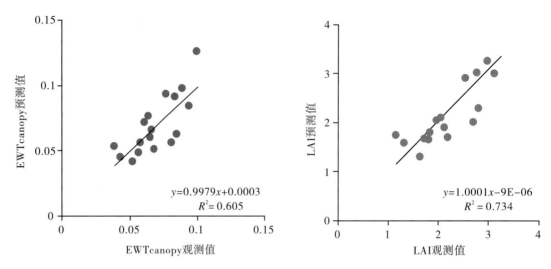

图 8-1-28　EWTcanopy 和 LAI 的观测值和全生育期模型预测值关系图

如图 8-1-28 所示，模型 EWTcanopy=0.216ρ_{NIR}−0.185ρ_{RED}−0.036 在验证集中的 R^2=0.605，模型 LAI=7.699ρ_{NIR}−6.492ρ_{RED}−1.511 在验证集中的 R^2=0.734，两个模型都表现出良好的相关性。

由图 8-1-28 可知，EWTcanopy 值的影响因素中 LAI 占的权重很大，相比于 EWTcanopy 而言，LAI 的相关性更好，故说明水分能显著影响棉花的长势，这与棉农田间管理经验相符；而 EWTcanopy 值的另一个影响因素 EWT 则仅在一部分生育期与水分胁迫成相关性，其他时期无相关关系，推测其原因是等效水厚度的测定受到植物生理影响因素较多，比如采集叶片样本的位置、叶片样本采集的时间等。

（2）基于生育期建立的模型。在数据分析的过程中，考虑到生育期的影响，发现对于 NIR、RED 波段组合，不同的生育期的水分状况指标可以建立 R^2 值比全程监测的 R^2 值更大的模型。

生育期的建模主要基于相邻的两个时期，7 月 9 日和 7 月 16 日为一个组合，7 月 22 日和 8 月 9 日为一个组合，8 月 16 日和 8 月 26 日为一个组合，随机选取 6 组数据作为训练集，剩余 6 组数据作为验证集。

表 8-1-6 为基于不同生育期建立的模型结果。分析表 8-1-6 中的数据，灌溉量指数 IVI 在三个时期都建立了 R^2 较大的模型，与 NIR 反射率正相关，与 RED 反射率负相关。7 月 9 日和 7 月 16 日，IVI=6.972ρ_{NIR}−3.228ρ_{RED}−3.595，R^2=0.929；7 月 22 日和 8 月 9 日，IVI=4.117ρ_{NIR}−8.158ρ_{RED}−0.715，R^2=0.684；8 月 16 日和 8 月 26 日，IVI=6.741ρ_{NIR}−2.139ρ_{RED}−2.585，R^2=0.882。

表8-1-6 基于不同生育期建立的模型

时期	指标	线性回归模型	R^2
7月9日和 7月16日	IVI	IVI=6.972ρ_{NIR}-3.228ρ_{RED}-3.595	0.929
	EWT	EWT=0.018ρ_{NIR}+0.348ρ_{RED}-0.008	0.988
	EWTcanopy	EWTcanopy=0.616ρ_{NIR}+3.252ρ_{RED}-0.544	0.997
	LAI	LAI=19.031ρ_{NIR}+77.670ρ_{RED}-14.883	0.997
7月22日和 8月9日	IVI	IVI=4.117ρ_{NIR}-8.158ρ_{RED}-0.715	0.684
	EWT	EWT=0.010ρ_{NIR}-0.042ρ_{RED}+0.031	0.337
	EWTcanopy	EWTcanopy=0.239ρ_{NIR}-0.349ρ_{RED}-0.026	0.652
	LAI	LAI=7.300ρ_{NIR}-8.803ρ_{RED}-0.938	0.661
8月16日和 8月26日	IVI	IVI=6.741ρ_{NIR}-2.139ρ_{RED}-2.585	0.882
	EWT	EWT=0.063ρ_{NIR}-0.060ρ_{RED}+0.006	0.701
	EWTcanopy	EWTcanopy=0.325ρ_{NIR}-0.031ρ_{RED}-0.109	0.759
	LAI	LAI=6.427ρ_{NIR}+2.605ρ_{RED}-1.779	0.710

EWT在三个时期中的两个时期都建立了R^2大于0.5的模型，与NIR反射率均呈正相关关系，但与RED反射率并非都是负相关关系。

EWTcanopy在三个时期都建立了R^2较大的模型。相比于全程监测模型EWTcanopy=0.216ρ_{NIR}-0.185ρ_{RED}-0.036，除7月9日和7月16日R^2有明显增大之外，其余两个时期R^2大小接近。其中，EWTcanopy与NIR反射率均呈正相关关系，但与RED反射率并非都是负相关关系。因此，EWTcanopy的预测用全程监测模型EWTcanopy=0.216ρ_{NIR}-0.185ρ_{RED}-0.036具有更好的普适性。

LAI在三个时期都建立了R^2较大的模型。相比于全程监测的模型LAI=7.699ρ_{NIR}-6.492ρ_{RED}-1.511，除7月9日和7月16日R^2有明显增大之外，其余两个时期R^2大小接近。其中，LAI与NIR反射率均呈正相关关系，但与RED反射率并非都是负相关关系。因此，LAI的预测用全程监测模型LAI=7.699ρ_{NIR}-6.492ρ_{RED}-1.511具有更好的普适性。

4. 农田信息图

根据上述分析得出的模型，可以生成相应的农田信息图用于指导棉花田间管理，这符合精准农业的宗旨。

（1）灌溉量指数农田信息图，如图8-1-29所示。在花铃期，WC的IVI值整体在0.95附近，WB的IVI值整体约为WC的1/2，WA的IVI值整体约为WC的1/3，与试验水分梯度处理相符；在吐絮期，WC的IVI值整体在0.92附近，WB的IVI值整体约为0.42，WA的IVI值整体约为

WC 的 1/3，与试验水分梯度处理接近一致。而且，滴灌系统主管道及附近区域颜色非常深，与该区域实际灌溉量偏大相符合。因此，可用上文 IVI 模型监测棉田灌溉量水平。

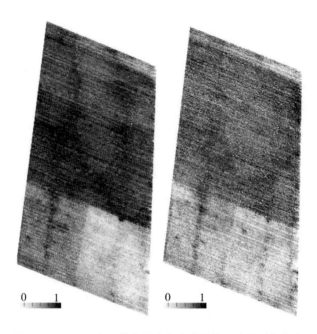

图 8-1-29 IVI 农田信息图（左为花铃期，右为吐絮期）

（2）冠层等效水厚度农田信息图，如图 8-1-30 所示。

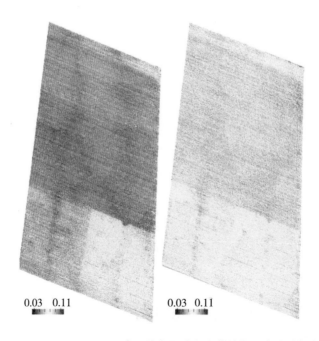

图 8-1-30 EWTcanopy 农田信息图（左为花铃期，右为吐絮期）

由图 8-1-30 可知，在花铃期，WC 的 EWTcanopy 值整体在 0.08 附近，WB 的 EWTcanopy

值整体约为 0.065，WA 的 EWTcanopy 值整体约为 WC 的 4.8%，与地面验证数据相符；在吐絮期，WC 的 EWTcanopy 值整体在 0.075 附近，WB 的 EWTcanopy 值整体约为 0.062，WA 的 EWTcanopy 值整体约为 0.045，与试验水分梯度处理接近一致；同时，滴灌系统主管道及附近区域颜色非常深，与该区域实际灌溉量偏大、棉花长势较旺盛的特点相符合。因此，可用上文 EWTcanopy 模型监测棉田灌溉量水平。

（二）基于无人机遥感图像的棉花氮肥指标监测分析

1. 棉花叶片含氮量

采样得到的棉花冠层叶片经烘干、磨样后，用凯式定氮法测氮，最终得到详细的棉花叶片含氮量数据，如图 8-1-31 所示。

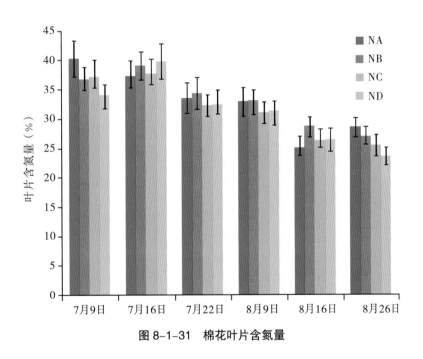

图 8-1-31　棉花叶片含氮量

图 8-1-31 中，蓝色、红色、绿色和紫色分别表示 NA、NB、NC、ND 4 个处理叶片含氮量的检测结果，数据包括了 6 个时期。可以明显看到：NA 除了在第 2 期（7 月 16 日）、第 5 期（8 月 16 日）含氮量较低，其他时期的含氮量均较高；ND 除了在第 2 期（7 月 16 日）检测出含氮量最高，在其他时期检测出的含氮量均较低；NB 和 NC 在第 1 期（7 月 9 日）检测出差不多的含氮量，但是在之后的生长期，检测结果均显示 NB 的叶片含氮量高于 NC 的含氮量。进一步观测全局的变化，可以发现，随着氮肥施用量的增加，叶片上含氮量的检测结果存在递减的趋势，该趋势在第 1 期（7 月 9 日）和第 6 期（8 月 26 日）表现最为明显，在第 3 期（7 月 22 日）和第 5 期（8 月 16 日）表现较弱；随着棉花的生长，可以看到棉花叶片含氮量也呈下降趋势。

对于上述结果，暂时没有找到合理的原因可供解释，研究者提出如下猜想：①田间样本的采样过程为随机采样，每个试验区域仅采集 6 棵植株，随机性较强，存在较大的误差可能性。②没有进一步确认合适的氮肥施用量，NA 和 NB 的氮肥施用量是 6 个处理中最少的，但却是最适合棉花生长发育的量，可以看出这两个处理的叶片含氮量数值较高。③棉花的生长期不同，对氮肥的需求量也不一样，随着棉花的成熟，氮素在叶片的沉积量也随之减少。

2. 多光谱特征

不同时期、不同处理的多光谱数据经过拼接融合、特征提取、反射率计算等步骤，再经过 Excel 整理和图表输出，结果如图 8-1-32 所示。整体而言，绿光（GRE）、红光（RED）的反射率在 7% ～ 12%，红边（REG）、近红外（NIR）的反射率在 35% ～ 75%。分析可得，在所有图中的时期 NIR 波段的反射率与水分处理梯度呈明显的正相关关系。

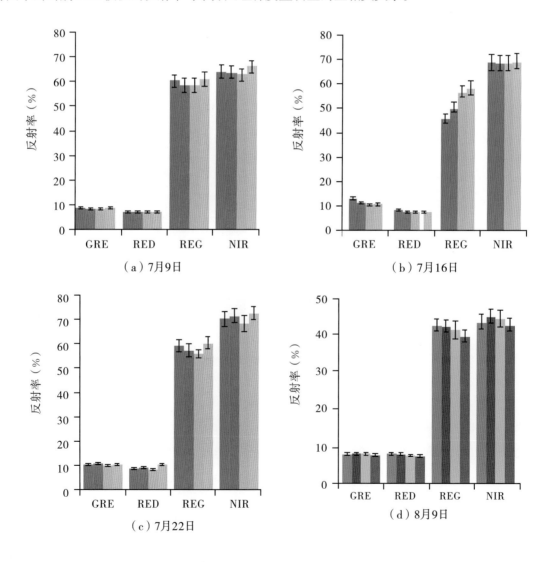

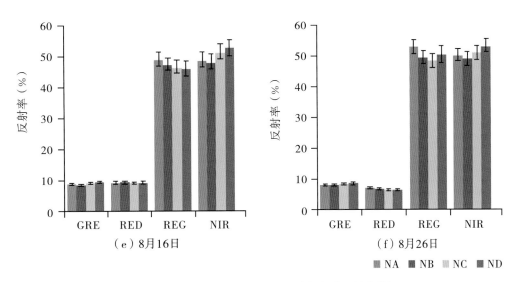

图 8-1-32　不同时期、不同处理的多光谱反射率特征

由图 8-1-32 可见，各个试验区域在绿光、红光两个波段的区别并没有太多的变化，在红边和近红外波段有着不一样的趋势。在图 8-1-32（b）中，可以看到红边位置的反射率随着含氮量的增加而增大，但是该现象没有在其他时期表现出来。7 月的数据中，试验区域 ND 在红边和近红外的反射率均高于其他区域，但是差距不很明显。8 月的数据中，红边波段的反射率出现随波段提升而下降的趋势，但该趋势并没有在所有的时期都表现出来。

由图 8-1-32 可见，通过波段反射率来直观地分辨棉花含氮量的方法可行性较低，因此，需要通过波段运算的方法，寻找合适的植被指数来呈现光谱与含氮量的关系。

3. 模型建立

应用 SPSS 24 对多光谱和地面验证数据进行多元回归分析，得到以下结论。

不考虑时期对分析结果的影响，按 6 期数据、4 个氮肥处理，共 48 组多光谱和地面参数数据，选取其中 24 组作为训练集、24 组作为验证集。

表 8-1-7 是全生育期叶片氮含量（LNC）的多光谱回归模型。由图 8-1-32 可知，叶片含氮量与多光谱反射率之间未表现出高度相关关系，两个模型决定系数略大于 0.5。LNCb 模型基于 4 个波段，表达式 $LNC=110.39\rho_{NIR}-84.76\rho_{REG}-358.33\rho_{GRE}-77.65\rho_{RED}+51.00$，模型 $R^2=0.559$，其中 ρ_{NIR} 是近红外波段反射率，ρ_{REG} 是红边波段反射率，ρ_{GRE} 是绿光波段反射率，ρ_{RED} 是红光波段反射率。LNCb 基于 3 个波段，模型表达式 $LNC=124.26\rho_{NIR}-96.04\rho_{REG}-445.18\rho_{GRE}+50.67$，模型 $R^2=0.542$。

表 8-1-7　全生育期叶片含氮量的多光谱回归模型

编号	波段	回归模型	R^2
LNCa	GRE、REG NIR	LNC=124.26ρ_{NIR}-96.04ρ_{REG}-445.18ρ_{GRE}+50.67	0.542
LNCb	GRE、RED REG、NIR	LNC=110.39ρ_{NIR}-84.76ρ_{REG}-358.33ρ_{GRE}-77.65ρ_{RED}+51.00	0.559

用验证集对模型 LNC=124.26ρ_{NIR}-96.04ρ_{REG}-445.18ρ_{GRE}+50.67 以及模型 LNC=110.39ρ_{NIR}-84.76ρ_{REG}-358.33ρ_{GRE}-77.65ρ_{RED}+51.00 进行验证，得出如图 8-1-33 所示的关系图，前者 R^2=0.546，后者 R^2=0.554。

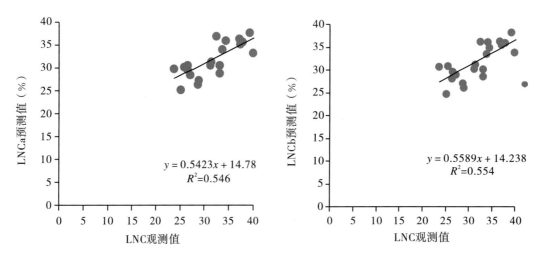

图 8-1-33　LNC 观测值与两个模型预测值的关系

4. 农田信息图

LNC 的农田信息图如图 8-1-34 所示。

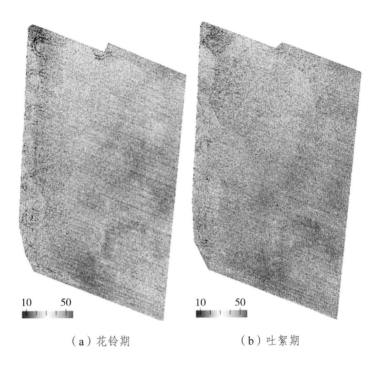

（a）花铃期　　　　　　　　　　（b）吐絮期

图 8-1-34　LNC 农田信息图

由图 8-1-34 可知，NA 处理 LNC 整体值较低，NC 处理次之，这两个处理的 LNC 整体符合试验梯度氮量处理；ND 处理出现明显不均匀，ND 处理左上角表现出 LNC 严重偏低，ND 处理的右下方区域 LNC 在氮试验处理中最高，因此仅一半区域符合 ND 梯度氮量处理；NB 处理出现明显不均匀，靠近 NA 处理的区域表现出 LNC 严重偏低，靠近 NC 处理的区域表现出 LNC 处于中间偏上；吐絮期与花铃期 LNC 表现接近。因此，LNC 监测模型生成的处方图表现出较强的不均匀性。

第二节　基于多源光谱信息的棉花水、氮监测模型研究

一、案例简介

2019 年 5 月～ 10 月，华南农业大学国家精准农业航空施药技术国际联合研究中心团队成员以"新陆早 57 号"为研究对象，在新疆昌吉市佃坝镇国家精准农业航空施药技术国际联合研究中心试验田开展基于多源光谱信息的棉花水、氮监测模型研究。试验设置 5 个水分梯度、5 个氮肥梯度及一组空白对照。试验分别在棉花蕾期、花铃期和吐絮期多次采集无人机多光谱影像、

冠层高光谱数据及地面验证数据，采集棉花叶片样本并测定等效水厚度和含氮量。采用决策树、集成法（装袋树）、支持向量机、高斯过程回归（指数核函数、有理二次核函数）4 种机器学习算法建立高光谱反射率、多光谱反射率对棉花冠层叶片等效水厚度及含氮量的反演模型，并将模型应用于多光谱影像以评价不同模型的应用精度。

二、材料与方法

试验田处于西北内陆，具有明显的温带大陆性气候特征，昼夜温差大，年日照时间高达 2500 ~ 3500 h，年均降水量仅 150 mm 左右，气候较为干燥。

本研究以新疆农业科学院经济作物研究所培育的"新陆早 57 号"棉花为研究对象，其生育期 122 天左右，属高抗枯萎病、轻感黄萎病类型。2019 年 4 月 23 日播种，播种模式为一膜四行，种植密度约为 21 万株 /hm²。

试验设计：单因素水、氮试验。每个试验小区的面积不等，在 1500 ~ 2500 m²。试验设置 5 个氮素处理与 5 个水分处理以及一个空白对照组，各水分处理在各生育期的总灌溉量分别为 5500 m³/hm²（CK）、1400 m³/hm²（0.25 × W）、2900 m³/hm²（0.5 × W）、4300 m³/hm²（0.75 × W）、5500 m³/hm²（1 × W）、6800 m³/hm²（1.5 × W），各氮素处理在整个生育期的纯氮施用总量分别为 140 kg/hm²（CK）、0 kg/hm²（0 × N）、35 kg/hm²（0.25 × N）、70 kg/hm²（0.5 × N）、140 kg/hm²（1 × N）、210 kg/hm²（1.5 × N）。具体处理布置如图 8-2-1 所示。

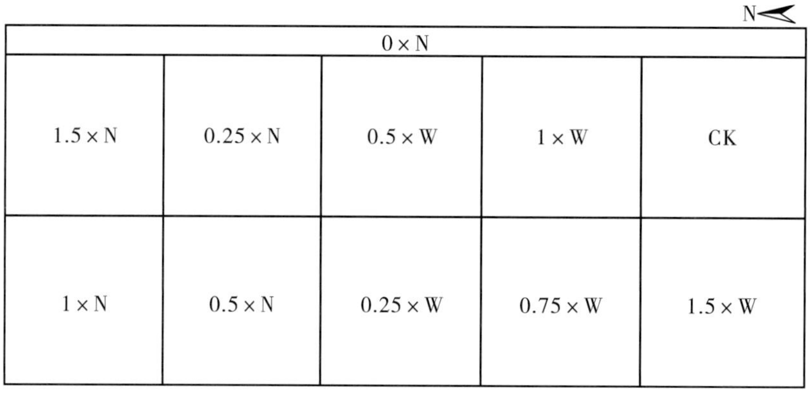

0 × N				N ◀
1.5 × N	0.25 × N	0.5 × W	1 × W	CK
1 × N	0.5 × N	0.25 × W	0.75 × W	1.5 × W

图 8-2-1 棉花单因素水、氮试验区不同处理布置图

试验从棉花出苗后开始进行水、氮控制，分别在 6 月 18 日、7 月 1 日、7 月 11 日、7 月 19 日、7 月 27 日、8 月 7 日、8 月 14 日、8 月 24 日进行了 8 次灌溉，其余田间管理措施参照高产大田栽培。试验旨在通过差异化田间水、氮管理措施制造不同小区间棉花植株的生理差异，从而获取多种条件下的棉花长势信息。根据棉花生长的关键时期进行数据采集，分别在苗期、蕾期、花铃期、吐絮期进行遥感影像数据和地面高光谱反射率、叶片含氮量、含水量、叶面积等数据

的采集。

数据采集均在正午 12 : 00 ～ 14 : 00，同时采集无人机遥感数据和所需地面数据。其中，地面数据的采集涉及叶片的采集。试验全程采集冠层叶片并即时装入密封袋，田间采集结束后在室内称重并测量叶片面积。各时期地面数据采集均为每个处理随机取 5 株棉花为采集对象。

（一）作物冠层高光谱的获取

本试验使用 FieldSpec HandHeld 2 手持式地物光谱仪进行棉花冠层高光谱反射率的获取。采集时仪器距待测棉花植株冠层 20 cm 左右，垂直于地面进行数据采集，积分时间 272 ms，单次采集 10 条光谱。由地物光谱仪视场角为 25° 可计算得出视场范围约为 60 cm²，计算方法如图 8-2-2 所示。图中，D 代表地物光谱仪的镜头，A 为视场角，X 为光谱仪到待测物的距离，Y 为待测区域的直径。

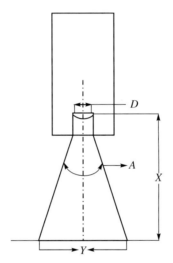

图 8-2-2　视场范围示意图

根据图 8-2-2 可计算叶面积 S，计算过程如公式（8.2.1）、公式（8.2.2）所示：

$$Y=D+2 \times \tan \frac{A}{2} \times X \tag{8.2.1}$$

$$S=\pi \times \left(\frac{Y}{2}\right)^2 \tag{8.2.2}$$

（二）田间多光谱图像的采集

试验使用配备 Parrot Sequoia 多光谱相机的 senseFly eBee SQ 无人机。Parrot Sequoia 多光谱相机包含一个光照传感器、一个可见光传感器和四个单波段传感器，用于测量绿光、红光、红边和近红外波段（绿光：530 ～ 570 nm 波长；红光：640 ～ 680 nm 波长；红边：730 ～ 740 nm 波长；近红外：770 ～ 810 nm 波长），如图 8-2-3 所示。数据采集过程中，无人机飞行高度为

80 m，航向重叠率、旁向重叠率均为 80%，单张单波段图像分辨率为 1280×960 像素，地面分辨率为每像素 7.8 cm。

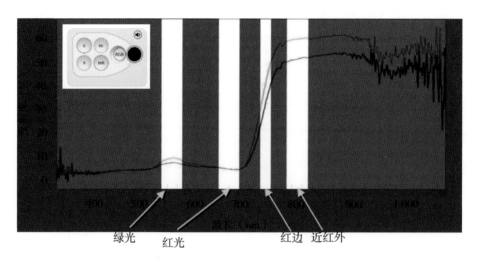

图 8-2-3　多光谱相机及对应波段

采集数据前在地面布置控制点，并记录其中心位置坐标信息。控制点为 1 m×1 m 的黑白图像处，中心点较为明显，如图 8-2-4 所示。

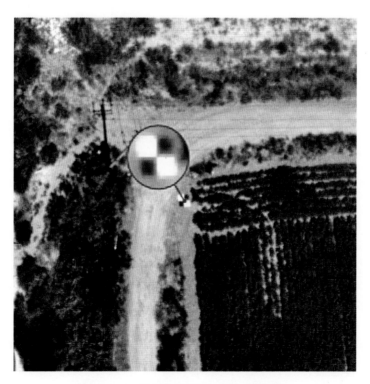

图 8-2-4　控制点在 RED 波段下的影像

无人机起飞前先在地面拍摄辐射校正板，校正板各波段标准反射率如图 8-2-5 所示。图中灰色区域为标准反射率区域。本试验使用的校正板在绿光波段的标准反射率为16.9%，在红光波段的标准反射率为21.3%，在红边波段的标准反射率为26.4%，在近红外波段的标准反射率为36.8%。

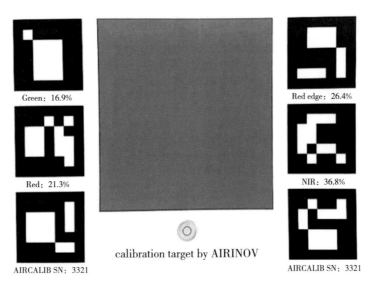

图8-2-5　辐射校正板

（三）叶片等效水厚度的测定

试验采集棉花主茎冠层功能叶作为衡量棉花整体营养状况的参考标准，田间采集叶片并带回实验室内使用YMJ-D便携式叶面积仪测量叶片面积（S），使用电子秤称取叶片鲜重（FW），置于烘箱内（100℃杀青1 h，60℃烘干24 h）烘干后称取叶片干重（DW）。叶片等效水厚度（EWT）表示叶片单位面积的含水量，计算公式如下：

$$EWT = \frac{FW-DW}{S} \qquad (8.2.3)$$

（四）叶片含氮量的测定

试验采集的棉花叶片经烘干后统一保存于密封袋内防止受潮，待试验结束后对所有叶片统一进行含氮量测定，测定方法参见凯氏定氮法（农业行业标准NY/T 2017—2011《植物中氮、磷、钾的测定》）。供测叶片均使用凯氏定氮法测量3次，取平均值作为棉花叶片真实含氮量。

（五）地理位置信息获取

试验使用Trimble Geo7X手持式GPS获取待测点的地理坐标信息，如图8-2-6所示。并接入千寻位置差分系统实现厘米级定位误差，实际采集过程中误差均不大于2 cm。采集时GPS位于采集对象正上方，以获取该株棉花的坐标信息。

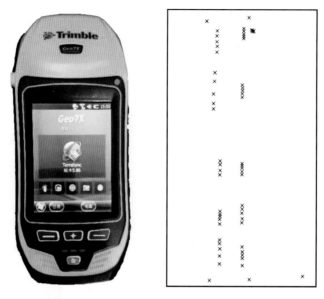

图 8-2-6　Trimble Geo7X 手持式 GPS 及 8 月 20 日采样点

三、数据处理

数据处理均使用 Windows10 操作系统，CPU 为 E3-1270 v5，内存 64G，显卡为 NVIDIA GeForce RTX 2080Ti，显存 11G。

（一）高光谱数据处理

使用 HandHeld 2 Sync 软件导出所测高光谱数据，并使用 ViewSpec Pro 软件对采集的高光谱数据进行预处理。人工剔除误差较大的数据，并求出平均曲线，导出至文本文件。使用 Excel 提取出高光谱反射率中与 Parrot Sequoia 多光谱相机相对应的 4 个波段的最大反射率，即取出 530 ～ 570 nm 处最大值作为绿光反射率，640 ～ 680 nm 处最大值作为红光反射率，730 ～ 740 nm 处最大值作为红边反射率，770 ～ 810 nm 处最大值作为近红外反射率。

（二）多光谱图像处理

使用 PIX4Dmapper 对采集到的图像进行拼接并做辐射校正，校正类型选择相机、光照传感器和太阳高度角。预处理结束后，在 GCP/MTP 管理中导入地面控制点坐标，并使用平面编辑器调整控制点在各波段图像中的位置为真实位置，进行地理坐标信息校正，如图 8-2-7 所示。

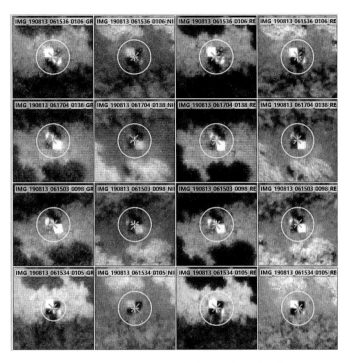

图 8-2-7　调整后控制点在各图像中的位置

拼接结束后，取目录"···\4_index\reflectance"下的 4 张经过辐射校正的反射率图像进行后续处理。

在 ENVI 软件中，取 8 月 6 日经过地理坐标校准的多光谱图像，使用 Layer stacking 工具对 4 个波段的图像进行组合，形成一张 m×n×4 的多光谱图像，其波段顺序为红光、红边、近红外、绿光。随后，以 8 月 6 日多光谱图像为基准，使用 Image Registration Workflow 工具对不同时期的图像位置进行配准。配准后的结果如图 8-2-8 所示，分别使用近红外、红光、绿光 3 个波段代替红、绿、蓝 3 个波段得到假彩色图像。

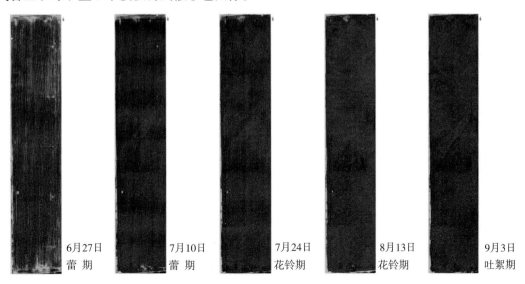

图 8-2-8　不同生育时期多光谱图像（假彩色）

导入采样点地理坐标信息，并以采样点为单位取出每一个采样点对应的反射率值。地面分辨率为每像素 7.8 cm，单个像素面积约为 60 cm²，与冠层高光谱视场范围一致，且定位误差为 1～2 cm，远小于地面分辨率，因而可以保证二者对应的是同一区域。

四、模型构建

（一）模型构建

本研究中使用的机器学习模型基于 MATLAB2019 完成，BP 神经网络使用 Pycharm2019+Python 3.7+TensorFlow1.3 完成。对于高光谱数据和基于坐标点提取的光谱反射率两种建模数据集而言，均包含 5 列。第 1 列为响应值，即等效水厚度或含氮量。后 4 列分别为红光、红边、近红外以及绿光处的反射率。模型均以列 2～列 5 作为输入数据对列 1 进行预测建模。

对于机器学习模型的应用是逐像素点进行的，对多光谱图像逐像素点计算得出预测值，并使用 ENVI Classic5.5 对得到的灰度图附加坐标信息，从而得到对等效水厚度和含氮量的反演图。

（二）精确度检验

本研究中模型的检验分为两个部分，均以决定系数（R^2）和均方根误差（RMSE）作为评价指标。第一部分是在构建模型的过程中，判断模型对提取数据预测的准确性；第二部分是在模型应用于图像中，基于坐标验证不同模型的准确性。一般来说，二者在同一时空条件下不会存在很大的差异，但对于本研究中不同生育期棉花含氮量与等效水厚度而言，需要在第二部分对不同时间段的数据进行区分验证，以更好地评价模型在棉花不同生育时期的普适性。

第一部分的精度检验采用标准五折交叉验证，如图 8-2-9 所示。交叉验证的基本思想是，在某种意义下将原始数据进行分组，一部分作为训练集，另一部分作为验证集。首先用训练集对分类器进行训练，再利用验证集来测试训练得到的模型，经过 n 轮迭代后求出所有模型精度的平均值，以此作为评价分类器性能的指标。五折交叉验证即训练集比验证集为 4∶1。

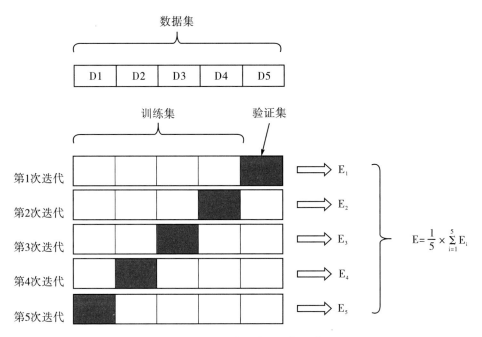

图 8-2-9　五折交叉验证思想示意图

对于机器学习和神经网络的多种模型，均使用五折交叉验证求出 R^2 与 RMSE 并获取最优的模型。第二部分需要将训练的模型应用于多光谱图像并得到反演的冠层等效水厚度或含氮量的数值图。基于坐标点提取任意两期图像的数据与实测数据进行计算，求出实测值与预测值的 R^2 与 RMSE 两个值，计算公式分别如（8.2.4）、（8.2.5）所示：

$$R^2=\frac{\sum_{i=1}^{n}(\hat{y}_i-\overline{y})^2}{\sum_{i=1}^{n}(y_i-\overline{y})^2} \tag{8.2.4}$$

$$\text{RMSE}=\sqrt{\frac{\sum_{i=1}^{n}(\hat{y}_i-y_i)^2}{n}} \tag{8.2.5}$$

式中，$\hat{y}_i$ 为预测值；y_i 为实测值；$\overline{y}$ 为实测值的均值；n 为样本个数。

使用皮尔逊相关系数作为一部分数据的相关性参考指标，该系数用于度量两个变量之间的线性相关程度，被定义为两个变量之间的协方差和标准差的商。若双变量分布完全在直线上，则皮尔逊系数的值为 1 或 –1，计算公式如下：

$$r=\frac{\sum_{i=1}^{n}(X_i-\overline{X})(Y_i-\overline{Y})}{\sqrt{\sum_{i=1}^{n}(X_i-\overline{X})^2}\ \sqrt{\sum_{i=1}^{n}(y_i-\overline{y})^2}} \tag{8.2.6}$$

式中，X_i 为实测值；Y_i 为预测值；$\overline{X}$、$\overline{Y}$ 为其平均值；n 为样本个数。

本试验分别以全波段高光谱反射率、提取的 4 个波段高光谱反射率、多光谱图像提取的反射率为输入参数，以叶片等效水厚度、含氮量为原始响应值。分别使用 5 种机器学习算法进行建模，模型精度使用五折交叉验证获得。得到模型后以多光谱影像作为输入参数，使用各模型预测得到预测响应图。再结合地理坐标信息得到预测值，对应原始响应值与预测值计算得到模型的应用精度。整个数据集构建、建模验证及应用验证的流程如图 8-2-10 所示。

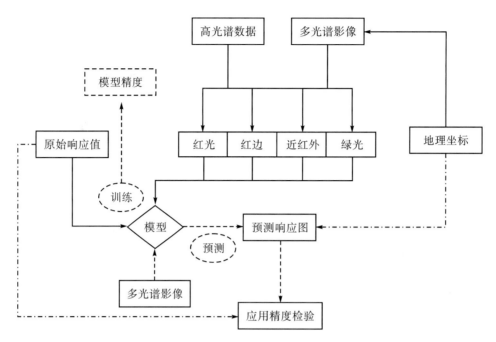

图 8-2-10　模型构建及精度检验流程

五、结果与分析

（一）棉花冠层叶片等效水厚度的反演

1. 水分处理对棉花叶片等效水厚度的影响

为了探究相同氮肥水平、不同水分对不同生育时期棉花冠层叶片等效水厚度的影响，各水分处理下不同时期棉花冠层叶片等效水厚度变化趋势如图 8-2-11 所示。

从图 8-2-11 可以看出，随着生育期的推迟，棉花叶片等效水厚度呈先减后增再减的趋势，经过不同灌溉水平处理下的棉花冠层叶片等效水厚度的差异，满足本研究遥感监测试验对等效水厚度差异的需求。在第一次差异化灌溉后，所有小区测量样本的冠层叶片等效水厚度均已经出现了较小的差异。两次灌溉后，棉花逐渐从蕾期进入初花期，冠层叶片等效水厚度在 7 月 10日达到了最低点，其主要原因是试验所在地区 7 月气温较高，空气湿度低，棉花叶片表面蒸腾作用比较强烈，导致叶片冠层等效水厚度较低。棉花在花铃期需水量远高于其他时期。本试验在花铃期共进行了 6 次灌溉以保证棉花的生长需求，叶片等效水厚度在花铃期有所回升，直至吐絮期才开始下降。

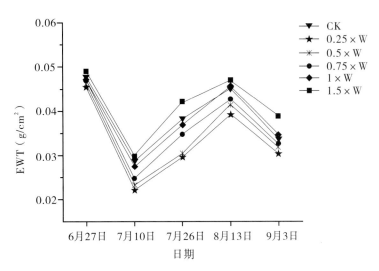

图 8-2-11　不同水分处理下棉花叶片等效水厚度随时间的变化

2. 基于高光谱数据下棉花叶片等效水厚度的反演

在不同灌溉水平处理的基础上，对采集的不同生育时期棉花冠层叶片高光谱数据与叶片等效水厚度进行简单的相关性分析，如图 8-2-12 所示。皮尔逊相关系数和 R^2 在简单的线性拟合下，在红光和近红外两处 R^2 具有峰值，表明这两个波段与棉花冠层叶片等效水厚度具有相对较好的相关性。

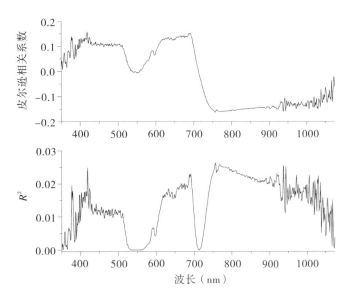

图 8-2-12　棉花叶片等效水厚度与冠层高光谱反射率的相关性

为了与多光谱图像相结合，本研究使用多种机器学习的方法对绿光、红光、红边和近红外 4 个波段与叶片等效水厚度进行建模，效果见表 8-2-1。由表 8-2-1 可知，使用指数核函数和有理二次核函数的高斯过程回归模型在预测性能上相比其他模型更加优异，在与 4 个波段建模的情况下，R^2 分别为 0.900 和 0.890；在与全波段高光谱建模的情况下，R^2 分别为 0.850 和 0.890。

表 8-2-1　高光谱不同建模方法效果

机器学习模型	精度	4 波段建模	全波段建模
支持向量机（精细高斯）	R^2	0.410	0.370
	RMSE	0.016	0.017
决策树	R^2	0.590	0.290
	RMSE	0.014	0.018
集成（装袋树）	R^2	0.560	0.620
	RMSE	0.014	0.013
高斯过程回归（指数）	R^2	0.900	0.850
	RMSE	0.007	0.008
高斯过程回归（有理二次）	R^2	0.890	0.890
	RMSE	0.007	0.070

建模后将模型应用于不同时期的多光谱图像，如图 8-2-13 所示，不同模型反演出的棉田冠层叶片等效水厚度有所不同。图中色彩为反演所得的叶片等效水厚度值，具体值对应图例而视。图中以 1.5×W 和 0.75×W（即 1.5 倍常规灌溉和 0.75 倍常规灌溉）两个小区的边界为例，6 月 27 日和 7 月 10 日的反演结果除支持向量机外均有较好的区分效果，但集成树和决策树反演出的冠层叶片等效水厚度较低，与实测结果不符。整体来看，高斯过程回归的两种模型在不同时期区分效果都比较明显，特别是以指数为核函数的高斯过程回归模型反演结果更为细致，能更好地表现出整体的差异。各模型的反演精度仍需进一步评价。

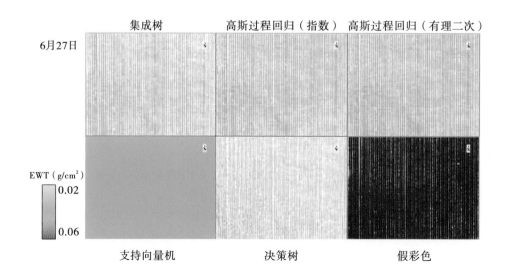

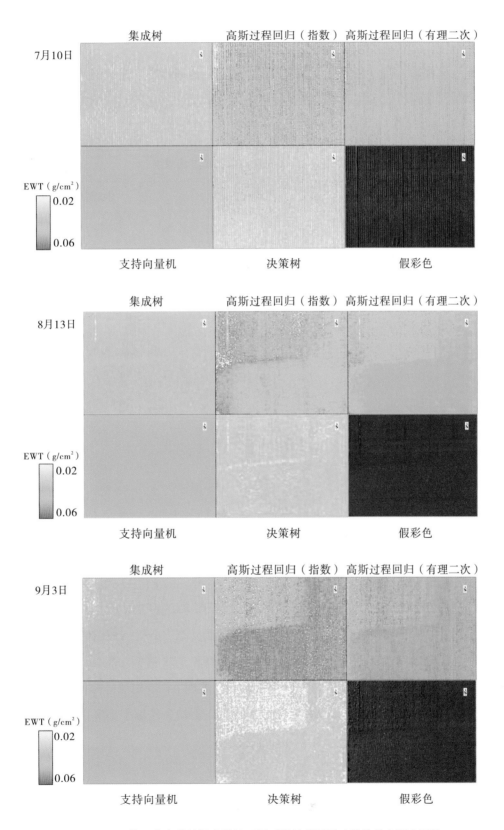

图 8-2-13　基于高光谱数据建模的不同时期棉花冠层叶片等效水厚度反演

3. 基于多光谱图像下棉花冠层叶片等效水厚度的反演

将采样点坐标导入经过地理位置信息校正后的多光谱图像中，并按照坐标点提取出对应位置的反射率值，使用不同生育时期多光谱图像中提取的反射率与其对应的棉花冠层叶片等效水厚度进行建模，同样使用 5 种机器学习的方法进行，结果见表 8-2-2。

表 8-2-2　多光谱不同建模方法效果

机器学习模型	精度	多光谱图像反射率建模
支持向量机（精细高斯）	R^2	0.330
	RMSE	0.018
决策树	R^2	1.000
	RMSE	0.000
集成（装袋树）	R^2	0.890
	RMSE	0.007
高斯过程回归（指数）	R^2	1.000
	RMSE	0.000
高斯过程回归（有理二次）	R^2	1.000
	RMSE	0.000

从表 8-2-2 可以看出，使用指数核函数和有理二次核函数的高斯过程回归模型 R^2 均达到了 1.000，明显存在过拟合的情况，而集成树模型 R^2 为 0.890，相对于其他模型表现出更好的效果。

建模后，将模型应用于不同时期的多光谱图像，如图 8-2-14 所示。图中色彩为反演所得的叶片等效水厚度的值，具体值对应图例而视。不同模型反演出的棉田冠层叶片等效水厚度有所不同。图中，以 $1.5 \times W$ 和 $0.75 \times W$（即 1.5 倍常规灌溉和 0.75 倍常规灌溉）两个小区的边界为例，两种高斯过程回归模型在各时期均无法表现出不同处理下棉花冠层叶片等效水厚度的差异，集成树和决策树两个模型的反演效果相对于其他模型而言均表现出了小区之间的差异，但反演精度仍需进一步评价。

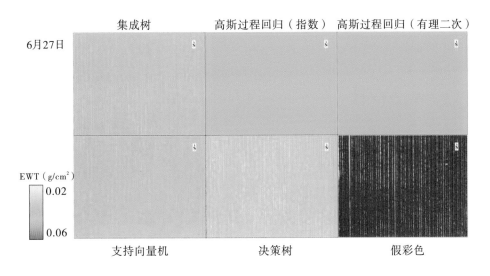

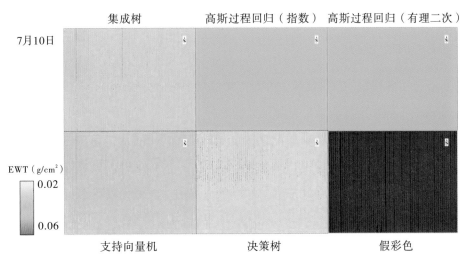

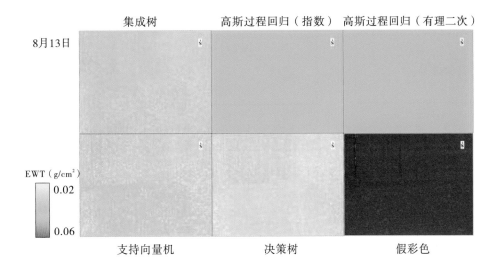

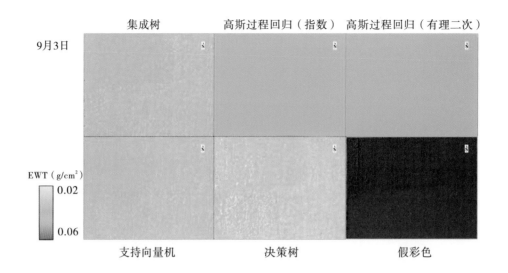

图 8-2-14　基于多光谱图像反射率建模的不同时期棉花冠层叶片等效水厚度反演

4.基于坐标点的精度检验

基于坐标点导出各模型的反演结果，并对实测值与预测值做相关性分析。如图 8-2-15 所示，基于高光谱建模的不同模型反演结果有着很大的差异。根据 R^2 的结果来看，使用指数核函数和有理二次核函数的高斯过程回归模型 R^2 分别为 0.9281 和 0.8846，可以认为这两种模型在不同时期棉花冠层叶片等效水厚度的反演上均具有较好的效果；而集成树、决策树和支持向量机三种模型在基于高光谱数据的棉花冠层叶片等效水厚度反演上与观测值均具有较差的相关性，即不具备相关性。

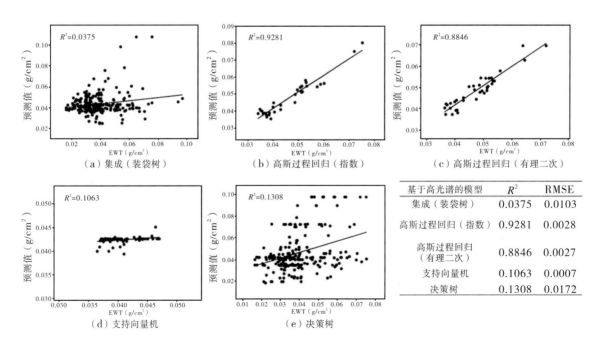

图 8-2-15　基于高光谱建模的模型精度检验

由图 8-2-16 可见，这种建模方式对集成树和决策树具有更好的反演效果，但反演精度仍然不高。R^2 在集成树和决策树模型上分别达到 0.8512 和 0.7302 左右；而高斯过程回归的两个模型均出现了预测结果较为单一且 R^2 较低的情况，模型出现了过拟合的现象；支持向量机模型在基于多光谱图像建模的棉花冠层叶片等效水厚度反演中，反演结果与观测值不具备相关性。

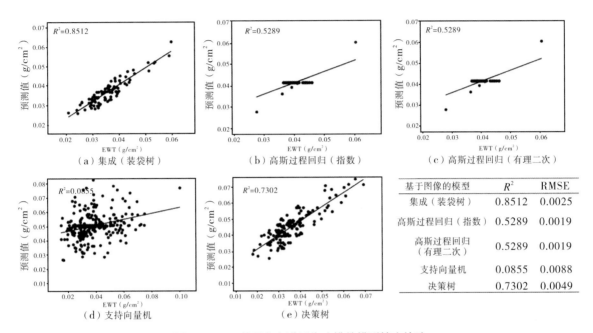

图 8-2-16 基于多光谱图像建模的模型精度检验

（二）棉花冠层叶片含氮量的反演

1. 不同氮素处理下棉花冠层叶片含氮量变化

由图 8-2-17 可以看出，施氮量充足的三个处理在盛花期之前处于上升的趋势，盛花期之后开始下降。而施氮量不足的三个处理自蕾期之后叶片含氮量始终在下降。棉花冠层叶片含氮量与施氮量具有很高的相关性。在第一次差异化施氮后所有小区测量样本的冠层叶片含氮量已经出现了较小的差异，两次灌溉后，棉花逐渐从蕾期进入初花期，1.5×N、1×N 和 CK 三个处理的冠层叶片含氮量均有所上升，随后与其他三个处理一同下降。0×N 处理冠层叶片含氮量在同时期一直处于较低的水平。

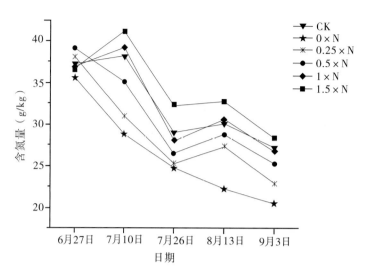

图 8-2-17　不同施氮量处理下棉花冠层叶片含氮量随时间的变化

2.基于高光谱数据下棉花叶片含氮量的反演

在不同施氮量水平处理的基础下，对采集的不同生育时期棉花冠层叶片高光谱数据与叶片含氮量进行简单相关性的分析，如图 8-2-18 所示。皮尔逊相关系数和 R^2 在简单的线性拟合下，在绿光和红边两个波段处出现峰值，表明这两个波段与冠层叶片含氮量具有较好的相关性。

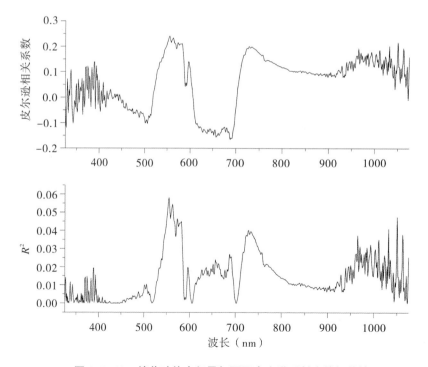

图 8-2-18　棉花叶片含氮量与冠层高光谱反射率的相关性

为了与多光谱图像相结合，本研究使用多种机器学习的方法对绿光、红光、红边和近红外 4

个波段与叶片含氮量进行建模，以期达到更好的拟合效果。

通过多种建模方法建模，得到表 8-2-3 所示的结果。使用指数核函数和有理二次核函数的高斯过程回归模型在预测性能上相比其他模型更加优异，在与 4 个波段建模的情况下，R^2 均为 0.900；在与全波段高光谱建模的情况下，R^2 分别为 0.900 和 0.920。综合来看，对于叶片含氮量的建模而言，使用全波段（325 ～ 1075 nm）的高光谱数据建模相比使用所选的 4 个波段建模其模型精度更高。在所选的 5 种机器学习模型中，除精细树之外的 4 个模型都表现出这一特点。但是，为了更好地将模型与多光谱图像相结合，还需选用与图像相同的 4 个波段建模后的模型进行进一步处理。

表 8-2-3　高光谱不同建模方法效果

机器学习模型	精度	4 波段建模	全波段建模
支持向量机（精细高斯）	R^2	0.650	0.830
	RMSE	3.902	2.682
决策树	R^2	0.590	0.530
	RMSE	4.215	4.519
集成（装袋树）	R^2	0.670	0.770
	RMSE	3.767	3.137
高斯过程回归（指数）	R^2	0.900	0.900
	RMSE	2.087	2.076
高斯过程回归（有理二次）	R^2	0.900	0.920
	RMSE	2.036	1.818

建模后将模型应用于不同时期的多光谱图像，如图 8-2-19 所示，不同模型反演出的棉田冠层叶片含氮量有所不同。图中色彩为反演所得的叶片含氮量值，具体值对应图例而视。图中以 1.5×N 和 1×N（即 1.5 倍常规施氮和 1 倍常规施氮）两个小区的边界为例，从图像来看，仅 8 月 13 日的结果出现差异，其余时期的预测结果均无法表现出小区的差异，但整体准确率需进一步检验。

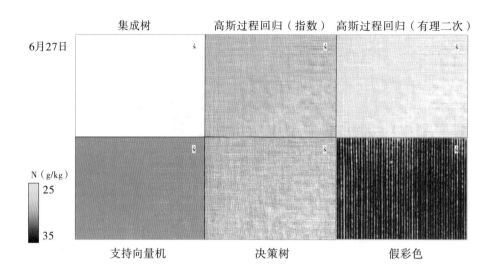

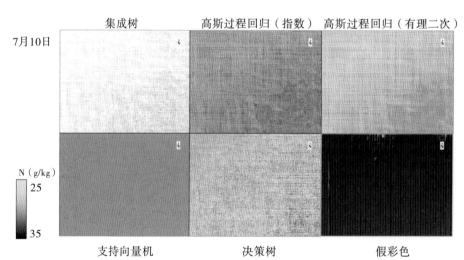

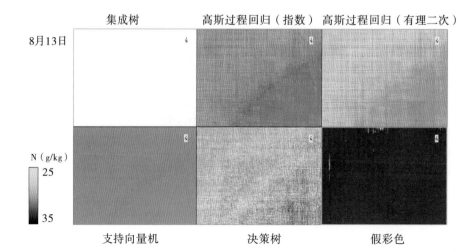

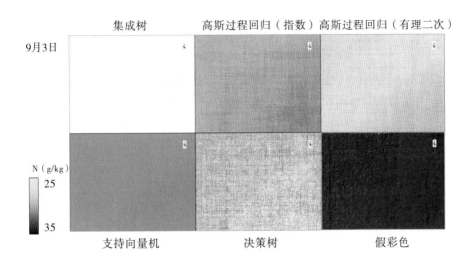

图 8-2-19　基于高光谱数据建模的不同时期棉花冠层叶片含氮量反演

3. 基于多光谱图像下棉花反射率对叶片含氮量的反演

将采样点坐标导入经过地理位置信息校正后的多光谱图像中，并按照坐标点提取出对应位置的反射率值，使用不同生育时期多光谱图像中提取的反射率与对应的冠层叶片含氮量进行建模，同样使用 5 种机器学习的方法进行，结果见表 8-2-4。使用指数核函数和有理二次核函数的高斯过程回归模型 R^2 均达到了 1.00，明显存在过拟合的情况；而决策树模型 R^2 为 0.9800；集成树模型 R^2 为 0.9500；支持向量机模型 R^2 也达到了 0.8600。

表 8-2-4　多光谱不同建模方法效果

机器学习模型	精度	多光谱图像反射率建模
支持向量机（精细高斯）	R^2	0.8600
	RMSE	2.4980
决策树	R^2	0.9800
	RMSE	1.7960
集成（装袋树）	R^2	0.9500
	RMSE	1.5580
高斯过程回归（指数）	R^2	1.0000
	RMSE	0.0001
高斯过程回归（有理二次）	R^2	1.0000
	RMSE	0.0001

建模后将模型应用于不同时期的多光谱图像，如图 8-2-20 所示。不同模型反演出的棉田冠层叶片含氮量有所不同。图中色彩为反演所得的叶片含氮量值，具体值对应图例而视。图中以 1.5×N 和 1×N（即 1.5 倍常规施氮量和 1 倍常规施氮量）两个小区的边界为例，集成树与决策树的反演结果在 8 月 13 日和 9 月 3 日有着相对明显的效果，但整体的反演精度仍需进一步评价。

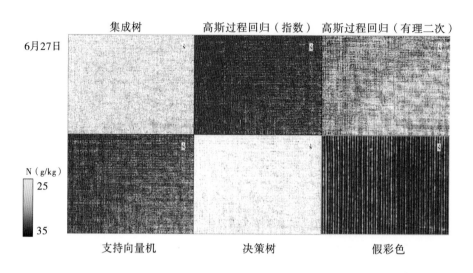

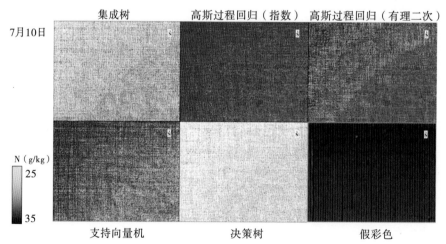

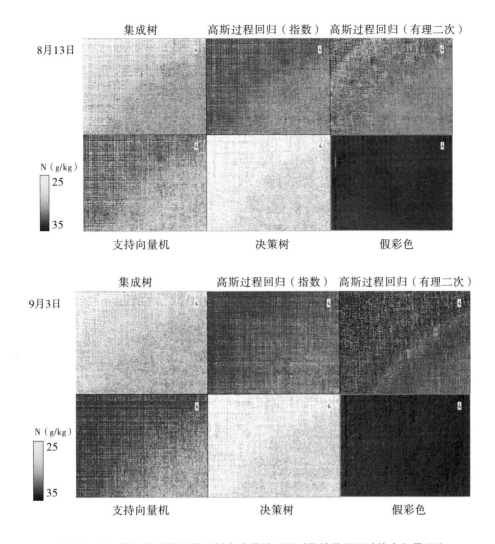

图 8-2-20　基于多光谱图像反射率建模的不同时期棉花冠层叶片含氮量反演

4. 基于坐标点的精度检验

基于坐标点导出各模型的反演结果，并对实测值与预测值做相关性分析。如图 8-2-21 所示，基于高光谱建模的不同模型的反演结果有很大差异。根据 R^2 的结果来看，使用指数核函数和有理二次核函数的高斯过程回归模型 R^2 分别为 0.7917 和 0.8378，可以认为这两种模型在不同时期棉花冠层叶片含氮量的反演上均具有较好的效果；而集成树、决策树和支持向量机 3 种模型在基于高光谱数据的棉花冠层叶片含氮量反演上与观测值均具有较差的相关性，即不具备相关性。

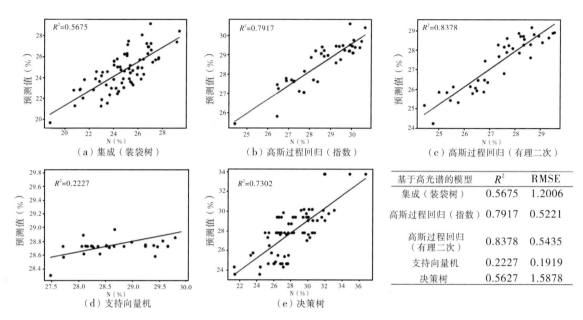

图 8-2-21　基于高光谱建模的模型精度检验

在图 8-2-22 中，详细展示了基于多光谱图像提取的反射率进行建模的模型精度。可以看出，这种建模方式对集成树和决策树具有更好的反演效果，但反演精度仍然不高，R^2 在集成树和决策树模型上分别达到 0.9218 和 0.9563，使用指数核函数和有理二次核函数的高斯过程回归模型 R^2 分别达到了 0.8175 和 0.8394，支持向量机模型的 R^2 也达到了 0.8540。所选的 5 种机器学习模型对于多光谱图像提取的反射率与含氮量均具有较好的建模效果。

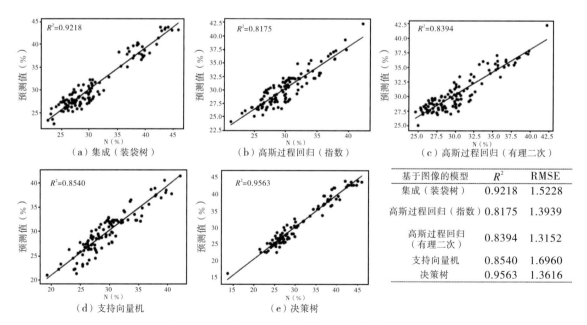

图 8-2-22　基于多光谱图像建模的模型精度检验

参考文献

［1］ 黄敬易.基于无人机遥感的棉花水肥监测研究［D］.广州：华南农业大学，2019.

［2］ 张雷，唐明星，张国伟，等.基于棉花功能叶高光谱参数的土壤电导率监测模拟［J］.应用生态学报，2012，23（3）：710-716.

［3］ 杨炜光.基于多源光谱信息的棉花水、氮监测模型研究［D］.广州：华南农业大学，2020.

［4］ 李鹏程，董合林，刘爱忠，等.施氮量对棉花功能叶片生理特性、氮素利用效率及产量的影响［J］.植物营养与肥料学报，2015，21（1）：81-91.

［5］ 张雷，张国伟，孟亚利，等.盐分条件下棉花相关生理特性的变化及水分胁迫指数模型的构建［J］.中国农业科学，2013，46（18）：3768-3775.

［6］ 刘海涛，伊丽丽，兰玉彬，等.机器视觉在棉花智能打顶领域的应用研究进展［J］.中国农机化学报，2021，42（6）：159-165.

［7］ 闫春雨，赵静，兰玉彬，等.面向对象和多分类器的棉花出苗信息快速提取方法［J］，山东理工大学学报（自然科学版），2021，35（3）：55-59.

［8］ 马艳，任相亮，蒙艳华，等.无人植保机在新疆棉田喷施脱叶剂测试结果评述［J］.中国棉花，2016，43（12）：16-20.

［9］ ZHENG H B，ZHOU X，CHENG T，et al. Evaluation of a UAV-based hyperspectral frame camera for monitoring the leaf nitrogen concentration in rice［C］//IEEE International Geoscience and Remote Sensing Symposium，2016（3）.

［10］ XU W C，CHEN P C，ZHAN Y L，et al. Cotton yield estimation model based on machine learning using time series UAV remote sensing data［J］. International Journal of Applied Earth Observations and Geoinformation，2021，104（5）：102511.

［11］ ZHAO J，PAN F J，LI Z M，et al. Detection of cotton waterlogging stress based on hyperspectral images and convolutional neural network［J］，International Journal of Agricultural and Biological Engineering，2021，14（2）：167-174.

［12］ XU W C，YANG W G，CHEN S D，et al. Establishing a model to predict the single boll weight of cotton in northern Xinjiang by using high resolution UAV remote sensing data［J］. Computers and Electronics in Agriculture，2020，179：105762.

［13］ YANG W G，XU W C，WU C S，et al. Cotton hail disaster classification based on drone multispectral images at the flowering and boll stage［J］. Computers and Electronics in Agriculture，2021，180：105866.

［14］ KONG H，YI L L，LAN Y B，et al. Exploring the operation mode of spraying cotton defoliation agent by plant protection UAV［J］. International Journal of Precision Agricultural，2020，3（1）：43–48.

［15］YI L L，LAN Y B，KONG H，et al. Exploring the potential of UAV imagery for variable rate spraying in cotton defoliation application［J］.International Journal of Precision Agricultural Aviation，2019.2（1）：42–45.

［16］HUANG H S，DENG J Z，LAN Y B，et al. A two-stage classification approach for the detection of spider mite- infested cotton using UAV multispectral imagery［J］. Remote Sensing Letters. 2018，9（10）：933–941.

第九章

经典应用方向之
棉花选育与估产

第一节　基于高分辨率无人机遥感数据的北疆棉花单铃重预测模型建立

一、案例简介

2019 年 9 月 30 日至 10 月 4 日，华南农业大学国家精准农业航空施药技术国际联合研究中心团队成员在新疆开展了基于高分辨率无人机遥感数据的采集试验。本试验采集分布在北疆地区昌吉、石河子以及沙湾地区的共 29 块棉田在花铃期及吐絮期的遥感数据，并在每块棉田选取 5 个半径为 1 m 的圆形区域作为地面调查区域采集棉桃样本，通过多时相无人机高分辨率可见光遥感数据建立棉花单铃重预测模型，利用全卷积网络作为模型的因变量，对遥感影像下吐絮期阶段棉桃进行识别和提取。本研究提出了一种能够大面积对棉花单铃重进行预测的方法，为棉花产量预测和育种筛选提供了一种新的思路。

二、材料与方法

（一）研究区域

为保证建立的模型具有较好的适用性，并综合考虑北疆棉区产棉大县和兵团团场分布情况，本试验在 3 个不同的区域共选取了 29 块棉田，棉田分别位于新疆维吾尔自治区的昌吉、石河子和沙湾地区，总面积达 2166666 m^2，位置分布如图 9-1-1 所示。

北疆棉区位于天山以北的冲积平原，是中国最北部的棉区。试验区域的棉花品种为"中棉所 109 号"及"新陆早 57 号"，密度为每亩 14000 株，于 2019 年 4 月 23 至 25 日播种。

图 9-1-1　沙湾（左）、石河子（中）、昌吉（右）试验区分布

（二）棉桃抽样

每块棉田设置有 5 个半径为 1 m 的圆形采样区，如图 9-1-2（a）所示。在采样区内选择 5 株样本，每株采集上、中、下区域各 1 颗棉桃作为样本，如图 9-1-2（b）所示。棉桃采集完成后，使用透气的纱网袋装，并使用手持 RTK 记录中心点的经纬度，如图 9-1-2（c）所示。

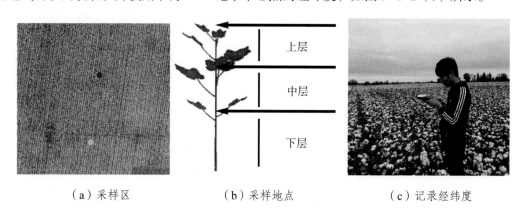

（a）采样区　　　　　　（b）采样地点　　　　　　（c）记录经纬度

图 9-1-2　采样区域及采集情况示意图

棉桃样本的采集工作在 2019 年 9 月 30 日至 10 月 4 日内完成，此时棉桃基本已经完全吐絮。为防止棉桃中残留的水分对单铃重的测量产生影响，所有样本采集完成后先在通风、干燥的环境中晾晒 5 天，随后使用精度为 0.01 g 的电子秤测量每个样品的单铃重并做记录。一组数据中的 3 个值表示给定地区上、中、下 3 层单铃重的平均值。将同一地区 5 株棉花同一层提取的棉桃的重量取平均值。试验共采集有效棉桃总数为 2025 个。图 9-1-3 为采集样品单铃重统计图。

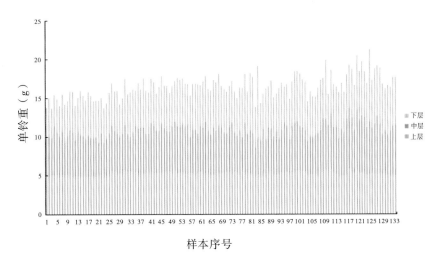

图 9-1-3　采集样品单铃重统计图

（三）遥感数据采集

本试验采集了花铃期和吐絮期两个阶段的遥感数据。数据采集使用的大疆精灵 4 RTK 是一款小型多旋翼高精度航测无人机，如图 9-1-4 所示。

图 9-1-4　大疆精灵 4 RTK

无人机在采集数据时，飞行高度为 110 m，地面分辨率为 3 cm，航向重叠率以及轴向重叠率均为 70%。为提高拍摄效率，无人机在拍摄照片时并不会悬停，此时足够高的快门速度是画面成像清晰的关键。飞行时全程使用 A 档（光圈优先）拍摄，将光圈 F 设置为最大值 1/2.8，以保证足够的进光量。同时尽量提高快门速度以保证画面拍摄得足够清晰。相机搭载的三轴稳定云台保证了四轴飞行器在前进时俯仰角的变化对镜头朝向带来尽可能少的影响。所有数据采集完成后，上传至图形工作站，使用 PIX4Dmapper 进行拼接处理后生成全景图。棉花主要生长期和遥感影像采集时期的数据见表 9-1-1。

表 9-1-1　棉花各主要生长期的数据和遥感影像采集时间

生长期	时间范围	采集时间
出苗期	4 月中下旬	未采集
苗期	5 月初～6 月初	未采集
蕾期	6 月初～7 月初	未采集
花铃期	7 月初～8 月底	2019 年 8 月 19～21 日
吐絮期	9 月～11 月	2019 年 10 月 2～4 日

三、数据处理

（一）数据融合

由于数据采集时间不同，两期遥感影像之间必然会存在一定的误差。若要将两幅图像在同一坐标系下显示，首先需要进行图像配准。图像配准是指对同一场景从不同视角或不同时间，使用相同或不同的传感器拍摄的有重叠区域的图像进行几何校准的过程。本次试验以吐絮期图像作为基准图像，对花铃期图像进行校正。试验使用的计算模型为多项式模型，这是一种对遥感图像进行几何校正的常用方法，它与传感器的具体类型无关，不需要知道传感器成像时的具体位置以及姿态角的变化。多项式方程可以用来描述任何一个曲面。遥感影像校正前后相应的像元之间坐标转换关系也同样可以用多项式来描述，其公式为

$$\begin{cases} x = \sum_{i=0}^{N} \sum_{j=0}^{N-i} a_{ij} u^{i} v^{i} \\ y = \sum_{i=0}^{N} \sum_{j=0}^{N-i} b_{ij} u^{i} v^{i} \end{cases} \tag{9.1.1}$$

式中，x、y 为待修正图像上对应图像点的坐标；u 和 v 表示该点在参考图像上的坐标；a_{ij}、b_{ij} 为最小二乘法得到的多项式系数；N 为多项式系数的个数，它与多项式阶数 n 之间的关系为

$$N = \frac{(n+1)(n+2)}{2} \tag{9.1.2}$$

从上式可得，一阶、二阶、三阶二维多项式模型系数个数分别为 3、6、10。多项式模型的阶数一般不大于 3。然而，使用高阶多项式模型不仅导致系数数目的增加，大大增加了计算需求，还增加了模型参数的相关性，降低了校正精度。几何校正精度与多项式阶数之间不存在绝对关系。

本次试验采用的是二阶多项式。在两幅图像中寻找特征明显的同名控制点，例如墙角、房屋拐角、电线杆等利于标记的地物，在控制点达到 6 个时就可以计算出多项式系数。控制点大于 6 个时，多项式系数可使用最小二乘法求得。使用公式（9.1.3）计算出误差。随着控制点的增加，误差会逐渐减小，当误差小于一个像素时，图像的配准过程完成。由于 RTK 本身精度十分高，因此只需要少量几个控制点就可以达到效果。

$$RMSE_{error}=\sqrt{(v-x)^2+(u-y)^2} \qquad (9.1.3)$$

配准效果如图 9-1-5 所示，左半边为花蕾期数据，右半边为吐絮期数据，可以看出两张图像地点是完全重叠的。

图 9-1-5　图像配准效果

（二）棉桃提取

试验选用全卷积网络（FCN）作为棉桃提取的方法。FCN-8s 模型在反卷积过程中结合了多个低层特征，较 FCN-32s、FCN-16s 模型使用了更多细节和语义信息，结果也优于这两种模型，故本研究选择 FCN-8s 为分类模型。试验中，从所有图像中分别提取 500 和 100 个样本作为训练集和验证集。每两个阶段的训练结束后，使用验证集来确保模型训练的参数是合适的。标记完成后，如图 9-1-6 所示，将样本送入全卷积网络对模型进行训练。

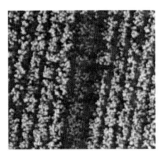

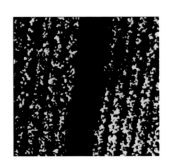

原始图像　　　　　　　　手动选择棉桃　　　　　　　　标签

图 9-1-6　原始图像手动选择棉桃标签的过程

为节约训练时间，使用了预训练过的 VGG-16 模型作为起点。在 NVIDIA GeForce RTX 2060 显卡上训练了 2000 次，总训练时间为 12 h。FCN 的损失函数是图像中每个像素 Softmax 之和。使用 TensorBoard 生成的图表明，损失函数趋于收敛，如图 9-1-7（a）所示；分类准确率不断提高，如图 9-1-7（b）所示。分割效果如图 9-1-8 所示。FCN 的输出是一个二维数组，可以将其可视化为图像，图像中每个像素点的灰度值表示当前像素属于棉桃的概率。

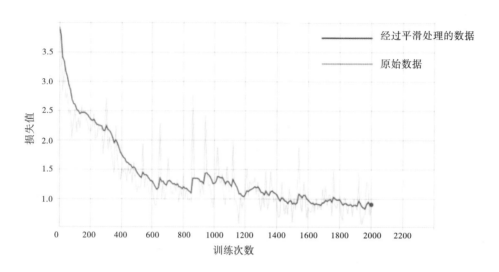

（a）损失函数（对数据进行平滑处理以更好地可视化整体趋势）

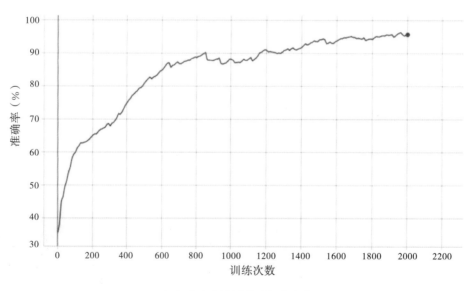

（b）准确度随训练时间的变化

图 9-1-7　可视化训练过程

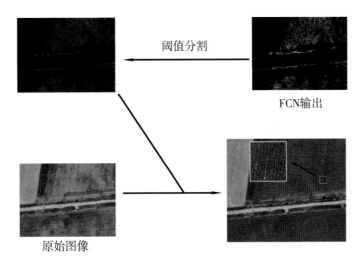

图 9-1-8　FCN 棉桃提取分割效果

本试验选取混淆矩阵来进行精度评估工作，随机选取 500 个检查点作为测试集，建立昌吉试验区的混淆矩阵，见表 9-1-2。

表 9-1-2　混淆矩阵

分类	吐絮棉桃	其他物体	样本总量	用户精度
吐絮棉桃	329 个	16 个	345 个	95.36%
其他物体	22 个	133 个	155 个	85.51%
样本总量	351 个	149 个		
生产者精度	93.73%	89.26%		

根据表 9-1-2 的数据，由公式（9.1.4）可以得出总体精度为 92.40%，其中，n 表示分类正确的样本数量；N 表示样本总量。根据公式（9.1.5）可以得到 Kappa 系数为 0.8204，其中，p_o 表示总体精度；p_c 表示偶然性一致的像元比例。从结果可以看出，该分类结果与实际情况具有高度的一致性。

$$p_o = \frac{n}{N} \tag{9.1.4}$$

$$k = \frac{p_o - p_c}{1 - p_c} \tag{9.1.5}$$

（三）参数计算

根据高分辨率可见光图像所含有的特征，本试验预选用于建模的参数见表 9-1-3。公式中 R、G、B 分别表示遥感数据中红、绿、蓝三个通道的亮度值。吐絮棉桃的百分比可以从一定程度上反映棉桃密度。可见光波段差异被指数（VDVI）是一种用于可见光遥感影像的植被指数，它不需要近红外波段就可以很好地区分植被与非植被。RGB 均值可以反映出该区域的亮度。

表 9-1-3　建模参数

分类	计算方法	范围
吐絮棉桃像素百分比	$\dfrac{\text{吐絮棉桃像素}}{\text{样本区总像素}} \times 100\%$	$[0, 1]$
花铃期 VDVI	$\dfrac{2G-R-B}{2G+R+B}$	$[-1, 1]$
吐絮期 VDVI	$\dfrac{2G-R-B}{2G+R+B}$	$[-1, 1]$
RGB 均值	$\dfrac{G+R+B}{3}$	$[0, 255]$

参数计算在 ENVI 5.5 中完成，所有参数所计算的数值均为采样区域（半径为 1m 的圆形区域）内的平均值。

（四）相关性分析

相关分析是研究两个或两个以上处于同等地位的随机变量间的相关关系的统计分析方法。将试验中描述的 4 个参数（吐絮棉桃像素百分比、花铃期 VDVI、吐絮期 VDVI、RGB 均值）分别考虑上、中、下三层棉桃的单铃重，进行线性回归，得到了 12 个回归方程及相关系数，如图 9-1-9 所示。对比后可以发现，只有吐絮棉桃像素百分比和花铃期 VDVI 与单铃重的相关性较强，R^2 分别为 0.2498 和 0.7752。R^2 小于 0.1 的因子被认为不适合建模预测。

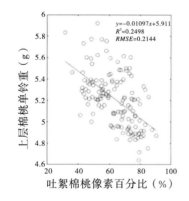
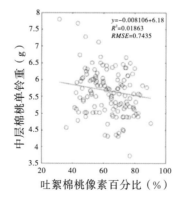
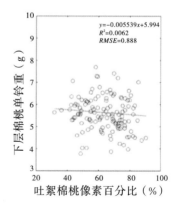

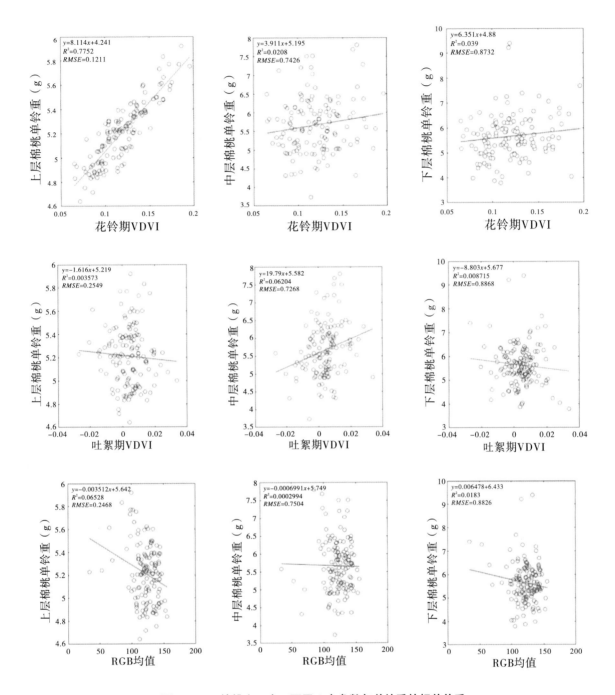

图 9-1-9　棉桃上、中、下层 4 个参数与单铃重的相关关系

四、模型构建

选择吐絮棉桃像素百分比和花铃期 VDVI 这两个参数对上层棉桃的单铃重建立预测模型，分别采用传统的线性回归方法和神经网络拟合法。

（一）线性回归建模

交叉验证是在数据不足的情况下执行的。由于所有的样本都是人工采集和测量的，所以样本总数不够大，因此需进行 k 折交叉验证，如图 9-1-10 所示。k 等于 10，选取 80% 的样本进行建模，重复 10 次，以 R^2 的平均值作为评价标准。

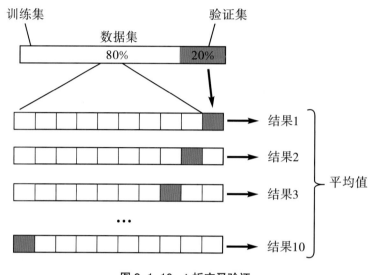

图 9-1-10　k 折交叉验证

使用 k 折交叉验证建立 10 个模型，如图 9-1-11 所示。每次从 135 个样本中随机抽取 108 个样本用于建模，其余样本用于验证，重复 10 次。样本的随机抽取工作以及线性回归模型参数计算在 MATLAB 中完成。经传统最小二乘线性回归交叉验证后，R^2 均值为 0.8162。

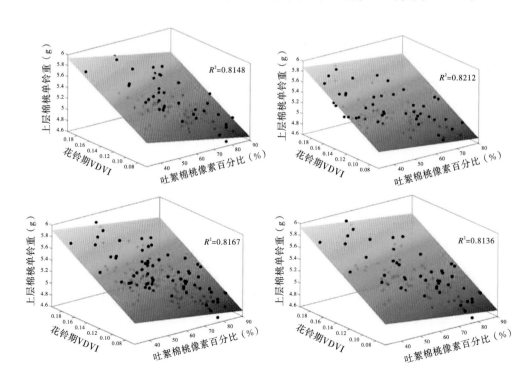

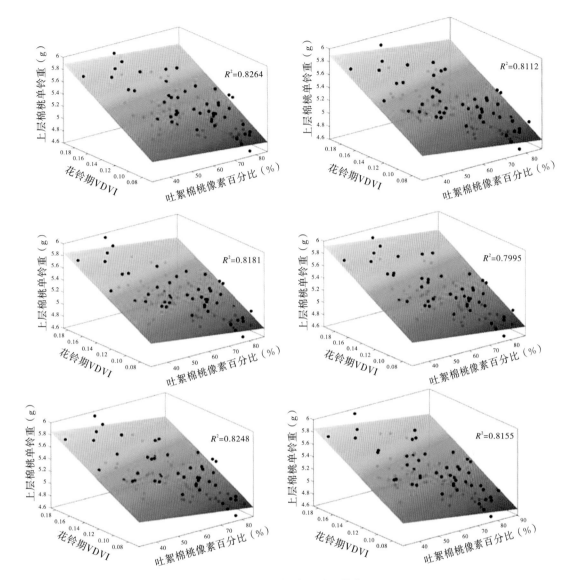

图 9-1-11　*k* 折交叉验证散点图

（二）BP 神经网络建模

本试验使用的神经网络结构如图 9-1-12 所示，使用了 10 个隐藏的神经元。

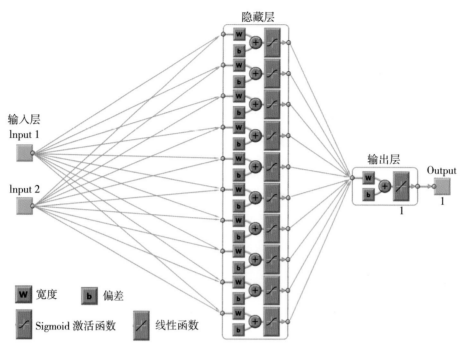

图 9-1-12　BP 神经网络结构

贝叶斯正则化 BP 神经网络交叉验证训练结果如图 9-1-13 所示。X 轴和 Y 轴分别表示单铃重的预测值和实际值。经过神经网络建模交叉验证后，R^2 的平均值为 0.8170。

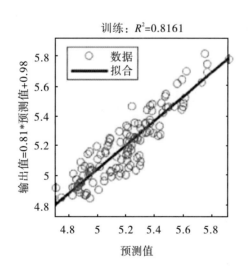

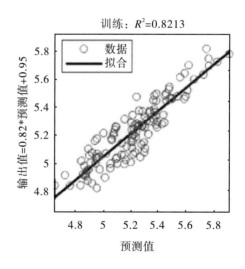

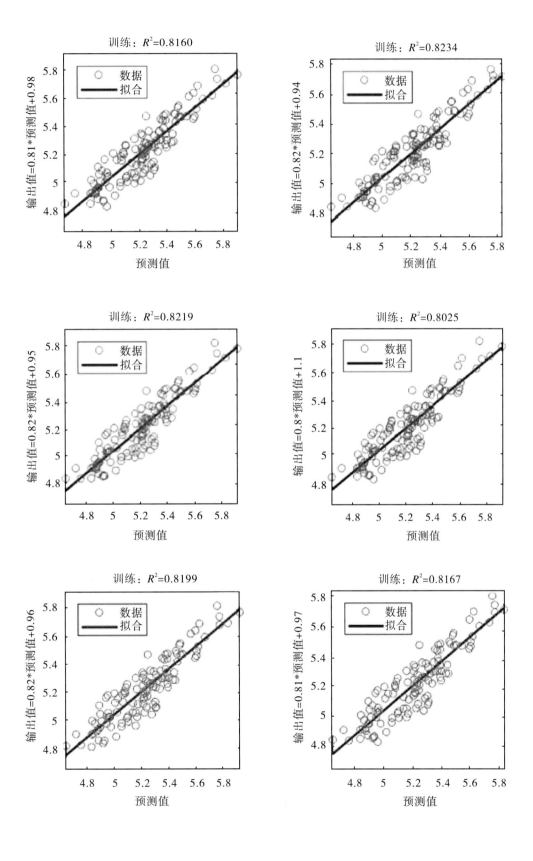

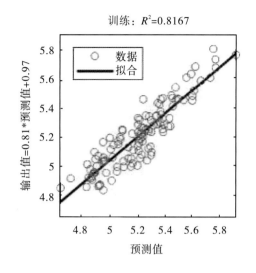

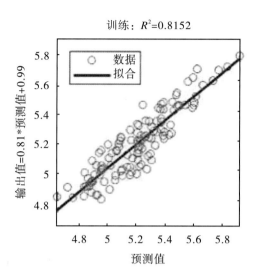

图 9-1-13　使用神经网络进行 10 次训练的结果

五、结果与分析

通过传统最小二乘法线性回归交叉验证所得 R^2 均值为 0.8162，通过神经网络建模交叉验证所得 R^2 均值为 0.8170，可以看出两种预测模型相关度几乎一致。虽然神经网络预测结果略高，但会增加运算工作，遥感影像的数据量在一般情况下都较为庞大，加之本次研究的样本数量有限，因此，在精度差异较小的情况下，最好进行线性回归。最终所建模型及残差图如图 9-1-14 所示，R^2 为 0.8167。拟合平面公式为

$$z=4.627-0.004501x+7.282y \tag{9.1.6}$$

式中，x 表示吐絮棉桃像素所占百分比；y 表示花铃期 VDVI；z 表示上层棉桃单铃重。

本试验通过最小二乘法线性回归及 BP 神经网络两种方法建立了预测模型，并进行了 k 折交叉验证。模型解释了棉桃的单铃重与区域内的棉桃密度（$R^2=0.2498$）和花铃期的 VDVI（$R^2=0.7752$）均具有相关关系；最小二乘线性回归（$R^2=0.8162$）与 BP 神经网络（$R^2=0.8170$）结果基本一致。试验结果表明，该地区的棉桃吐絮百分比数和花铃期的 VDVI 与上层棉桃单铃重存在高度相关性。

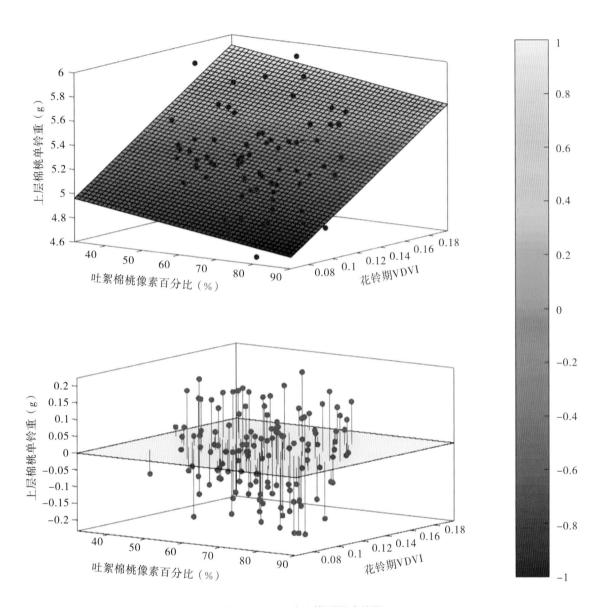

图 9-1-14 建立模型及残差图

第二节 基于时间序列无人机遥感数据的棉花估产模型

一、案例简介

2020 年 8 月 8 日至 11 月 12 日，华南农业大学国家精准农业航空施药技术国际联合研究中心团队成员在山东滨州市无棣县柳堡镇常北村开展了基于机器学习的时间序列无人机遥感数据棉花产量估计模型的研究。

本研究建立了一个基于时间序列无人机遥感数据的棉花估产模型，利用 U–Net 语义分割网络对高分辨率可见光影像中的吐絮棉桃进行了识别提取，根据提取的结果计算出吐絮棉桃像元的覆盖率，结合多光谱影像计算光谱指数，利用贝叶斯正则化 BP 神经网络对棉花产量进行预测。为了简化模型输入参数，使用逐步敏感性分析法剔除冗余变量，得到最优的输入特征集。本研究希望提供一种能够同时满足大规模、小尺度对棉花产量进行预测的方法，给棉花的测产、品质选育工作提供一种新的思路。

二、材料与方法

（一）研究试验区域

本研究的试验区域位于山东省滨州市无棣县柳堡镇常北村，属于黄河流域棉区。试验田总面积约为 92 亩，本试验选取了 A、B、C、D 4 个地块进行试验，如图 9-2-1 所示。试验区域种植的棉花品种为"鲁棉 532"，种植密度为每亩 7000 株。

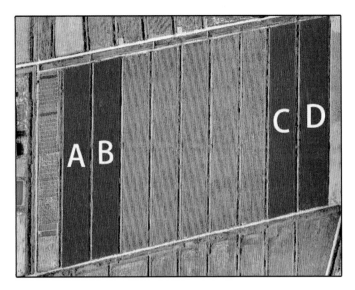

图 9-2-1 试验场地位置（红色区域为试验区域）

（二）棉样采集

试验共设置了 150 个采样区，分布在 A、B、C、D 4 个田块中。每个调查点为 90 cm×90 cm 的正方形区域，如图 9-2-2（a）所示。使用铁丝框确定区域边界，并在区域中心使用白布做标记，以便于能在遥感图像中准确地找到采样区域，采样区域如图 9-2-2（b）所示。样本的采集工作在 2020 年 10 月 12 日人工收集完成，如图 9-2-2（c）所示，此时棉花已经完全吐絮。所有样本采集完成后，使用小型的锯齿轧棉机轧棉，如图 9-2-2（d）所示，然后在通风、干燥的环境下晾晒 5 天。取同一采样区内所有棉花的棉絮经过轧棉后取得的皮棉作为一个样本，对每个样本称重后进行统计。图 9-2-3 为各采样区产量统计。

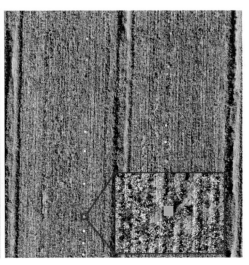

（a）采样用边框

（b）采样区域示例

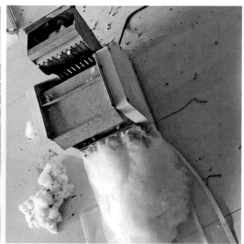

（c）样本数据收集　　　　　　　　　　（d）轧棉

图9-2-2　样本采集和处理

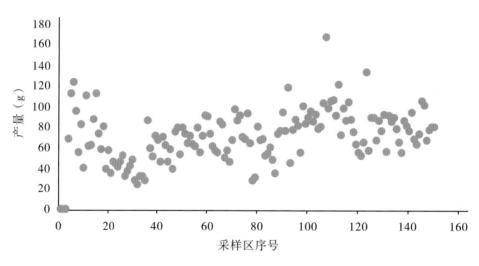

图9-2-3　各采样区域产量

（三）遥感数据采集

数据采集使用大疆精灵4 RTK拍摄可见光数据，大疆精灵4 Multispectral拍摄多光谱数据，如图9-2-4所示。两架无人机的性能参数及采集数据时的飞行参数见表9-2-1。两台设备均具备厘米级导航定位系统和高性能成像系统，且集成了RTK模块，拥有强大的抗磁干扰能力与精准定位能力，支持连接D-RTK 2高精度GNSS移动站，并可通过无线网卡或Wi-Fi热点与NTRIP连接。飞行器持续记录卫星原始观测值、相机曝光文件等数据。在作业完成后，用户可直接通过大疆云PPK服务计算出高精度位置信息。机械快门支持高速飞行拍摄，可以有效避免果冻效应引起的制图精度降低。在晴天环境、风速小于4 m/s、飞行高度100 m、地面采样距离2.74 cm、航向重叠率80%、旁向重叠率70%的情况下：

$$P_1=1\text{cm}+1\text{ppm}（\text{RMS}）\tag{9.2.1}$$

$$P_2=1.5\text{cm}+1\text{ppm}（\text{RMS}）\tag{9.2.2}$$

公式（9.2.1）和公式（9.2.2）分别表示无人机在飞行时的水平定位精度和垂直定位精度，*ppm* 表示无人机每移动 1 km 误差增加 1 mm。

表 9-2-1　遥感数据采集设备的参数

参数	大疆精灵 4 RTK	大疆精灵 4 Multispectral
CMOS 传感器分辨率	2000 万像素	200 万像素
视野	84°	62.7°
飞行高度	100m	100m
地面采样距离	2.74 cm	5.29 cm
成像波段	可见光	R：650 nm；G：560 nm；B：450 nm；RE：730 nm；NIR：840 nm

注：R 指红光波段，G 指绿光波段，B 指蓝光波段，RE 指红边波段，NIR 指近红外波段。

为提高拍摄效率，无人机在拍摄照片时不会悬停，此时足够高的快门速度是画面成像清晰的关键。飞行时全程使用 A 档（光圈优先）拍摄，将光圈 F 设置为最大值以保证足够的进光量，同时尽量提高快门速度以保证拍摄的画面足够清晰。相机搭载的三轴稳定云台保证了无人机在前进时俯仰角的变化不会对镜头朝向带来影响。所有数据采集完成后上传至图形工作站，使用 PIX4Dmapper 进行拼接处理并计算反射率，生成正射全景图及数字表面模型。

（a）大疆精灵 4 RTK　　　　　　　（b）大疆精灵 4 Multispectral

图 9-2-4　使用大疆精灵 4 RTK 和大疆精灵 4 Multispectral 采集数据

数据采集从 8 月 8 日开始，到 10 月 12 日结束，覆盖花蕾期到吐絮期，共采集了 13 期数据。

为防止云层运动造成每张照片的曝光程度不一致从而对拼接的图像造成影响，数据采集均选择在天空晴朗无云时进行。

三、数据处理

（一）时间序列数据融合参数计算

不同时期、不同传感器采集的遥感影像之间必然会存在一定的误差，若要在同一坐标系下显示两幅图像，首先需要进行图像配准，这一环节是大多数遥感图像处理和分析（如图像拼接、图像融合和时间序列分析）的精度保证。图像配准是指对同一场景从不同视角或不同时间，使用相同或不同的传感器拍摄的有重叠区域的图像进行几何校准的过程。使用的计算模型为多项式模型。这是一种对遥感图像进行几何校正时的常用方法，它与传感器的具体类型无关，不需要知道传感器成像时的具体位置以及姿态角的变化。多项式方程可以用来描述任何一个曲面。遥感影像校正前后，相应的像元之间坐标转换关系也必然可以用多项式来描述，其公式为

$$\begin{cases} x = \sum_{i=0}^{N} \sum_{j=0}^{N-i} a_{ij} u^i v^i \\ y = \sum_{i=0}^{N} \sum_{j=0}^{N-i} b_{ij} u^i v^i \end{cases} \quad (9.2.3)$$

式中，a_{ij}、b_{ij} 为多项式系数；N 为多项式系数的个数，它与多项式阶数 n 之间的关系公式为

$$N = \frac{(n+1)(n+2)}{2} \quad (9.2.4)$$

从上式可得，一阶、二阶、三阶二维多项式模型系数个数分别为 3、6、10。多项式模型的阶数一般不大于三阶。高阶多项式模型不但会使计算系数个数增加，使计算量迅速增加，而且会使模型参数相关性增大、模型精度降低，且几何校正精度与多项式阶数之间无绝对联系。

本次试验采用的是二阶多项式。在两幅图像中寻找特征明显的同名控制点，例如墙角、房屋拐角、电线杆等利于标记的地物，在控制点达到 6 个时就可以计算出多项式系数，控制点大于 6 个时多项式系数使用最小二乘法求得。使用公式（9.2.5）计算出误差，随着控制点的增加，误差会逐渐减小，当误差小于 1 个像素时，图像的配准过程完成。由于设备具有 RTK 差分定位，可以达到厘米级的精度，因此只需要少量几个控制点就可以完成图像配准。

$$\mathrm{RMSE}_{\mathrm{error}} = \sqrt{(v-x)^2 + (u-y)^2} \quad (9.2.5)$$

配准后，不同时期的遥感影像在同一坐标系下显示效果如图 9-2-5 所示。

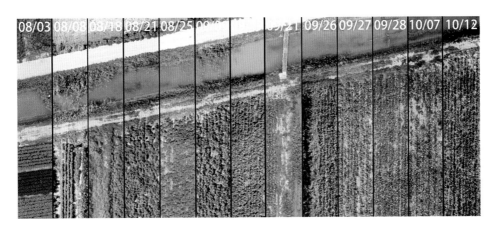

图 9-2-5　不同时期图像配准效果示意图

（二）植被指数的计算

作物的光谱特征是由作物的生理特征引起的对光的吸收、透射和反射的变化，而作物的生理特征又相应反映了作物的长势状况，因此光谱指数与作物的产量具有一定的相关性。本研究选用了一些已经被广泛应用于产量预测的植被指数，见表 9-2-2。

表 9-2-2　本研究中用于产量预测的植被指数

指数名称		公式
RGB 图像使用的植被指数	可见光波段差异植被指数（VDVI）	$VDVI=\dfrac{2G-R-B}{2G+R+B}$
	标准化绿红差异指数（NGRDI）	$NGRDI=\dfrac{G-R}{G+R}$
	可见大气阻力指数（VARI）	$VARI=\dfrac{G-R}{G+R-B}$
	超绿指数（ExG）	$ExG=2G-R-B$
多光谱图像使用的植被指数	差分光谱指数（DSI）	$DSI=NIR-R$
	比值光谱指数（RSI）	$RSI=\dfrac{NIR}{R}$
	归一化差分植被指数（NDVI）	$NDVI=\dfrac{NIR-R}{NIR+R}$
	红边叶绿素指数（CIre）	$CIre=\dfrac{NIR}{RE}-1$
	MERIS 陆地叶绿素指数（MTCI）	$MTCI=\dfrac{NIR-RE}{RE+R}$
	增强植被指数（EVI）	$EVI=\dfrac{2.5(NIR-R)}{NIR+R+1}$
	优化土壤调节植被指数（OSAVI）	$OSAVI=\dfrac{1.16(NIR-R)}{NIR+R+0.16}$

（三）棉桃识别分割

本研究所使用的 ENVI 深度学习模块是 Esri 公司基于 TensorFlowTM 深度学习框架开发的，所使用的网络模型 ENVINet-5 是基于 U-NET 模型所开发的工具。U-NET 模型是一种基于编码器 – 解码器架构的模型，可以实现像素级语义分割，网络结构如图 9-2-6 所示。其最大的优势是可以结合 ENVI 软件强大的遥感影像处理功能，在不使用代码的情况下构建训练样本和神经网络，极大地方便了非深度学习领域的研究人员利用深度学习方法对遥感影像进行处理。

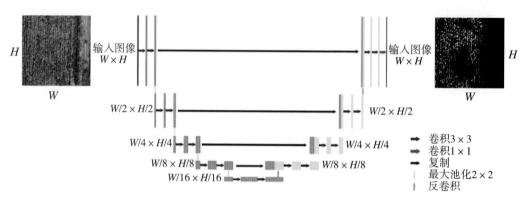

图 9-2-6　U-NET 模型网络结构图

在 U-NET 模型中，卷积的模式为 Valid，这种模式在卷积前不会对图像进行边缘填充操作，故导致每经过一次卷积后图像的尺寸都会缩小。而传统的方法是在卷积之前在图像的周围填充一圈数值为 0 的像素，这样就可以保证卷积之后图像的尺寸不变。但随着卷积次数的增多，不断地补零会增大特征的误差，从而影响最终模型的识别效果。对此，本研究提出了一种叫作"重叠 – 切片（Overlap-tile）"的数据增强方案，就是在图像的边缘镜像填充像素，如图 9-2-7 所示。将黄框和蓝框之间右侧和下侧的像素通过镜像拷贝的方式拷贝到左侧和上侧，以补全蓝框，这样就可以获取特征的上下文信息，同时使卷积前后图像的尺寸保持一致。

图 9-2-7　重叠 – 切片示意图

ENVI 的深度学习模块可以直接通过在图像上勾画 ROI 来建立标签栅，如图 9-2-8 所示，极大地方便了遥感数据训练集和验证集的建立。初始化新模型后，必须对一个或多个标签栅格进行训练，训练涉及反复将标签栅格传递给模型。随着时间的推移，模型将学习标签栅格中的光谱和空间信息转换为类激活栅格，突出训练期间明显的特征。

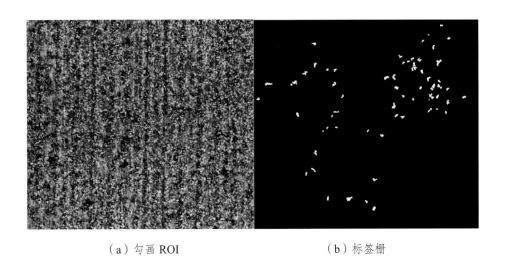

（a）勾画 ROI　　　　　　　　　（b）标签栅

图 9-2-8　建立标签栅

损失函数为像素点形式的交叉熵 Softmax，其本质上就是一个评价模型分类误差的函数。在第一次训练过程中，模型尝试初始预测并生成随机类激活栅格，将该栅格与标签栅格的掩膜波段进行比较。通过拟合损失函数，模型可以了解随机预测误差的位置。调整模型的内部参数或权重以优化准确率，并将标签栅格再次传递给模型。在训练之前，模型会从标签栅格中提取给定大小的方形 patch，而不是将整张图像的标签栅格输入模型。本研究绘制了 500 个 ROI 区域，其中 400 个作为训练集，100 个作为验证集。设置 Epoch 为 24，模型在训练集以及验证集上损失函数随训练次数的变化如图 9-2-9 所示。

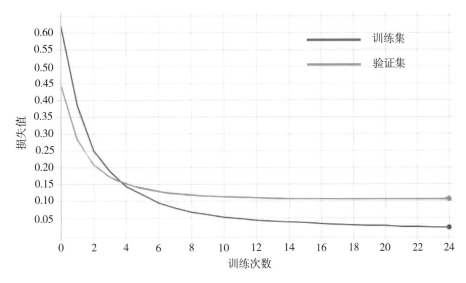

图 9-2-9　损失函数

为验证模型的分类效果，在吐絮期影像中随意抽取 500 个验证点构建混淆矩阵，见表 9-2-3。

表 9-2-3　混淆矩阵

分类	吐絮期	其他目标	样本总量	用户精度
吐絮期	371 个	10 个	381 个	97.35%
其他目标	14 个	105 个	119 个	88.23%
样本总量	385 个	115 个		
生产者精度	96.36%	91.30%		

根据混淆矩阵，由公式（9.2.6）可以得出总体精度为 95.20%，其中，n 表示分类正确的样本数量；N 表示样本总量。根据公式（9.2.7）可以得到 Kappa 系数为 0.8661，其中，p_o 表示总体精度；p_c 表示偶然性一致的像元比例，计算方法见公式（9.2.8）。每一类的真实样本个数分别为 a_1，a_2，$\cdots$，a_n，而预测出来的每一类的样本个数分别为 b_1，b_2，$\cdots$，b_n。从结果可以看出，该分类结果与实际情况具有高度的一致性。

$$p_o = \frac{n}{N} \tag{9.2.6}$$

$$k = \frac{p_o - p_c}{1 - p_c} \tag{9.2.7}$$

$$p_c = \frac{a_1 b_1 + a_2 b_2}{N \times N} \tag{9.2.8}$$

四、模型构建

（一）贝叶斯正则化 BP 神经网络

BP 神经网络通常由输入层、隐藏层和输出层组成，其结构如图 9-2-10 所示。

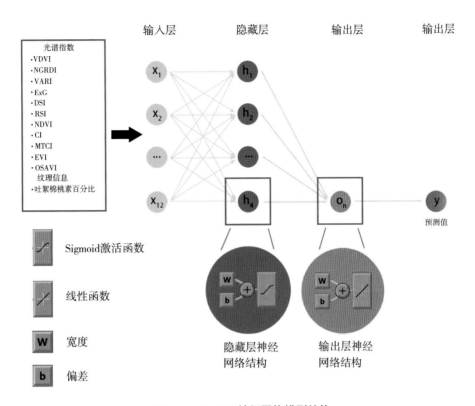

图 9-2-10　BP 神经网络模型结构

BP 神经网络实现了从输入到输出的映射函数，并能以任意精度逼近任何非线性连续函数。具有 sigmoid 激活函数的隐神经元和线性输出神经元的两层网络，在给定一致的数据和足够的隐藏神经元的情况下，可以很好地拟合多维映射问题。对于更多数量的隐藏神经元和层，模型性能在训练集上有所增加，而在测试集上则有所下降，这表明过度参数化会导致模型过度拟合。因此采用贝叶斯正则化训练算法对神经网络进行训练。贝叶斯正则化训练算法是在神经网络训练过程中，在常规均方差性能函数基础上引入对性能函数的修正函数。网络训练误差函数公式为

$$E_D = \sum_{i=1}^{n} (t_i - t_x)^2 \tag{9.2.9}$$

式中，t_i 为实际输出；t_x 为期望输出。

所有网络权重平方和均值公式为

$$E_w = \frac{1}{m} \sum_{i=1}^{m} W_i^2 \tag{9.2.10}$$

网络的性能函数公式为

$$F(w) = \alpha E_w + \beta E_D \tag{9.2.11}$$

式中，α、β 为正则化系数。α 参数影响网络的复杂性，当 α 太小时，网络会过拟合；β 参数影响网络的平滑性，如果 β 太小，则网络欠拟合。贝叶斯正则化算法思想就是将权值参数设置为随机变量，根据权值的概率密度确定最优的权值函数。采用贝叶斯正则化算法可以有效改善拟

合曲线的误差。

在网络训练中，贝叶斯正则化算法对 α 和 β 进行调整以使其达到最佳。将网络权值视为一个随机变量，通过贝叶斯规则给出训练集后权值的后验概率密度函数，公式为

$$P(w|D,\ \alpha,\ \beta,\ M) = \frac{P(D|w,\ \beta,\ M)\,P(w|\alpha,\ M)}{P(D|\alpha,\ \beta,\ M)} \qquad (9.2.12)$$

式中，D 表示训练集的数据；M 表示神经网络模型；$P(D|\alpha,\ \beta,\ M)$ 表示确保总概率为 1 的标准化因子；$P(w|\alpha,\ M)$ 表示权重向量的先验概率密度函数；$P(D|w,\ \beta,\ M)$ 表示权重给定时的概率密度函数。假设样本数据中存在的噪声和权重矢量遵循高斯分布，则

$$\begin{cases} P(D|w,\ \beta,\ M) = \dfrac{\exp(-\beta E_D)}{Z_n(\beta)} \\[3mm] P(w|\alpha,\ M) = \dfrac{\exp(-\alpha E_w)}{Z_m(\alpha)} \end{cases} \qquad (9.2.13)$$

在公式（9.2.13）中，$Z_n(\beta) = (\pi/\beta)\,\text{n}/2$，$Z_m(\alpha) = (\pi/\alpha)\,\text{m}/2$。

将公式（9.2.13）引入公式（9.2.12），最优权向量应具有最大后验概率 $P(w|D,\ \alpha,\ \beta,\ M)$，它等于最小正则化性能函数 $F(w)$，α 和 β 在最小点 W_0 处的最优解如下：

$$\begin{cases} \alpha = \dfrac{\gamma}{2E_W(W_0)} \\[3mm] \beta = \dfrac{m-\gamma}{2E_W(W_0)} \end{cases} \qquad (9.2.14)$$

式中，γ 是由训练集确定的网络参数的有效数量。

（二）数据集制作

为了使用时间序列光谱指数和作物冠层属性准备输入数据集，将提取的特征值连接起来形成特征向量，如图 9-2-11 所示。以地面采集的每块样方的产量作为目标特征，将得到的 150 个特征向量直接送入神经网络进行训练。

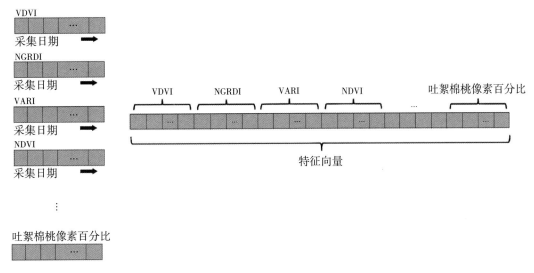

图 9-2-11　通过连接所有属性形成特征向量

（三）k 折交叉验证

k 折交叉验证技术是常用的评价模型方法，能够解决过度适应的问题，因此被广泛应用于分类器性能评测领域。其主要思想是将原始数据集随机分为 k 份大小相近但不相交的数据集，将 $k-1$ 份数据集作为训练集，剩余的 1 份作为测试集，通过训练集得到一个分类模型，用测试集调整每一个个体分类器的权重因子，基于训练集得到的分类模型就可以通过测试集来进行评估。为了获得稳定的结果，将该过程重复 k 次，根据 k 次检验的平均正确率作为模型分类的最终结果。本研究取 k 为 10，即进行 10 折交叉验证，过程如图 9-2-12 所示。

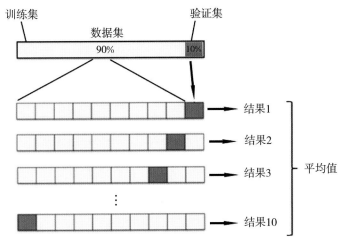

图 9-2-12　k 折交叉验证

五、结果与分析

（一）吐絮棉桃像素百分比计算

经过 U-NET 模型可以得到一张与输入图像尺寸相同的类激活格栅，将类激活格栅图像二值化后再计算样方内的均值就可以得到样方区域内的吐絮棉桃像素百分比，如图 9-2-13 所示。

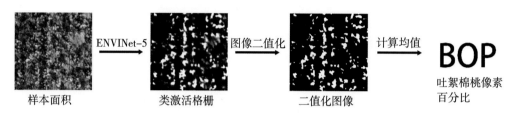

图 9-2-13　BOP 计算过程

（二）使用所有输入变量建立产量预测模型

使用所有样本中 80% 的数据进行训练，20% 数据用于测试。为确定隐藏层神经元数量，设定初始隐藏神经元数为 1，每增加一次神经元个数就会对模型进行交叉验证，取 R^2 平均值作为评价预测性能的标准，结果如图 9-2-14 所示。试验发现，当隐藏层神经元数量为 5 时开始出现过拟合现象，导致模型在训练集的 R^2 为 1，在计算平均值时将异常数据做剔除处理，不参与平均值的计算。当隐藏层神经元数量超过 5 时，过拟合现象非常严重，在 10 次试验中，R^2 为 1 的情况超过了 5 次，表明此时模型由于过参数化而导致拟合了数据集中的噪声或不具有代表性的特征，故对隐藏层神经元个数超过 5 的情况不予考虑。

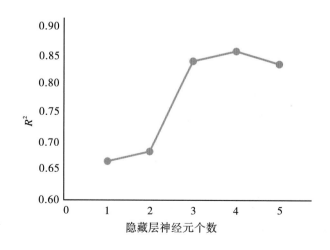

图 9-2-14　神经元数量与 R^2 的关系

使用 k 折交叉验证评估 R^2 及均方误差（MSE）在训练集、验证集上的表现如表 9-2-4 所示。

试验表明，一个带有 10 个神经元的隐藏层足以满足数据集的需求。对于更多数量的隐藏神经元和隐藏神经层，模型性能在训练集上有所增加，而在测试集上则有所下降，这表明过度参数化会导致模型过度拟合。训练会根据自适应权重最小化（正规化）而停止，以 10 折交叉验证中表现最优的模型作为展示，图 9-2-15 展示了模型 MSE 随训练 Epochs 变化趋势（左）、模型的拟合效果（中）以及误差直方图（右）。

表 9-2-4　模型拟合效应参数

	10 折交叉验证中最优值	均值
训练集 R^2	0.904	0.854
训练集 MSE	68.313	96.062
测试集 R^2	0.835	0.806
测试集 MSE	102.466	205.049

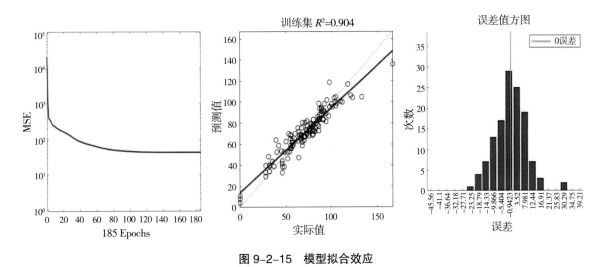

图 9-2-15　模型拟合效应

（三）逐步敏感性分析

从最佳输入变量集中删除任何变量都会导致测试集的 R^2 显著降低。在逐步敏感性分析中，一次消除一个变量，人工神经网络模型运行 10 次，计算 R^2 和 MSE 的平均值，结果见表 9-2-5。使用单侧检验假设来检验去掉任何一个变量是否显著降低了测试集的平均 R^2。假设采用 Z 检验，95% 置信区间显著。结果表明，移除 NGRDI、ExG、DSI、CI、EVI 都不会导致模型预测效果的显著降低。根据逐步敏感性分析的结果，优化模型的输入变量，在控制模型精度的情况下，有效地减少了输入变量，简化了模型。使用 k 折交叉验证评估简化模型性能，结果见表 9-2-6。使用简化后的输入变量集再次建立模型并进行逐步敏感性分析，结果见表 9-2-7。从表 9-2-7 可以看出，减少任意一个参数都会引起预测精度的显著降低。

表 9-2-5　一次删除一个变量，显示 R^2、MSE 和 Z 检验（10 倍交叉验证的平均值）

删除变量	训练集 R^2	训练集 MSE	检测结果
VDVI	0.789	141.602	显著差异
NGRDI	0.850	94.854	无显著差异
VARI	0.805	124.611	显著差异
ExG	0.854	99.064	无显著差异
DSI	0.848	103.244	无显著差异
RSI	0.795	136.768	显著差异
NDVI	0.823	120.655	显著差异
CI	0.837	109.104	无显著差异
MTCI	0.806	127.052	显著差异
EVI	0.850	102.112	无显著差异
OSAVI	0.824	114.473	显著差异
BOP	0.811	122.995	显著差异

表 9-2-6　模型拟合效果参数（简化）

	10 折交叉验证中最优值	均值
训练集 R^2	0.907	0.853
训练集 MSE	45.363	98.0655
测试集 R^2	0.826	0.801
测试集 MSE	99.084	198.13

表 9-2-7　一次删除一个变量，显示 R^2、MSE 和 Z 校验（10 倍交叉验证的平均值）

删除变量	训练集 R^2	训练集 MSE	检测结果
VDVI	0.746	166.805	显著差异
VARI	0.769	148.270	显著差异
RSI	0.783	164.285	显著差异
NDVI	0.829	120.017	显著差异
MTCI	0.743	174.758	显著差异
OSAVI	0.810	121.858	显著差异
BOP	0.771	149.995	显著差异

（四）产量预测可视化

使用简化后的模型对整个试验区域的棉花产量进行预测并生成产量图，如图 9-2-16 所示，能够更加直观地看出田块中产量的分布差异，为下一步的研究工作提供便利。产量图的分辨率为每像素 90 cm，每个像素对应实际面积为 0.81 m²，底图为该区域的可见光影像，产量图透明部分表示该区域产量为 0。

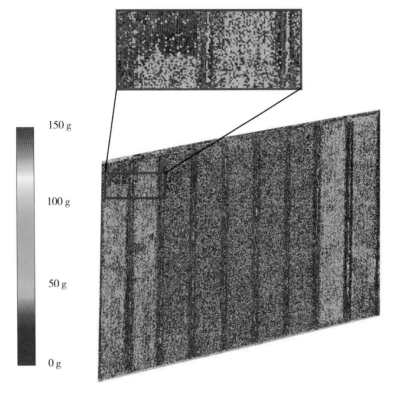

图 9-2-16　产量图

参考文献

［1］　徐伟诚 . 基于无人机遥感影像的棉花单铃重、产量及纤维品质预测模型构建［D］. 广州：华南农业大学，2021.

［2］　李迎春，谢国辉，王润元，等 . 北疆棉区棉花生长期气候变化特征及其对棉花发育的影响［J］. 干旱地区农业研究，2011，29（2）：253-258.

［3］　张智韬，兰玉彬，郑永军，等 . 影响大豆 NDVI 的气象因素多元回归分析［J］. 农业工程学报，2015，31（5）：188-193.

［4］　XU W C，CHEN P C，ZHAN Y L，et al. Cotton yield estimation model based on machine learning using time series UAV remote sensing data［J］. International Journal of Applied Earth Observation and Geoinformation，2021，104：102511.

［5］　FENG R T，SHEN H F，BAI J J，et al. Advances and opportunities in remote sensing image geometric registration：A systematic review of state-of-the-art approaches and future research directions［J］. IEEE Geoscience and Remote Sensing Magazine，2021，9（4）：120-142.

［6］　WU Y，LIU J W，ZHU C Z，et al. Computational intelligence in remote sensing image registration：A survey［J］. International Journal of Automation and Computing，2021，18（1）：1-17.

［7］　NIELSEN J K，CHRISTENSEN M G，CEMGIL A T，et al. Bayesian interpolation and parameter estimation in a dynamic sinusoidal model［J］. IEEE Transactions on Audio，Sseech And Language Processing，2011，19（7）：1986-1998.

［8］　JUNG K，BAE D H，UM M J，et al. Evaluation of nitrate load estimations using neural networks and canonical correlation analysis with K-Fold Cross-Validation［J］. Sustainability，2020，12（1）：400.

［9］　CHEN T T，ZENG R E，GUO W X，et al. Detection of stress in cotton （*Gossypium hirsutum L.*）caused by aphids using leaf level hyperspectral measurements［J］. Sensors，2018，18（9）：2798.

［10］　WESTBROOK J K，SUH C P C，YANG C H，et al. Airborne multispectral detection of regrowth cotton fields［J］. Journal of Applied Remote Sensing，2015，9（1）：96081.

［11］　SUH C P C，MEDRANO E G，LAN Y B，et al. Detecting cotton boll rot with an electronic nose［J］. Journal of Cotton Science，2014，18（3）：435-443.

第十章　展望与未来

加快推进人工智能等现代信息技术在农业航空遥感中的应用，不但是现代农业发展的迫切需求，而且有利于推动数字乡村建设和智慧农业的发展，推进我国乡村振兴战略的实施。

第一节 精准农业航空遥感技术现阶段研究的不足

一、病虫害监测方向

本书探索了基于无人机高光谱遥感数据建立柑橘黄龙病检测模型，为实现在大面积柑橘果园智能化检测柑橘黄龙病提供了基础，但在研究过程中仍存在以下问题需要讨论并加以改善：

（1）高光谱遥感全景影像的拼接需要在较好的计算机性能环境下进行。本研究尝试过在不同的计算机配置下拼接全景高光谱影像，却发现拼接高光谱影像对计算运行内存、CPU 算力和磁盘储存空间均有一定的要求，否则影响全景影像最后的拼接效果。另外，随着检测区域的增大，采集数据增加，计算机的运算负担也大大增加。因此，在拼接高光谱影像时需要根据计算机的配置合理选取高光谱影像数量。

（2）虽然 Daubechies 小波算法对高光谱数据效果理想且更贴合实际状况，但该算法的实现比 Savitzky-Golay 算法要花更多的时间，因此在效率上并不占优势。

（3）提取有利于检测柑橘黄龙病的特征波段这个思路是正确的，但依旧存在缺陷。基于全波段的柑橘黄龙病检测模型为选择算子的遗传算法，虽然选择效果趋向于选择有利于检测柑橘黄龙病的特征波段，但前提是所构建的全波段柑橘黄龙病监测模型具有较高的可靠性。若作为选择算子的模型分类准确率低，则选取的特征波段效果具有不确定性，遗传算法也不一定能够收敛。

（4）本书中虽然未采用多种特征波段提取算法进行比较，但从基于遗传算法提取的特征波段中可以看到其应用前景：第一，可以减少无关波段的干扰，提高模型的识别效果；第二，降低运算复杂度，提高识别速度；第三，降低波段数量，为定制低成本的光谱相机提供基础。另外，基于该算法提取的特征波段为 468 nm、504 nm、512 nm、516 nm、528 nm、536 nm、632 nm、680 nm、688 nm、852 nm，与 Mishra 等的研究结果存在差异，差异出现的主要原因有两个，一是设备和尺度原因，Mishra 等选择的是分辨率较高的地物光谱仪进行地面诊断，获得的数据分辨率较高且数据更接近真实情况，但地面尺度与空中尺度存在差异是难以避免的；二是分析方法的差异，Mishra 等采用导数法和比值法选取特征光谱，确定存在较大差异的特征光谱范围，该方法较为直观，而本研究选用遗传算法，即设置遗传环境优选适用检测柑橘黄龙病的特征光谱，该方法更有针对性。

（5）人工特征挖掘与神经网络自提取特征相比，虽然人工提取有利于建立检测模型和提高检测效果，但该提取过程需要进行大量的运算、消耗大量的精力，故未来需要寻找更好的方法，将提取特定特征与神经网络分类模型相结合，以搭建完整性更高的模型。

（6）虽然基于多特征输入的柑橘黄龙病检测模型能够识别出患病植株，但对健康植株的检测结果存在"花点"甚至是误判的情况。造成该情况的原因主要有两个：一是冠层混元像素的干扰造成误判，二是训练集中患病光谱样本掺入健康光谱样本。因此，为了更好地提高模型的可靠性，准确提取患病植株冠层和健康植株冠层光谱样本极为关键，未来需要更好地确定患病光谱的表现，才能训练出更加精确的模型。

（7）本书中，建立柑橘黄龙病检测模型的训练数据仅为一个批次的数据，基于同一天采集数据进行建模和验证，倘若出现不同天气条件、柑橘不同生长周期或不同品种、不同飞行条件，该模型是否能够发挥同样的检测效果尚不清楚，因此未来需要深入研究以探索模型的适用性。

本书提出多光谱相机与手机可见光图像相结合的方法对柑橘黄龙病进行检测，通过无人机搭载多光谱相机低高空定位到大致的范围，再通过地面检测验证。因为时间和个人能力等因素的限制，本研究仍存在以下几点缺陷，需要以后进一步完善：

（1）基于无人机多光谱数据训练调试了高准确率的分类器，下一步可以直接利用该模型进行更多的试验，进一步验证模型的可行性并完善模型。

（2）试验样本数据量有了大幅提升，室外的样本数据比室内的多，对应样本的环境噪声更大，导致分类的准确率有所下降，需要进一步完善模型。

（3）柑橘黄龙病的类别与病症较多，未来的研究可以针对不同的病症做进一步的分类识别研究，以实现更加精准的防控。

本书探究的松材线虫病检测方法虽然能够达到 89％ 的准确率，但准确率未超过 90％，仍有改进的空间。在检测过程中遇到枯死树密集的区域存在检测不全面的问题，后期将尝试通过进一步改进 Faster-RCNN 中的 RPN 网络结构和 RPN 网络中候选框提取算法，以进一步提高模型的准确率，并避免检测模型出现枯死树漏检的问题。

二、作物杂草分类识别方向

本书围绕无人机遥感图像采集系统构建及水稻杂草识别进行了一系列研究，构建了基于嵌入式的无人机遥感图像的采集平台，并对采集平台进行了验证。同时，本书还对采集的水稻杂草可见光遥感图像进行了预处理、图像标记、特征提取与特征选择、分类模型的建立等研究，但由于现代农业应用场景和领域的复杂性与专业性，加上研究者自身的能力、研究时间和经验有限，对水稻杂草研究还有如下需要改进的地方：

（1）在无人机遥感图像采集系统构建及水稻杂草识别的研究上，由于采集设备所搭载的可见光相机具有广角镜头，采集的遥感图像存在桶型失真的问题，而可见光遥感图像需要的是作物正射图，因此给图像拼接与正射影像图的生成带来困难。后续的工作应根据所搭载的可见光相机的内部矩阵参数，研究图像校正的算法，并编写图像桶型校正程序。

（2）本书中的案例分别构建了基于嵌入式的无人机遥感图像采集与水稻杂草识别模型，但未能够形成一体化流程并应用于田间试验。后续的研究应该将选取的最优分类模型与可见光遥感图像采集相结合，形成基于嵌入式的无人机遥感图像的采集与识别一体化流程。

（3）在研究基于嵌入式的无人机遥感图像采集实地测试上，遥感图像采集仅有地面站发送拍照指令，进而触发拍照，未能精确定位坐标点并触发自动拍照。后续的工作应基于对消除GPS定位误差的研究，并结合地面坐标验证，控制无人机定点采集遥感图像。

（4）在研究水稻杂草可见光遥感图像分类上，目前只对是否有杂草进行对象化分类，生成水稻杂草分布图，而没有对杂草种类进行研究以形成更加精准的水稻杂草作物识别图。后续的工作应根据不同杂草的种类特征，如形状特征、纹理特征等，实时识别杂草种类，再根据杂草种类选择对应的除草剂，以实现更好的防治效果。

（5）本书案例中，采用人工标注的方式对遥感图像进行像素级的标记，用以进行模型的训练和准确性验证。但是，人工标记的过程效率低下，耗费了大量时间，如果遥感数据大量增加，人工标记的工作将拖慢模型开发的进程。因此，在接下来的工作中，必须尝试引入半监督或弱监督的分析方法，以减少人工标记的工作量。

（6）采用无人机采集遥感图像，在线下使用服务器进行杂草识别并生成施药处方图。在这种操作模式下，数据采集和数据分析是分隔开的，这不仅使得该研究成果难以应用，而且容易拖慢分析进度，导致错过杂草防治的最佳时期。而嵌入式芯片计算性能的飞速发展，使得无人机图像的实时采集和实时分析成为可能。如能在无人机上部署嵌入式芯片，并且将服务器上的分析模型迁移到嵌入式上，实现杂草识别的实时处理，则能够有效打破数据采集和数据分析之间的间隔，实现无人机识别田间杂草的流程一体化。

（7）基于无人机遥感的角度，针对水稻田的杂草管理任务，生成了水稻田块的施药处方图，然而，该处方图并未应用于施药实践。因此，在下一步的工作中，必须将无人机遥感的识别结果应用于植保机械的精准喷施。只有经过药效调查和水稻测产试验，才能证明基于无人机遥感监测的精准喷施理念是否具有减药增效的效果。反过来，施药实践的反馈也可以作为无人机遥感监测平台改进的依据。

三、农田营养物质监测方向

随着无人机技术的快速发展，在精准农业领域，低空遥感技术将会发挥巨大的作用。反演模型作为农业低空遥感不可缺少的一部分，是从光谱遥感数据得出所需信息从而生成农田信息图的关键工具。农田信息图可以指导田间的精确管理，而田间精确管理对于提高资源利用率、提高农业生产效率、降低农业生产成本具有极为重要的意义。

本书研究案例取得了一些成果，但也存在一些不足之处，今后的研究可以从以下三个方面改进：

（1）由于试验工作量较大，本书案例只选择了一种棉花品种进行试验，若要进一步研究棉花水肥超低空多光谱遥感监测模型，则需要将更多品种纳入研究范围。

（2）试验中，不同施氮量的作物群体长势差异显著性一般，尤其是在苗期和蕾期差异较小，推测导致该现象的原因是，梯度试验开展前棉田已经施用大量基肥，未能使低施氮量处理的棉花植株产生明显缺氮效应。由于低估了基肥的影响，导致本次田间试验不同施氮量的作物群体长势差异显著性一般，特别是不加追肥的处理之外的其他处理，并未像水分梯度处理一样产生明显的差异。因此，若要产生明显的氮肥胁迫效果，则需要考虑基肥的控制。

（3）设置的梯度试验主要考虑的是水肥胁迫，没有设置过量水或过量氮肥梯度，但是在实际生产应用中，盲目追加大量施肥等行为会导致滴灌过量或施肥过量的情况出现。因此今后的研究需要考虑水肥施用过量的情况。

本书案例的研究成果对新疆地区棉花的快速水氮监测提供了一定的技术途径和方法，从而为新疆地区棉花产业迈向精准农业的过程提供了一定的试验积累和技术基础。但由于很多客观因素的影响，本研究过程还存在以下不足，需要在未来的试验和科研中深入探讨和研究：

（1）本研究仅采用多光谱传感器获取棉田影像，得到的反射率信息不够全面。在未来的研究中，如果可以使用高光谱成像系统获取更加丰富的反射率信息，有望寻找到精度更高、形式更简、适应性更广的建模方案。

（2）本研究未开展地物光谱仪获取的反射率与机载传感器获取的反射率之间的关系模型的探讨。在未来的研究中，可深入研究在不同高度、不同太阳高度角等多种情形下地物光谱仪获取的反射率与机载传感器获取的反射率之间的关系，这有助于将基于地面高光谱数据所构建的模型应用于遥感影像。

（3）本研究仅采用机器学习的方法对现有数据进行经验建模，未深入探讨光谱与棉花叶片等效水厚度、含氮量之间的关系机理。在后续研究中，需开展光谱信息与棉花叶片结构、等效水厚度、含氮量之间的机理研究，有助于提高模型的普适性。

四、棉花选育与估产方向

许多研究报道了棉花的单铃重与种植密度呈负相关关系，有文献发现毛刺重和单铃重随着种植密度的增加而逐渐降低。Zhang 等的研究表明，花铃期的归一化植被指数（NDVI）与产量之间存在密切的相关性（R^2=0.97），同时，棉花的单铃重是产量构成的主要因素之一，因此，从理论上来说，棉花的单铃重与种植密度及花铃期的植被指数具有很强的相关性，使用遥感技术大范围获取数据来预测棉花单铃重是可行的。

受限于正射影像的获取形式，摄像头需垂直向下采集数据，因此，中下层棉花植株的生长情况无法获取，相关性很差（$R^2 < 0.1$），且花铃期田间已经封垄，即使通过倾斜摄影的方式也无法取得植株中下部分的数据。本书第九章的试验使用了可见光波段差异植被指数（VDVI）代替 NDVI 作为植被指数，因没有了对近红外波段的需求，故使用普通的数码相机即可满足建模要求，而且可见光相机的像素普遍比多光谱相机要高出许多，可以得到更丰富的画面纹理信息。此前有研究者使用无人机可见光影像计算 VDVI，对小麦产量进行了预测，可以作为卫星影像的补充数据使用。从另一方面看，对无人机而言，超高分辨率的 CMOS 传感器意味着可以从更高的高度采集数据，在相同图像重叠率的情况下可以大大增加数据的采集效率。此外，RTK 差分定位在无人机上的使用大大简化了图像数据融合过程所需控制点的数量，减少了许多后期工作量。

此前关于棉花遥感方面的研究大部分都集中在产量预测及田间棉桃数量的识别上，为了能够获取棉花植株中下部分的样本，使用田间小车搭载摄像头采集数据取得了不错的效果（准确率为 84.6%），但使用该方法无法进行大面积田块的数据采集。针对棉花单个棉桃的研究需要在大规模、高空间分辨率及精度上做出妥协。本书中的研究是使用无人机遥感技术对棉花单铃重进行预测的一次尝试，使用多时相的无人机遥感数据对上层棉花单铃重做出了预测，得到的 R^2 为 0.8170。研究结果表明，在无人机高分辨率影像下，将棉桃密度与花铃期植被指数结合起来对单铃重进行预测是一种可行的方案，但如何解决植株中下层数据难以获取的问题，尚待进一步的研究。

在未来的工作中，可以在无人机上安装高光谱全帧成像系统，以获得更高光谱分辨率的更多波段数据。这一信息也可用于估算冠层叶绿素含量、氮含量和植物生长过程中的其他生理指标，这些额外的信息也可以帮助提高预测模型的准确性。此外，神经网络的性能可以通过增加样本的数量来提高。通过收集更多的棉桃数据对神经网络进行训练，可以进一步提高全卷积网络或 BP 神经网络的准确率。

第二节　精准农业航空遥感技术现阶段面临的挑战

尽管近几年随着技术的迅猛发展，中国的农业无人机已经走向全球，处于领跑地位，然而无人机农业遥感离实际应用还有一定的距离。利用无人机遥感技术监测农作物病虫草害的进展主要在以下几个方面受到制约。

一、无人机遥感数据库

多数研究成果仅仅适用于当次获取的无人机遥感影像，研究方法或模型难以在实际应用中推广。其主要原因之一在于农作物的生长具有周期性、连续性、季节性和地域性，同一种病害在作物不同生长时期的表现特征和光谱响应特征有所差异。同理，不同地域、不同农作物品种的遥感影像也具有差异性。因此，已有的研究成果多数不具有普适性、稳定性和通用性。即使在单次的遥感试验中获得很高的识别率，也不能保证用于其他情况下获取的遥感数据的有效性。此外，已有的软件如 ENVI 的光谱库主要用于地物识别，农作物病虫草害的光谱数据库及图像数据库等仍处于空白阶段。

二、农作物病虫草害早期诊断

由于无人机与地面农作物之间具有一定的拍摄距离，因此，机载传感器获取的遥感影像难以捕捉图像细节，对农作物病虫草害早期症状仍表述不清。此外，病虫草害发生早期，即使高分辨率图像也难以解析，需要结合病虫草害发生的温度、湿度等气象和植保数据进行分析，才有可能实现较为精确的病虫草害遥感监测和预测预报。

在农作物病虫草害监测应用中，早期诊断的表现症状不明显，无论是目视观测还是计算机解译，都具有较大的难度。但早期诊断的研究意义和需求更大，更有利于对农作物病虫草害的预防和控制，可以有效防止病虫草害的蔓延和发展。通过查阅已有研究文献发现，针对无人机遥感农作物病虫草害早期诊断的研究鲜有报道，少部分研究表明，高光谱低空遥感在农作物病虫草害早期诊断研究中具有一定的可行性。

三、无人机机载传感器

无人机遥感影像质量高度依赖天气情况。现阶段的无人机遥感多数是被动式光学成像方式，采集数据时对太阳光照有着较高的要求。遥感作业的最佳时间是正午时分，因为太阳光照最充足的时候能获取最佳的图像质量。多云天气作业则会增加图像预处理的复杂度，也会导致监测效果不理想。此外，大多数机载光谱相机都需要通过定标板来完成辐射校准，这给实际操作带来诸多不便。虽然 Parrot Sequoia+ 声称是第一个提供相对反射测量而不需要辐射校准板的多光谱相机，但是在实际应用中，为了得到更加精准的测量效果，多数研究仍然需要使用辐射校准板及相关数据处置软件来解读这些辐照度值并测量反射率。

低空遥感监测农作物病虫草害，对遥感影像的空间分辨率和光谱分辨率均提出了较高的要求，而能满足需求的机载传感器往往造价高昂，特别是高光谱相机的价格，严重限制了无人机遥感技术的实际应用。针对设备昂贵的问题，在进行遥感试验研究时，可以重点加强对农作物病虫草害敏感波段的研究，根据敏感的特征波段定制光谱相机，以便于在实际中推广应用。

四、软件与算法

现有的针对无人机遥感数据的处理软件具有一定的拼接性，也就是说从遥感影像的拍摄控制、拼接、预处理、农情解析直至作业处方图的生成，往往都是在不同的软件环境下进行的，这在实际使用过程中对操作人员的专业性提出了较高的要求。因此，软件和算法的不成熟是制约农业领域无人机遥感发展的重要因素之一。此外，虽然在无人机遥感影像处理上已经不断涌现了新的方法，例如机器学习方法等，但是这些新方法大多数局限于简单地照搬照套，缺乏对算法在无人机遥感影像中的适用性研究，因此，总体来说，目前无人机遥感解析算法仍处于应用初探阶段。

第三节　精准农业航空遥感技术的未来发展趋势

无人机遥感是目前精准农业领域的研究热点。比起卫星遥感，无人机遥感技术具有机动性强、分辨率高、设备成本低等优势；比起地面感知方式，无人机遥感具有范围广、速度快、人力成本低等优势。因此无人机遥感方式在农业领域的应用前景广阔，发展潜力巨大。

随着无人机和传感器技术的不断完善，遥感图像分析处理技术和算法的不断发展，无人机遥感监测农作物病虫草害的方式将不断在实际应用中普及。考虑到在无人机遥感农作物病虫草害监测中面临的诸多挑战，未来该领域将主要从以下几个方面展开科学研究。

一、研究作物倾向于经济作物

经济作物对农业生产与社会经济发展都具有重要意义，因此对经济作物开展快速高效的病虫草害检测是科学工作者致力研究的方向，例如本书列举的柑橘黄龙病的检测案例。相对于目前实验室生化检测来说，高光谱检测虽然已开展不少研究，但缺乏成型的系统理论、模型普适性较弱、准确率不足等问题仍需要继续攻克。即使如此，由于生化检测的检测周期长、成本高和过程复杂等缺点，高效无损检测的高光谱检测法仍旧是未来发展的趋势。随着高光谱图像在农业领域的不断深入发展，利用高光谱检测柑橘黄龙病的技术将不断成熟。

无人机高光谱遥感可以实现对目标区域图谱信息的统一获取，既能获取高分辨率的光谱信息，又能获取目标区域的空间信息，具有快速、高效的特点，在大面积农田或果园的种植生产中，可有效检测作物的生长情况与病虫草害的发生状况。未来的作物种植将趋向于大面积、规模化种植，对种植的管理要求更高，管理的工作量也会更大。

松材线虫病枯死树在致病的不同时期，表现的特征不同。在治理过程中，根据病树病症的严重程度采取相应的防治措施，能够更加有效地保护树林。然而，在训练模型的过程中，受限于样本量不足，无法收集到足够多的松材线虫病枯死树在各个时期的图像数据，故不能在检测过程中区分不同严重程度的松材线虫病枯死树，而是采用统一检测的方法。因此后期将进一步采集松材线虫病病疫区的图像数据，扩充数据量，这将有利于区分不同时期的松材线虫病枯死树并提高模型检测能力。在建立检测模型及经纬度提取的基础上，通过模型移植的方法可以进一步将检测模型移植到摄像头，再将摄像头搭载在无人机上。这种基于边缘计算的实时推理平台，可通过无人机实现对松材线虫病枯死树的实时监测和定位，及时进行有效处理，以防止病情进一步恶化。

二、开展基于无人机遥感的农作物病虫草害早期监测的研究

需要认清无人机遥感图像在细节表征上的局限性。高分辨率的高光谱图像结合地面遥感方式在早期病虫草害监测的探索，仍需进一步深化。借助大数据技术与人工智能，分析农作物在不同生长周期的影像特征，研究早期预报和诊断模型，将促进农作物早期诊断的研究进展。

三、研发针对特定应用的低成本机载传感器

通用型机载传感器（如高光谱相机）往往价格昂贵，限制了其在田间的广泛应用。针对特

定病虫草害问题，未来可以通过科学研究探索特征波段或植被指数，定制低成本机载传感器，从而降低设备成本。此外，还可以结合光照等因素定制传感器，使得无人机光谱遥感过程无须辐射校准任务，朝着操作简易性方向发展。

四、开展遥感数据处理的实时性研究

大多数无人机遥感获取的影像很难实时完成农情解析，而 Parrot Bluegrass Fields 解决方案声称可在飞行过程中实时生成 NDVI 地图，这意味着遥感数据的实时处理技术已经有了质的飞跃。未来的研究将在此基础上进行深入探索，实时处理算法及实时处理器将大大加速农业航空遥感的发展和应用进程。

五、开展低空遥感数据与农学植保等理论知识的融合研究

只有更紧密地融合经验数据与农学植保理论，才能建立更符合作物生长规律的田间诊断模型，进一步提高无人机遥感农作物病虫草害监测的有效性和准确性。未来需要从遥感图像分析深入到结合病虫草害发生机制的遥感监测，从简单的试验环境过渡到综合考虑作物生长规律、环境因素等的实际应用研究中。

六、建立无人机遥感多源数据库及开展大数据研究

人工智能等新技术持续深入应用于农业遥感领域，开展各种适用性研究。针对病虫草害光谱响应特征专属认证不足的问题，在今后的研究中若能提取作物病虫草害的专属光谱响应特征，建立作物病虫草害光谱库，以支持特征构建和模型研究，则可以提升监测模型对复杂农田环境的适应能力，再结合大数据、人工智能等手段，以更好地研究农作物病虫草害的光谱特征波段提取和诊断监测模型的构建方法。

七、从无人机定性遥感发展到定量遥感的研究

现阶段机器学习和模式识别在无人机遥感领域的应用，多数属于定性遥感，即看图识物，且多数属于"拿来主义"。未来更值得考虑的应该是如何将定量遥感的物理模型与大数据的数据挖掘、机器学习等手段相结合，通过物理学意义的模型或其他模型表达无人机遥感数据与农作物病虫害草之间定量反演的关系，以更深入地进行内在机制的理论研究。

八、其他研究方向

本书只探究了精准农业航空领域内应用遥感技术的四个研究方向：病虫害监测与识别、作物杂草分类识别、农田营养物质监测和棉花选育与估产，未来还有可能与其他领域相结合，比如通过遥感采集、处理与分析，给出处方图，以开展精细的变量喷施作业。总之，还有很多能够深刻表达智慧农业、绿色农业特征的研究方向等待发掘。

虽然无人机遥感技术在我国精准农业领域仍处于起步阶段，与实际生产应用普及仍存在着较大距离，但该技术具有巨大的发展潜力和应用价值，要充分发掘其潜力，还需要相关学科专家的共同努力，将农学经验和植保知识与遥感信息和模型进行有效整合，使无人机遥感技术走向成熟。